普通高等教育电子信息类专业"十三五"系列教材

西安交通大学 本科"十三五"规划教材

数字信号处理简明教程

（第2版）

郑南宁 编著

西安交通大学出版社
XI'AN JIAOTONG UNIVERSITY PRESS

内容简介

本书以变换分析为主线,对采样信号表示、频谱分析、离散傅里叶变换和数字滤波器的基本理论与设计方法展开讨论,并介绍了数字信号处理中实时滤波的基本方法。即使对数字信号处理内容基本熟悉的读者,学习本教材后,对建立离散时间信号与系统的基本概念和分析研究的基本方法及处理技巧也会有"温故而知新"的感觉。第1~5章分别讨论了信号的傅里叶分析与采样信号、离散时间序列与系统的基本分析方法、z变换、离散傅里叶变换和快速傅里叶变换算法,这部分内容的重点是数字信号的产生及其在时域和频域的表示方法以及离散时间系统的基本性质和分析方法。第6~9章主要讨论数字滤波器的基本原理、设计方法和实时滤波,其中专门介绍了利用 ROM 查表法的实时滤波方法。第10章讨论了离散时间随机信号分析的基本方法。

图书在版编目(CIP)数据

数字信号处理简明教程/郑南宁编著. —2 版. —西安:西安交通大学出版社,2019.9(2024.8重印)

ISBN 978 - 7 - 5693 - 1230 - 0

Ⅰ.①数⋯ Ⅱ.①郑⋯ Ⅲ.①数字信号处理－高等学校－教材 Ⅳ.①TN911.72

中国版本图书馆 CIP 数据核字(2019)第 127177 号

SHUZI XINHAO CHULI JIANMING JIAOCHENG

书 名	数字信号处理简明教程(第 2 版)
编 著	郑南宁
责任编辑	李慧娜
出版发行	西安交通大学出版社
	(西安市兴庆南路 1 号 邮政编码 710048)
网 址	http://www.xjtupress.com
电 话	(029)82668357 82667874(市场营销中心)
	(029)82668315(总编办)
传 真	(029)82668280
印 刷	西安日报社印务中心
开 本	787mm×1092mm 1/16 印张 21.625 字数 523 千字
版次印次	2019 年 9 月第 2 版 2024 年 8 月第 7 次印刷
书 号	ISBN 978 - 7 - 5693 - 1230 - 0
定 价	56.00 元

如发现印装质量问题,请与本社市场营销中心联系。
订购热线:(029)82665248 (029)82667874
投稿热线:(029)82669097
读者信箱:64424057@qqcom

前　言

　　数字信号处理在各个领域的应用是如此频繁和广泛,把它作为工科相关本科专业的必修课程是很有必要的。本书是在原编写的《数字信号处理》教材的基础上,结合近年来从事数字信号处理课程教学及科研工作的实践,重新编写而成。

　　本书在内容上力图简明,突出信号分析和数字信号处理的基本概念,强调与实际物理系统的区别和应用中的问题,有利于初学者理解和掌握数字信号处理的基本知识与方法。本书以变换分析为主线,对采样信号表示、频谱分析、离散傅里叶变换和数字滤波器的基本理论与设计方法展开讨论,并介绍了数字信号处理中实时滤波的基本方法。即使对数字信号处理内容有一定基础的读者,学习本教材后,对建立离散时间信号与系统的基本概念和分析研究的基本方法及处理技巧也会有"温故而知新"的感觉。全书由10章组成。第1～5章分别讨论了信号的傅里叶分析与采样信号、离散时间序列与系统的基本分析方法、z变换、离散傅里叶变换和快速傅里叶变换算法,这部分内容的重点是数字信号的产生及其在时域和频域的表示方法以及离散时间系统的基本性质和分析方法。第6～9章主要讨论数字滤波器的基本原理、设计方法和实时滤波,其中专门介绍了利用ROM查表法的实时滤波方法。第10章讨论了离散时间随机信号分析的基本方法。

　　为了理解数字信号处理中数据截尾及含入效应和有限字长的量化误差分析,附录A介绍了数字系统中二进制数的表示方法。附录B介绍了三种基本的模拟滤波器,以便加深理解如何利用模拟滤波器来设计IIR数字滤波器的方法。

　　本书各章都有较丰富的习题,有一些习题需要学生自己编写计算机程序或利用MATLAB软件工具来求解;另外,在互联网上的一些专业网站也有可资利用的各种信号处理软件。但是,在教学中要注意引导学生建立自己的代码,避免过多地使用工具箱中的函数和成熟的软件。因此,教师在使用本教材时,需要上好习题课,结合实验和研讨式教学,使学生在学习中更深刻地掌握基本概念和方法,深入钻研,彻底弄懂弄通。

　　本书第2版在第1版的基础上进行了修订。由于水平有限,书中难免还存在不妥之处,殷切期望广大读者批评指正。

编　著　者

2019 年 8 月

目　录

1

绪　论

信号是各种自然或人工系统所携带或产生的各类信息表现的一种基本形式。我们人类被各种各样的信号所包围，它们来自于不同的环境或物理系统。如语音或语言，这是人类沟通与交流的基本形式。还有与人们日常生活密切相关的电话、电视信号，股票市场每日的收盘价，等等，这些信号都是自变量为时间的函数。然而，有些信号也并非如此，如静止的图像信号、某个物体上的电荷分布，这些信号是空间而不是时间的函数。本书对信号处理和系统分析的讨论，都把它们看作是时间的函数，这种讨论也完全适用于其他的自变量。虽然在各个领域中所出现的信号的物理性质不一样，但它们作为一个或几个独立变量的函数包含了有关某些现象性质的信息，可用来进行相关的科学研究。如利用脑电信号（electroencephalogram，EEG）研究大脑神经的活动及认知过程；或探测来自外空间的未被人类所知的信号，探索宇宙的奥秘；或利用信号探测周围的环境，如寻找在地下或海底中蕴藏的能源；还有利用以文本、图像或视频形式表现的信号，从互联网中搜索和发现有用信息；或利用信号分析的方法研究股票市场的变化规律；还可利用信号去揭示那些不易观察的物质微观状态或结构；也可利用某种物理形式的信号建立起人与机器之间的联系，等等。

在不同的场合，一些信号是有用的，而另一些信号是不需要的。因此，从一个复杂的环境或物理系统中，提取有用信号是信号处理最基本的目的。一般来说，信号处理是为提取、增强、存储和传输有用信息而设计的运算。虽然信号处理与应用场合密切相关，但所有信号处理的系统都有一个基本的共同点，即对给定信号作出响应，产生某些所需要的特性或输出另外的信号。

下面介绍有关信号与系统的几个基本术语和数字信号处理的一般原理，为理解本书的内容打下基础。

1. 信号与系统的基本术语

模拟信号（analog signal）——在时间和幅度上都是连续变化的信号，它一般表示为时间域的连续函数，如正弦信号波形、语音信号等。实际中所遇到的信号往往是模拟信号，通常是用电压或电流表示模拟信号的物理变量。对模拟信号的直接处理一般是利用由电阻、电容、电感等无源电路元件和运算放大器等有源器件组成的模拟电路来完成。

连续时间信号（continuous-time signal）——同样为定义在时间域的连续函数，但其信号的幅度可以是连续变化的值，也可以是有限的可能值。模拟信号可看作是连续时间信号的特例。在实际应用中，往往对两者不加区别。本书在讨论"数字"处理相关内容时，将使用具有物理含义的"模拟"来表示明确的处理对象。

量化（quantization）——用一组不同的有限值表示变量的过程，通常认为被量化的变量的幅度是有限值。

离散时间信号（discrete-time signal）——只在离散时间点上取值的信号，它是定义在离散时间域的函数,也就是说,作为函数的独立变量——时间,被离散量化。如果一个离散时间信号的幅度为连续值,则该函数称为采样信号(sampled signal)。显然,对模拟信号进行时间轴上的离散采样所形成的信号就是采样信号。

数字信号(digital signal)——在时间和幅度上都被离散量化的信号。数字信号用一组数值序列(又可称样本序列)表示,数值序列的幅度由一组有限位数的二进制编码表示。例如,用8位二进制数表示一个数值序列,所能表示的数值范围为 $0\sim255$。或者说,若要表示的最大数值为 m,则所需要的二进制位数要大于或等于 $\log_2 m$。

在实际应用中,往往不去严格区分"离散时间"和"数字"。许多有关离散时间信号的分析方法和理论都可以直接用于数字信号。在理论推导或建立数学模型时,使用"离散时间"术语,而在描述信号处理的硬件或软件实现时,往往使用"数字"术语,这样更为直观。

根据信号处理所应用的硬件或软件类型,以及信号的表现形式,可以用上述任何一个术语来描述信号处理系统。如模拟系统、连续系统、连续时间系统、离散时间系统和数字系统,等等。

线性系统(linear system)——系统参数不随系统的输入幅度或特性变化,且满足叠加原理的系统。线性系统可以用线性微分方程或差分方程描述。

线性时不变系统(linear time invariant system)——系统参数固定且不随时间变化的线性系统。数字滤波器就是一类十分重要的离散线性时不变系统。

数字信号处理就是基于离散时间信号与系统,对采样值序列进行处理,即信号的波形用样本序列表示,并用数字电路或计算机去处理这些序列。样本序列处理方法的起源可以追溯到16世纪发展起来的经典数值分析技术,到了20世纪40年代,采样数据控制技术以及信号谱估计和预测理论的研究和发展,使这些经典方法得到进一步发展。但是,数字信号处理作为一门新的学科而真正出现却是在1965年库利(Cooley)和图基(Tukey)提出快速傅里叶变换(fast Fourier transform,FFT)方法之后。

2. 数字信号处理的一般原理

简言之,数字信号处理系统是用二进制数值或符号序列表示信号波形,并通过对序列进行不同形式的运算来实现对信号的处理。因此,数字信号处理的内涵就是用数字计算方法来处理信号,它既涉及到时间的量化,也涉及到信号幅度的量化。然而,为了方便理论分析,几乎所有的数字信号处理的教科书在讨论数学分析和处理方法时仅考虑信号的离散时间特性,即时间的量化,而对幅度的量化只在分析有限字长效应或在实际应用数字处理时需要考虑。

在数字信号处理系统中,信号可以看作是一个任意时基的序列,可以对信号数据进行重排和存储,实现时间的扩张或压缩以及信号处理的最佳化。此外,由于数字信号处理具有很高的重现性、稳定性和可靠性,只要对信号幅度的量化有足够的字长,就能实现高精度和大动态范围的信号处理,这是模拟系统所不能比拟的,而且数字系统还具有便于大规模集成、多维数据处理等优点。

数字信号处理的实际系统是多种多样的,但其基本结构如图0.1所示,采样保持与A/D(analog/digital,模拟/数字)变换把输入信号变换成时间和幅度都是离散的数值信号(又称之为数字序列),采样与数字转换过程如图0.2所示。通常在采样前需要有一个低通滤波器来滤除模拟信号输入中不必要的高频成分。经过数字信号处理器运算处理后输出的数字信号再通过D/A变换和低通滤波器,就可恢复成连续的模拟信号。有时需要处理的信号本身就是离散

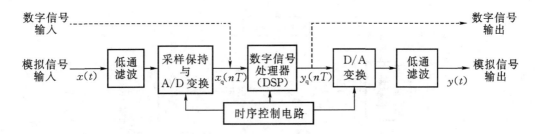

图 0.1　数字信号处理系统的基本结构

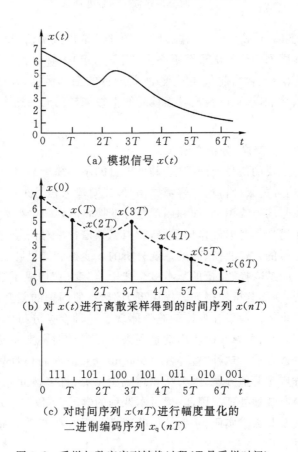

(a) 模拟信号 $x(t)$

(b) 对 $x(t)$ 进行离散采样得到的时间序列 $x(nT)$

(c) 对时间序列 $x(nT)$ 进行幅度量化的
二进制编码序列 $x_q(nT)$

图 0.2　采样与数字序列转换过程（T 是采样时间）

序列信号,经处理后仍然需要保持离散的序列形式,这样图 0.1 的系统中就不需要 A/D 和 D/A(digital/analog,数字/模拟)变换,以及相应的低通滤波器。

在很多应用场合,还可以利用时分多路的方式,通过一套数字信号处理系统同时处理多路输入信号,如图 0.3 所示。因为相邻的采样信号之间存在着一定的间隔,可以插入其他路信号的采样并送入同一系统,在同步器的控制下,系统对各路信号分别进行处理,最后通过分路器把处理的结果分别输出。这种系统的运算速度越高,能够同时处理的通道也越多。采用单一系统处理多路信号的能力是数字系统的特点之一。

用于语音、视频编码、通信、雷达、声纳、生物医电信号和各种传感器的信号处理的数字系

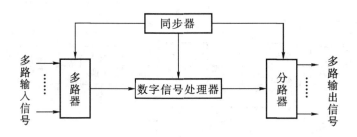

图 0.3　时分多路数字信号处理系统

统,往往要求它们能实时(real time)工作。所谓"实时"是指数字信号处理系统应该在当前时刻(或当前一组)采样序列信号的出现至下一个(或下一组)采样序列信号到来之前,能完成对以前的相关采样序列信号(含当前采样序列)所要进行的全部运算,并给出相应的结果。这就要求数字信号处理系统能以 A/D 转换对连续时间信号采样的同一速率(或采样序列分组的速率)给出运算的结果。

3. 数字信号处理的"变换"分析方法

在实际中有一类重要的信号处理问题,其处理目的不是简单地输出信号,而是对信号通过变换或估计,以输出信号的某种特征来解释原信号,或对输入信号进行分类。这类信号处理问题称为信号辨识或信号的模式识别,如利用傅里叶变换将时域信号变换到频域,我们就可以在频域中依据信号的频谱特性对信号作出解释,或根据频谱特性对信号进行分类。

无论是对模拟信号的采样变换、离散系统分析的 z 变换和傅里叶变换,还是数字滤波器的设计,实质上都是建立在"变换"分析的基本概念之上。"变换"构成了数字信号处理最基本的分析方法。一般来说,变换分析使得问题描述更为清楚,使问题的复杂程度得到简化,以便容易得到问题的分析与求解。傅里叶变换就充分体现了一种变换分析的技巧,它是许多科研工作的一个重要的分析工具,最熟知的应用就是用来分析线性时不变系统。傅里叶变换实质上是一个求解问题的普遍方法。这种"普遍性"(ubiquitous)使人们很容易地把一种领域所发展的傅里叶分析方法推广至其他领域,因为从物理现象来看,许多彼此互不相关的研究问题,都可以利用傅里叶变换有效地处理。因此,通过本课程的学习,可以深入理解数字信号处理过程各种基本变换的涵义及其数学实质,掌握傅里叶变换分析的基本原理和步骤,充分理解信号与变换分析的一般关系。

4. 离散随机信号的数字处理

另外,在现实物理世界中,我们遇到的往往是大量的非确定性信号,即随机信号,如语音、视频序列、机械振动、脑电信号、雷达回波、数字系统的量化误差,以及信号在传输过程中的混叠等各种因素造成的噪声和干扰等,还有股票市场波动等经济现象,都是不可预知的随机信号。对这类信号的数字处理,可以将其描述为一种离散随机过程,利用一些基本的统计特征,如均值、方差、自相关函数或功率谱,可以适当地表示离散随机过程。

5. 数字信号处理的硬件与软件工具的发展

值得指出的是,嵌入式可编程数字信号处理器(digital signal processor,DSP)的出现是数字信号处理及其应用领域中一个飞跃性转折,它使一些复杂的信号处理算法能通过专用 DSP

硬件来实时处理,不再局限于计算机或小规模数字电路组成的处理系统,其应用成本下降,体积减少,灵活性显著提高,而且 DSP 芯片的生产厂家都提供 DSP 应用开发的 C 编译、模拟器或仿真器,用于 DSP 的高效率编程。C 语言是一种很有用的编程工具。C 语言具有结构化、数组和函数调用等高级语言的功能,同时也具备可以位操作、直接硬件输入输出控制和宏块等汇编语言的功能,用 C 语言编写的程序也很容易移植到其他 DSP 上。有些厂家的 DSP 也利用汇编语言来优化器件的性能,以满足一些对时间有苛刻要求的应用。另外,MATLAB 软件已成为数字信号处理与分析的重要工具,利用它所提供的各类函数可以方便地描述、处理或分析数据和系统。因此,要熟练掌握现代数字信号处理技术,不仅要学好有关基础知识,还要掌握好 C 语言,学会应用 DSP 和 MATLAB 软件工具。

本书作为数字信号处理的基础性教材,只讨论一维数字信号处理的内容。在许多数字信号处理应用场合需要二维或多维信号处理技术。尽管一维数字信号处理与多维数字信号处理在理论上存在一些基本的区别,但一维数字信号处理的基本概念和方法都可以推广至多维数字信号处理。

随着计算机和超大规模集成电路技术的发展,数字信号处理不仅在信息技术领域扮演着十分重要的角色,而且其基本原理和方法几乎应用在所有的物理系统和社会计算中,成为一种重要的数值分析、处理与计算的工具。因此,理解和掌握好数字信号处理的基本概念、基本原理和方法,在遇到实际问题时,能激发我们去寻找新的理论与技术,也可以让我们利用一种熟悉的工具进入到一个生疏的研究领域。

第1章 傅里叶分析与采样信号

在许多工程应用中,往往是通过频谱分析信号的特征,或通过分析系统对不同频率信号的响应来研究系统的问题。傅里叶分析是频谱分析的基本方法,它可以把信号表示为各不同频率的正弦分量或复指数信号的线性组合。本章在连续时间信号分析的基础上给出采样信号分析的讨论,首先介绍连续时间周期信号的傅里叶级数(Fourier series,FS)表示和非周期信号的连续时间傅里叶变换(Fourier transform,FT),然后将这些结果推广到采样信号的频谱分析,进而导出离散时间傅里叶变换(discrete-time Fourier transform,DTFT)。采样信号可看作是一个连续时间信号被一组冲激脉冲所调制而得到的。采样信号是时间上离散、幅度上连续的模拟信号,对采样信号进行幅度上的量化,才能适应计算机的处理。通过对采样信号的傅里叶分析,可以建立起连续时间信号与离散时间信号或数字信号之间的关系,进而导出著名的香农采样定理(Shannon's sampling theorem),它确定了任何信号处理的采样系统必须满足的基本采样速率要求。

1.1 连续时间周期信号的傅里叶级数表示

1.1.1 三角函数型傅里叶级数

如果一个连续时间信号 $x(t)$ 是周期的,那么对于一切 t,存在某个正值 T,有

$$x(t) = x(t+T) \tag{1.1}$$

使式(1.1)成立的最小正值 T 称为 $x(t)$ 的基本周期 T_0。信号 $x(t)$ 以周期 T_0 每秒出现的周期数定义为该信号的基频 f_0($f_0 = \dfrac{1}{T_0}$,单位是周期数/秒,称为赫兹(Hz));信号的角频率(也称为基波频率)定义为 $\Omega_0 = 2\pi f_0$ 或 $\dfrac{2\pi}{T_0}$。频率为 $n\Omega_0$ 的正弦信号是频率为 Ω_0 的正弦信号的第 n 次谐波。对于任一连续时间周期信号 $x(t)$ 在一定约束条件下都可以表示为具有与基波频率 Ω_0 成为谐波关系的无限个正弦和余弦信号之和,即三角型傅里叶级数

$$x(t) = \frac{a_0}{2} + \sum_{n=1}^{\infty} \left[a_n \cos(n\Omega_0 t) + b_n \sin(n\Omega_0 t) \right] \tag{1.2}$$

其中正弦函数的振幅(或称系数)用下列积分表示:

$$\left. \begin{aligned} a_n &= \frac{2}{T_0} \int_{-T_0/2}^{T_0/2} x(t) \cos(n\Omega_0 t) \, \mathrm{d}t \\ b_n &= \frac{2}{T_0} \int_{-T_0/2}^{T_0/2} x(t) \sin(n\Omega_0 t) \, \mathrm{d}t \end{aligned} \right\} \tag{1.3}$$

式中 n 为谐波次数。信号 $x(t)$ 包含各种不同频率分量的概念是很重要的。式(1.2)中傅里叶

级数的高频分量是由信号 $x(t)$ 的迅速变化部分造成的。因此，一个幅度急剧变化的信号比一个幅度变化缓慢的信号所包含的高频分量更为丰富。

数学上已经证明，将任一具有周期 T_0 的连续时间周期信号 $x(t)$ 展开为式 (1.2) 的用三角函数表达的傅里叶级数形式，则该信号在任一区间 $[t, t+T_0]$ 必须满足以下狄利克雷 (Dirichlet) 条件：

(1) 在一个周期内信号是绝对可积的，即

$$\int_{-T_0/2}^{T_0/2} |x(t)| \, \mathrm{d}t < \infty$$

(2) 在一个周期内只有有限个不连续点，且不连续点的函数值是有限值；

(3) 在一个周期内只有有限个最大值和最小值。

通常，工程应用中所遇到的周期信号都满足以上三个条件。

1.1.2　指数型傅里叶级数

虽然三角函数型傅里叶级数表达式 (1.2) 和式 (1.3) 被广泛地用于信号分析的实际问题，但使用指数型傅里叶级数表示进一步发展了信号分析与处理的理论方法。三角函数与复指数函数有着密切的联系，根据欧拉公式有

$$\cos(n\Omega_0 t) = \frac{\mathrm{e}^{\mathrm{j}n\Omega_0 t} + \mathrm{e}^{-\mathrm{j}n\Omega_0 t}}{2}, \quad \sin(n\Omega_0 t) = \frac{\mathrm{e}^{\mathrm{j}n\Omega_0 t} - \mathrm{e}^{-\mathrm{j}n\Omega_0 t}}{2\mathrm{j}}$$

将上述关系式代入式 (1.2)，可得

$$x(t) = \frac{a_0}{2} + \sum_{n=1}^{\infty} \frac{a_n - \mathrm{j}b_n}{2} \mathrm{e}^{\mathrm{j}n\Omega_0 t} + \sum_{n=1}^{\infty} \frac{a_n + \mathrm{j}b_n}{2} \mathrm{e}^{-\mathrm{j}n\Omega_0 t} \tag{1.4}$$

令复系数

$$c_n = \frac{a_n - \mathrm{j}b_n}{2}, \quad c_n^* = \frac{a_n + \mathrm{j}b_n}{2}$$

式中"$*$"表示复共轭。由式 (1.3) 可知，当 $x(t)$ 为实信号时，有 $a_{-n} = a_n$，$b_{-n} = -b_n$，因此

$$c_n^* = \frac{a_{-n} - \mathrm{j}b_{-n}}{2} = c_{-n} \quad \text{或} \quad c_{-n}^* = c_n$$

将 c_n 及 c_n^* 代入式 (1.4) $x(t)$ 的级数表达式，得

$$\begin{aligned} x(t) &= c_0 + \sum_{n=1}^{\infty} c_n \mathrm{e}^{\mathrm{j}n\Omega_0 t} + \sum_{n=1}^{\infty} c_n^* \mathrm{e}^{-\mathrm{j}n\Omega_0 t} \\ &= c_0 + \sum_{n=1}^{\infty} c_n \mathrm{e}^{\mathrm{j}n\Omega_0 t} + \sum_{n=-\infty}^{-1} c_n \mathrm{e}^{\mathrm{j}n\Omega_0 t} \\ &= \sum_{n=-\infty}^{\infty} c_n \mathrm{e}^{\mathrm{j}n\Omega_0 t} = \sum_{n=-\infty}^{\infty} X(n\Omega_0) \mathrm{e}^{\mathrm{j}n\Omega_0 t} \end{aligned} \tag{1.5}$$

式中系数 c_n 记作 $X(n\Omega_0)$。式 (1.5) 称为指数型傅里叶级数表达式。它表明一个连续时间的周期信号可以由无限多个成谐波关系的复指数信号组成，Ω_0 是基波频率，n 是谐波次数。在式 (1.5) 中，$n=0$ 这一项是一个常数 c_0，称为直流分量，$n=\pm 1$ 这两项都有基波频率等于 Ω_0，两者合在一起称为基波分量或一次谐波分量。依此类推，$n=\pm N$ 的两个分量称为第 N 次谐波分量。它们的振幅和相位由 c_n 决定，且有

$$c_n = \frac{a_n - \mathrm{j}b_n}{2} = \frac{1}{2} \frac{2}{T_0} \int_{-T_0/2}^{T_0/2} x(t) [\cos(n\Omega_0 t) - \mathrm{j}\sin(n\Omega_0 t)] \mathrm{d}t$$

$$= \frac{1}{T_0} \int_{-T_0/2}^{T_0/2} x(t) e^{-jn\Omega_0 t} dt = X(n\Omega_0), \quad n = 0, \pm 1, \pm 2, \cdots \tag{1.6}$$

由此可见,系数 c_n 是复数,并且是离散变量 $n\Omega_0$ 的函数,n 是 $(-\infty,\infty)$ 内的整数。

1.1.3　傅里叶级数的波形分解

上述讨论表明,利用正弦型信号或复指数信号可以准确地描述一个连续时间周期信号。不同波形的周期信号其区别仅仅在于基频 Ω_0 或基本周期 T_0,以及各次谐波分量的幅度和相位的不同。由于式(1.6)定义的 $X(n\Omega_0)$ 是离散频率 $n\Omega_0$ 的复函数,因此 $X(n\Omega_0)$ 可用复数形式表示为

$$X(n\Omega_0) = |X(n\Omega_0)| e^{j\theta_n} \tag{1.7}$$

对于一给定周期信号,复数集合 $X(n\Omega_0)$ 称为该信号的频谱,$|X(n\Omega_0)|$ 为频谱的幅度,称为幅频特性;θ_n 为相位谱,它反映了不同频率分量的初相角随频率变化的特性,称为相频特性。一个信号 $x(t)$ 的频谱构成了对该信号的频域描述,与此对照的是 $x(t)$ 用时间函数表征的时域描述。

图 1.1 给出了傅里叶级数表示的一个直观的波形分解说明。如图所示,一个连续时间周期信号 $x(t)$ 的波形的傅里叶级数表示的实质是:把这个信号的波形分解成许多不同频率的正弦波之和,如果将这些正弦波相加能成为原来信号 $x(t)$ 的波形,那么,我们就确定了这个信号的傅里叶级数表示。

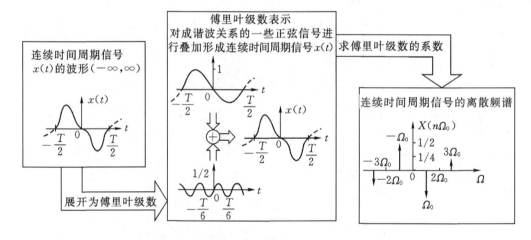

图 1.1　连续时间周期信号的傅里叶级数的波形分解表示

由以上讨论可以看到,式(1.6)的 c_n 是离散频率的函数,也就是说连续时间周期信号的频谱是由离散的谱线组成,它们由直流分量($\Omega = 0$ 处的值)和 Ω_0 的 n 次谐波分量组成,n 是 $(-\infty,\infty)$ 区间内的整数。信号的频谱反映了信号时域波形变化的情况,变化越剧烈,频谱高频分量越多,即谱线越多。反之,波形变化缓慢,高频分量减少,谱线迅速衰减。

上述对两种不同形式的傅里叶级数的讨论表明,任意波形的周期信号都可以分解为两种基本连续时间信号,即正弦信号或复指数信号。由于它们都是以 Ω_0 为基频的周期信号,因而各组成分量之间都存在着谐波关系。对于不同形状的周期信号,只是各组成谐波分量的频率、幅度和初相位有所不同而已。

例 1.1　求图 1.2(a)所示锯齿波信号的频谱,并画出相应的幅度谱和相位谱。

解　由图 1.2(a)可知该锯齿波信号在一个周期内的解析式为

$$x(t) = \frac{2A}{T_0}t, \ -\frac{T_0}{2} \leqslant t < \frac{T_0}{2}$$

根据式(1.2)和式(1.3),分别求得

$$a_0 = 0$$

$$a_n = 0$$

$$b_n = \frac{2A}{n\pi}(-1)^{n+1}$$

上面各系数的求解过程留作习题(见习题 1.1),因此,$x(t)$ 的频谱为

$$X(n\Omega_0) = c_n = \frac{a_n - \mathrm{j}b_n}{2} = \frac{-\mathrm{j}b_n}{2} = \mathrm{j}\frac{A}{n\pi}(-1)^n$$

从而有

$$\mid X(n\Omega_0) \mid = \mid \frac{A}{n\pi} \mid, \ n \neq 0$$

$$\theta_n = \begin{cases} (-1)^{n+1}(-\frac{\pi}{2}), & n = 1, 2, \cdots \\ -(-1)^{n+1}(-\frac{\pi}{2}), & n = -1, -2, \cdots \end{cases}$$

相应的幅度谱和相位谱分别如图 1.2(b)和(c)所示。

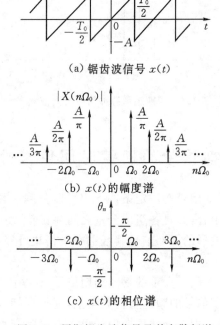

(a) 锯齿波信号 $x(t)$

(b) $x(t)$ 的幅度谱

(c) $x(t)$ 的相位谱

图 1.2　周期锯齿波信号及其离散频谱

例 1.2　求图 1.3 所示的周期矩形脉冲信号 $x(t)$ 的指数型傅里叶级数表达式和频谱。

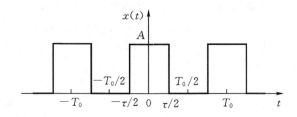

图 1.3　例 1.2 周期矩形脉冲信号

解　由图 1.3 可知,该矩形脉冲信号在一个周期内的解析式为

$$x(t) = \begin{cases} A, & -\tau/2 \leqslant t \leqslant \tau/2 \\ 0, & \text{其他} \end{cases}$$

应用式(1.6)求得复系数

$$c_n = X(n\Omega_0) = \frac{1}{T_0} \int_{-\tau/2}^{\tau/2} A e^{-jn\Omega_0 t} dt = A \frac{\tau}{T_0} \frac{\sin(n\Omega_0 \tau/2)}{n\Omega_0 \tau/2}$$

上式是周期矩形脉冲信号 $x(t)$ 的频谱,故 $x(t)$ 的指数型傅里叶级数表达式为

$$x(t) = \sum_{n=-\infty}^{\infty} c_n e^{jn\Omega_0 t} = \sum_{n=-\infty}^{\infty} A \frac{\tau}{T_0} \frac{\sin(n\Omega_0 \tau/2)}{n\Omega_0 \tau/2} e^{jn\Omega_0 t}$$

图 1.4 给出了该矩形脉冲信号的频谱,$n=0$ 处的值 $|X(0)|$ 是该信号的直流分量。

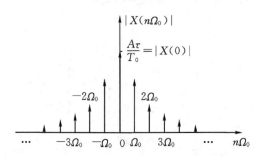

图 1.4　周期矩形脉冲信号的离散频谱

1.2　非周期信号的连续时间傅里叶变换表示

由上节讨论可知,任一周期信号在一定条件下都可以分解为具有谐波关系的无限多个正弦信号或复指数信号的线性组合,并且各组成分量之间存在着谐波关系,它们构成了周期信号的傅里叶级数表达式。不同波形的周期信号其区别在于傅里叶级数表达式中的系数不同,即信号的频谱不同。

事实上,在自然界和实际工程中大量的是非周期信号,这些信号也是能量有限的。我们感兴趣的是如何表示这类非周期信号的频谱。在数学上,任何周期信号都可以看作由一个非周期信号的周期重复延拓而形成,而一个非周期信号可以看成是周期信号的周期趋于无穷大的极限情况。

设一个非周期信号为 $x(t)$,它具有有限持续期,即当 $|t| > T_1$ 时,$x(t) = 0$,如图 1.5(a)所示。选择一个 T,使 $T \geqslant 2T_1$,将 $x(t)$ 以 T 为周期,进行重复延拓,得到其周期延拓信号为 $x_T(t)$,周期为 T,如图 1.5(b)所示。当 T 选得相当大时,这样 $x_T(t)$ 在一个更长的时段区间内与 $x(t)$ 一致,随着 $T \to \infty$,对任意有限时间来说,$x_T(t)$ 就等于 $x(t)$。

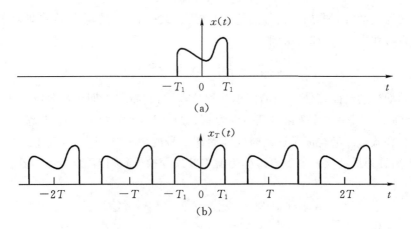

图 1.5　非周期信号 $x(t)$ 与其周期延拓信号 $x_T(t)$

以上所讨论的周期信号 $x_T(t)$ 与非周期信号 $x(t)$ 的关系表示为

$$x_T(t) = \sum_{n=-\infty}^{\infty} x(t + nT) \tag{1.8}$$

当 $T \to \infty$ 时,有

$$x(t) = \lim_{T \to \infty} x_T(t) \tag{1.9}$$

这样,表示 $x_T(t)$ 的傅里叶级数也一定能在 $T \to \infty$ 时表示 $x(t)$。现在来考察在这种情况下,$x_T(t)$ 的傅里叶级数表达式的变化。根据连续时间周期信号的傅里叶级数表达式(1.5)和式(1.6),并将式(1.6)的积分区间取为 $-T/2$ 到 $T/2$,于是有

$$x_T(t) = \sum_{n=-\infty}^{\infty} X(n\,\Omega_0) \mathrm{e}^{\mathrm{j}n\,\Omega_0 t} \tag{1.10}$$

和

$$X(n\,\Omega_0) = \frac{1}{T} \int_{-T/2}^{T/2} x_T(t) \mathrm{e}^{-\mathrm{j}n\,\Omega_0 t} \mathrm{d}t \tag{1.11}$$

将式(1.11)代入式(1.10),得到

$$\begin{aligned}
x_T(t) &= \sum_{n=-\infty}^{\infty} \left[\frac{1}{T} \int_{-T/2}^{T/2} x_T(t) \mathrm{e}^{-\mathrm{j}n\,\Omega_0 t} \mathrm{d}t \right] \mathrm{e}^{\mathrm{j}n\,\Omega_0 t} \\
&= \sum_{n=-\infty}^{\infty} \left[\frac{\Omega_0}{2\pi} \int_{-T/2}^{T/2} x_T(t) \mathrm{e}^{-\mathrm{j}n\,\Omega_0 t} \mathrm{d}t \right] \mathrm{e}^{\mathrm{j}n\,\Omega_0 t}
\end{aligned} \tag{1.12}$$

显然,上式当 $T \to \infty$ 时,有 $\Omega_0 = \dfrac{2\pi}{T} \to \mathrm{d}\Omega$,即相邻的两根谱线之间的间隔趋于无穷小,变成频率的连续函数,离散变量 $n\Omega_0$ 趋于连续变量 Ω,求和运算 $\displaystyle\sum_{n=-\infty}^{\infty}$ 趋于积分运算 $\displaystyle\int_{-\infty}^{\infty}$,因此式(1.12)的傅里叶级数表示变为

$$x(t) = \frac{1}{2\pi}\int_{-\infty}^{\infty}\left[\int_{-\infty}^{\infty}x(t)\,\mathrm{e}^{-\mathrm{j}\Omega t}\,\mathrm{d}t\right]\mathrm{e}^{\mathrm{j}\Omega t}\,\mathrm{d}\Omega \qquad (1.13)$$

上式方括号内的积分是参变量 Ω 的函数,记作 $X(\mathrm{j}\Omega)$,即

$$X(\mathrm{j}\Omega) = \int_{-\infty}^{\infty}x(t)\,\mathrm{e}^{-\mathrm{j}\Omega t}\,\mathrm{d}t \qquad (1.14)$$

式(1.14)定义为连续时间非周期信号的傅里叶变换,式中的 $X(\mathrm{j}\Omega)$ 称为非周期信号的频谱。

将式(1.14)代入式(1.13),得到

$$x(t) = \frac{1}{2\pi}\int_{-\infty}^{\infty}X(\mathrm{j}\Omega)\,\mathrm{e}^{\mathrm{j}\Omega t}\,\mathrm{d}\Omega \qquad (1.15)$$

上式就是非周期连续时间信号 $x(t)$ 的傅里叶积分表示,它将非周期信号分解为无穷多个频率为 Ω(从 $-\infty$ 到 $+\infty$ 区间连续变化),且幅度为 $X(\mathrm{j}\Omega)/(2\pi)$ 的复指数 $\mathrm{e}^{\mathrm{j}\Omega t}$ 的连续和。

式(1.14)和式(1.15)构成了连续时间非周期信号的傅里叶变换对,其中式(1.14)称为傅里叶正变换(简称傅氏变换),式(1.15)称为傅里叶反变换(简称傅氏反变换),这种变换关系也常常表示为

$$X(\mathrm{j}\Omega) = \mathscr{F}\big[x(t)\big], \; x(t) = \mathscr{F}^{-1}\big[X(\mathrm{j}\Omega)\big]$$

或用符号"$\Leftrightarrow$"记作

$$x(t) \Leftrightarrow X(\mathrm{j}\Omega)$$

$X(\mathrm{j}\Omega)$ 是一个复函数,因此可以写成如下形式

$$X(\mathrm{j}\Omega) = \mathrm{Re}\big[X(\mathrm{j}\Omega)\big] + \mathrm{j}\mathrm{Im}\big[X(\mathrm{j}\Omega)\big]$$

式中,$\mathrm{Re}\big[X(\mathrm{j}\Omega)\big]$ 和 $\mathrm{Im}\big[X(\mathrm{j}\Omega)\big]$ 分别为 $X(\mathrm{j}\Omega)$ 的实部和虚部,两者都是 Ω 的实函数。由于 $\mathrm{e}^{\mathrm{j}\Omega t} = \cos\Omega t + \mathrm{j}\sin\Omega t$,当 $x(t)$ 为实函数时,则有

$$\mathrm{Re}\big[X(\mathrm{j}\Omega)\big] = \int_{-\infty}^{\infty}x(t)\cos\Omega t\,\mathrm{d}t$$

和

$$\mathrm{Im}\big[X(\mathrm{j}\Omega)\big] = -\int_{-\infty}^{\infty}x(t)\sin\Omega t\,\mathrm{d}t$$

因此 $\mathrm{Re}\big[X(\mathrm{j}\Omega)\big]$ 为 Ω 的偶函数,即 $\mathrm{Re}\big[X(\mathrm{j}\Omega)\big] = \mathrm{Re}\big[X(-\mathrm{j}\Omega)\big]$;而 $\mathrm{Im}\big[X(\mathrm{j}\Omega)\big]$ 为 Ω 的奇函数,即 $\mathrm{Im}\big[X(\mathrm{j}\Omega)\big] = -\mathrm{Im}\big[X(-\mathrm{j}\Omega)\big]$;并且 $X^*(\mathrm{j}\Omega) = X(-\mathrm{j}\Omega)$。

$X(\mathrm{j}\Omega)$ 也可以表示成另一种形式

$$X(\mathrm{j}\Omega) = |X(\mathrm{j}\Omega)|\,\mathrm{e}^{\mathrm{j}\theta(\Omega)}$$

式中,$|X(\mathrm{j}\Omega)|$ 和 $\theta(\Omega)$ 分别为 $X(\mathrm{j}\Omega)$ 的幅谱和相谱,且有如下关系式

$$|X(\mathrm{j}\Omega)| = \sqrt{\mathrm{Re}^2\big[X(\mathrm{j}\Omega)\big] + \mathrm{Im}^2\big[X(\mathrm{j}\Omega)\big]}$$

$$\theta(\Omega) = \arctan\frac{\mathrm{Im}\big[X(\mathrm{j}\Omega)\big]}{\mathrm{Re}\big[X(\mathrm{j}\Omega)\big]}$$

将式(1.14)和式(1.15)与周期信号的傅里叶级数表达式(1.5)和式(1.6)比较,可以看出,非周期信号的频谱 $X(\mathrm{j}\Omega)$ 是连续的,不再有周期信号频谱 $X(n\Omega_0)$ 所具有的离散性和谐波性,但它们依然存在密切的关联。

下面进一步讨论 $X(\mathrm{j}\Omega)$ 与 $X(n\Omega_0)$ 之间的关系。由图 1.5 可以看到,当 $|t| < \dfrac{T}{2}$ 时,$x_T(t) = x(t)$,而在其他时间段 $x(t) = 0$,故式(1.6)可改写为

$$X(n\Omega_0) = \frac{1}{T}\int_{-T/2}^{T/2} x(t)\mathrm{e}^{-jn\Omega_0 t}\mathrm{d}t = \frac{1}{T}\int_{-\infty}^{\infty} x(t)\mathrm{e}^{-jn\Omega_0 t}\mathrm{d}t \tag{1.16}$$

将上式与式(1.14)比较后可得

$$X(n\Omega_0) = \frac{1}{T}X(j\Omega)\Big|_{\Omega=n\Omega_0} \tag{1.17}$$

式(1.17)说明周期信号 $x_T(t)$ 的傅里叶系数 $X(n\Omega_0)$ 正比于一个周期内 $x_T(t)$ 信号的傅里叶变换 $X(j\Omega)$ 的样本。这一关系在实际中常常是有用的。

由于上述非周期信号的连续时间傅里叶变换的推导引入了极限处理,由周期信号的傅里叶级数表示演变而来的,因此,非周期信号 $x(t)$ 是否存在傅里叶变换同样也应满足狄利克雷条件:

(1) $x(t)$ 在无限区间内必须是绝对可积的,即

$$\int_{-\infty}^{\infty} |x(t)|\,\mathrm{d}t < \infty;$$

(2) 在任意有限区间内,$x(t)$ 仅有有限个不连续点,不连续点的值为有限值;

(3) 在任意有限区间内,$x(t)$ 只有有限个最大值和最小值。

这里要强调的是,狄利克雷条件是傅里叶变换存在和逐点收敛的充分条件,而不是必要条件,例如,指数增长的信号不满足条件(1),它不存在傅里叶变换,但是,$\sin(\alpha t)/t$ 形成的信号也不满足条件(1),而它却有一个傅里叶变换。

任何在实际中所产生的信号都满足狄利克雷条件,因此它们都有傅里叶变换。简言之,一个信号的物理存在就是它的傅里叶变换存在的充分条件。

例 1.3　求图 1.6 所示的矩形脉冲信号 $x(t)$ 的频谱密度,并绘出其幅度频谱和相位频谱。

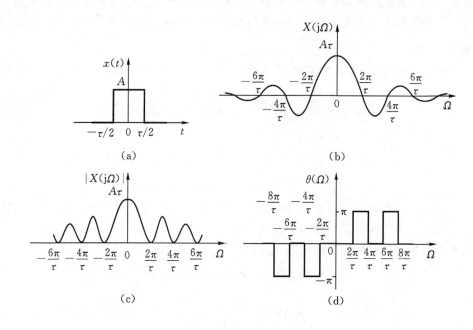

图 1.6　矩形脉冲的幅度频谱与相位频谱

解　由图 1.6 可知

$$x(t) = \begin{cases} A, & -\dfrac{\tau}{2} \leqslant t < \dfrac{\tau}{2} \\ 0, & \text{其他} \end{cases}$$

根据非周期信号频谱的定义式(1.14),可得

$$X(\mathrm{j}\Omega) = \int_{-\infty}^{\infty} x(t)\mathrm{e}^{-\mathrm{j}\Omega t}\,\mathrm{d}t = \int_{-\tau/2}^{\tau/2} A\mathrm{e}^{-\mathrm{j}\Omega t}\,\mathrm{d}t$$

$$= \frac{A}{-\mathrm{j}\Omega}(\mathrm{e}^{-\mathrm{j}\Omega\tau/2} - \mathrm{e}^{\mathrm{j}\Omega\tau/2}) = A\tau\,\frac{\sin(\Omega\tau/2)}{\Omega\tau/2}$$

式中,$X(\mathrm{j}\Omega)$ 是实数,其频谱的分布如图 1.6(b)所示,将 $X(\mathrm{j}\Omega)$ 从正值变到负值视为在相位上变化 $\pm\pi$,则可画出其幅度频谱 $|X(\mathrm{j}\Omega)|$ 和相位频谱 $\theta(\Omega)$,分别如图 1.6(c)、(d)所示。

与例 1.1 一样,在例 1.3 的 $X(\mathrm{j}\Omega)$ 的表达式中保留了明显地可以相消的因子,这是为了突出 $(\sin x)/x$ 的形式。这种函数形式在傅里叶分析及在线性时不变系统的研究中经常出现,又称之为 sinc 函数。由图 1.6 可见,非周期矩形脉冲的频谱是连续频谱,其形状与周期矩形脉冲信号的离散频谱的包络线相似。

从 1.1 节和 1.2 节的讨论可以清楚地看到,时域函数的连续性带来其频域函数的非周期性,而时域函数的非周期性造成了频谱的连续性。另外,在理解傅里叶变换的基本概念方面应该牢记,傅里叶表示是通过无始无终的正弦(或指数)来表示信号的一种方式。

1.3　连续时间傅里叶变换的性质

在学习和应用傅里叶分析方法时,需要进一步理解傅里叶变换的一些基本性质和这些性质的数学关系。形象地用图形来解释这些基本性质可以加深对这些基本性质的数学关系的理解。下面结合图解的表示来直观地说明连续时间傅里叶变换的这些性质。

1. 线性

若 $x(t)$ 和 $y(t)$ 分别有傅里叶变换 $X(\mathrm{j}\Omega)$ 和 $Y(\mathrm{j}\Omega)$,则对任意常数 a_1 和 a_2,有傅里叶变换对

$$a_1 x(t) + a_2 y(t) \Leftrightarrow a_1 X(\mathrm{j}\Omega) + a_2 Y(\mathrm{j}\Omega) \tag{1.18}$$

证明如下:

$$\int_{-\infty}^{\infty} [a_1 x(t) + a_2 y(t)]\mathrm{e}^{-\mathrm{j}\Omega t}\,\mathrm{d}t = \int_{-\infty}^{\infty} a_1 x(t)\mathrm{e}^{-\mathrm{j}\Omega t}\,\mathrm{d}t + a_2 y(t)\mathrm{e}^{-\mathrm{j}\Omega t}\,\mathrm{d}t$$

$$= a_1 X(\mathrm{j}\Omega) + a_2 Y(\mathrm{j}\Omega) \tag{1.19}$$

式(1.18)傅里叶变换对是相当重要的,因为上述性质可以推广到有限多个信号的情况,它表明傅里叶变换是具有齐次性和叠加性的一种线性运算。为了进一步说明线性性质,图 1.7 给出了以下傅里叶变换对的线性运算的图形表示。

$$x(t) = \frac{K}{2\pi} \Leftrightarrow X(\mathrm{j}\Omega) = K\delta(\Omega)$$

$$y(t) = \frac{A\cos(\Omega_0 t)}{2\pi} \Leftrightarrow Y(\mathrm{j}\Omega) = \frac{A}{2}\delta(\Omega - \Omega_0) + \frac{A}{2}\delta(\Omega + \Omega_0)$$

由线性性质有

$$x(t) + y(t) = \frac{K}{2\pi} + \frac{A\cos(\Omega_0 t)}{2\pi} \Leftrightarrow X(\mathrm{j}\Omega) + Y(\mathrm{j}\Omega) = K\delta(\Omega) + \frac{A}{2}\delta(\Omega - \Omega_0) + \frac{A}{2}\delta(\Omega + \Omega_0)$$

(a)恒定幅度信号的傅里叶变换

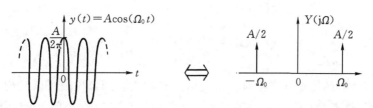

(b)$A\cos(\Omega_0 t)$的傅里叶变换

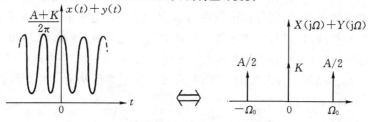

(c)两个信号相加的傅里叶变换

图 1.7 傅里叶变换的线性性质

图 1.7(a)、(b)、(c)分别说明了上述各个傅里叶变换对。

2. 对偶性(互易性)

将傅里叶变换对式(1.14)和式(1.15)做一比较,可以看到这两个式子虽然不完全相同,但它们在形式上是相似的,这一对称性导致了傅里叶变换的对偶性。

若 $x(t)$ 和 $X(\mathrm{j}\Omega)$ 是一傅里叶变换对 $x(t) \Leftrightarrow X(\mathrm{j}\Omega)$,则有

$$X(\mathrm{j}t) \Leftrightarrow 2\pi x(-\Omega) \tag{1.20}$$

上式是将 $X(\mathrm{j}\Omega)$ 中的积分变量 Ω 用 t 来替代,$x(t)$ 中的参数 t 用 $-\Omega$ 来替代,即所谓的互易。该式说明,若 $x(t)$ 的频谱为 $X(\mathrm{j}\Omega)$,则波形与 $X(\mathrm{j}\Omega)$ 相同的时域信号 $X(\mathrm{j}t)$,其频谱形状与时域信号 $x(t)$ 相同,为 $x(-\Omega)$。

为了建立上述的傅里叶变换对,将式(1.15)改写为

$$x(-t) = \frac{1}{2\pi}\int_{-\infty}^{\infty} X(\mathrm{j}\Omega)\mathrm{e}^{-\mathrm{j}\Omega t}\mathrm{d}\Omega \tag{1.21}$$

将上式中的参数 t 和积分变量 Ω 互换,即互易,得到

$$2\pi x(-\Omega) = \int_{-\infty}^{\infty} X(\mathrm{j}t)\mathrm{e}^{-\mathrm{j}\Omega t}\mathrm{d}t \tag{1.22}$$

上式右边是 $X(\mathrm{j}t)$ 的傅里叶变换,即

$$X(\mathrm{j}t) \Leftrightarrow 2\pi x(-\Omega)$$

如果 $x(t)$ 是偶函数,即 $x(t)=x(-t)$ 则有

$$X(\mathrm{j}t) \quad \Leftrightarrow \quad 2\pi x(\Omega)$$

为了说明这个性质,考虑傅里叶变换对(参见例 1.3)

$$x(t) = \begin{cases} A, & |t| < \dfrac{\tau}{2} \\ 0, & |t| > \dfrac{\tau}{2} \end{cases} \Leftrightarrow A\tau \frac{\sin(\Omega\tau/2)}{\Omega\tau/2} \tag{1.23}$$

由对偶性定理,得

$$A\tau \frac{\sin(\frac{\tau}{2}t)}{\frac{\tau}{2}t} \Leftrightarrow 2\pi x(-\Omega) = 2\pi x(\Omega) = \begin{cases} 2\pi A, & |\Omega| < \tau/2 \\ 0, & |\Omega| > \tau/2 \end{cases} \tag{1.24}$$

图 1.8 示出了式(1.24)的傅里叶变换对。由式(1.23)和式(1.24)比较可以发现,傅里叶变换是完全对称的,对偶性即为对称性。通过图 1.8 与前面例 1.3 的图 1.6 比较也能清楚地看到这一点。对偶性是一个很有意义的关系,在这种情况下,傅里叶变换对都是由形式为 sinc 函数和一个矩形脉冲函数组成,它们各自出现在时域和频域中。这种特殊的关系是傅里叶变换具有对偶性的一个直接结果。例如,冲激信号的频谱为直流信号,则直流信号的频谱为冲激信号。应用这种对称性,可以省去许多复杂的数学推导。上面讨论的对称性可以推广到一般的傅里叶变换中去。对于任何变换对来说,在时间和频率变量之后都有一种对偶关系。

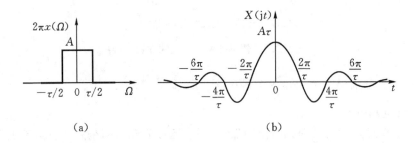

图 1.8　频域波形为矩形脉冲的傅里叶变换对

3. 时间尺度变化

若 $x(t)$ 的傅里叶变换是 $X(\mathrm{j}\Omega)$,则 $x(kt)$ 的傅里叶变换为

$$\int_{-\infty}^{\infty} x(kt)\mathrm{e}^{-\mathrm{j}\Omega t}\mathrm{d}t = \int_{-\infty}^{\infty} x(t')\mathrm{e}^{-\mathrm{j}\Omega\frac{t'}{k}}\mathrm{d}\frac{t'}{k} = \frac{1}{k}X(\mathrm{j}\frac{\Omega}{k}) \tag{1.25}$$

式中 $t'=kt,k$ 是非零实常数。当 k 为负时,因为积分限互换,式(1.25)右边的项改变符号。于是,时间尺度改变的傅里叶变换对为

$$x(kt) \Leftrightarrow \frac{1}{|k|}X(\mathrm{j}\frac{\Omega}{k}) \tag{1.26}$$

　　如图 1.9 所示,时间尺度的扩展相应于频率尺度的压缩。需要指出的是,当时间尺度扩展时,频率尺度缩小,但频谱幅度增大,以使频谱曲线下的面积保持不变。例如,对录音播放速度的快、慢控制,当 $k>1$ 时,相当于对录音信号 $x(t)$ 的波形在时间轴上压缩至原来的 $\frac{1}{k}$;当 $0<k<1$ 时,则是将信号 $x(t)$ 的波形扩展至原来的 $1/k$。播放录音速度快(对应 $k>1$)会使人感到

声音的频率高,实质上是信号的时域压缩使信号的频谱得到扩展;播放速度慢(对应 $k<1$),则使信号的时域扩展导致信号频谱得到压缩,声音就变得低沉。从图 1.9 也可以看到,当信号在时间域扩展时,信号的频谱能量向低频区域集中。

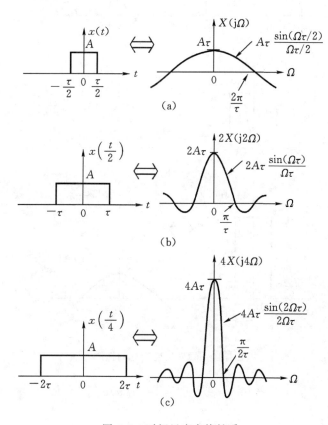

图 1.9 时间尺度变换性质

4. 频率尺度变化

若 $X(j\Omega)$ 的傅里叶反变换是 $x(t)$,k 是非零实常数,则 $X(jk\Omega)$ 的傅里叶反变换

$$\frac{1}{|k|}x\left(\frac{t}{k}\right) \Leftrightarrow X(jk\Omega) \tag{1.27}$$

为证明上述关系式,令 $\Omega'=k\Omega$,并将 $\Omega=\dfrac{\Omega'}{k}$ 代入式(1.15),得

$$\frac{1}{2\pi}\int_{-\infty}^{\infty} X(jk\Omega)e^{j\Omega t}d\Omega = \frac{1}{2\pi}\int_{-\infty}^{\infty} X(j\Omega')e^{j\frac{\Omega'}{k}t}d\frac{\Omega'}{k} \tag{1.28}$$

当 k 取负数时,上式右边的项改变符号,因此,频率尺度改变的傅里叶反变换为

$$\frac{1}{2\pi}\int_{-\infty}^{\infty} X(jk\Omega)e^{j\Omega t}d\Omega = \frac{1}{|k|}x\left(\frac{t}{k}\right) \tag{1.29}$$

如图 1.10 所示,与信号时间尺度改变类似,信号频率尺度的扩展导致其时间尺度的压缩和时间函数的幅度增大。利用对偶性表示式(1.20)和时间尺度变化关系式(1.26)也可以得到式(1.27)。

5. 时间移位

若 $x(t)$ 的自变量 t 移位一个常量 t_0,$u=t-t_0$,代入傅里叶变换式(1.14),得

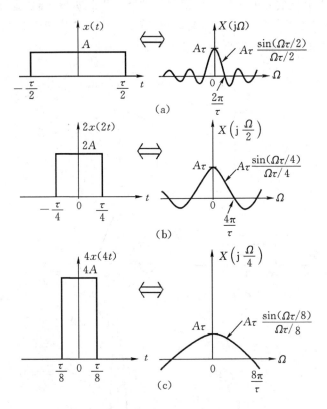

图 1.10　频率尺度变化的性质

$$\int_{-\infty}^{\infty} x(t-t_0)\mathrm{e}^{-\mathrm{j}\Omega t}\,\mathrm{d}t = \int_{-\infty}^{\infty} x(u)\mathrm{e}^{-\mathrm{j}\Omega(u+t_0)}\,\mathrm{d}u$$

$$= \mathrm{e}^{-\mathrm{j}\Omega t_0}\int_{-\infty}^{\infty} x(u)\mathrm{e}^{-\mathrm{j}\Omega u}\,\mathrm{d}u$$

$$= \mathrm{e}^{-\mathrm{j}\Omega t_0} X(\mathrm{j}\Omega) \tag{1.30}$$

于是有

$$x(t-t_0) \Leftrightarrow X(\mathrm{j}\Omega)\mathrm{e}^{-\mathrm{j}\Omega t_0} \tag{1.31}$$

图 1.11 给出了时间移位关系式(1.31)变换对的图解说明,由该图可以看出,时间移位引起频域的相位 $\theta(\Omega) = \arctan\left[\dfrac{\mathrm{Im}[X(\mathrm{j}\Omega)]}{\mathrm{Re}[X(\mathrm{j}\Omega)]}\right]$ 的变化,即在信号的频谱中产生一个线性相移。需要注意的是,时间移位不改变傅里叶变换的幅值,这是因为

$$X(\mathrm{j}\Omega)\mathrm{e}^{-\mathrm{j}\Omega t_0} = X(\mathrm{j}\Omega)[\cos(\Omega t_0) - \mathrm{j}\sin(\Omega t_0)] \tag{1.32}$$

因此,其幅值大小由下式给出

$$|X(\mathrm{j}\Omega)\mathrm{e}^{-\mathrm{j}\Omega t_0}| = \sqrt{X^2(\mathrm{j}\Omega)\cdot[\cos^2(\Omega t_0) + \sin^2(\Omega t_0)]} = \sqrt{X^2(\mathrm{j}\Omega)} \tag{1.33}$$

为简单起见,这里假定 $X(\mathrm{j}\Omega)$ 为实函数。时间移位的性质可以很容易地推广到 $X(\mathrm{j}\Omega)$ 为复函数的情况。

6. 频率移位(调制特性)

若 $X(\mathrm{j}\Omega)$ 的自变量 Ω 移位一个常量 Ω_0,则它的傅里叶反变换(即在时域上的信号)被乘以

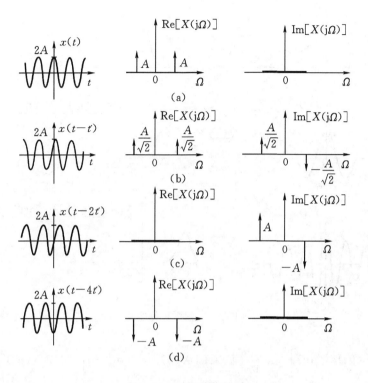

图 1.11　时间移位性质

$e^{j\Omega_0 t}$, 即

$$x(t)e^{j\Omega_0 t} \Leftrightarrow X[j(\Omega - \Omega_0)] \tag{1.34}$$

对傅里叶反变换式(1.15)作变量替换 $v = \Omega - \Omega_0$, 可以导出式(1.34)的关系式, 即

$$\frac{1}{2\pi}\int_{-\infty}^{\infty} X[j(\Omega - \Omega_0)]e^{j\Omega t}d\Omega = \frac{1}{2\pi}\int_{-\infty}^{\infty} X(v)e^{j(v+\Omega_0)t}dv$$

$$= e^{j\Omega_0 t}\frac{1}{2\pi}\int_{-\infty}^{\infty} X(v)e^{jvt}dv = e^{j\Omega_0 t}x(t) \tag{1.35}$$

　　图 1.12 给出了频率移位关系式(1.34)变换对的图解说明。假定频率函数 $X(j\Omega)$ 是实的, 此时, 频率左、右移位后的叠加再乘以 $1/2$, 使得在时域中时间函数 $x(t)$ 与一个余弦函数相乘, 该余弦函数的频率等于频率的位移量 Ω_0(如图 1.12 所示), 这个过程通常称为调制。调制特性在通信和测控技术中有着广泛应用。

7. 傅里叶反变换的另一种形式

　　傅里叶反变换式(1.15)也可表示成

$$x(t) = \left[\frac{1}{2\pi}\int_{-\infty}^{\infty} X^*(j\Omega)e^{-j\Omega t}d\Omega\right]^* \tag{1.36}$$

式中 $X^*(j\Omega)$ 是 $X(j\Omega)$ 的共轭; 也就是, 若 $X(j\Omega) = \text{Re}[X(j\Omega)] + j\text{Im}[X(j\Omega)]$, 则 $X^*(j\Omega) = \text{Re}[X(j\Omega)] - j\text{Im}[X(j\Omega)]$。只要完成共轭运算, 即可证明式(1.36):

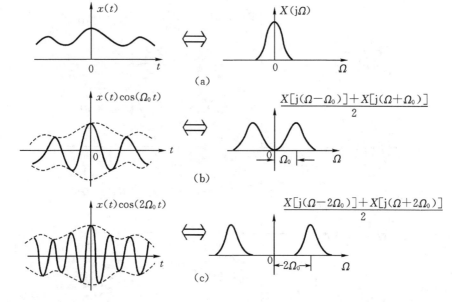

图 1.12 频率移位性质

$$\left[\frac{1}{2\pi}\int_{-\infty}^{\infty}X^*(j\Omega)e^{-j\Omega t}d\Omega\right]^* = \frac{1}{2\pi}\left[\int_{-\infty}^{\infty}\mathrm{Re}[X(j\Omega)]e^{-j\Omega t}d\Omega - j\int_{-\infty}^{\infty}\mathrm{Im}[X(j\Omega)]e^{-j\Omega t}d\Omega\right]^*$$

$$= \frac{1}{2\pi}\left\{\int_{-\infty}^{\infty}[\mathrm{Re}[X(j\Omega)]\cos(\Omega t) - \mathrm{Im}[X(j\Omega)]\sin(\Omega t)]d\Omega\right.$$

$$\left. - j\int_{-\infty}^{\infty}[\mathrm{Re}[X(j\Omega)]\sin(\Omega t) + \mathrm{Im}[X(j\Omega)]\cos(\Omega t)]d\Omega\right\}^*$$

$$= \frac{1}{2\pi}\left\{\int_{-\infty}^{\infty}[\mathrm{Re}[X(j\Omega)]\cos(\Omega t) - \mathrm{Im}[X(j\Omega)]\sin(\Omega t)]d\Omega\right.$$

$$\left. + j\int_{-\infty}^{\infty}[\mathrm{Re}[X(j\Omega)]\sin(\Omega t) + \mathrm{Im}[X(j\Omega)]\cos(\Omega t)]d\Omega\right\}$$

$$= \frac{1}{2\pi}\int_{-\infty}^{\infty}[\mathrm{Re}[X(j\Omega)] + j\mathrm{Im}[X(j\Omega)]][\cos(\Omega t) + j\sin(\Omega t)]d\Omega$$

$$= \frac{1}{2\pi}\int_{-\infty}^{\infty}X(j\Omega)e^{j\Omega t}d\Omega \tag{1.37}$$

8. 奇偶性

(1) 偶信号的频谱为偶函数,奇信号的频谱为奇函数。

(2) 实信号的频谱是共轭对称函数,即其幅度频谱和实部为偶函数,相位频谱和虚部为奇函数。

9. 微分性质

若 $x(t)$ 与 $X(j\Omega)$ 是一傅里叶变换对,则时域微分特性为

$$\frac{dx(t)}{dt} \Leftrightarrow j\Omega X(j\Omega) \tag{1.38}$$

$$\frac{d^n x(t)}{dt^n} \Leftrightarrow (j\Omega)^n X(j\Omega) \tag{1.39}$$

上式表明,在时域对 $x(t)$ 进行一次微分,相当于在频域中对其频谱 $X(\mathrm{j}\Omega)$ 乘以因子 $\mathrm{j}\Omega$;若进行 n 阶求导,则其频谱 $X(\mathrm{j}\Omega)$ 应乘以 $(\mathrm{j}\Omega)^n$。

相应地,还可导出以下频域微分特性:

$$(-\mathrm{j}t)x(t) \Leftrightarrow \frac{\mathrm{d}X(\mathrm{j}\Omega)}{\mathrm{d}\Omega} \tag{1.40}$$

$$(-\mathrm{j}t)^n x(t) \Leftrightarrow \frac{\mathrm{d}^n X(\mathrm{j}\Omega)}{\mathrm{d}\Omega^n} \tag{1.41}$$

10. 积分性质

若 $x(t)$ 与 $X(\mathrm{j}\Omega)$ 是一傅里叶变换对,则时域积分特性为

$$x^{(-1)}(t) = \int_{-\infty}^{t} x(\tau)\mathrm{d}\tau \Leftrightarrow \pi X(0)\delta(\Omega) + \frac{1}{\mathrm{j}\Omega}X(\mathrm{j}\Omega) \tag{1.42}$$

若

$$X(0) = X(\mathrm{j}\Omega)\big|_{\Omega=0} = 0 \tag{1.43}$$

则

$$x^{(-1)}(t) \Leftrightarrow \frac{1}{\mathrm{j}\Omega}X(\mathrm{j}\Omega) \tag{1.44}$$

相应地,还可导出如下频域积分特性:

$$\pi x(0)\delta(t) - \frac{1}{\mathrm{j}t}x(t) \Leftrightarrow X^{(-1)}(\mathrm{j}\Omega) = \int_{\infty}^{\Omega} X(\mathrm{j}\eta)\mathrm{d}\eta \tag{1.45}$$

例 1.4　已知图 1.13 所示的升余弦脉冲信号

$$x(t) = \begin{cases} \dfrac{1}{2}(1+\cos t), & |t| \leqslant \pi \\ 0, & |t| > \pi \end{cases}$$

试求 $x(t)$ 的频谱。

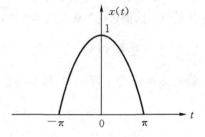

图 1.13　升余弦脉冲信号

解　(1) 利用频率移位性质求解。

将 $x(t)$ 看作周期信号 $(1+\cos t)/2$ 与宽度为 2π 的矩形脉冲信号 $w_R(t)$ 相乘,即被矩形脉冲截断的结果,则

$$x(t) = \left[\frac{1}{2} + \frac{1}{4}(\mathrm{e}^{\mathrm{j}t} + \mathrm{e}^{-\mathrm{j}t})\right]w_R(t)$$

而 $w_R(t)$ 的傅里叶变换为

$$W(\mathrm{j}\Omega) = \frac{2\sin(\Omega\pi)}{\Omega}$$

则由线性和频率移位性质可得

$$X(\mathrm{j}\Omega) = \frac{\sin(\Omega\pi)}{\Omega} + \frac{1}{2}\frac{\sin[(\Omega-1)\pi]}{\Omega-1} + \frac{1}{2}\frac{\sin[(\Omega+1)\pi]}{\Omega+1} = -\frac{\sin(\Omega\pi)}{\Omega(\Omega^2-1)}$$

(2) 利用微分特性求解。

$x(t)$ 的一阶、二阶导数分别为

$$x'(t) = -\frac{1}{2}\sin t, \quad |t| \leqslant \pi$$

$$x''(t) = -\frac{1}{2}\cos t, \quad |t| \leqslant \pi$$

再对 $x''(t)$ 求导一次,这里需要指出的是,$x''(t)$ 的端点 $x=\pm\pi$ 是间断点,故 $x'''(t)$ 应有冲激函数存在,因此

$$x'''(t) = \frac{1}{2}\sin t + \frac{1}{2}[\delta(t+\pi) - \delta(t-\pi)]$$

$$= -x'(t) + \frac{1}{2}[\delta(t+\pi) - \delta(t-\pi)]$$

对上式两边取傅里叶变换,根据微分特性和时间移位性质得

$$(j\Omega)^3 X(j\Omega) = -(j\Omega)X(j\Omega) + \frac{1}{2}(e^{j\Omega\pi} - e^{-j\Omega\pi})$$

因此,有

$$X(j\Omega) = -\frac{\sin(\Omega\pi)}{\Omega(\Omega^2 - 1)}$$

另外,还可利用后面 1.4 节讨论的频域卷积定理来求解本例。升余弦脉冲信号在数字信号处理中常用作窗函数,了解其频谱是很有意义的。

由本例的讨论可以看到,傅里叶变换的性质对于简化求解未知信号的频谱是非常有用的。

1.4　卷积与相关

前面我们讨论了信号表示与傅里叶变换的基本关系,还有一类关于傅里叶变换的关系式,其重要性远远超过前面讨论的那些基本性质,也更具有实际应用意义,此即信号的卷积与相关定理。

1.4.1　卷积积分

在许多科学与工程领域,两个函数的卷积是一个很重要的物理概念,具体表示为

$$y(t) = \int_{-\infty}^{\infty} x(\tau)h(t-\tau)\mathrm{d}\tau = x(t) * h(t) \tag{1.46}$$

式中的符号"$*$"记作卷积。要把式(1.46)的数学运算具体化是相当困难的,而且从卷积积分本身也不易直观地理解积分的过程。我们先通过图 1.14 用图解的形式来说明卷积的过程。

设 $x(t)$ 和 $h(t)$ 分别为图 1.14(a)所示的两个时间函数,要计算式(1.46)的值,需要给出 $x(\tau)$ 和 $h(t-\tau)$。$x(\tau)$ 和 $h(\tau)$ 就是 $x(t)$ 和 $h(t)$,只是把变量 t 换成 τ。$h(-\tau)$ 是 $h(\tau)$ 关于纵轴的镜像,而 $h(t-\tau)$ 是函数 $h(-\tau)$ 在时间轴上位移 t 值。图 1.14(b)表示出了函数 $x(\tau)$、$h(-\tau)$ 和 $h(t-\tau)$。要计算式(1.46)的积分,需要对 $-\infty$ 到 $+\infty$ 的每一个 t 值将 $x(\tau)$ 和 $h(t-\tau)$ 相乘并积分,其过程如图 1.14(c)所示。$x(\tau)$ 和 $h(t-\tau)$ 的乘积也是自变量 τ 的函数,当选择参数 $t=-t_1$ 时,这个乘积为零,而且一直保持到 $t=0$ 时为止,图中分别给出了当 t 取值 t_1、$2t_1$ 和 $3t_1$ 时进行两函数相乘的波形关系和对应积分的结果。当 $t=4t_1$ 时,乘积又为零,对于所有大于 $4t_1$ 的 t 值,乘积均保持为零。如果 t 取连续值,那么 $x(t)$ 和 $h(t)$ 的卷积结果就是图 1.14(c)中的三角形函数。

上述卷积的过程总结如下:

(1) 反转:把 $h(\tau)$ 相对纵轴做镜像对称,得到 $h(-\tau)$;

(2) 移位:把 $h(-\tau)$ 移动一个 t 值;

(3) 相乘:将移位后的函数 $h(t-\tau)$ 乘以 $x(\tau)$;

(4) 积分:$h(t-\tau)$ 和 $x(\tau)$ 乘积曲线下的面积即为 t 时刻的卷积值。

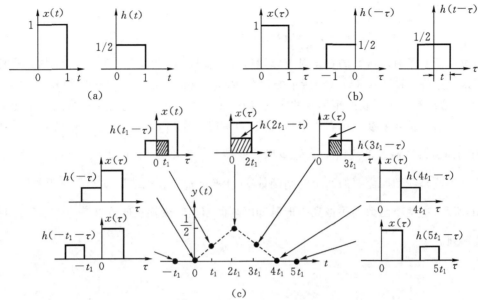

图 1.14 两个连续时间信号 $x(t)$ 和 $h(t)$ 的卷积过程的图解说明

卷积积分上下限确定的一般原则为:若给定的两个函数其非零值的下限为 L_1 和 L_2,上限为 U_1 和 U_2,选择 $\max[L_1, L_2]$(即 L_1 和 L_2 中的最大值)为积分的下限,选择 $\min[U_1, U_2]$(即 U_1 和 U_2 中的最小值)为积分的上限。应该注意的是,对于固定函数 $x(\tau)$,非零值的上下限是不变的;而对于移动的函数 $h(t-\tau)$,非零值的上下限随着 t 的变化而变化。所以,对 t 的不同范围,就可能有不同的积分上下限。

式(1.46)也可以表示成

$$y(t) = \int_{-\infty}^{\infty} h(\tau) x(t-\tau) \mathrm{d}\tau \tag{1.47}$$

也就是说在卷积公式中,两个函数可以互为反转和移位操作的函数,无论选择其中哪一个函数进行反转和移位,它们卷积的结果都是相同的。

1.4.2 卷积定理

式(1.46)的卷积公式和它的傅里叶变换之间的关系称为卷积定理。这个定理是现代科学分析中最重要的工具之一。卷积定理指出,时域中的卷积对应于频域的相乘,也就是说,可以用简单的频域相乘代替时域中直接进行的卷积运算,即有

$$h(t) * x(t) \iff H(\mathrm{j}\Omega) X(\mathrm{j}\Omega) \tag{1.48}$$

下面推导这个结果。首先对式(1.46)两边进行傅里叶变换,有

$$\int_{-\infty}^{\infty} y(t) \mathrm{e}^{-\mathrm{j}\Omega t} \mathrm{d}t = \int_{-\infty}^{\infty} \left[\int_{-\infty}^{\infty} x(\tau) h(t-\tau) \mathrm{d}\tau \right] \mathrm{e}^{-\mathrm{j}\Omega t} \mathrm{d}t \tag{1.49}$$

交换上式的等号右边的积分顺序,得到

$$Y(\mathrm{j}\Omega) = \int_{-\infty}^{\infty} x(\tau) \left[\int_{-\infty}^{\infty} h(t-\tau) \mathrm{e}^{-\mathrm{j}\Omega t} \mathrm{d}t \right] \mathrm{d}\tau \tag{1.50}$$

令 $\alpha = t - \tau$,上式方括号中的积分项变为

$$\int_{-\infty}^{\infty} h(\alpha) \mathrm{e}^{-\mathrm{j}\Omega(\alpha+\tau)} \mathrm{d}\alpha = \mathrm{e}^{-\mathrm{j}\Omega\tau} \int_{-\infty}^{\infty} h(\alpha) \mathrm{e}^{-\mathrm{j}\Omega\alpha} \mathrm{d}\alpha = \mathrm{e}^{-\mathrm{j}\Omega\tau} H(\mathrm{j}\Omega) \tag{1.51}$$

于是,式(1.50)可改写为

$$Y(\mathrm{j}\Omega) = \int_{-\infty}^{\infty} x(\tau)\mathrm{e}^{-\mathrm{j}\Omega\tau} H(\mathrm{j}\Omega)\mathrm{d}\tau = H(\mathrm{j}\Omega)X(\mathrm{j}\Omega) \tag{1.52}$$

以上的讨论证明了时域函数的卷积对应频域傅里叶变换的乘积,图 1.15 用图解的方式直观地说明了这一过程。图 1.15(a)、(b)所示的两个时间函数 $h(t)$(冲激信号序列)和 $x(t)$(矩形脉冲)的卷积结果是一无限长的矩形脉冲序列,如图 1.15(c)所示。现在要求给出这个无限长矩形脉冲序列的傅里叶变换。由卷积定理可知,冲激信号序列 $h(t)$ 的傅里叶变换是一个脉冲函数(见图 1.15(e)),而矩形函数 $x(t)$ 的傅里叶变换是 $\dfrac{\sin x}{x}$ 型函数(见图 1.15(f)),这两个频率函数的乘积就是我们所需要的两个时间函数 $x(t)$ 和 $h(t)$ 的卷积结果 $y(t)$ 的傅里叶变换,如图 1.15(d)所示,这两个函数卷积得到矩形脉冲序列的傅里叶变换是幅度被 $\dfrac{\sin x}{x}$ 型函数加权的脉冲函数序列。

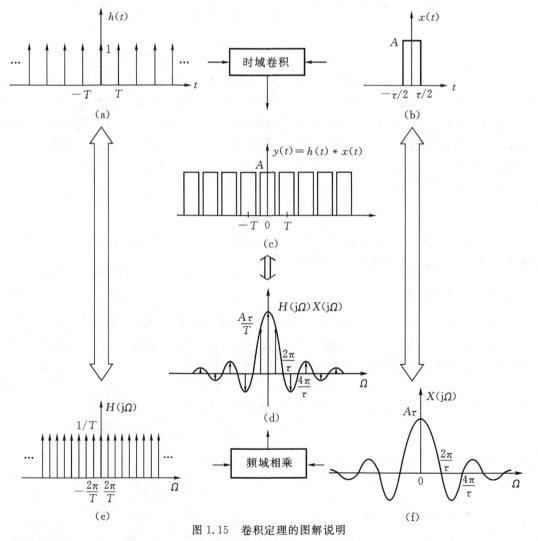

图 1.15　卷积定理的图解说明

由以上讨论可以看到,把时域的卷积转换为频域上的相乘,可以使一些复杂问题的求解变得简单多了。

1.4.3 频域卷积定理

频域卷积定理指的是将频域的卷积转换成时域上的相乘,即

$$h(t)x(t) \Leftrightarrow \frac{1}{2\pi}H(\mathrm{j}\Omega) * X(\mathrm{j}\Omega) \tag{1.53}$$

简单地将傅里叶变换对式(1.48)代入傅里叶变换的对称关系式(1.20)中,便可得到式(1.53)的变换对。式(1.53)表明,两个函数 $h(t)$ 和 $x(t)$ 的乘积的傅里叶变换等于这两个函数各自傅里叶变换的卷积 $H(\mathrm{j}\Omega) * X(\mathrm{j}\Omega)$ 乘以 $\frac{1}{2\pi}$。与时域卷积定理相对照,不难看出时域与频域卷积定理之间的对偶关系。

图 1.16 直观地给出了频域卷积定理的说明。设 $h(t)$ 为一余弦函数,$x(t)$ 为一矩形波形函数,如图 1.16(a)、(b)所示。我们需要确定这两个函数相乘结果 $y(t)$(见图 1.16(c))的傅里叶变换。余弦波和矩形波各自的傅里叶变换分别表示在图 1.16(e)、(f)中,而这两个函数的卷积

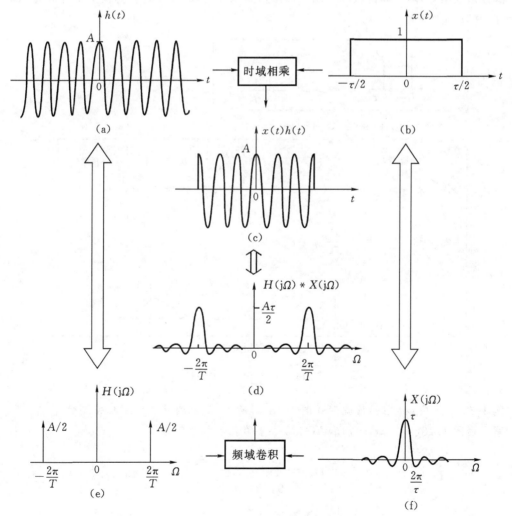

图 1.16 频域卷积定理的图解说明

为图 1.16(d)所示的函数,于是,图 1.16(c)和(d)构成一个傅里叶变换对,这也是在无线电领域人们熟知的单频调制脉冲的傅里叶变换对。

在数字信号处理时,往往要把无限长的数据信号截短成有限长的信号,这相当于无限长信号与一矩形信号相乘,利用频域卷积定理可以计算无限长信号被截短后的有限长信号的频谱。

1.4.4　函数的相关

另一个在许多科学分析和工程应用中都很重要的积分方程是相关积分

$$y(t) = \int_{-\infty}^{\infty} x(\tau) h(t+\tau) \mathrm{d}\tau \tag{1.54}$$

将上式与卷积积分式(1.46)比较,可以看到这两个公式有着密切的关系,图 1.17 给出了两个函数卷积和相关积分运算的比较说明。图 1.17(a)表示出了要做卷积和相关的两个函数 $x(\tau)$ 与 $h(\tau)$。正如图 1.17(b)所示,两个积分不同之处是相关积分没有反转取纵轴镜像对称的过程,而且在相关积分中 $h(\tau)$ 移位时是向左移动(对应 $t>0$)。当 $x(t)$ 是偶函数时,卷积和相关两个积分完全相等,因为偶函数和它的镜像函数是一样的,故在这种特殊情况下计算卷积积分时,可以取消反转步骤。

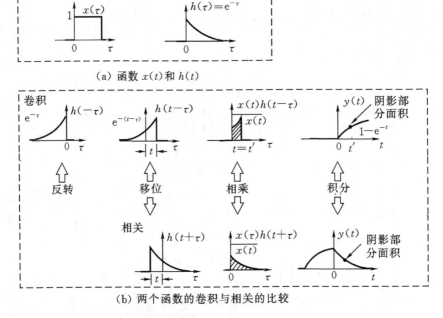

(a) 函数 $x(t)$ 和 $h(t)$

(b) 两个函数的卷积与相关的比较

图 1.17　函数卷积和相关积分运算图解

例 1.5　设 $x(\tau)$ 和 $h(\tau)$ 的波形如图 1.18(a)所示,试求两信号的互相关函数。

解　由图 1.18(a)可知,$x(\tau)$ 和 $h(\tau)$ 两信号的表示式分别为

$$x(\tau) = \begin{cases} \dfrac{A}{a}\tau, & 0 \leqslant \tau \leqslant a \\ 0, & \text{其他} \end{cases}$$

和

$$h(\tau) = \begin{cases} 1, & 0 \leqslant \tau \leqslant a \\ 0, & \text{其他} \end{cases}$$

由式(1.54),对正的 t 值,并且 $0 \leqslant t \leqslant a$ 时,$h(t+\tau)$ 是 $h(\tau)$ 在 τ 轴上左移 t 的结果,所以乘积 $x(t)h(t+\tau)$ 存在的积分区间为 $\tau = [0, a-t]$ 如图 1.18(b)所示。因此有

$$y(t) = \int_{-\infty}^{\infty} x(\tau)h(t+\tau)\mathrm{d}\tau = \int_{0}^{a-t} (1)\frac{A}{a}\tau \mathrm{d}\tau$$

$$= \frac{A}{2a}\tau^2 \bigg|_{0}^{a-t} = \frac{A}{2a}(a-t)^2, \quad 0 \leqslant t \leqslant a$$

同理,对负的 t 值,并且 $-a \leqslant t \leqslant 0$ 时,$h(-t+\tau)$ 是 $h(\tau)$ 在 τ 轴上右移一个 $-t$ 的结果,其相关积分的区间为 $\tau = [-t, a]$ 如图 1.18(c)所示,于是

$$y(t) = \int_{-t}^{a} (1)\frac{A}{a}\tau \mathrm{d}\tau$$

$$= \frac{A}{2a}(a^2 - t^2), \quad -a \leqslant t \leqslant 0$$

$x(\tau)$ 和 $h(\tau)$ 两个信号的互相关积分 $y(t)$ 存在于区间 $[-a, a]$ 上,计算结果如图 1.18(d)所示。

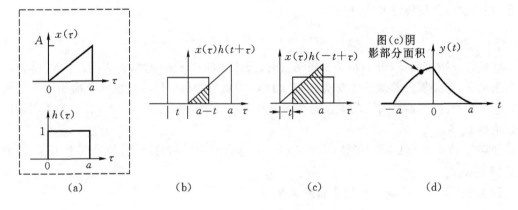

图 1.18　例 1.5 计算相关积分的图解说明

参照卷积积分上下限确定的一般原则,我们同样可以推导出确定相关积分上下限的一般原则。

1.4.5　相关定理

前面讨论了卷积—相乘所形成的傅里叶变换对的关系,对相关积分也能导出同样的结果。下面推导这一关系。首先计算相关积分式(1.54)的傅里叶变换

$$\int_{-\infty}^{\infty} y(t)\mathrm{e}^{-\mathrm{j}\Omega t}\mathrm{d}t = \int_{-\infty}^{\infty}\left[\int_{-\infty}^{\infty} x(\tau)h(t+\tau)\mathrm{d}\tau\right]\mathrm{e}^{-\mathrm{j}\Omega t}\mathrm{d}t \tag{1.55}$$

或(假设积分顺序可以变换)

$$\int_{-\infty}^{\infty} y(t)\mathrm{e}^{-\mathrm{j}\Omega t}\mathrm{d}t = \int_{-\infty}^{\infty} x(\tau)\left[\int_{-\infty}^{\infty} h(t+\tau)\mathrm{e}^{-\mathrm{j}\Omega t}\mathrm{d}t\right]\mathrm{d}\tau \tag{1.56}$$

令 $\sigma = t + \tau$,将方括号中的积分项改写为

$$\int_{-\infty}^{\infty} h(\sigma)\mathrm{e}^{-\mathrm{j}\Omega(\sigma-\tau)}\mathrm{d}\sigma = \mathrm{e}^{\mathrm{j}\Omega\tau}\int_{-\infty}^{\infty} h(\sigma)\mathrm{e}^{-\mathrm{j}\Omega\sigma}\mathrm{d}\sigma = \mathrm{e}^{\mathrm{j}\Omega\tau}H(\mathrm{j}\Omega) \tag{1.57}$$

于是,式(1.56)可表示为

$$\begin{aligned}
Y(\mathrm{j}\Omega) &= \int_{-\infty}^{\infty} x(\tau) \mathrm{e}^{\mathrm{j}\Omega\tau} H(\mathrm{j}\Omega) \mathrm{d}\tau \\
&= H(\mathrm{j}\Omega) \int_{-\infty}^{\infty} x(\tau) \mathrm{e}^{\mathrm{j}\Omega\tau} \mathrm{d}\tau \\
&= H(\mathrm{j}\Omega) \left[\int_{-\infty}^{\infty} x(\tau) \cos(\Omega\tau) \mathrm{d}\tau + \mathrm{j} \int_{-\infty}^{\infty} x(\tau) \sin(\Omega\tau) \mathrm{d}\tau \right] \\
&= H(\mathrm{j}\Omega) \{ \mathrm{Re}[X(\mathrm{j}\Omega)] + \mathrm{j}\mathrm{Im}[X(\mathrm{j}\Omega)] \}
\end{aligned} \tag{1.58}$$

而 $x(\tau)$ 的傅里叶变换是

$$\begin{aligned}
X(\mathrm{j}\Omega) &= \int_{-\infty}^{\infty} x(\tau) \mathrm{e}^{-\mathrm{j}\Omega\tau} \mathrm{d}\tau \\
&= \int_{-\infty}^{\infty} x(\tau) \cos(\Omega\tau) \mathrm{d}\tau - \mathrm{j} \int_{-\infty}^{\infty} x(\tau) \sin(\Omega\tau) \mathrm{d}\tau \\
&= \mathrm{Re}[X(\mathrm{j}\Omega)] - \mathrm{j}\mathrm{Im}[X(\mathrm{j}\Omega)]
\end{aligned} \tag{1.59}$$

上式右边的表达式与式(1.58)方括号中的项互为共轭(由式(1.36)的定义)。式(1.58)可以写为

$$Y(\mathrm{j}\Omega) = H(\mathrm{j}\Omega) X^*(\mathrm{j}\Omega) \tag{1.60}$$

因此,相关积分的傅里叶变换对是

$$\int_{-\infty}^{\infty} h(\tau) x(t+\tau) \mathrm{d}\tau \Leftrightarrow H(\mathrm{j}\Omega) X^*(\mathrm{j}\Omega) \tag{1.61}$$

这里需要指出的是,当 $x(t)$ 是实偶函数时,那么 $X(\mathrm{j}\Omega)$ 是实函数,有 $X(\mathrm{j}\Omega) = X^*(\mathrm{j}\Omega)$。在这个条件下,相关积分的傅里叶变换是 $H(\mathrm{j}\Omega) X(\mathrm{j}\Omega)$,与卷积积分的傅里叶变换相同。这两个积分相等的论述,与前面讨论的关于两个积分相等在时域的要求是一样的,只不过是在频域中来讨论的。

如果 $x(t)$ 和 $h(t)$ 是同一函数,那么式(1.54)通常称为自相关函数;如果两者不同,则称之为互相关函数。

例 1.6 求下列函数 $x(t)$ 的自相关函数

$$x(t) = \begin{cases} \mathrm{e}^{-at}, & t > 0 \\ 0, & t < 0 \end{cases} \quad a > 0$$

解 由式(1.54),有

$$\begin{aligned}
y(t) &= \int_{-\infty}^{\infty} x(\tau) x(t+\tau) \mathrm{d}\tau \\
&= \begin{cases} \int_{0}^{\infty} \mathrm{e}^{-a\tau} \mathrm{e}^{-a(t+\tau)} \mathrm{d}\tau, & t > 0 \\ \int_{t}^{\infty} \mathrm{e}^{-a\tau} \mathrm{e}^{-a(t+\tau)} \mathrm{d}\tau, & t < 0 \end{cases} \\
&= \frac{\mathrm{e}^{-a|t|}}{2a}
\end{aligned}$$

相关积分运算与卷积积分运算的主要区别如下:

(1)卷积运算是无序的,即 $x(t) * h(t) = h(t) * x(t)$,而相关积分运算是有序的,即

$$\int_{-\infty}^{\infty} x(\tau) h(t+\tau) \mathrm{d}\tau \neq \int_{-\infty}^{\infty} h(\tau) x(t+\tau) \mathrm{d}\tau$$

(2)对于同一个时间移位值 t,相关积分运算与卷积运算中的移位函数的移动方向是相

反的。

（3）卷积通常用来分析信号通过线性系统后输出的变化，而相关往往是用来分析或检测信号的方法。

1.5　连续时间信号的采样

采样是对连续时间的模拟信号 $x(t)$ 按一定的时间间隔 T 抽取相应瞬时值的过程。设 $x_s(t)$ 表示经采样得到的瞬时值脉冲信号序列，该信号仍是一种时间上离散而幅值连续的模拟信号。虽然还需要对采样信号进行幅度上的量化和编码（如绪论中的图 0.2 所示），才能形成计算机或数字系统可以处理的数字序列，但通过对采样信号的离散时间特性的分析可以建立起连续时间信号与离散时间或数字信号之间的关系。

1.5.1　采样过程

如图 1.19(a)所示，采样开关 S 每隔 T 秒短时间闭合（闭合时间为 τ），对模拟信号 $x(t)$ 进行周期采样，在开关的输出端得到一串在时间上离散的脉冲信号，每个脉冲信号具有 τ 的宽度，这就是实际的采样信号。

在许多应用场合，往往有 $\tau \ll T$，因而可以假设采样开关 S 的闭合时间趋于零，这时采样过程是将输入的连续模拟信号 $x(t)$ 的波形转换为图 1.19(b)所示的宽度非常窄、其幅度由输入信号确定的冲激脉冲信号 $x_s(t)$。由于理想采样信号 $x_s(t)$ 与采样周期 T 相关，故 $x_s(t)$ 可表示为下列形式：

$$x_s(t)\Big|_{t=nT} = \{x(nT)\} = \{\cdots, x(-T), x(0), x(T), x(2T), \cdots\} \tag{1.62}$$

在采样时刻 nT 形成的冲激脉冲 $x(nT)$ 的面积等于 $x(t)$ 在相应时刻的幅值。上述过程称为理想采样。

显然，理想采样信号 $x_s(t)$ 是由一组冲激脉冲串组成，其冲激脉冲的间隔为 T。

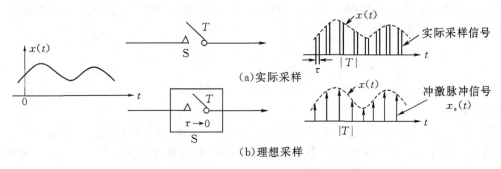

图 1.19　对连续时间信号的实际采样与理想采样

（τ 为采样时间，T 为采样周期，其倒数 $f_s = \dfrac{1}{T}$ 称为采样频率；当使用弧度/秒（rad/s）的频率时，采样频率表示为 $\Omega_s = \dfrac{2\pi}{T}$）

1.5.2　采样函数

采样函数建立了理想采样前后信号之间的关系。为了导出采样函数，这里先讨论连续时

间域的单位冲激函数(又称为 δ 函数),其定义为

$$\delta(t) = \begin{cases} 1, & t = 0 \\ 0, & t \neq 0 \end{cases} \tag{1.63}$$

图 1.20(a)给出了 $\delta(t)$ 函数的波形,在 $t=0$ 处,$\delta(t)$ 函数具有单位面积值,即其冲激强度为 1,其数学表达式为

$$\int_{-\infty}^{\infty} \delta(t)\mathrm{d}t = 1 \tag{1.64}$$

由于 $\delta(t)$ 函数在原点处的值为 1,而在其他时刻都为 0,故当 $\delta(t)$ 函数与任意连续时间信号 $x(t)$ 相乘时,只在 $t=0$ 时刻,$x(t)$ 存在,即

$$\int_{-\infty}^{\infty} x(t)\delta(t)\mathrm{d}t = x(0)\int_{-\infty}^{\infty} \delta(t)\mathrm{d}t = x(0)$$

于是得到信号函数 $x(t)$ 在 $t=0$ 时刻的瞬时采样值 $x(0)$。这里需要说明的是:上式作为一个积分是无意义的,但这个积分和函数 $\delta(t)$ 是由数 $x(0)$ 定义的。这个数 $x(0)$ 是赋于测试信号函数 $x(t)$ 的。

　　下面讨论 $\delta(t)$ 函数的筛选性质,又称采样特性。它在出现冲激的时刻对任意连续时间信号 $x(t)$ 进行采样。同理,可以给出 $t=t_0$ 处的延时单位冲激函数 $\delta(t-t_0)$(见图 1.20(b))

$$\delta(t - t_0) = \begin{cases} 1, & t = t_0 \\ 0, & t \neq t_0 \end{cases} \tag{1.65}$$

其冲激强度仍为 1,即

$$\int_{-\infty}^{\infty} \delta(t - t_0)\mathrm{d}t = 1$$

式中 t_0 是任意实数。故有

$$\int_{-\infty}^{\infty} x(t)\delta(t - t_0)\mathrm{d}t = x(t_0) \tag{1.66}$$

上式意味着使 δ 函数选取 $t=t_0$ 时信号 $x(t)$ 的值。筛选性质表现为:如果让 t_0 连续变化,就能筛选出模拟信号 $x(t)$ 的每一个值,这是 δ 函数最重要的性质。

　　令式(1.65)中的 $t_0=nT(-\infty<n<\infty)$,得到一组周期冲激串,我们将其定义为理想采样函数

$$p(t) = \sum_{n=-\infty}^{\infty} \delta(t - nT) \tag{1.67}$$

上式是由一组冲激函数组成,如图 1.20(c)所示。采样函数建立了连续时间域和离散时间域之间的联系。

　　将式(1.67)理想采样函数与连续时间信号 $x(t)$ 相乘,就是以采样间隔 T 对连续信号 $x(t)$ 的理想采样过程。理想采样也可看作是通过一组冲激串信号对输入信号 $x(t)$ 进行调制的过程,采样开关可以看作是调制器。图 1.21 给出了理想采样过程的等效表示。所得到采样信号 $x_s(t)$ 与模拟信号 $x(t)$ 之间的关系可表示为

$$x_s(t) = x(t)p(t) = x(t)\sum_{n=-\infty}^{\infty} \delta(t - nT) \tag{1.68}$$

式中 $p(t)$ 为采样开关控制信号。由冲激函数的筛选性质,式(1.68)又可表示为

$$x_s(t) = \sum_{n=-\infty}^{\infty} x(nT)\delta(t - nT) \tag{1.69}$$

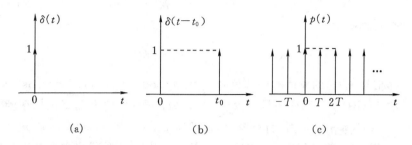

图 1.20　单位冲激函数 $\delta(t)$、延时单位冲激函数 $\delta(t-t_0)$ 和单位冲激函数的周期序列 $p(t)$

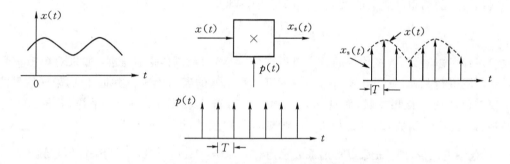

图 1.21　理想采样的等效调制过程

上式表明,理想采样开关输出的采样信号 $x_s(t)$ 是由一系列脉冲组成,其数学表达式是两个乘积的和。后面的讨论将会用到式(1.68)和式(1.69),而式(1.68)的乘积表达形式在推导信号采样前后的频谱关系时很有用。

需要强调的是,采样信号 $x_s(t)$ 是由等距脉冲信号 $x(t)\delta(t-nT)$ 的无限集合形成,每一个脉冲的幅度等于 $x(t)$ 在脉冲出现时刻的值。由于采样信号的幅度仍是连续的,它在本质上仍是由一组冲激脉冲组成的连续时间信号。

1.5.3　采样信号的频域表示:离散时间傅里叶变换

前面 1.2 节的式(1.14)和式(1.15)给出了非周期信号 $x(t)$ 的连续时间傅里叶变换对,现重写如下:

$$X(\mathrm{j}\Omega) = \int_{-\infty}^{\infty} x(t)\mathrm{e}^{-\mathrm{j}\Omega t}\mathrm{d}t \tag{1.70}$$

和

$$x(t) = \frac{1}{2\pi}\int_{-\infty}^{\infty} X(\mathrm{j}\Omega)\mathrm{e}^{\mathrm{j}\Omega t}\mathrm{d}\Omega \tag{1.71}$$

对任何能量有限信号即平方可积信号,式(1.70)总是存在的。因此,对采样信号 $x_s(t)$ 存在

$$X_s(\mathrm{j}\Omega) = \int_{-\infty}^{\infty} x_s(t)\mathrm{e}^{-\mathrm{j}\Omega t}\mathrm{d}t \tag{1.72}$$

将式(1.69)的采样表达式代入上式,有

$$X_s(\mathrm{j}\Omega) = \int_{-\infty}^{\infty}\Big[\sum_{n=-\infty}^{\infty} x(nT)\delta(t-nT)\Big]\mathrm{e}^{-\mathrm{j}\Omega t}\mathrm{d}t \tag{1.73}$$

式中 T 是采样周期。将上式积分与求和符号位置变换,并应用式(1.65)所示的 δ 函数的性质,当 $t=nT$ 时,得到

$$X_{\mathrm{s}}(\mathrm{j}\Omega) = \sum_{n=-\infty}^{\infty} x(nT)\mathrm{e}^{-\mathrm{j}\Omega nT} \tag{1.74}$$

上式定义为采样信号 $x_{\mathrm{s}}(t)$ 的离散时间傅里叶变换(discrete time Fourier transform, DTFT)。式(1.74)表示的 $X_{\mathrm{s}}(\mathrm{j}\Omega)$ 就是采样信号的频谱,它是一个频率周期为 $1/T$ 的周期函数。采样信号 $x_{\mathrm{s}}(t)$ 中的每一个样本 $x(nT)$ 对频谱产生的贡献为 $x(nT)\mathrm{e}^{-\mathrm{j}\Omega nT}$,其中 $x(nT)$ 是它的幅度,而 $-\Omega nT$ 是它的相位,它取决于样本在时间轴上的位置 n,把采样信号样本的频谱分量相叠加就得到采样信号的频谱 $X_{\mathrm{s}}(\mathrm{j}\Omega)$。

式(1.74)的傅里叶级数的系数 $x(nT)$ 可由下列积分计算出

$$x(nT) = \frac{T}{2\pi}\int_{-\pi/T}^{\pi/T} X_{\mathrm{s}}(\mathrm{j}\Omega)\mathrm{e}^{\mathrm{j}\Omega nT}\,\mathrm{d}\Omega \tag{1.75}$$

由式(1.71)可以看到,模拟信号的频率可以在 $(-\infty,\infty)$ 范围内取任意值,如果对模拟信号以 T 时间间隔进行采样,就得到式(1.75)中的复指数 $\mathrm{e}^{\mathrm{j}\Omega nT}$ 的表示形式。由此可见,采样信号的频谱不仅与模拟频率 Ω 相关联,而且又和采样时间间隔 T 相联系。显然,采样信号的频谱 $X_{\mathrm{s}}(\mathrm{j}\Omega)$ 是 ΩT 的连续函数,而且是以 2π 为周期的周期函数,因为 $\mathrm{e}^{\mathrm{j}(2\pi+\Omega T)n}=\mathrm{e}^{\mathrm{j}\Omega nT}$,即 ΩT 只能取 $[-\pi,\pi]$ 范围内的值,即 $-\pi\leqslant\Omega T\leqslant\pi$,或表示为 $-\frac{\pi}{T}\leqslant\Omega\leqslant\frac{\pi}{T}$。$\left[-\frac{\pi}{T},\frac{\pi}{T}\right]$ 为采样信号频谱 $X_{\mathrm{s}}(\mathrm{j}\Omega)$ 的一个周期,并考虑到 $\mathrm{d}(\Omega T)=T\mathrm{d}\Omega$,于是,式(1.75)定义为采样信号 $x_{\mathrm{s}}(t)\big|_{t=nT}=x(nT)$ 的离散时间傅里叶反变换,它把采样信号 $x_{\mathrm{s}}(t)$ 的样本 $x(nT)$ 表示成无限个复正弦 $\frac{1}{2\pi}\mathrm{e}^{\mathrm{j}\Omega nT}$ 在频率 $(-\pi/T,\pi/T)$ 区间的叠加,而每一个复正弦分量的大小由 $X_{\mathrm{s}}(\mathrm{j}\Omega)$ 确定。虽然在式(1.75)中把 Ω 的变化范围选定在 $(-\pi/T,\pi/T)$ 区间,但是任何 $\frac{2\pi}{T}$ 间隔都是可以用的。

关于 DTFT 的基本性质和其他定理,在第 2 章引入离散时间序列的一般定义和数字域频率概念后再作进一步讨论。

1.6　用信号样本表示连续时间信号:采样定理

前面讨论了连续时间信号和采样信号各自的傅里叶变换,通过采样函数建立了它们之间的联系,但没有严格地分析采样前后信号之间究竟出现哪些变化,以及如何确定对连续时间信号进行采样的周期 T,才能保持原连续时间信号所携带的信息,或由采样信号的样本完全恢复出原来的信号。因此,有必要弄清采样信号频谱与原始连续时间信号频谱之间的关系。

下面讨论用信号样本表示连续时间信号即模拟信号的条件,以及不满足这些条件时所产生的现象。式(1.68)限定了连续时间信号 $x(t)$ 和其采样信号 $x_{\mathrm{s}}(t)$ 在时域上的关系,而两者都有各自的傅里叶变换表示,那么这两种信号的频谱也必然存在某种对应关系。

为了将式(1.71)和式(1.75)联系起来,将 $t=nT$ 代入式(1.71)得

$$x(nT) = \frac{1}{2\pi}\int_{-\infty}^{\infty} X(\mathrm{j}\Omega)\mathrm{e}^{\mathrm{j}\Omega nT}\,\mathrm{d}\Omega \tag{1.76}$$

把上式表示为无限多积分之和,其中每个积分的区间宽度为 $2\pi/T$,中心为 $2\pi r/T$,r 为整

数,即

$$x(nT) = \frac{1}{2\pi} \sum_{r=-\infty}^{\infty} \int_{(2r-1)\pi/T}^{(2r+1)\pi/T} X(j\Omega) e^{j\Omega nT} d\Omega \tag{1.77}$$

为把每一项的积分区间统一移至 $-\pi/T$ 到 π/T,先引入变量置换 $\upsilon = \Omega + 2\pi r/T$, $d\Omega = d\upsilon$,并考虑到 $e^{-j2\pi m} = 1$,然后换回积分变量 $\Omega = \upsilon$,得

$$x(nT) = \frac{1}{2\pi} \sum_{r=-\infty}^{\infty} \int_{-\pi/T}^{\pi/T} X\left(j\Omega - j\frac{2\pi r}{T}\right) e^{j\Omega nT} d\Omega \tag{1.78}$$

交换上式中积分与求和的次序,有

$$x(nT) = \frac{1}{2\pi} \int_{-\pi/T}^{\pi/T} \left[\sum_{r=-\infty}^{\infty} X\left(j\Omega - j\frac{2\pi r}{T}\right) \right] e^{j\Omega nT} d\Omega \tag{1.79}$$

上式与式(1.75)形式相同,于是我们得到用 $X(j\Omega)$ 表示 $X_s(j\Omega)$ 的关系式

$$\left. \begin{aligned} X_s(j\Omega) &= \frac{1}{T} \sum_{r=-\infty}^{\infty} X\left(j\Omega - j\frac{2\pi r}{T}\right) \\ \text{或} \quad X_s(j\Omega) &= \frac{1}{T} \sum_{r=-\infty}^{\infty} X[j(\Omega - r\Omega_s)] \end{aligned} \right\} \tag{1.80}$$

式(1.80)清楚地表明了图 1.21 中连续时间信号 $x(t)$ 与其经冲激串调制采样(式(1.69))后的信号 $x_s(t)|_{t=nT}$ 两者频谱之间的关系,它说明采样信号的频谱是由原信号 $x(t)$ 的频谱以及无限个经过采样频率 $\Omega_s = \frac{2\pi}{T}$ 整数倍平移的原信号频谱(各个频谱幅度均乘以 $1/T$)叠加而成,即频谱产生了周期延拓。

下面进一步讨论当改变采样周期 T 时,采样信号的频谱会出现怎样的变化。

设 $X(j\Omega)$ 作为 Ω 的函数,有如图 1.22(a) 的形状。为简单起见,这里作了两点假设,一是假定 $X(j\Omega)$ 为实函数,其相位恒为零,故幅频特性 $|X(j\Omega)|$ 就是 $X(j\Omega)$ 本身;二是假定 $X(j\Omega)$ 中非零的最高频率分量是 Ω_0,当 $|\Omega| > \Omega_0$ 时,$X(j\Omega) = 0$。换言之,Ω_0 是频带有限的连续时间信号 $x(t)$ 的最高频率。图 1.22(b) 和图 1.22(c) 分别给出了 $\Omega_0 > \pi/T$ 和 $\Omega_0 < \pi/T$ 的情况时,由式(1.80)产生的 $X_s(j\Omega)$ 的波形。由图 1.22(b) 可以看出,当采样周期 T 过大时,即 $\Omega_s - \Omega_0 < \Omega_0$,模拟信号的频谱 $\frac{1}{T} X(j\Omega)$ 在 Ω 轴上重复出现,并互相交叠起来,这就是频谱"混叠"现象,图 1.22(b) 中的实线是经过混叠、叠加后合成的 $X_s(j\Omega)$ 曲线。而从图 1.22(c) 可以看到,若 T 选得足够小,使

$$\frac{1}{T} \geqslant \frac{\Omega_0}{\pi} \tag{1.81}$$

或

$$\Omega_s > 2\Omega_0 \tag{1.82}$$

因此,满足式(1.82),即 $f_s > 2f_0 \left(f_0 = \frac{\Omega_0}{2\pi} \right)$ 成立,$\frac{1}{T} X(j\Omega)$ 的在 Ω 轴上的各个重复部分就不会重叠。此时 $x(t)$ 就可以用一个理想低通滤波器[①]从 $x_s(t)$ 中恢复出来。

也可利用等间隔的脉冲函数序列的傅里叶变换是另一个脉冲函数的这一定理(见习题

---

① 所谓"低通"是指只允许低于某个分量的信号通过,这种对信号进行选择性的过滤称之为滤波。

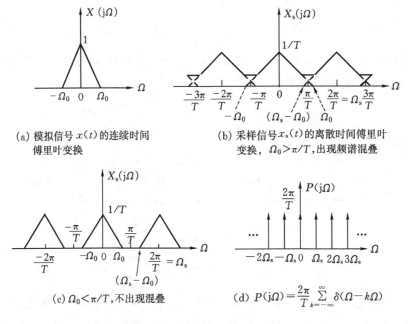

$$（a）模拟信号\ x(t)\ 的连续时间$$
傅里叶变换

（b）采样信号 $x_s(t)$ 的离散时间
变换，$\Omega_0 > \pi/T$，出现频谱混叠

（c）$\Omega_0 < \pi/T$，不出现混叠

（d）$P(\mathrm{j}\Omega) = \dfrac{2\pi}{T} \sum\limits_{k=-\infty}^{\infty} \delta(\Omega - k\Omega)$

图 1.22　时域采样与频域混叠

(1.3))导出对式(1.80)讨论的同样解释。对采样序列 $p(t) = \sum\limits_{n=-\infty}^{\infty} \delta(t - nT)$ 进行傅里叶变换，

得到另一脉冲函数 $P(\mathrm{j}\Omega) = \dfrac{2\pi}{T} \sum\limits_{k=-\infty}^{\infty} \delta(\Omega - k\Omega_s)$，如图 1.22(d)所示。因为根据卷积定理：时域

相乘的信号，其频谱是原来两个时间信号频谱的卷积。因此，式(1.68)所示的两个时间函数的

乘积，就是 $X(\mathrm{j}\Omega)$ 与图 1.22(d)所示频域脉冲串的卷积，即 $X_s(\mathrm{j}\Omega) = \dfrac{1}{2\pi} X(\mathrm{j}\Omega) * P(\mathrm{j}\Omega)$，其结果

就是简单地将 $X(\mathrm{j}\Omega)$ 在 $p(t)$ 各次谐波坐标位置上重新构图，新的采样信号频谱就是 $X(\mathrm{j}\Omega)$ 的

周期延拓，即式(1.80)。通过以上的讨论，得到一个结论：对一个时域信号的采样得到频域的

一个周期函数，其周期等于采样角频率 Ω_s。

　　式(1.82)所表示的就是著名的香农采样定理，它指出采样频率 Ω_s 必须大于原模拟信号频

谱中最高频率的 2 倍，则模拟信号就可以由采样信号完全恢复出来。Ω_0 又称为奈奎斯特频

率，而频率 $2\Omega_0$ 称为奈奎斯特率，采样频率 Ω_s 必须大于奈奎斯特率，也就是说，当采样速率 f_s

$= \dfrac{\Omega_s}{2\pi} = 1/T$ 不小于 $X(\mathrm{j}\Omega)$ 的最高频率 $f_0 = \Omega_0/(2\pi)$ 的 2 倍时，没有混叠现象出现，并在 $-\dfrac{\pi}{T} \leqslant$

$\Omega \leqslant \dfrac{\pi}{T}$ 区间内有

$$X_s(\mathrm{j}\Omega) = \frac{1}{T} X(\mathrm{j}\Omega), \quad -\pi/T \leqslant \Omega \leqslant \pi/T \qquad (1.83)$$

或

$$X(\mathrm{j}\Omega) = T X_s(\mathrm{j}\Omega), \quad -\pi/T \leqslant \Omega \leqslant \pi/T \qquad (1.84)$$

　　通常在实际应用场合，为了避免频谱混叠现象发生，使带限信号采样后能够不失真还原，

采样频率总是选得比两倍的模拟信号最高频率更高一些。

通过上述讨论,我们进一步理解了采样信号的离散时间傅里叶变换(DTFT)与非周期信号的连续时间傅里叶变换的不同,在于 DTFT 在时间轴上取离散值,虽然两者在频域上都取连续值,但 DTFT 是原信号频谱在 Ω 轴上的周期延拓,而连续时间傅里叶变换是 Ω 的非周期函数。

1.7　利用内插由样本重建信号

傅里叶变换理论告诉我们,如果一个时间信号是限频的,则它是不限时的(即在时域上必然扩展到无穷);反之,若一波形是限时的,则它必然是不限频的。但是,实际上绝大多数带限信号的幅度经过某个时间以后,就基本上可以认为是零,一个带通[1]或低通滤波器当其输入为离散的时间函数时,其输出就是这样的形式。此外,任何实际物理系统的传输特性在"很高的"频率上为零,如人的发声、听觉和视觉系统,以及各种信号处理或传输系统。因此,若一个信号的有限带宽限定为 Ω_0,即该信号在 $|\Omega| > \Omega_0$ 时傅里叶变换等于零,当信号时间持续为 t_n 秒,按香农采样定理确定的采样间隔为 $T \leqslant \dfrac{\pi}{\Omega_0}$(或采样频率 $f_s \geqslant 2f_0$),则该信号完全可由 t_n/T 个采样值所确定。

下面讨论如何由采样值恢复模拟信号 $x(t)$。若模拟信号 $x(t)$ 的最高角频率为 Ω_0,且采样频率足够高,使式(1.81)或式(1.82)成立,则连续时间傅里叶反变换式(1.71)的积分限可用 $\displaystyle\int_{-\pi/T}^{\pi/T}$ 代替,于是有

$$x(t) = \frac{1}{2\pi} \int_{-\pi/T}^{\pi/T} X(\mathrm{j}\Omega) \mathrm{e}^{\mathrm{j}\Omega t} \,\mathrm{d}\Omega \tag{1.85}$$

将式(1.84)代入式(1.85),得

$$x(t) = \frac{1}{2\pi} \int_{-\pi/T}^{\pi/T} T X_s(\mathrm{j}\Omega) \mathrm{e}^{\mathrm{j}\Omega t} \,\mathrm{d}\Omega \tag{1.86}$$

将式(1.74)代入式(1.86),得

$$x(t) = \frac{1}{2\pi} \int_{-\pi/T}^{\pi/T} T \Big[\sum_{n=-\infty}^{\infty} x(nT) \mathrm{e}^{-\mathrm{j}\Omega nT} \Big] \mathrm{e}^{\mathrm{j}\Omega t} \,\mathrm{d}\Omega \tag{1.87}$$

交换上述积分与求和的次序,并将积分求出,得

$$
\begin{aligned}
x(t) &= \frac{1}{2\pi} \sum_{n=-\infty}^{\infty} T x(nT) \int_{-\pi/T}^{\pi/T} \mathrm{e}^{\mathrm{j}\Omega(t-nT)} \,\mathrm{d}\Omega \\
&= \frac{T}{2\pi} \sum_{n=-\infty}^{\infty} x(nT) \frac{2\sin[\pi(t/T-n)]}{(t-nT)} \\
&= \sum_{n=-\infty}^{\infty} x(nT) \frac{\sin[\pi(t/T-n)]}{\pi(t/T-n)}
\end{aligned}
\tag{1.88}
$$

式(1.88)就是在时域由 $x(t)$ 的采样信号样本 $x(nT)$ 重构模拟信号 $x(t)$ 的内插公式,式中等号右边是无数个延时的采样函数的叠加。采样函数(又称内插函数)定义为

$$S(x) = \frac{\sin x}{x} = \mathrm{sinc}\, x \tag{1.89}$$

式中 $x = \Big[\pi \Big(\dfrac{t}{T} - n \Big) \Big]$。式(1.88)也可以写成

---

[1]　所谓"带通"也是对信号进行选择性的过滤,这种滤波器只允许某个带宽信号的分量通过。

$$x(t) = \sum_{n=-\infty}^{\infty} x(nT)\operatorname{sinc}\left[\frac{\pi}{T}(t-nT)\right] \tag{1.90}$$

式(1.90)清楚地说明了模拟信号 $x(t)$ 如何由它的采样 $x(nT)$ 来恢复的过程,即 $x(t)$ 等于 $x(nT)$ 乘上对应的内插函数的总和。如图 1.23 所示,在每一个采样点上 $x(t)$ 的函数值正是其样本,而采样点之间的信号则是由各采样值内插函数的波形延伸叠加而成。

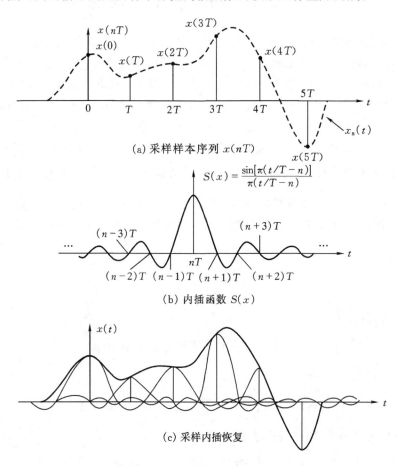

(a) 采样样本序列 $x(nT)$

(b) 内插函数 $S(x)$

(c) 采样内插恢复

图 1.23　由采样值 $x(nT)$ 恢复 $x(t)$

应当注意,要完全重构被采样的波形,只有当波形是有限带宽时才有可能,满足这个条件的前提是选择适当的采样频率,使混叠效应可以忽略不计。有时也需要在信号采样之前使用低通滤波器对信号进行限频滤波,滤除所希望带宽以上的高频信号,以尽可能保证被采样信号是一个有限带宽的函数。

式(1.88)的结果也可以从低通滤波器来求得。设一个理想低通滤波器的频率响应为

$$H(\mathrm{j}\Omega) = \begin{cases} T, & |\Omega| < \Omega_0/2 \\ 0, & |\Omega| \geqslant \Omega_0/2 \end{cases}$$

令 $X_s(\mathrm{j}\Omega)$ 通过低通滤波器,则滤波器的输出

$$Y(\mathrm{j}\Omega) = X_s(\mathrm{j}\Omega)H(\mathrm{j}\Omega) \tag{1.91}$$

由于当 $|\Omega| < \Omega_0/2$ 时,$X_s(\mathrm{j}\Omega) = \dfrac{1}{T}X(\mathrm{j}\Omega)$,所以

$$Y(\mathrm{j}\Omega) = \frac{1}{T}X(\mathrm{j}\Omega)H(\mathrm{j}\Omega) = X(\mathrm{j}\Omega)$$

这就是说,在时域中低通滤波器的输出为 $x(t)$,如图 1.24 所示。

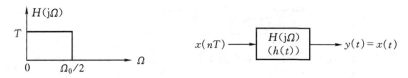

图 1.24　采用低通滤波器的样值恢复

由于

$$Y(\mathrm{j}\Omega) = X(\mathrm{j}\Omega)H(\mathrm{j}\Omega)$$

所以,可以证明在时域中有

$$y(t) = x(nT) * h(t) = \int_{-\infty}^{\infty}\sum_{n=-\infty}^{\infty} x(\tau)\delta(\tau - nT)h(t-\tau)\mathrm{d}\tau$$

$$= \sum_{n=-\infty}^{\infty} x(nT)h(t-nT) \tag{1.92}$$

但

$$h(t) = \frac{1}{2\pi}\int_{-\Omega_0/2}^{\Omega_0/2} H(\mathrm{j}\Omega)\,\mathrm{e}^{\mathrm{j}\Omega t}\,\mathrm{d}\Omega = \frac{1}{2\pi}\int_{-\Omega_0/2}^{\Omega_0/2} T\mathrm{e}^{\mathrm{j}\Omega t}\,\mathrm{d}\Omega = \frac{\sin(\Omega_0 t/2)}{\Omega_0 t/2}$$

并考虑到 $\Omega_0/2 = \pi/T$,则

$$y(t) = \sum_{n=-\infty}^{\infty} x(nT)\,\frac{\sin[\pi(t/T-n)]}{\pi(t/T-n)} \tag{1.93}$$

此即式(1.88)。

当然,一个理想低通滤波器在实际中是不可能实现的,但总可以在一定精度上去逼近它。

另外,式(1.91)和式(1.92)也说明了式(1.48)的卷积定理,即频域函数的乘积对应其时域函数的卷积。

1.8　A/D 转换的量化误差分析

前面讨论的是经理想采样得到的采样序列 $x(nT)$,但在实际的数字信号处理中,还需要用有限长的二进制数的有限值表示 $x(nT)$,即用 0、1 的数字序列来逼近采样信号的模拟值(如绪论中图 0.2 所示)。图 1.25 给出了 A/D 转换的等效模型,“保持”是将当前时刻的采样值维持到下一个采样时刻的到来,以便完成对采样值的量化。A/D 转换输出的数字信号 $x_q(nT)$ 与原模拟信号 $x_s(t)$ 之间存在幅度逼近的量化误差。

假定 A/D 转换器把量化输出表示成 $b+1$ 位定点补码小数[①],并采用舍入量化方式。为保证对所有采样值的量化处于有限位数的动态范围内,必须对 $x(nT)$ 进行规一化处理,使其满足

$$-1 + \frac{q}{2} < x(nT) < 1 - \frac{q}{2} \tag{1.94}$$

---

① 关于二进制数的表示参见本书附录 A。

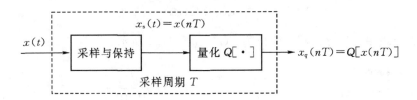

图 1.25　A/D 转换器的等效模型($Q[x(nT)]$表示对 $x(nT)$ 的量化运算)

式中 $q=2^{-b}$ 表示量化间隔[①]。图 1.26 给出了 $b=2$ 位(不包括符号位)定点补码舍入量化特性。对于所有超过$(1-q/2)$的正采样值,均取量化值$(1-q/2)$,对于小于$(-1+q/2)$的负采样值,均取量化值$(-1+q/2)$。

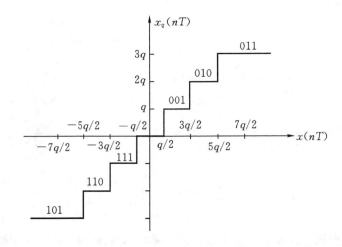

图 1.26　A/D 转换器定点补码舍入量化特性

　　上述对量化特性的讨论一般只适用于分析简单波形时的误差。在输入信号较复杂的情况下,需要利用统计模型分析 A/D 转换器的量化误差。图 1.27 给出了 A/D 转换的统计模型。这个统计模型是把 A/D 转换器看作是一个具有加性内部噪声 $e(n)$ 的线性系统,这时量化可表示为

$$x_q(nT) = Q[x(nT)] = x(nT) + e(n) \tag{1.95}$$

其中 $e(n)$ 是量化误差,对于舍入误差,则有

$$-q/2 < e(n) \leqslant q/2$$

　　要完全精确地知道误差究竟有多大几乎是不可能的。一般为了简化对模型分析,需作如下假设:

　　(1) $e(n)$ 是一个白噪声过程,与 $x(nT)$ 不相关;

　　(2) $e(n)$ 是平稳随机过程[②]的一个实现;

　　(3) 误差是均匀分布的。

---

　　① q 亦称为"量化阶"或量化步长,例如,用 $b+1$ 位二进制数对信号幅值进行量化或表示一个自然数,其量化步长为 $q=2^{-b}$(参见附录 A)。

　　② 对平稳随机过程的定义参见本书 10.2.2 节。

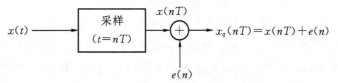

图 1.27　A/D 转换器的统计模型

经验表明,通常对输入信号的有限量化位数不低于 8 位,并且量化间隔足够小,上述假设是可行的。

图 1.28 给出了舍入和补码截尾时的量化概率密度函数。对于反码截尾和原码截尾,由于误差信号总与信号极性相反,故误差与信号不相关的假设不成立。对于舍入情况,量化噪声的均值与方差分别是

$$m_e = 0$$
$$\sigma_e^2 = q^2/12 = 2^{-2b}/12$$

补码截尾时,其均值与方差分别为

$$m_e = -q/2$$
$$\sigma_e^2 = q^2/12$$

对补码舍入和截尾时都假设量化误差的自协方差序列[①]为

$$\gamma_{ee}(m) = \sigma_e^2 \delta(n)$$

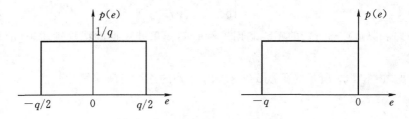

图 1.28　量化误差的概率密度函数

在对采样信号进行量化时,往往把量化误差看作是加性噪声序列,此时可以利用功率信噪比作为信号对噪声的相对强度的量度。对于舍入情况,功率信噪比为

$$\frac{\sigma_x^2}{\sigma_e^2} = \frac{\sigma_x^2}{q^2/12} = (12 \times 2^{2b})\sigma_x^2 \tag{1.96}$$

用分贝(dB)表示时,信噪比为

$$\text{SNR} = 10\lg\left(\frac{\sigma_x^2}{\sigma_e^2}\right) = 6.02b + 10.79 + 10\lg(\sigma_x^2) \text{ (dB)} \tag{1.97}$$

可见当字长增加 1 位,SNR 约增加 6 dB。

当输入信号超过 A/D 转换器的量化动态范围时,必须压缩输入信号幅度,因而待量化的信号是 $ax(n)(0<a<1)$,而不是 $x(n)$。而 $ax(n)$ 的方差是 $a^2\sigma_x^2$,故有

$$\text{SNR} = 10\lg\left(\frac{a^2\sigma_x^2}{\sigma_e^2}\right) = 6.02b + 10.79 + 10\lg\sigma_x^2 + 20\lg a \text{ (dB)} \tag{1.98}$$

①　自协方差序列的定义参见本书 10.2.3 节。

将上式与式(1.97)比较可见,压缩信号幅度将使信噪比受到损失。

由上述讨论可以看出,量化噪声的方差与 A/D 转换的字长有关,字长越长,量化步长 q 越小,量化噪声越小。但输入信号 $x(t)$ 本身有一定的信噪比,如果 A/D 转换器的量化单位增量比 $x(t)$ 的噪声电平小,此时增加 A/D 的字长并不能改善量化信噪比,反而提高了噪声的量化精度,此时增加 A/D 的字长是没有必要的。

如果 A/D 转换对采样信号的量化步长足够小,且量化位数足够多,使得对采样信号的量化幅度足够逼近模拟信号的幅值,这样可以不考虑模拟到数字转换的量化效应。

习　题

1.1　给出图 1.2(a)所示锯齿波信号 $x(t)$ 的三角型函数傅里叶级数表达式,并求出系数 a_0、a_n 和 b_n。

1.2　令

$$h(t) = \begin{cases} A, & |t| < 2 \\ \dfrac{A}{2}, & t = \pm 2 \\ 0, & |t| > 2 \end{cases}$$

$$x(t) = \begin{cases} -A, & |t| < 1 \\ -\dfrac{A}{2}, & t = \pm 1 \\ 0, & |t| > 1 \end{cases}$$

画出 $h(t)$、$x(t)$ 和 $[h(t)-x(t)]$ 的图。利用连续时间傅里叶变换的线性性质求 $[h(t)-x(t)]$ 的傅里叶变换。

1.3　考虑如图 1.29 所示的函数 $x(t)$,求出 $x(t)$ 的连续时间傅里叶变换。

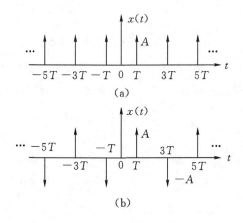

图 1.29　习题 1.3 图

1.4　利用对偶性性质(式(1.20))和所给出的傅里叶变换对确定下列函数的连续时间傅里叶变换:

(1) $x(t) = \dfrac{A^2 \sin^2(\pi\tau t)}{(\pi t)^2}$

(有傅里叶变换对: $h(t) = \begin{cases} -\dfrac{A^2}{\tau}|t| + A^2, & |t| < \tau \\ 0, & |t| \geqslant \tau \end{cases} \Leftrightarrow A^2 \dfrac{\sin^2 \dfrac{\Omega}{2}\tau}{\tau(\dfrac{\Omega}{2})^2}$)

(2) $x(t) = \dfrac{\alpha^2}{(\alpha^2 + 4\pi^2 t^2)}$

(有傅里叶变换对: $h(t) = \dfrac{1}{2}\exp[-\alpha|t|] \Leftrightarrow H(\mathrm{j}\Omega) = \dfrac{\alpha^2}{\alpha^2 + 4(\dfrac{\Omega}{2})^2}$)

(3) $x(t) = \exp\left(\dfrac{-\pi^2 t^2}{\alpha}\right)$

(有傅里叶变换对: $h(t) = (\dfrac{\alpha}{\pi})^{1/2}\exp[-\alpha t^2] \Leftrightarrow \exp[\dfrac{(-\dfrac{\Omega}{2})^2}{\alpha}]$)

1.5　假定有

$$h(t) = \begin{cases} A^2 - \dfrac{A^2|t|}{\tau}, & |t| < \tau \\ 0, & |t| > \tau \end{cases}$$

画出 $h(2t)$、$h(4t)$ 和 $h(8t)$ 的连续时间傅里叶变换图形。

1.6　当 k 为负数时,推导时间尺度变化的性质。

1.7　用移位定理求下列函数的连续时间傅里叶变换:

(1) $x(t) = \dfrac{A\sin[\Omega_0(t - t_0)]}{\pi(t - t_0)}$

(2) $x(t) = K\delta(t - t_0)$

(3) $x(t) = \begin{cases} A^2 - \dfrac{A^2}{\tau}|t - t_0|, & |t - t_0| < \tau \\ 0, & |t - t_0| > \tau \end{cases}$

1.8　证明

$$x(\alpha t - \beta) \Leftrightarrow \dfrac{1}{|\alpha|}\mathrm{e}^{-\mathrm{j}\Omega\frac{\beta}{\alpha}}X\left(\mathrm{j}\dfrac{\Omega}{\alpha}\right)$$

1.9　证明

$$|H(\mathrm{j}\Omega)| = |\mathrm{e}^{\mathrm{j}\Omega t_0}H(\mathrm{j}\Omega)|$$

即,频率函数的绝对值大小与时间移位无关。

1.10　利用频率移位定理,求下列函数的连续时间傅里叶反变换:

(1) $X(\mathrm{j}\Omega) = \dfrac{2A\sin[\tau(\Omega - \Omega_0)]}{(\Omega - \Omega_0)}$

(2) $X(\mathrm{j}\Omega) = \dfrac{a^2}{(\Omega + \Omega_0)^2}$

(3) $X(\mathrm{j}\Omega) = \dfrac{4A^2\sin^2[\tau(\Omega - \Omega_0)]}{[(\Omega - \Omega_0)]^2}$

1.11　将下列函数分解为偶函数和奇函数,并分别作图:

(1) $x(t) = \begin{cases} 1, & 1 < t < 2 \\ 0, & 其他 \end{cases}$

(2) $x(t) = \dfrac{1}{2-(t-2)^2}$

(3) $x(t) = \begin{cases} -t+1, & 0 < t \leqslant 1 \\ 0, & \text{其他} \end{cases}$

(4) 试证明 1.3 节的连续时间傅里叶变换的奇偶性定理。

1.12　证明下列连续时间傅里叶变换对：

(1) $\dfrac{\mathrm{d}h(t)}{\mathrm{d}t} \Leftrightarrow \mathrm{j}\Omega H(\mathrm{j}\Omega)$

(2) $[-\mathrm{j}t]h(t) \Leftrightarrow \dfrac{\mathrm{d}H(\mathrm{j}\Omega)}{\mathrm{d}\Omega}$

1.13　给定三角波的连续时间傅里叶变换，用习题 1.12(1) 的导数关系，求出脉冲波形的连续时间傅里叶变换。

1.14　证明下列的卷积性质：

(1) 卷积的交换律：$h(t) * x(t) = x(t) * h(t)$

(2) 卷积的结合律：$h(t) * [g(t) * x(t)] = [h(t) * g(t)] * x(t)$

(3) 卷积的加法分配律：$h(t) * [g(t) + x(t)] = h(t) * g(t) + h(t) * x(t)$

1.15　求 $h(t) * x(t)$，其中：

(1) $h(t) = \begin{cases} \mathrm{e}^{-at}, & t \geqslant 0 \\ 0, & t < 0 \end{cases}$　　　　　　$x(t) = \begin{cases} \mathrm{e}^{-bt}, & t \geqslant 0 \\ 0, & t < 0 \end{cases}$

(2) $h(t) = \begin{cases} t\mathrm{e}^{-t}, & t \geqslant 0 \\ 0, & t < 0 \end{cases}$　　　　　　$x(t) = \begin{cases} \mathrm{e}^{-t}, & t \geqslant 0 \\ 0, & t < 0 \end{cases}$

(3) $h(t) = \begin{cases} t\mathrm{e}^{-t}, & t \geqslant 0 \\ 0, & t < 0 \end{cases}$　　　　　　$x(t) = \begin{cases} \mathrm{e}^{t}, & t \leqslant -1 \\ 0, & t > -1 \end{cases}$

(4) $h(t) = \begin{cases} 2\mathrm{e}^{-3t}, & t \geqslant 1 \\ 0, & t < 1 \end{cases}$　　　　　　$x(t) = \begin{cases} 2\mathrm{e}^{t}, & t \leqslant 0 \\ 0, & t > 0 \end{cases}$

(5) $h(t) = \begin{cases} \sin(2\pi t), & 0 \leqslant t \leqslant \dfrac{1}{2} \\ 0, & \text{其他} \end{cases}$　　　　$x(t) = \begin{cases} 1, & 0 < t < \dfrac{1}{8} \\ 0, & \text{其他} \end{cases}$

(6) $h(t) = \begin{cases} 1-t, & 0 < t < 1 \\ 0, & \text{其他} \end{cases}$　　　　$x(t) = h(t)$

(7) $h(t) = \begin{cases} (a-|t|)^2, & -a \leqslant t \leqslant a \\ 0, & \text{其他} \end{cases}$　　　$x(t) = h(t)$

(8) $h(t) = \begin{cases} \mathrm{e}^{-at}, & t \geqslant 0 \\ 0, & t < 0 \end{cases}$　　　　　　$x(t) = \begin{cases} 1-t, & 0 < t < 1 \\ 0, & \text{其他} \end{cases}$

1.16　用图解的表示给出图 1.30 的两个奇函数 $x(t)$ 和 $h(t)$ 的卷积，并说明两个奇函数的卷积是偶函数。

1.17　应用卷积定理，用图解的表示给出图 1.31 函数的连续时间傅里叶变换。

1.18　求 $(\mathrm{e}^{-\alpha t^2}) * (\mathrm{e}^{-\beta t^2})$ 的连续时间傅里叶变换 $(\alpha > 0, \beta > 0)$（提示：应用卷积定理）。

1.19　根据时域卷积定理，用图解的表示给出图 1.32 中 $x(t)$ 和 $h(t)$ 两函数的卷积。

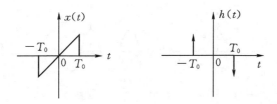

图 1.30　习题 1.16 图

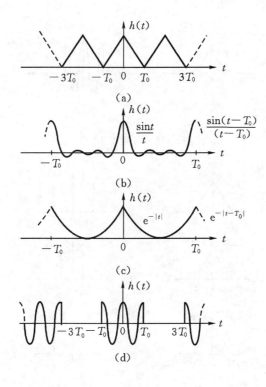

图 1.31　习题 1.17 图

1.20　(1)用图解的表示给出图 1.33 中 $x(t)$ 和 $h(t)$ 两函数的卷积和相关。

(2)参考卷积积分上下限确定的一般原则,给出相关积分上下限确定的一般原则。

1.21　设函数 $h(t)$ 的非零值区间为

$$\frac{-T_0}{2} \leqslant t \leqslant \frac{T_0}{2}$$

说明 $h(t) * h(t)$ 的非零值区间为 $-T_0 \leqslant t \leqslant T_0$,即 $h(t) * h(t)$ 的宽度为 $h(t)$ 宽度的 2 倍。

1.22　证明:如果 $x(t) = h(t) * g(t)$,则

$$\frac{\mathrm{d}x(t)}{\mathrm{d}t} = \frac{\mathrm{d}h(t)}{\mathrm{d}t} * g(t) = h(t) * \frac{\mathrm{d}g(t)}{\mathrm{d}t}$$

1.23　用图解的表示给出下列函数连续时间傅里叶变换:

(1) $x(t) = A\cos^2(\Omega t)$

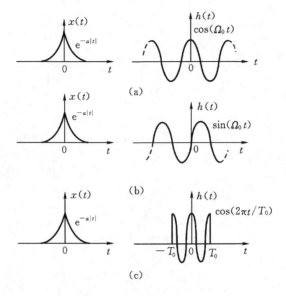

图 1.32　习题 1.19 图

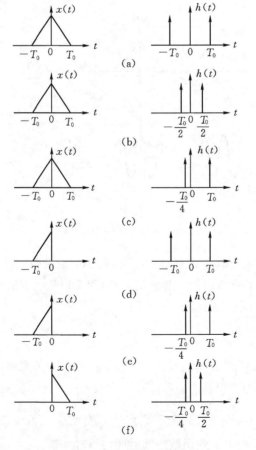

图 1.33　习题 1.20 图

(2) $x(t) = A\sin^2(\Omega t)$

(3) $x(t) = A\cos^2(\Omega t) + \dfrac{1}{2}A\cos^2(\dfrac{\Omega}{2}t)$

1.24　用图解的表示给出下列函数的连续时间傅里叶反变换：

(1) $\left[\dfrac{\sin(\Omega)}{\Omega}\right]^2$

(2) $\dfrac{1}{(1+j\Omega)^2}$

(3) $e^{-|\Omega|}$

(4) $1 - e^{-\left|\frac{\Omega}{2\pi}\right|}$

1.25　采样信号序列

$$x(nT) = \cos\left(\dfrac{\pi}{4}nT\right), \qquad -\infty < n < \infty$$

是对模拟信号

$$x(t) = \cos(\Omega_0 t), \qquad -\infty < t < \infty$$

进行采样而得到的，采样率为每秒 1000 个样本。问：有哪两种可能的 Ω_0 值以同样的采样率能得到该序列 $x(nT)$？

1.26　图 1.34 所示系统有下列关系：

$$X(j\Omega) = 0, \qquad |\Omega| \geqslant 2\pi \times 10^4$$

$$x(n) = x(t)\,|_{t=nT} = x(nT)$$

如果要避免混叠，即 $x(t)$ 能从 $x(nT)$ 恢复，求该系统最大可允许的采样周期 T 值。

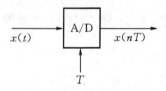

图 1.34　习题 1.26 图

1.27　一个带通模拟信号 $x(t)$ 有如图 1.35 所示的频谱，这里 $(\Omega_2 - \Omega_1) = \Delta\Omega$，对该信号进行采样，得到采样信号序列 $x(nT)$。

(1) 当 $T = \pi/\Omega_2$，画出采样信号 $x(nT)$ 的离散时间傅里叶变换 $X_s(j\Omega)$。

(2) 不会引起混叠失真的最低采样频率是多少？

(3) 如果采样率大于或等于由(2)确定的采样率，试画出由 $x(nT)$ 恢复 $x(t)$ 的系统方框图，假设有一理想低通滤波器可利用。

1.28　对具有如图 1.36 所示的连续时间傅里叶变换 $X(j\Omega)$ 的模拟信号 $x(t)$ 进行周期为 $T = 2\pi/\Omega_0$ 的采样得到 $x(nT)$。

(1) 采样序列信号 $x(nT)$ 经过一个数字信道传输，在接收端原信号 $x(t)$ 必须恢复出来，假设可以采用理想滤波器。试画出该恢复系统的方框图，并给出它的特性。

(2) 请说明 T 在什么范围内(用 Ω_0 表示)，$x(t)$ 可从采样序列 $x(nT)$ 恢复？

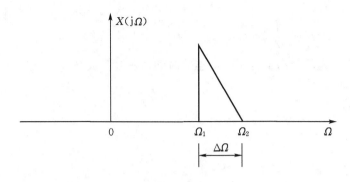

图 1.35　习题 1.27 图

1.29　在图 1.37 中,设 $X(j\Omega)=0$,$|\Omega|\geqslant\pi/T$,对于一般情况 $T_1\neq T_2$,试用 $x(t)$ 来表示 $y(t)$,对于 $T_1>T_2$ 和 $T_1<T_2$,两种情况有什么不同?

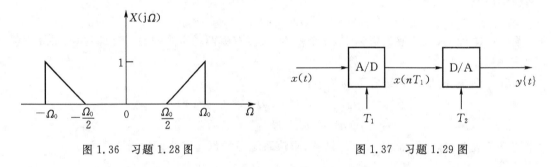

图 1.36　习题 1.28 图　　　　　　　　　　图 1.37　习题 1.29 图

1.30　在图 1.38(a)的系统中,$X(j\Omega)$ 和 $H(j\Omega)$ 分别如图 1.38(b)和(c)所示,给出下列不同采样周期的 $y(t)$ 的频谱:

(1) $1/T_1=1/T_2=10^4$

(2) $1/T_1=1/T_2=2\times10^4$

(3) $1/T_1=2\times10^4$,$1/T_2=10^4$

(4) $1/T_1=10^4$,$1/T_2=2\times10^4$

1.31　某数字系统的输入 $x(t)$ 的频谱有以下性质:

$$X(j\Omega)=0,\qquad |\Omega|\geqslant4000\pi$$

求满足系统的输出为

$$Y(j\Omega)=\begin{cases}|\Omega|X(j\Omega),&1000\pi<|\Omega|<2000\pi\\0,&\text{其他}\end{cases}$$

的最大可能的采样周期 T 值。

1.32　某数字系统是一个理想低通滤波器,截止频率为 $\pi/8$ (rad/s)。

(1) 若 $x(t)$ 频率上限为 5 kHz,为了避免在 A/D 转换器采样过程中发生混叠,最大的采样周期 T 值是多少?

(2) 若 $1/T=10$ kHz,有效连续时间滤波器的截止频率是多少?

(3) 若 $1/T=20$ kHz,重复(2)。

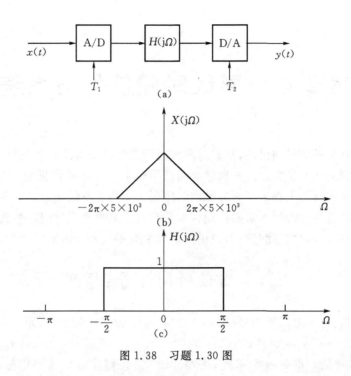

图 1.38　习题 1.30 图

1.33　根据内插公式(1.88)证明对任意常数 τ,有如下形式的内插公式,即

$$x(t+\tau) = \sum_{n=-\infty}^{\infty} x(nT+\tau) \frac{\sin\left[\pi\left(\dfrac{t}{T}-n\right)\right]}{\pi\left(\dfrac{t}{T}-n\right)}$$

1.34　若有两输入信号 $x_1(t)=\cos(2\pi t)$ 和 $x_2(t)=\cos(7\pi t)$,通过采样频率 $\Omega_s=8\pi$ 的理想采样器,然后经理想低通 $H(j\Omega)$ 输出 $y_1(t)$ 和 $y_2(t)$,问输出信号有无失真? 为什么失真?

1.35　考虑一输入信号的幅度在$(-5,5)$ V 内等概率分布,试问若使信号与量化噪声之比达到 80 dB$\left(20\lg\left|\dfrac{\text{最大输入信号幅度}}{\text{量化噪声}}\right|\right)$,A/D 变换器的量化范围应取多少?

第2章 离散时间信号与系统

通过第 1 章对采样信号的讨论,我们对离散时间信号已经有了初步的概念,并且给出采样信号的离散时间傅里叶变换表示。而离散时间信号也可以由某些离散时间过程直接产生,这两类离散时间信号在数学上都定义为离散时间序列。一些基本的离散时间序列及其基本性质在离散时间系统的分析中扮演着重要作用。本章将讨论基本离散时间序列的数学表示与离散时间傅里叶变换的关系,并在此基础上讨论离散线性时不变系统的基本特性。

2.1 离散时间信号:序列

为了便于分析,通常对采样信号 $\{x(nT)\}$ 的时间 T 做归一化处理,即

$$\{x(nT)\} = \{\cdots, x(-1), x(0), x(1), x(2), \cdots\} = \{x(n)\}$$

虽然 $x(n)$ 表示采样信号的第 n 个采样,为简单起见,我们将整个采样信号的集合直接记作 $x(n)$。如图 2.1 所示,经时间归一化处理得到的离散序列 $x(n)$ 不涉及真正的时间和物理量,它是整数变量 n 的函数,已经没有采样率的信息。这时的时域离散信号就变成了较抽象的序列。由离散时间过程直接产生的离散时间信号,在数学上也定义为 $x(n)$。这里需要指出的是,离散时间信号 $x(n)$ 仅仅在 n 为整数时才有定义,即独立变量 n 为离散值。不能认为 n 不为整数时离散序列 $x(n)$ 为零。

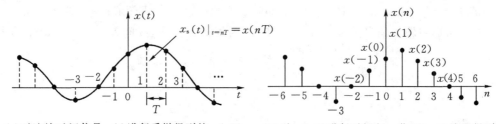

(a)对连续时间信号 $x(t)$ 进行采样得到的 $x(nT)$
（T—采样周期）

(b)对 $x(nT)$ 进行时间归一化($T=1$)处理得到的 $x(n)$;$x(n)$ 也可表示为离散过程直接产生的离散时间信号

图 2.1 序列的表示

2.1.1 序列的分类

在数学上,如果 x 是实数数组,则称 $x(n)$ 为实序列;如果 x 是复数数组,则称 $x(n)$ 为复序列。

一个复序列可表示为两个实序列的合成:

$$x(n) = x_r(n) + jx_i(n) \tag{2.1}$$

式中 $x_r(n)$ 和 $x_i(n)$ 两个实序列分别是复序列的实部 $\mathrm{Re}[x(n)]$ 和虚部 $\mathrm{Im}[x(n)]$。因此可以利用实序列的分析方法来处理复序列。复序列也可用它的幅度和相角表示：

$$x(n) = |x(n)| \, \mathrm{e}^{\mathrm{j}\varphi(n)} \tag{2.2}$$

式中幅度 $|x(n)|$ 和相角 $\varphi(n)$ 也都是实序列。

如果序列 $x(n)$ 的长度 N 有界，即 n 取值为有限，则称序列 $x(n)$ 为有限长序列；若 N 无界，则称序列 $x(n)$ 为无限长序列。在实际的信号处理中所遇到的序列都是有限长序列。无限长序列只有数学上的意义。在无限长序列中，若 n 的初值为 n_1，且有 $n<n_1$ 时，$x(n)=0$，而 $n_1<n<+\infty$ 时 $x(n)\neq 0$，则称 $x(n)$ 为右边序列；若 $n>n_1$ 时，$x(n)=0$，而 $-\infty<n<n_1$ 时，$x(n)\neq 0$ 则称 $x(n)$ 为左边序列；若 $-\infty<n<+\infty$，都有 $x(n)\neq 0$，则 $x(n)$ 为双边无限长序列。

2.1.2　基本序列

在离散时间信号与系统的表示与分析中，以下基本序列起着重要作用。

1. 单位采样序列(又称单位冲激序列)

$$\delta(n) = \begin{cases} 1, & n=0 \\ 0, & n\neq 0 \end{cases} \tag{2.3}$$

单位采样序列是最常用的基本序列。这个序列仅在 $n=0$ 处存在幅值为 1 的单位冲激脉冲信号，n 为其他值处为 0，如图 2.2 所示。它与 1.5.2 节讨论的式(1.63)连续时间域的单位冲激函数 $\delta(t)$ 类似。单位采样序列 $\delta(n)$ 在离散系统中是一个实际存在的序列，常作为离散时间系统采样响应的输入信号。为方便起见，单位采样序列也常称为离散时间冲激，或简称冲激。

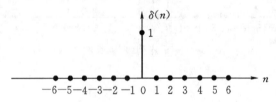

图 2.2　单位采样序列

2. 单位阶跃序列

$$u(n) = \begin{cases} 1, & n\geqslant 0 \\ 0, & n<0 \end{cases} \tag{2.4}$$

如图 2.3 所示。单位阶跃序列与连续系统中的单位阶跃函数 $u(t)$ 类似，单位阶跃序列也常常作为输入信号用于测试离散时间系统的时域响应。单位阶跃序列与单位采样序列的关系是

$$u(n) = \sum_{k=-\infty}^{n} \delta(k) \tag{2.5}$$

即单位阶跃序列在 n 点的值等于 n 点及该点之前的所有单位采样序列值的累加和。利用单位采样序列表示单位阶跃序列的另一种方式是把图 2.3 的单位阶跃序列看作是一组延迟的单位采样序列之和，数学上表示为

$$u(n) = \delta(n) + \delta(n-1) + \delta(n-2) + \cdots \tag{2.6a}$$

或

$$u(n) = \sum_{k=0}^{\infty} \delta(n-k) \qquad (2.6\text{b})$$

而单位采样序列可用单位阶跃序列的后向差分表示,即

$$\delta(n) = u(n) - u(n-1) \qquad (2.7)$$

式中 $u(n-1)$ 是把 $u(n)$ 延时一个采样间隔的单位阶跃序列。

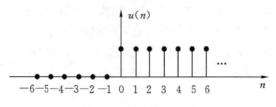

图 2.3　单位阶跃序列

3. 矩形序列

$$R_N(n) = \begin{cases} 1, & 0 \leqslant n \leqslant N-1 \\ 0, & \text{其他 } n \end{cases} \qquad (2.8)$$

如图 2.4 所示。矩形序列是一种有限长序列,它可用单位阶跃序列之差来表示,即 $R_N(n) = u(n) - u(n-N)$。

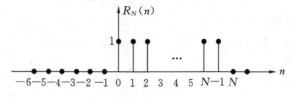

图 2.4　矩形序列(序列长度为 N)

4. 实指数序列

$$x(n) = Aa^n u(n) \qquad (2.9)$$

即

$$x(n) = \begin{cases} Aa^n, & n \geqslant 0 \\ 0, & n < 0 \end{cases} \qquad (2.10)$$

如果上式中 A 和 a 都是实数,则序列为实序列。当 $0 < a < 1$ 时,序列 $x(n)$ 是收敛的,如图 2.5(a)所示。当 $|a| > 1$ 时,序列 $x(n)$ 是发散的,图 2.5(b)示出了 $a > 1$ 时的 $x(n)$。而当 -1

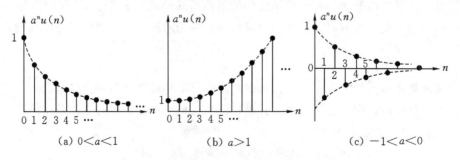

(a) $0 < a < 1$　　　　　(b) $a > 1$　　　　　(c) $-1 < a < 0$

图 2.5　指数序列($Aa^n u(n), A=1$)

$<a<0$ 时，序列收敛且是摆动的，如图 2.5(c)所示。人口增长、企业投资回报等一些社会或经济问题可以用指数序列来描述。

5. 正弦序列

$$x(n) = A\cos(\omega_0 n + \varphi), \qquad -\infty < n < +\infty \tag{2.11}$$

式中 A 和 φ 为实数，ω_0 是正弦序列的频率，它反映了序列变化快慢的速率，φ 和 ω_0 的单位都为弧度(rad)，如图 2.6 所示。这里没有区分正弦和余弦序列，它们只不过是参考点的取法不同，并无实质性差异。

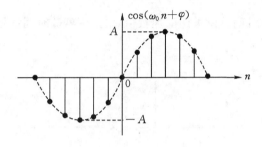

图 2.6　正弦序列

6. 复指数序列

a 为复数的指数序列 Aa^n，其实部和虚部是指数加权的正弦序列。如果 $A = |A|e^{j\varphi}$，$a = |a|e^{j\omega_0}$，则序列 Aa^n 可表示为

$$x(n) = Aa^n = |A|e^{j\varphi}|a|^n e^{j\omega_0 n} = |A||a|^n e^{j(\omega_0 n + \varphi)}$$
$$= |A||a|^n\cos(\omega_0 n + \varphi) + j|A||a|^n\sin(\omega_0 n + \varphi), \quad -\infty < n < +\infty \tag{2.12a}$$

若 $|a|>1$，则该序列振荡的包络按指数增长；若 $|a|<1$，其包络按指数衰减。当 $a=1$ 时，该序列称为复指数序列，即

$$x(n) = |A|e^{j(\omega_0 n + \varphi)} = |A|\cos(\omega_0 n + \varphi) + j|A|\sin(\omega_0 n + \varphi) \tag{2.12b}$$

式中的 ω_0 称作复指数序列的频率，φ 称为相位。由式(2.12b)可以看出，$e^{j\omega_0 n}$ 的实部和虚部都随 n 作正弦变化。由于 n 为无量纲的整数，因此 ω_0 的量纲必须是弧度。如果希望与连续时间的情况保持对应，可以把 ω_0 的单位表示成弧度/样本，而 n 的单位就是样本。复指数序列是研究离散时间系统频率响应的重要序列。

由于式(2.12b)中的 n 总是整数，使得离散时间复指数序列和正弦序列与连续时间复指数和正弦信号之间存在一个重要区别。当考虑一个频率为 $(\omega+2\pi)$ 时的复指数序列时，就能发现这一区别，这时有

$$x(n) = Ae^{j(\omega_0 + 2\pi)n} = Ae^{j\omega_0 n}e^{j2\pi n} = Ae^{j\omega_0 n} \tag{2.13a}$$

由上式可以看出，频率为 $(\omega_0 + 2\pi r)$ 的离散时间复指数序列(其中 r 为任意整数)相互间是无法区分的。由下式可以很容易证明这一点对正弦序列也成立：

$$x(n) = A\cos[(\omega_0 + 2\pi r)n + \varphi] = A\cos(\omega_0 n + \varphi) \tag{2.13b}$$

上述讨论说明，当讨论具有 $x(n)=Ae^{j\omega_0 n}$ 的复指数信号或具有 $x(n)=A\cos(\omega_0 n+\varphi)$ 的实正弦信号时，只需要讨论长度为 2π 的一段频率区间就可以了，如 $-\pi<\omega_0<\pi$，或 $0\leqslant\omega_0<2\pi$。

实际上,在第 1 章讨论采样信号频谱时已经应用了这一性质。

7. 任意序列的单位采样表示法

任意一个序列都可以用一组延迟的其幅度加权的单位采样的线性组合来表示。例如,图 2.7 所示的序列可表示为

$$x(n) = a_{-5}\delta(n+5) + a_{-2}\delta(n+2) + a_0\delta(n) + a_1\delta(n-1) + a_2\delta(n-2) + a_6\delta(n-6)$$

从上面可以导出任意序列的一般表达式

$$x(n) = \sum_{m=-\infty}^{\infty} x(m)\delta(n-m) \tag{2.14}$$

式中的序列 $x(m)$ 对应 m 时刻单位采样的加权值 a_m。在离散时间线性系统的表示和分析中,式(2.14)是一个基本表达式。

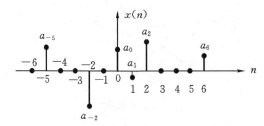

图 2.7　序列 $x(n) = \sum_{m=-6}^{6} a_m\delta(n-m)$

8. 周期序列

若有序列

$$x(n) = x(n+N), \qquad -\infty < n < +\infty, N \text{ 为整数} \tag{2.15a}$$

则定义序列 $x(n)$ 为周期序列,满足这一关系的最小整数 N 称为基波周期。周期序列[①]也可表示为

$$\tilde{x}(n) = \tilde{x}(n+rN) \tag{2.15b}$$

式 r 为任意整数,对于不同 r 值,各项 $\tilde{x}(n+rN)$ 之间彼此不重叠。

连续时间与离散时间的正弦信号和复指数信号之间的另一个重要区别是关于周期性问题。连续时间的正弦与复指数信号都是周期的,其周期为 2π 除以频率。而在离散时间的情况下,一个周期序列应满足式(2.15a)。如果用式(2.15a)来检验正弦序列和复指数序列的周期性,则分别有

$$A\cos(\omega_0 n + \varphi) = A\cos(\omega_0 n + \omega_0 N + \varphi)$$

和

$$e^{j\omega_0(n+N)} = e^{j\omega_0 n}$$

仅当 $\omega_0 N = 2\pi k$ 时(k 为整数),上面两式才成立。这样正弦序列和复指数序列对 n 来说并不一定都是周期为 $2\pi/\omega_0$ 的周期序列,而要取决于 ω_0 的值,有可能它们就不是周期的。如当 $\omega_0 = 3\pi/4$ 时,满足 $\omega_0 N = 2\pi k$ 条件的最小的 N 是 8(相当于 $k=3$),对于 $\omega_0 = 1$,就没有一个 N 或 k 满足条件 $\omega_0 N = 2\pi k$。

当把条件 $\omega_0 N = 2\pi k$ 时与前面讨论复指数序列所给出的 ω_0 和 $(\omega_0 + 2\pi r)$ 是不可区分的频

---

①　以后章节中当需要清楚区分周期序列和非周期序列时,我们就用波纹号"～"表示周期序列。

率的结果放在一起,可以清楚地看到,这里存在着 N 个可区分开的频率,对应这些频率的序列都是周期序列,且周期为 N,即 $\omega_k = 2\pi k/N, k=0,1,2,\cdots,N-1$。正弦序列和复指数序列的这些性质在离散时间傅里叶变换中是最基本的概念。

在上述离散时间信号的讨论中,我们引入了数字域频率 ω。习惯上称 ω 为数字角频率,数字域频率 ω 与模拟域 Ω 是通过采样周期 T 相关联。如对连续时间信号 $\sin(\Omega t)$ 采样,得到

$$\sin(\Omega t) = \sin(\Omega n T) = \sin(\omega n)$$

式中 $\omega = \Omega T = \Omega/f_s$,$T$ 为采样周期,f_s 为采样频率。

2.1.3　序列的稳定性与因果性

在离散时间信号分析中,需要用到稳定性和因果性来描述序列的特性。

序列 $x(n)$ 是稳定的,当且仅当存在某一个固定的有限正数 S,使下式成立

$$S = \sum_{n=-\infty}^{\infty} |x(n)| < \infty, \qquad -\infty < n < +\infty \tag{2.16}$$

上式意味着 $x(n)$ 是绝对可加的;如果对于 $n<0$,有 $x(n)=0$,那么序列 $x(n)$ 称为是因果性的(或是物理可实现的)。关于稳定性和因果性的定义同样可以用于描述一类线性时不变系统的特性(见 2.4.3 节和 2.4.4 节)。在线性时不变系统中,系统的因果性和稳定性有着明确的物理意义。

2.1.4　序列的基本运算

在序列之间进行适当的运算,其结果是一个新序列。

1. 序列的相加与相乘

两个序列 $x(n)$ 和 $y(n)$ 的相加或相乘分别定义为两个序列的对应离散时刻数值的和或积,即

$$\begin{aligned} x + y &= x(n) + y(n) \quad \text{(相加)} \\ x \cdot y &= x(n) \cdot y(n) \quad \text{(相乘)} \end{aligned} \tag{2.17}$$

2. 序列的加权(或乘以常数)

对序列 $x(n)$ 进行常数 a 加权是将该序列 $x(n)$ 中的每个样本 x 值都与常数 a 相乘,即

$$ax = a \cdot x(n) \tag{2.18}$$

3. 序列的移位

若序列 $y(n)$ 为 $x(n)$ 的移位或延时,则有

$$y(n) = x(n - n_0) \tag{2.19}$$

上式指 $x(n)$ 序列的每个样本都延时或移位 n_0 步构成一个新的序列 $y(n)$,n_0 为正时,序列右移,n_0 为负时,序列左移。在数字信号处理的系统中,移位(或延迟)是通过移位寄存器来实现的。

4. 序列反转

这种运算是将序列 $x(n)$ 的每个样本以 $n=0$ 为中心翻转构成一个新的序列 $y(n)$,即

$$y(n) = x(-n) \tag{2.20}$$

5. 样本累加

$$\sum_{n=n_1}^{n_2} x(n) = x(n_1) + \cdots + x(n_2) \qquad (2.21)$$

这种运算不同于序列相加,它是将给定区间的序列 $x(n)$ 中所有样本相加。

6. 样本相乘

$$\prod_{n=n_1}^{n_2} x(n) = x(n_1) \times \cdots \times x(n_2) \qquad (2.22)$$

这种运算不同于序列相乘,它是将给定区间的序列 $x(n)$ 中的所有样本相乘。

7. 序列能量

在离散时间信号处理中,序列的能量也可用来描述序列的特性,其定义为

$$E_x = \sum_{n=-\infty}^{\infty} x(n)x^*(n) = \sum_{n=-\infty}^{\infty} |x(n)|^2 \qquad (2.23)$$

式中的上角标" $*$ "表示复数共轭运算。

8. 序列功率

基波周期为 N 的周期序列 $x(n)$ 的平均功率定义为

$$P_x = \frac{1}{N} \sum_{n=0}^{N-1} |x(n)|^2 \qquad (2.24)$$

9. 序列的尺度变换:抽取与内插

序列的尺度变换是对自变量 n,按压缩或扩展规律除去某些点或补上零值(也称为抽取或插值),将 $x(n)$ 波形压缩或扩展而构成一个新的序列 $y(n)$。例如,给定离散时间信号 $x(n)$,若将自变量 n 乘以正整数 M,得到 $x(Mn)$,它是对序列 $x(n)$ 每隔 M 点取一点形成,可看作为 $x(n)$ 的波形压缩,而 n 除以正整数 M,得到 $x(n/M)$,是在序列 $x(n)$ 的相邻两点之间等间隔插入 $M-1$ 个零点,可看作为 $x(n)$ 的波形扩展。注意,它与连续时间信号尺度变换的不同之处。图 2.8 给出了 $M=2$ 时序列的尺度变换。

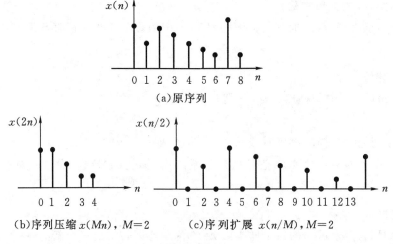

(a)原序列

(b)序列压缩 $x(Mn)$,$M=2$ (c)序列扩展 $x(n/M)$,$M=2$

图 2.8   序列的尺度变换

　　根据信号本身的特性和系统的需求,对信号进行样本抽取或内插运算在图像、语音等信号处理研究中具有重要的应用意义。

10. 序列的共轭对称

　　任意一个序列 $x(n)$ 都可表示成一个共轭对称序列和一个共轭反对称序列之和,即

$$x(n) = x_e(n) + x_o(n) \qquad (2.25a)$$

式中共轭对称序列 $x_e(n)$ 定义为具有 $x_e(n) = x_e^*(-n)$ 的序列,共轭反对称序列 $x_o(n)$ 定义为具有 $x_o(n) = -x_o^*(-n)$ 的序列,这里"*"记作复数共轭。$x_e(n)$ 和 $x_o(n)$ 分别表示为

$$x_e(n) = \frac{1}{2}[x(n) + x^*(-n)] \qquad (2.25b)$$

和

$$x_o(n) = \frac{1}{2}[x(n) - x^*(-n)] \qquad (2.25c)$$

满足 $x_e(n) = x_e(-n)$ 的共轭对称实序列一般称作偶序列,而满足 $x_o(n) = -x_o(-n)$ 的共轭反对称实序列一般称作奇序列。

2.2　序列的离散时间傅里叶变换表示

　　在 1.5.3 节我们讨论了采样信号 $x_s(t)|_{t=nT} = x(nT)$ 的离散时间傅里叶变换(DTFT)表示,如将采样时间 T 归一化,采样信号的离散时间傅里叶变换可以直接推广到离散时间序列的傅里叶表示。

　　若用 $x(n)$ 表示 $x(nT)$,并设数字频率 $\omega = \Omega T$,代入式(1.74)和(1.75),就得到一般离散时间序列 $x(n)$ 的离散时间傅里叶变换对,其定义为

$$X(e^{j\omega}) = \sum_{n=-\infty}^{\infty} x(n)e^{-j\omega n} \qquad (2.26a)$$

和

$$x(n) = \frac{1}{2\pi}\int_{-\pi}^{\pi} X(e^{j\omega})e^{j\omega n}\,d\omega \qquad (2.26b)$$

　　应该指出,式(2.26a)右边的级数并不总是收敛的,例如,当 $x(n)$ 是一单位阶跃序列或复指数序列时,式(2.26a)就不收敛。要使式(2.26a)的级数收敛,$x(n)$ 必须满足绝对可加条件,即

$$\sum_{n=-\infty}^{\infty} |x(n)| < \infty \qquad (2.27)$$

那么级数是绝对收敛的,且均匀收敛于 ω 的连续函数。因此,稳定序列的傅里叶变换总是存在的。在实际工程中,采样信号或数字序列信号往往满足这一条件。

　　式(2.26a)是对离散序列 $x(n)$ 进行离散时间傅里叶变换。与模拟信号不同,式(2.26b)傅里叶反变换把序列 $x(n)$ 表示成无限个小复正弦 $\frac{1}{2\pi}e^{j\omega n}$ 在频率 $(-\pi,\pi)$ 区间内的叠加,其权值就是 $X(e^{j\omega})$。虽然式(2.26b)把 ω 的变化范围限定在 $-\pi \sim +\pi$ 之间,但选择任何 2π 区间都可以进行积分。由式(2.26a)中 $x(n)$ 的离散时间傅里叶变换求出的 $X(e^{j\omega})$ 确定了由式(2.26b)来综合 $x(n)$ 时每一频率分量的大小。$X(e^{j\omega})$ 是 ω 的一个复值函数,称为序列 $x(n)$ 的频谱。

由以上讨论可以看到,序列 $x(n)$ 的离散时间傅里叶变换式(2.26a)与采样信号 $x_s(t)$ 的离散时间傅里叶变换式(1.74)的差别就在于前者是 ω 的周期函数,而后者是 Ω 的周期函数,它们本质上没有区别,只是将连续域频率 Ω 用数字域频率 ω 替代。另外,对比式(2.26b)和式(1.75),二者形式有相似之处,但要强调它们的一点重大差异,这就是在式(2.26b)中,$x(n)$ 是离散的,$X(e^{j\omega})$ 是以 2π 为周期的,所以在式(2.26b)中,积分区间的宽度仅取 2π。注意这里的离散时间傅里叶变换不要与第 4 章讨论的离散傅里叶变换(discrete Fourier transform, DFT)的概念相混淆。

例 2.1 求序列 $x(n)=(0.5)^n u(n)(n<0,x(n)=0)$ 的离散时间傅里叶变换。

解 由于序列 $x(n)$ 是绝对可加的,因此它的离散时间傅里叶变换存在

$$X(e^{j\omega}) = \sum_{n=-\infty}^{\infty} x(n)e^{-j\omega n} = \sum_{n=0}^{\infty} (0.5)^n e^{-j\omega n}$$

$$= \sum_{n=0}^{\infty} [(0.5)e^{-j\omega}]^n = \frac{1}{1-0.5e^{-j\omega}} = \frac{e^{j\omega}}{e^{j\omega}-0.5}$$

例 2.2 求有限长序列 $x(n)=\{x(-1),x(0),x(1),x(2),x(3)\}=\{1,2,3,4,5\}$ 的离散时间傅里叶变换。

解 利用式(2.26a),有

$$X(e^{j\omega}) = \sum_{n=-\infty}^{\infty} x(n)e^{-j\omega n} = e^{j\omega} + 2 + 3e^{-j\omega} + 4e^{-j2\omega} + 5e^{-j3\omega}$$

在 1.6 节我们讨论了模拟信号 $x(t)$ 的频谱 $X(j\Omega)$ 与采样信号 $x_s(t)|_{t=nT}$ 的频谱 $X_s(j\Omega)$ 之间的关系。这里我们进一步讨论用 $X_s(j\Omega)$ 表示采样序列 $x(n)$ 的离散时间傅里叶变换 $X(e^{j\omega})$。利用关系式

$$\omega = \Omega T$$

对式(1.79)作变量置换,得

$$x(nT) = \frac{1}{2\pi} \int_{-\pi}^{\pi} \left[\frac{1}{T} \sum_{r=-\infty}^{\infty} X\left(j\frac{\omega}{T} - j\frac{2\pi r}{T}\right) \right] e^{j\omega n} d\omega \tag{2.28}$$

因为 $x(n)=x(nT)$,上式与式(2.26b)形式相同,于是有

$$X(e^{j\omega}) = \frac{1}{T} \sum_{r=-\infty}^{\infty} X\left(j\frac{\omega}{T} - j\frac{2\pi r}{T}\right) \tag{2.29}$$

将上式与式(1.80)比较,可以得出

$$X_s(j\Omega) = X(e^{j\omega})|_{\omega=\Omega T} \tag{2.30}$$

显然,$X(e^{j\omega})$ 只是将 $X_s(j\Omega)$ 做了频率尺度变换 $\omega=\Omega T$ 的结果。这种频率尺度变换可以看成是一种频率轴的归一化,以使得 $X_s(j\Omega)$ 的 $\Omega=\Omega_s$ 归一化到 $X(e^{j\omega})$ 中的 $\omega=2\pi$。这种由 $X_s(j\Omega)$ 变换到 $X(e^{j\omega})$ 所存在的频率归一化与将 $x_s(t)$ 变换到 $x(n)$ 过程中存在着一个时间归一化有关。在采样信号 $x_s(t)$ 的样本之间存在一个与采样周期 T 相等的样本间隔,而在 $x(n)$ 的序列值之间的间隔总是为 1,即时间轴已被因子 T 所归一化。这样相应地在频域中就应有一个因子为 $f_s=1/T$ 的频率轴归一化。

例 2.3 计算下列矩形序列

$$x(n) = \begin{cases} 1, & -L_1 \leqslant n \leqslant L_1 \\ 0, & \text{其他 } n \end{cases}$$

的离散时间傅里叶变换,图 2.9(a)表示了 $L_1=2$ 的 $x(n)$。

解　由式(2.26a)有

$$X(e^{j\omega}) = \sum_{n=-L_1}^{L_1} e^{-j\omega n}$$

利用几何级数的前 L_1 项之和公式,可得

$$X(e^{j\omega}) = \frac{\sin\omega(L_1 + \frac{1}{2})}{\sin(\omega/2)}$$

对于 $L_1=2$ 的 $X(e^{j\omega})$ 如图 2.9(b)所示。将此结果与例 1.3 矩形脉冲信号的频率 $X(j\Omega)$ 比较,可以看出,这两个函数之间最重要的区别就是矩形序列的频谱 $X(e^{j\omega})$ 是周期的,即它的离散时间傅里叶变换总是连续频率变量 ω 的周期函数,其周期为 2π,而矩形脉冲信号的频率谱 $X(j\Omega)$ 是非周期的(见第 1 章的例 1.3)。

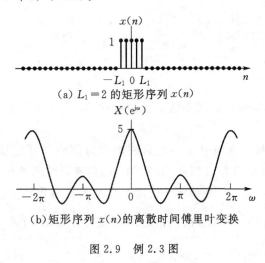

(a) $L_1=2$ 的矩形序列 $x(n)$

(b) 矩形序列 $x(n)$ 的离散时间傅里叶变换

图 2.9　例 2.3 图

2.3　离散时间傅里叶变换的性质

2.3.1　离散时间傅里叶变换的周期性与对称性

由于 $X(e^{j\omega})$ 是复值函数,为了用图形来表示 $X(e^{j\omega})$,需要分别给出相对 ω 的幅度和相位(或者实部和虚部)的变化。而 ω 是在 $-\infty$ 到 $+\infty$ 之间变化的实变量,这意味着要给出整个 $X(e^{j\omega})$ 函数的全部波形。而利用离散时间傅里叶变换的两个重要性质:周期性和对称性,对实值序列只需要给出 $\omega \in [0,\pi]$ 的波形。

1. 周期性

由于 $e^{-j\omega n} = e^{-j(\omega+2\pi r)n}$,$r$ 为整数,所以序列 $x(n)$ 的离散时间傅里叶变换 $X(e^{j\omega})$ 作为 ω 的函数仍然是以 2π 为周期的函数,即

$$X(e^{j(\omega+2\pi r)}) = X(e^{j\omega}) \tag{2.31}$$

上述性质说明,在分析或计算过程中,仅需要考虑 $X(e^{j\omega})$ 的一个周期(即 $\omega \in [0,2\pi]$,$[-\pi,\pi]$,…等),而不需要在整个域 $-\infty < \omega < \infty$ 计算 $X(e^{j\omega})$。

2. 对称性

2.1.4 节讨论了任何序列 $x(n)$ 都可以表示为一个共轭对称序列和一个共轭反对称序列之和。同理，$x(n)$ 的离散时间傅里叶变换 $X(e^{j\omega})$ 也可以分解成共轭对称函数与共轭反对称函数之和，即

$$X(e^{j\omega}) = X_e(e^{j\omega}) + X_o(e^{j\omega}) \tag{2.32a}$$

式中

$$X_e(e^{j\omega}) = \frac{1}{2}[X(e^{j\omega}) + X^*(e^{-j\omega})] \tag{2.32b}$$

和

$$X_o(e^{j\omega}) = \frac{1}{2}[X(e^{j\omega}) - X^*(e^{-j\omega})] \tag{2.32c}$$

式中 $X_e(e^{j\omega})$ 是共轭对称的，而 $X_o(e^{j\omega})$ 是共轭反对称的，即

$$X_e(e^{j\omega}) = X_e^*(e^{-j\omega})$$

和

$$X_o(e^{j\omega}) = -X_o^*(e^{-j\omega})$$

与序列类似，如果一个连续变量的实函数是共轭对称的，一般称作偶函数，如果它是共轭反对称，一般称作奇函数。

下面先研究一个一般的复序列 $x(n)$，它的离散时间傅里叶变换为 $X(e^{j\omega})$。可以证明，$x^*(n)$ 的离散时间傅里叶变换为 $X^*(e^{-j\omega})$，$x^*(-n)$ 的离散时间傅里叶变换为 $X^*(e^{j\omega})$，利用两个序列之和的离散时间傅里叶变换等于这两个序列各自傅里叶变换之和这一关系，可以推得 $\frac{1}{2}[x(n)+x^*(n)]$（即 $\mathrm{Re}[x(n)]$）的离散时间傅里叶变换是 $\frac{1}{2}[X(e^{j\omega})+X^*(e^{j\omega})]$，也就是 $X(e^{j\omega})$ 的共轭对称部分 $X_e(e^{j\omega})$。同样，可以导出 $\frac{1}{2}[x(n)-x^*(n)]$（即 $j\mathrm{Im}[x(n)]$）的离散时间傅里叶变换是共轭反对称分量 $X_o(e^{j\omega})$。从 $x(n)$ 共轭对称分量 $x_e(n)$ 和共轭反对称分量 $x_o(n)$ 的离散时间傅里叶变换，可以推得，$x_e(n)$ 的离散时间傅里叶变换为 $\mathrm{Re}[X(e^{j\omega})]$，$x_o(n)$ 的离散时间傅里叶变换为 $j\mathrm{Im}[X(e^{j\omega})]$。

对于实值序列 $x(n)$，上述对称性就变得特别简单。实序列的离散时间傅里叶变换 $X(e^{j\omega})$ 是共轭对称的，即

$$X(e^{j\omega}) = X^*(e^{-j\omega}) \tag{2.33}$$

若将 $X(e^{j\omega})$ 用其实部和虚部来表示，有

$$X(e^{j\omega}) = \mathrm{Re}[X(e^{j\omega})] + j\mathrm{Im}[X(e^{j\omega})]$$

则得

$$\mathrm{Re}[X(e^{j\omega})] = \mathrm{Re}[X(e^{-j\omega})] \quad （偶对称）$$

$$\mathrm{Im}[X(e^{j\omega})] = -\mathrm{Im}[X(e^{-j\omega})] \quad （奇对称）$$

这就是说，一个实值序列 $x(n)$ 的离散时间傅里叶变换的实部是一个偶函数，而虚部是一个奇函数。或者将 $X(e^{j\omega})$ 表示为极坐标形式：

$$X(e^{j\omega}) = |X(e^{j\omega})| e^{j\arg[X(e^{j\omega})]}$$

可以推得，实序列的傅里叶变换的幅度 $|X(e^{j\omega})|$ 是 ω 的偶函数，而相位 $\arg[X(e^{j\omega})]$ 则是 ω 的

奇函数。同样,实序列 $x(n)$ 的偶序列部分变换成 $\mathrm{Re}[X(\mathrm{e}^{\mathrm{j}\omega})]$,而 $x(n)$ 的奇序列部分变换成 $\mathrm{jIm}[X(\mathrm{e}^{\mathrm{j}\omega})]$。由于 $X(\mathrm{e}^{\mathrm{j}\omega})$ 具有对称性,因此用图形描述 $X(\mathrm{e}^{\mathrm{j}\omega})$ 时,只需给出 $X(\mathrm{e}^{\mathrm{j}\omega})$ 的一半周期的波形,通常都选 $\omega\in[0,\pi]$。

2.3.2　离散时间傅里叶变换的其他基本性质

上节给出了序列的离散时间傅里叶变换 $X(\mathrm{e}^{\mathrm{j}\omega})$ 的周期性和对称性。现在讨论其他几个有用的性质,这些性质与连续时间信号及其傅里叶变换的相应性质是类似的,它们把序列运算与离散时间傅里叶变换联系起来。设 $X(\mathrm{e}^{\mathrm{j}\omega})$ 是 $x(n)$ 的离散时间傅里叶变换,为方便起见,这里仍然使用符号"$\Leftrightarrow$"表示离散时间傅里叶变换对,即

$$x(n) \Leftrightarrow X(\mathrm{e}^{\mathrm{j}\omega})$$

1. 线性

若

$$x_1(n) \Leftrightarrow X_1(\mathrm{e}^{\mathrm{j}\omega})$$
$$x_2(n) \Leftrightarrow X_2(\mathrm{e}^{\mathrm{j}\omega})$$

则对任何 a、b,有

$$ax_1(n) + bx_2(n) \Leftrightarrow aX_1(\mathrm{e}^{\mathrm{j}\omega}) + bX_2(\mathrm{e}^{\mathrm{j}\omega}) \tag{2.34}$$

2. 时间移位

时域的移位对应于频域的相移

$$x(n-k) \Leftrightarrow X(\mathrm{e}^{\mathrm{j}\omega})\mathrm{e}^{-\mathrm{j}\omega k} \tag{2.35}$$

3. 频率移位

若 $x(n) \Leftrightarrow X(\mathrm{e}^{\mathrm{j}\omega})$,那么序列 $x(n)$ 乘以复指数相应于 $X(\mathrm{e}^{\mathrm{j}\omega})$ 在频域中的移位

$$x(n)\mathrm{e}^{\mathrm{j}\omega_0 n} \Leftrightarrow X(\mathrm{e}^{\mathrm{j}(\omega-\omega_0)}) \tag{2.36}$$

4. 共轭

序列 $x(n)$ 在时域中的共轭相应于 $X(\mathrm{e}^{\mathrm{j}\omega})$ 在频域中的反转和共轭:

$$x^*(n) \Leftrightarrow X^*(\mathrm{e}^{-\mathrm{j}\omega}) \tag{2.37}$$

5. 反转(时间倒置)

若 $x(n) \Leftrightarrow X(\mathrm{e}^{\mathrm{j}\omega})$,那么序列 $x(n)$ 在时域中的反转相应于 $X(\mathrm{e}^{\mathrm{j}\omega})$ 在频域中的反转:

$$x(-n) \Leftrightarrow X(\mathrm{e}^{-\mathrm{j}\omega}) \tag{2.38}$$

若该序列是实序列,反转性质可简化为

$$x(-n) \Leftrightarrow X^*(\mathrm{e}^{\mathrm{j}\omega}) \tag{2.39}$$

6. 卷积

在第 1 章已讨论过连续时间信号的卷积定理,在离散域也有相同的定理,即

$$x_1(n) * x_2(n) \Leftrightarrow X_1(\mathrm{e}^{\mathrm{j}\omega})X_2(\mathrm{e}^{\mathrm{j}\omega}) \tag{2.40}$$

这是一个很有用的性质,它使得在频域进行离散线性系统分析非常方便。上式卷积定理说明,时域中两个序列的卷积相应于频域中两个序列的离散时间傅里叶变换的乘积。

7. 相乘

这是卷积性质的对偶性质:

$$x_1(n) \cdot x_2(n) \Leftrightarrow \frac{1}{2\pi} \int_{-\pi}^{\pi} X_1(e^{j\theta}) X_2(e^{j(\omega-\theta)}) d\theta \tag{2.41}$$

上式运算称为周期卷积,它是两个周期函数的卷积,其积分区间仅取一个周期。在离散时间情况下,由于离散时间傅里叶变换是一种求和形式,而反变换是被积函数为周期函数的积分。离散时间傅里叶变换的时域与频域之间的对偶性与连续时间信号的傅里叶变换有着基本的区别。对连续时间信号的情况,其时域中的信号卷积可以由频域中的直接相乘(信号傅里叶变换的乘积)来表示,反之亦然,它们之间的对偶关系是完全的。而在离散时间信号的情况下,序列的离散卷积和等效于频域中相应的周期傅里叶变换的相乘,但序列的时域相乘等效于频域中相应傅里叶变换的周期卷积,这种对偶性与连续时间情况是不同的。

8. 频域微分

若 $x(n) \Leftrightarrow X(e^{j\omega})$,则有

$$nx(n) \Leftrightarrow j \frac{dX(e^{j\omega})}{d\omega} \tag{2.42}$$

9. 帕塞瓦(Parseval)定理

序列 $x(n)$ 的能量可写成

$$E_x = \sum_{n=-\infty}^{\infty} |x(n)|^2 = \frac{1}{2\pi} \int_{-\pi}^{\pi} |X(e^{j\omega})|^2 d\omega$$

$$= \int_{0}^{\pi} \frac{|X(e^{j\omega})|^2}{\pi} d\omega \quad (\text{应用实序列偶对称性质}) \tag{2.43}$$

式(2.43)称为帕塞瓦定理。根据式(2.43),$x(n)$ 的能量密度谱定义为

$$\Phi_x(\omega) \stackrel{\text{def}}{=} \frac{|X(e^{j\omega})^2|}{\pi} \tag{2.44}$$

式(2.44)确定了能量在频域中是如何分布的。帕塞瓦定理说明序列信号时域的总能量等于频域的总能量。这里频域总能量是指 $|X(e^{j\omega})|^2$ 在一个周期中的积分再乘上 $1/2\pi$。

这里需要进一步指出的是,第 1 章中所讨论的非周期信号连续时间傅里叶变换对的式(1.14)和式(1.15)二者的表达式极为相似,所以在时域和频域之间存在着对偶性。对于非周期离散时间信号和它的离散时间傅里叶变换是两类不同的函数,它们之间不存在类似的对偶性,这是由于非周期离散时间信号是非周期序列,而它的离散时间傅里叶变换是连续频率变量的周期函数。

2.4　离散时间系统

由前面的讨论可以看到,离散时间信号从根本上说是一个数的序列。输入和输出都为序列的系统称之为离散时间系统。离散时间系统在数学上对序列的运算可看作为一种变换,即将输入序列 $x(n)$ 映射为输出序列 $y(n)$ 的一种变换,记作

$$y(n) = T[x(n)]$$

$y(n)$ 也可看作离散时间系统对序列 $x(n)$ 的响应。图 2.10 给出离散时间系统的一般形式表达。对变换 $T[\cdot]$ 的不同约束条件定义了各类不同的离散时间系统。

离散时间系统可分为线性和非线性两大类系统,本书讨论离散时间系统中最主要、最常用

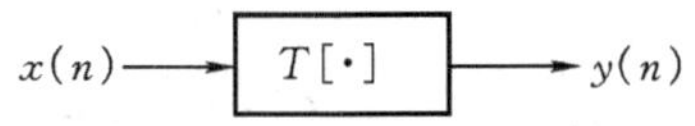

$$x(n) \longrightarrow \boxed{T[\cdot]} \longrightarrow y(n)$$

图 2.10　离散时间系统:将输入序列 $x(n)$ 变换成输出序列 $y(n)$

的线性时不变系统。从后面的讨论中可以看到,线性和时不变这两个约束条件定义了一类可以用"卷积和"表示的系统,再施以因果性和稳定性的约束,就定义了在实际应用中一类很重要的离散线性时不变系统,而且任何一个这类离散线性时不变系统都可以用它对式(2.3)单位采样序列的响应来表征。

2.4.1　线性系统

满足线性叠加原理的系统称为线性系统。若一离散系统在 $x_1(n)$ 和 $x_2(n)$ 输入时,其相应的输出为 $y_1(n)=T[x_1(n)]$ 和 $y_2(n)=T[x_2(n)]$,那么对于任意常数 a 和 b,当且仅当

$$T[ax_1(n)+bx_2(n)]=aT[x_1(n)]+bT[x_2(n)]=ay_1(n)+by_2(n) \quad (2.45)$$

时,称该系统是线性系统,即线性系统满足齐次性和叠加性。例如,累加器定义为

$$y(n)=\sum_{m=-\infty}^{n} x(m) \quad (2.46)$$

这是一个线性系统,系统在 n 时刻的输出样本是当前样本和该样本之前全部输入的累加和。当 $x(n)$ 为单位采样序列时,则该系统的输出就是单位阶跃序列。

实际上,当足够大的信号加在系统上时,几乎所有的系统都变成非线性的。然而,大多数非线性系统都可能用小信号分析的线性系统来近似。利用线性系统的叠加性质可以大大简化线性系统的分析。由于分解性质可以分别求出输出响应的两个分量:①假定输入为零时计算零输入响应;②假定零初始条件时计算零状态响应。或者将输入表示成一些较为简单的函数之和,此时系统的响应是对应各自输入的零状态响应之和,如式(2.45)所表达的形式。

2.4.2　离散线性时不变系统

如果线性系统的输出序列随输入序列的移位(延时)而移位,但不改变其形状,即如果 $y(n)=T[x(n)]$,有

$$y(n-k)=T[x(n-k)], \quad k \text{ 为任意整数} \quad (2.47)$$

则称满足上式的系统为时不变系统。如实现序列累加运算的离散线性系统是时不变的。如果系统的输出随着输入序列的移位而发生形状的改变,系统就是线性时变系统。例如由下式描述的系统

$$y(n)=e^{-n}x(n)$$

就是一个时变系统。完成序列的尺度变换运算(如图 2.8 所示)的系统也是时变的。

具有线性和时不变性质的系统在离散信号处理应用中是十分有效的。如果线性性质与任意序列的单位采样延迟的幅度加权线性组合式(2.14)结合起来,那么一个线性系统就可以完全由它的单位采样响应来表征。下面研究离散线性时不变系统对单位采样序列的响应。将式(2.14)表示的任意序列作为线性时不变离散系统的输入,即

$$x(n)=\sum_{m=-\infty}^{\infty} x(m)\delta(n-m)$$

则系统的输出为

$$y(n) = T\left[x(n)\right] = T\left[\sum_{m=-\infty}^{\infty} x(m)\delta(n-m)\right]$$

由于系统是线性的,应用叠加原理则有

$$y(n) = T\left[x(n)\right] = \sum_{m=-\infty}^{\infty} x(m)T\left[\delta(n-m)\right]$$

上式表明线性系统对任意输入序列的响应可以用系统对单位采样序列 $\delta(n-m)$ 的响应来表示。

令系统对单位采样序列的响应输出为 $h(n) = T\left[\delta(n)\right]$,再由系统的线性时不变性质,得到该系统的输出:

$$y(n) = T\left[x(n)\right] = \sum_{m=-\infty}^{\infty} x(m)h(n-m) \tag{2.48}$$

上式可简写为

$$y(n) = x(n) * h(n)$$

这样,任何线性时不变离散系统可以完全由其单位采样响应 $h(n)$ 来表征[①]。通常称式(2.48)为离散线性卷积和公式。离散卷积和公式建立起线性时不变离散系统的输入与输出间的关系,它表明线性时不变系统的输出 $y(n)$ 是其输入序列 $x(n)$ 与系统的单位采样响应序列 $h(n)$ 的卷积和的结果。只要知道系统的单位采样响应 $h(n)$,对任意输入的 $x(n)$,都可以利用式(2.48)的卷积和计算出系统的输出 $y(n)$。

与连续时间信号卷积过程的图解说明(图 1.13 所示)一样,式(2.48)的卷积过程也可以用图 2.11 表示。计算 $y(n)$ 的一个点值时,需要三步:①给出 $h(n-m)$ 序列;②逐点对应相乘,求新序列 $x(m)h(n-m)$;③将相乘结果相加,得到输出响应序列 $y(n)$,如图 2.11(f)所示。由图 2.11(f)可以看出,离散时间系统输出的第 n 个值 $y(n)$ 是由输入序列(表示为 m 的函数)乘以其值 $h(n-m)$,$-\infty<m<\infty$ 的序列,然后对一个固定的 n 值,将全部乘积 $x(m)h(n-m)$ 加起

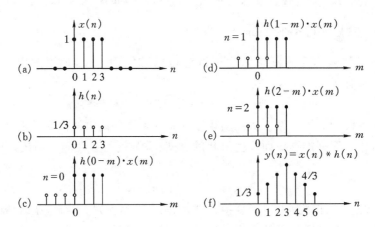

图 2.11　离散线性时不变系统的卷积过程的图解说明

---

① 在数字信号处理系统中,以单位采样序列 $\delta(n)$ 作为输入时,系统的响应称为单位采样响应,以 $h(n)$ 表示之。这与模拟系统中以单位冲激函数 $\delta(t)$ 作为输入相当。在模拟系统中对应 $\delta(t)$ 输入的响应称为冲激响应,常以 $h(t)$ 表示之。类似模拟系统,数字系统的单位采样响应也可称作为单位冲激响应或冲激响应。

来得到。于是两个序列的卷积运算是对全部 n 值进行上述这种运算,从而得到整个输出序列 $y(n)$,$-\infty < n < \infty$。

式(2.48)中 $h(n-m)$ 产生的一般过程是:

(1) 反转:将 $h(m)$ 关于原点时间反转求得 $h(-m)$;

(2) 移位:将反转序列的原点移至 $m=n$。

式(2.48)的卷积和与连续系统中的卷积积分类似,但不应把卷积和看成卷积积分的一种近似。连续时间线性系统中卷积积分主要起着理论分析的重要作用,而离散线性卷积和不仅在理论分析上有意义,而且是对离散时间系统的一种明确实现。

不难看出,若令 $m=n-p$,则卷积和公式(2.48)中 $x(m)$ 与 $h(n-m)$ 的位置可以交换,即

$$y(n) = \sum_{p=-\infty}^{\infty} x(n-p)h(p) = \sum_{m=-\infty}^{\infty} h(m)x(n-m) = h(n) * x(n) \tag{2.49}$$

也就是说,在卷积中两个序列的先后次序是无关紧要的。为了与以后的循环卷积相区别,式(2.48)和式(2.49)的非周期离散卷积也称为线性卷积或直接卷积。

2.4.3　离散线性时不变系统的因果性

因果性是对一类重要线性时不变系统的约束条件。若系统在某时刻的输出 $y(n)$ 只取决于 n 时刻和 n 时刻以前的输入,即 $x(n)$,$x(n-1)$,$x(n-2)$,$\cdots$,而与 n 时刻以后的输入序列无关,也就是说输出与将来的输入无关,输出的变化不会出现在输入的变化之前,则称该系统是因果性的,或物理可实现的。如果 n 时刻的输出还取决于此时刻以后的输入序列,则该系统是非因果系统。如序列的移位运算系统(式(2.19)),当 $n_0 \geqslant 0$,则系统是因果的,而对 $n_0 < 0$,则是非因果的。式(2.21)所示的累加器是因果的;$y(n)=x(n)-x(n-1)$ 的后向差分系统是因果的,而 $y(n)=x(n+1)-x(n)$ 前向差分系统却是非因果的。但不是所有有实际意义的系统都是因果系统,如图 2.8(b)所示的序列尺度变换 $y(n)=x(Mn)$ 的系统,当 $M>1$ 时,该系统就不是因果的,因为有 $y(1)=x(M)$;还有图像处理系统,其变量不是时间,此时因果性往往不是系统的约束条件。

具有因果性的线性时不变系统的采样响应必须满足

$$h(n) = 0, \quad n < 0 \tag{2.50}$$

下面证明式(2.50)是线性时不变系统满足因果性的充分必要条件。

证明　(1) 充分条件。

由式(2.48),系统对 $x_1(n)$ 和 $x_2(n)$ 的响应可分别写成

$$\begin{aligned}
y_1(n) &= \sum_{m=-\infty}^{\infty} x_1(m)h(n-m) \\
&= \sum_{m=-\infty}^{n_0-1} x_1(m)h(n-m) + \sum_{m=n_0}^{\infty} x_1(m)h(n-m) \\
y_2(n) &= \sum_{m=-\infty}^{n_0-1} x_2(m)h(n-m) + \sum_{m=n_0}^{\infty} x_2(m)h(n-m)
\end{aligned}$$

由于 $n<0$ 时,$h(n)=0$,因此,当 $n<n_0 \leqslant m$ 时,即 $n<m$,上面两式右边的 $h(n-m)=0$。如果取 $x_1(n)=x_2(n)$,$n<n_0$,上面两式右边的第一项相等。这样,对于 $n<n_0 \leqslant m$,即 $n-m<0$,有

$$y_1(n) - y_2(n) = \sum_{m=n_0}^{\infty} [x_1(m) - x_2(m)]h(n-m)$$

因此,当系统的单位采样响应 $h(n)$ 满足式(2.50)时,则上式右边的 $h(n-m)=0$,$n<n_0\leqslant m$,从而得到 $y_1(n)=y_2(n)$,根据定义,这时系统是因果性的。

(2) 必要条件。

利用反证法证明。假设因果性存在,且 $n<0$,$h(n)\neq0$,则对于

$$y(n) = \sum_{m=-\infty}^{0} h(m)x(n-m) + \sum_{m=1}^{\infty} h(m)x(n-m)$$

右边的第一项中 $y(n)$ 将和以后的输入 $x(n-m)$(注意:m 的取值为非正)有关,这与因果性的定义矛盾,因此假设不成立。所以,$n<0$ 时,$h(n)=0$ 是必要条件。

2.4.4　离散线性时不变系统的稳定性

稳定性是线性系统理论中一个很重要的概念。考虑稳定性问题是为了避免构造不稳定的系统。

若一个系统对每一个有界的输入产生一个有界的输出,如图 2.12 所示,则称该系统是在有界输入有界输出(BIBO)意义下的稳定。

图 2.12　离散时间系统的稳定条件

稳定系统的充分必要条件是系统的单位采样响应绝对可加,即对于一个稳定系统,总可以找到一个足够大的正数 S,使得

$$\sum_{n=-\infty}^{\infty} |h(n)| \leqslant S < \infty \tag{2.51}$$

证明　(1) 充分性。

如果式(2.51)成立,且 $x(n)$ 有界,即 $|x(n)|\leqslant M<\infty$,$-\infty<n<\infty$,M 为任意有限正数,则由式(2.49)得到

$$|y(n)| = \left| \sum_{m=-\infty}^{\infty} h(m)x(n-m) \right| \leqslant M \sum_{m=-\infty}^{\infty} |h(m)| \leqslant M \cdot S < \infty$$

因此,输出 $y(n)$ 是有界的,所以系统一定是稳定的。

(2) 必要性。

利用反证法。假设 $h(n)$ 不满足式(2.51),即有 $S = \sum_{n=-\infty}^{\infty} h(n) = \infty$,则总可以找到某些有界的输入使输出响应为无界。例如,当有界输入序列为

$$x(n) = \begin{cases} \dfrac{h^*(-n)}{|h(-n)|}, & h(-n) \neq 0 \\ 0, & h(-n) = 0 \end{cases}$$

式中"$*$"表示取复数共轭,显然 $|x(n)|$ 是有界的(1 或 0)。当 $n=0$ 时,系统的输出值是

$$y(0) = \sum_{m=-\infty}^{\infty} x(0-m)h(m) = \sum_{m=-\infty}^{\infty} \frac{|h(m)|^2}{|h(m)|} = S$$

因此,若 $S=\infty$,则一个有界的输入序列产生一个无界的输出序列,这与式(2.51)稳定性的定义矛盾,故 $S<\infty$,即系统的单位采样响应绝对可加是稳定系统的必要条件。

例 2.4　研究一个单位采样响应 $h(n)$ 为指数序列 $a^n u(n)$ 的线性时不变系统的因果性和稳定性。

解　先确定它的因果性。显然，当 $n < 0$ 时，$h(n) = 0$，故系统是因果性的。由稳定性的定义，应该有

$$\sum_{n=-\infty}^{\infty} |h(n)| = \sum_{n=0}^{\infty} |a|^n \leqslant S < \infty$$

显然，只有当 $|a| < 1$，由无限项几何级数求和公式给出

$$\sum_{n=-\infty}^{\infty} |a|^n = \frac{1}{1 - |a|} \leqslant S < \infty$$

是收敛的。因此，使该系统产生有界输出的条件是 $|a| < 1$，此时系统是稳定的；而当 $|a| \geqslant 1$ 时，求和式是无限的，则系统是不稳定的。

为了说明线性时不变系统的性质是如何表现在它的单位采样响应中，下面给出几种线性时不变系统的单位采样响应。

（1）理想延迟

$$h(n) = \delta(n - n_d), \qquad -\infty < n < \infty$$

式中 n_d 为某一固定整数。

（2）移动平均

$$h(n) = \frac{1}{M_1 + M_2 + 1} \sum_{k=-M_1}^{M_2} \delta(n - k)$$

$$= \begin{cases} \dfrac{1}{M_1 + M_2 + 1}, & -M_1 \leqslant n \leqslant M_2 \\ 0, & \text{其他 } n \end{cases}$$

（3）累加器

$$h(n) = \sum_{k=-\infty}^{n} \delta(k) = \begin{cases} 1, & n \geqslant 0 \\ 0, & n < 0 \end{cases}$$

$$= u(n)$$

（4）前向差分

$$h(n) = \delta(n + 1) - \delta(n)$$

（5）后向差分

$$h(n) = \delta(n) - \delta(n - 1)$$

（6）无记忆系统

如果在每一个 n 时刻的系统输出 $y(n)$ 只取决于该时刻的 $x(n)$ 值，那么就说该系统是无记忆系统，$y(n) = [x(n)]^2$ 就是这类系统。对于理想单元延迟系统，当 $n_d = 0$ 时，系统是无记忆的。

用式(2.51)检查上面各个系统的稳定性。对于上述的理想延迟、移动平均、前向差分和后向差分系统，由于这些采样响应只有有限个非零样本，显然有 $S < \infty$。这类系统称为有限冲激响应(finite impulse response，FIR)系统。很明显，只要采样响应的每一个值都是有限的，FIR线性时不变系统总是稳定的。而累加器系统是不稳定的，这是由于 $S = \sum\limits_{n=0}^{\infty} u(n) = \infty$，它的采样响应是无限长的。这类系统称为无限冲激响应(infinite impulse response，IIR)系统。如果这类具

有时宽无限的单位采样响应的线性时不变系统的输出是一个有界的序列,则系统就是稳定的。如前面例 2.4 讨论的单位采样响应 $h(n)=a^n u(n)$,$|a|<1$ 就是一种稳定的 IIR 系统的例子。因此,无论系统的单位采样响应是有限时宽或无限时宽,只要系统对每一个有界输入都能产生一个有界输出,那么该系统就是稳定的。在数字滤波器设计中区分这两类系统是十分重要的。

2.4.5　采用差分方程表示离散线性时不变系统

任何离散线性时不变系统的输入 $x(n)$ 和输出 $y(n)$ 序列之间的关系,满足以下形式的线性常系数差分方程:

$$\sum_{k=0}^{N} b_k y(n-k) = \sum_{k=0}^{M} a_k x(n-k) \tag{2.52}$$

式中 a_k 和 b_k 是常数。为使离散线性时不变系统是物理可实现的,上式中的求和取了有限项。如果 $b_N \neq 0$,那么上式的差分方程是 N 阶的。如果没有附加条件,式(2.52)这样的差分方程不能唯一地确定系统的输入与输出之间的关系。与求解微分方程一样,对应不同的初值条件,差分方程存在一簇解。满足初始条件并不意味着系统是因果系统。当 $b_0 \neq 0$ 时,对于因果性系统,可将式(2.52)改写成

$$y(n) = \sum_{k=0}^{M} \frac{a_k}{b_0} x(n-k) - \sum_{k=1}^{N} \frac{b_k}{b_0} y(n-k), \quad b_0 \neq 0 \tag{2.53}$$

于是,根据当前输入 $x(n)$ 值和它以前的 M 个值以及已计算出的 N 个 $y(n)$ 值可以计算出当前的输出 $y(n)$。用差分方程描述的系统,便于计算机实现或仿真,以求得其数值解,但差分方程的求解需用初值条件来启动计算。

例 2.5　若一个离散线性时不变系统的输入 $x(n)$ 和输出 $y(n)$ 满足下列差分方程:

$$y(n) = x(n) + b y(n-1)$$

用递推法求出满足该方程的因果系统的单位采样响应 $h(n)$。

解　为了得到单位采样响应,令 $x(n)=\delta(n)$,该系统的方程变为

$$h(n) = b h(n-1) + \delta(n)$$

根据因果性得到初始条件递推如下:

$$h(n) = 0, \quad n < 0$$
$$h(0) = b h(-1) + 1 = 1$$
$$h(1) = b h(0) + 0 = b$$
$$\vdots$$
$$h(n) = b h(n-1) + 0 = b^n, \quad n \geqslant 0$$

于是归纳得到

$$h(n) = b^n u(n)$$

如果初始条件是 $h(n)=0, n>0$,则可递推得

$$h(n) = -b^n u(-n-1)$$

这里,前一解对应一个因果系统,当 $|b|<1$ 时系统是稳定的;后一解对应于非因果系统,且在 $|b|>1$ 时才是稳定的。因此,满足线性常系数差分方程的系统不一定是因果性的,只有相应地选择初始条件,它才可能是一个因果系统。

从式(2.52)和例 2.5 中可以看到,差分方程的递推数值解法含有三种基本运算操作:加

法、乘法和延迟。图 2.13 给出了实现上例的线性时不变系统的方框图。

除特别说明以外，本书以后的讨论中，线性常系数差分方程式(2.52)所表示的系统都是指线性时不变系统。

由前面的讨论可知，对于线性时不变系统，其输入序列可表示成一组移位的单位采样幅度加权的线性组合，其输出也能表示成一组幅度

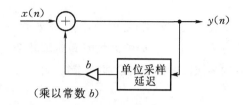

图 2.13　例 2.5 的一阶差分方程所描述的离散线性时不变系统

加权和移位的单位采样响应的线性组合。同样，任意离散序列也可用 2.1.2 节所介绍的各种基本信号的线性组合来表示。采用何种表示方式，这取决于所研究的系统类型，如正弦和指数序列在离散线性时不变系统和信号的表示中起着十分重要的作用。这是因为复指数序列是线性时不变系统的特征函数，而且离散线性时不变系统对于一个正弦序列输入的稳态响应也是一正弦序列，且具有与输入相同的频率，其幅度和相位取决于系统特征。正是由于线性时不变系统具有这种基本特性，使得利用复指数信号集合 $\{e^{j\omega n}\}$ 为基信号来表示(即傅里叶表示)离散信号和线性系统是非常有用的。

2.5　离散时间系统的频域响应

2.5.1　对复指数序列的响应

线性时不变系统的一个主要特性是对某些类型的输入特征函数，其输出仍然保持同样的特征函数，只是把输入函数乘了一个复数常数。复指数函数就是这种特征函数之一。而且由序列的离散时间傅里叶变换可以看到，离散时间信号可由许多角频率不同的复指数序列来表示。将线性系统对这些不同频率复指数序列的响应进行线性叠加，就可求得系统在频域对离散时间信号的输出响应，其响应的幅度和相位(延迟)由系统的参数决定。

为了进一步说明复指数是离散时间系统的特征函数，考虑系统的输入序列 $x(n)=e^{j\omega n}$，$-\infty<n<\infty$，即输入序列 $x(n)$ 是一个角频率为 ω 的复指数序列 $e^{j\omega n}$，由式(2.48)，其单位采样响应为 $h(n)$ 的线性时不变系统的输出响应为

$$y(n) = e^{j\omega n} * h(n) = \sum_{m=-\infty}^{\infty} h(m)e^{j\omega(n-m)} = e^{j\omega n} \sum_{m=-\infty}^{\infty} h(m)e^{-j\omega m} \tag{2.54}$$

若定义

$$H(e^{j\omega}) = \sum_{m=-\infty}^{\infty} h(m)e^{-j\omega m} \tag{2.55}$$

则式(2.54)就变成

$$y(n) = H(e^{j\omega})e^{j\omega n} \tag{2.56}$$

由式(2.56)可以看出，系统对复指数输入序列 $e^{j\omega n}$ 所产生的输出序列 $y(n)$ 仍然是具有相同频率的复指数序列，只是乘了一个复数常数 $H(e^{j\omega})$。因此，$e^{j\omega n}$ 就是离散线性时不变系统的特征函数，系统单位采样响应 $h(m)$ 的傅里叶变换 $H(e^{j\omega})$ 就是相应的特征值。式(2.56)表明，$H(e^{j\omega})$ 给出了复指数在复振幅上的变化是频率 ω 的函数。特征值 $H(e^{j\omega})$ 称为系统的频率

响应。

将式(2.55)与式(2.26a)比较,不难看出,一个离散线性时不变系统的频率响应就是系统的单位采样响应 $h(n)$ 的离散时间傅里叶变换(DTFT),从而它的单位采样响应就可由其频率响应的离散时间傅里叶反变换求得,即

$$h(n) = \frac{1}{2\pi} \int_{-\pi}^{\pi} H(e^{j\omega}) e^{j\omega n} d\omega \tag{2.57}$$

式(2.55)定义的 $H(e^{j\omega})$ 是以 2π 为周期的 ω 的复函数,仅与系统特性有关,它描述了复指数序列通过离散系统后的幅度和相位的变化情况。$H(e^{j\omega})$ 可以分解为实部和虚部,即

$$H(e^{j\omega}) = \mathrm{Re}[H(e^{j\omega})] + j\mathrm{Im}[H(e^{j\omega})] \tag{2.58a}$$

或用幅度和相位表示

$$H(e^{j\omega}) = |H(e^{j\omega})| e^{j\theta(\omega)} \tag{2.58b}$$

式中 $|H(e^{j\omega})|$ 是离散系统的幅度响应,而 $\theta(\omega) = \arg[H(e^{j\omega})]$ 是它的相位响应。一般情况下,幅度响应用分贝(dB)表示,即

$$L = 20\lg |H(e^{j\omega})| \tag{2.59}$$

这里需要注意的是,幅度和相位是 ω 的实函数,而频率响应是 ω 的复函数。当输入序列是实数序列时,幅度是 ω 的对称函数,而相位是 ω 的反对称函数。

实际中的一大类信号都能表示为如下形式的复指数的线性组合

$$x(n) = \sum_k A_k e^{j\omega_k n} \tag{2.60}$$

根据叠加原理,一个离散线性时不变系统的相应输出为

$$y(n) = \sum_k A_k H(e^{j\omega_k}) e^{j\omega_k n} \tag{2.61}$$

由式(2.60)可以看到,如果能找到将 $x(n)$ 序列表示为复指数序列的线性组合形式,那么已知系统的频率响应,就可利用式(2.61)求得系统的输出。

例 2.6 设理想延迟系统为 $y(n) = x(n-n_d)$,$x(n) = e^{j\omega n}$,求该系统的频率响应。

解　此时系统的输出为

$$y(n) = e^{j\omega(n-n_d)} = e^{-j\omega n_d} \cdot e^{j\omega n}$$

因此,对任意给定的 ω 值,系统的输出就是输入 $x(n)$ 乘以复常数 $e^{j\omega n_d}$,该复常数的值决定于 ω,故这个理想延迟系统的频率响应为

$$H(e^{j\omega}) = e^{-j\omega n_d}$$

其幅度和相位是

$$|H(e^{j\omega})| = 1$$
$$\theta(\omega) = -\omega n_d$$

2.5.2　对任意序列的响应

设一离散线性时不变系统的单位采样响应为 $h(n)$,其系统的输入为一任意绝对可加序列 $x(n)$,且有 $X(e^{j\omega}) \Leftrightarrow x(n)$,$H(e^{j\omega}) \Leftrightarrow h(n)$。系统的输出 $y(n)$ 由式(2.48)离散线性卷积给出,根据离散时间傅里叶变换的卷积性质式(2.40)可知,该离散线性时不变系统的输入和输出的傅里叶变换之间存在下列关系:

$$Y(e^{j\omega}) = H(e^{j\omega}) X(e^{j\omega}) \tag{2.62}$$

式中的 $H(\mathrm{e}^{\mathrm{j}\omega})$ 是式(2.55)定义的离散线性时不变系统的频率响应,式(2.62)表明离散线性时不变系统输出的傅里叶变换由输入序列的傅里叶变换与该系统的频率响应相乘得到。

下面给出式(2.62)的证明。

证明 离散系统的输出 $y(n)$ 的离散时间傅里叶变换是

$$Y(\mathrm{e}^{\mathrm{j}\omega}) = \sum_{n=-\infty}^{\infty} y(n)\mathrm{e}^{-\mathrm{j}\omega n}$$

将式(2.48)的 $y(n) = \sum_{m=-\infty}^{\infty} h(m)x(n-m)$ 代入上式,则上式可写成

$$Y(\mathrm{e}^{\mathrm{j}\omega}) = \sum_{m=-\infty}^{\infty} y(n)\mathrm{e}^{-\mathrm{j}\omega n} = \sum_{n=-\infty}^{\infty} \Big[\sum_{m=-\infty}^{\infty} h(m)x(n-m) \Big] \mathrm{e}^{-\mathrm{j}\omega n} \tag{2.63}$$

令 $k=n-m$,上式可改写为

$$Y(\mathrm{e}^{\mathrm{j}\omega}) = \sum_{k=-\infty}^{\infty} \sum_{m=-\infty}^{\infty} h(m)x(k)\mathrm{e}^{-\mathrm{j}\omega m}\mathrm{e}^{-\mathrm{j}\omega k}$$

变换上式的求和顺序,得到

$$Y(\mathrm{e}^{\mathrm{j}\omega}) = \sum_{m=-\infty}^{\infty} h(m)\mathrm{e}^{-\mathrm{j}\omega m} \sum_{k=-\infty}^{\infty} x(k)\mathrm{e}^{-\mathrm{j}\omega k} = \Big[\sum_{k=-\infty}^{\infty} x(k)\mathrm{e}^{-\mathrm{j}\omega k} \Big] H(\mathrm{e}^{\mathrm{j}\omega})$$

上式右端方括号内就是输入序列 $x(n)$ 的 DTFT,于是得到

$$Y(\mathrm{e}^{\mathrm{j}\omega}) = H(\mathrm{e}^{\mathrm{j}\omega})X(\mathrm{e}^{\mathrm{j}\omega})$$

根据序列的离散时间傅里叶反变换式(2.26b),可以得到输出序列

$$y(n) = \frac{1}{2\pi} \int_{-\pi}^{\pi} H(\mathrm{e}^{\mathrm{j}\omega})X(\mathrm{e}^{\mathrm{j}\omega})\mathrm{e}^{\mathrm{j}\omega n}\,\mathrm{d}\omega \tag{2.64}$$

如果仍将式(2.26b)看作是幅度变化的复指数的叠加,则式(2.64)表明一个离散线性时不变系统对任意输入序列 $x(n)$ 的响应就是该系统对输入的每个复指数分量的响应的叠加,而每个复指数的响应是乘以系统函数 $H(\mathrm{e}^{\mathrm{j}\omega})$ 得到。

由式(2.62)可进一步得到

$$H(\mathrm{e}^{\mathrm{j}\omega}) = \frac{Y(\mathrm{e}^{\mathrm{j}\omega})}{X(\mathrm{e}^{\mathrm{j}\omega})} \tag{2.65}$$

因此离散线性时不变系统的频率响应 $H(\mathrm{e}^{\mathrm{j}\omega})$ 也可以由输出序列 $y(n)$ 的傅里叶变换与输入序列 $x(n)$ 的傅里叶变换之比求得。

例 2.7 求由 $h(n)=(0.9)^n u(n)$ 所表征的系统频率响应 $H(\mathrm{e}^{\mathrm{j}\omega})$,画出幅度和相位响应。

解 利用式(2.55),有

$$H(\mathrm{e}^{\mathrm{j}\omega}) = \sum_{n=-\infty}^{\infty} h(n)\mathrm{e}^{-\mathrm{j}\omega n} = \sum_{n=0}^{\infty} (0.9)^n \mathrm{e}^{-\mathrm{j}\omega n} = \sum_{n=0}^{\infty} (0.9\mathrm{e}^{-\mathrm{j}\omega})^n = \frac{1}{1-0.9\mathrm{e}^{-\mathrm{j}\omega}}$$

其幅度和相位响应为

$$| H(\mathrm{e}^{\mathrm{j}\omega}) | = \sqrt{\frac{1}{(1-0.9\cos\omega)^2 + (0.9\sin\omega)^2}} = \frac{1}{\sqrt{1.81-1.8\cos\omega}}$$

$$\arg[H(\mathrm{e}^{\mathrm{j}\omega})] = -\arctan\Big[\frac{0.9\sin\omega}{1-0.9\cos\omega} \Big]$$

图 2.14 分别给出了幅度相应 $|H(\mathrm{e}^{\mathrm{j}\omega})|$ 和相位响应 $\arg[H(\mathrm{e}^{\mathrm{j}\omega})]$ 波形。

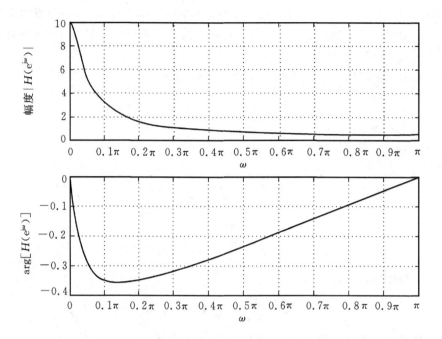

图 2.14　例 2.7 离散线性时不变系统的频率响应 $H(e^{j\omega})$（ω，单位：π）

2.5.3　由差分方程求频率响应函数

将 2.4.5 节的式(2.52)的离散线性时不变系统的 N 阶差分方程重写如下：

$$\sum_{k=0}^{N} b_k y(n-k) = \sum_{k=0}^{M} a_k x(n-k) \tag{2.66}$$

为分析方便，设式中 $b_0=1$。对上式两边进行离散时间傅里叶变换（DTFT），利用 DTFT 的时间移位特性式(2.35)，即 $x(n-k) \Leftrightarrow X(e^{j\omega})e^{-j\omega k}$，得到

$$Y(e^{j\omega}) \sum_{k=0}^{N} b_k e^{-j\omega k} = X(e^{j\omega}) \sum_{k=0}^{M} a_k e^{-j\omega k}, \qquad b_0 = 1$$

因此，系统的频率响应为

$$H(e^{j\omega}) = \frac{Y(e^{j\omega})}{X(e^{j\omega})} = \frac{\displaystyle\sum_{k=0}^{M} a_k e^{-j\omega k}}{\displaystyle\sum_{k=0}^{N} b_k e^{-j\omega k}} = \frac{a_0 + a_1 e^{-j\omega} + a_2 e^{-j2\omega} + \cdots + a_M e^{-jM\omega}}{1 + b_1 e^{-j\omega} + b_2 e^{-j2\omega} + \cdots + b_N e^{-jN\omega}} = \frac{\displaystyle\sum_{k=0}^{M} a_k e^{-j\omega k}}{1 + \displaystyle\sum_{k=1}^{N} b_k e^{-j\omega k}}$$

$$\tag{2.67}$$

由式(2.67)可知，离散线性时不变系统的频率响应 $H(e^{j\omega})$ 可以用两个 $e^{-j\omega}$ 的多项式之比来描述，将不同的 ω 代入上式，就可以求出系统的频率特性。若已知差分方程参数，可以很容易地用 MATLAB[①] 来求解该方程。

例 2.8　一离散线性时不变系统由下面的差分方程描述：

$$y(n) = 0.8y(n-1) + x(n)$$

(1) 求 $H(e^{j\omega})$；

(2) 对输入 $x(n) = \cos(0.05\pi n)u(n)$，计算系统的频率响应并给出稳态响应 $y_s(n)$。

解　将差分方程重新写成

$$y(n) - 0.8y(n-1) = x(n)$$

(1) 利用式(2.67)，求得系统的频率响应为

$$H(e^{j\omega}) = \frac{1}{1 - 0.8e^{-j\omega}}$$

(2) 在稳态下，输入是 $x(n) = \cos(0.05\pi n)$，其频率为 $\omega_0 = 0.05\pi$ 和初相位为 0，系统的频率响应是

$$H(e^{j0.05\pi}) = \frac{1}{1 - 0.8e^{-j0.05\pi}} = 4.0928e^{-j0.5377}$$

因此

$$y_s(n) = 4.0928\cos(0.05\pi n - 0.5377) = 4.0928\cos[0.05\pi(n - 3.42)]$$

系统稳态输出说明，系统的输入 $x(n)$ 在输出端被放大 4.0928 倍，并移位了 3.42 个样本。

例 2.9　2.4.4 节给出了移动平均的单位采样响应为

$$h(n) = \begin{cases} \dfrac{1}{M_1 + M_2 + 1}, & -M_1 \leqslant n \leqslant M_2 \\ 0, & \text{其他 } n \end{cases}$$

求系统的频率响应 $H(e^{j\omega})$。

解　根据式(2.55)，系统的频率响应是

$$H(e^{j\omega}) = \frac{1}{M_1 + M_2 + 1} \sum_{n=-M_1}^{M_2} e^{-j\omega n}$$

上式 $H(e^{j\omega})$ 是一个几何级数 $M_1 + M_2 + 1$ 项的和，可利用公式

$$\sum_{k=N_1}^{N_2} a^k = \frac{a^{N_1} - a^{N_2+1}}{1 - a}, N_2 \geqslant N_1$$

将上式 $H(e^{j\omega})$ 以闭式表示为

$$\begin{aligned}
H(e^{j\omega}) &= \frac{1}{M_1 + M_2 + 1} \frac{e^{j\omega M_1} - e^{-j\omega(M_2+1)}}{1 - e^{-j\omega}} \\
&= \frac{1}{M_1 + M_2 + 1} e^{-j\omega(M_2 - M_1 + 1)/2} \frac{e^{j\omega(M_1 + M_2 + 1)/2} - e^{-j\omega(M_1 + M_2 + 1)/2}}{1 - e^{-j\omega}} \\
&= \frac{1}{M_1 + M_2 + 1} e^{-j\omega(M_2 - M_1)/2} \frac{e^{j\omega(M_1 + M_2 + 1)/2} - e^{-j\omega(M_1 + M_2 + 1)/2}}{e^{j\omega/2} - e^{-j\omega/2}} \\
&= \frac{1}{M_1 + M_2 + 1} e^{-j\omega(M_2 - M_1)/2} \frac{\sin[\omega(M_1 + M_2 + 1)/2]}{\sin(\omega/2)}
\end{aligned}$$

图 2.15 给出了对应 $M_1 = 0$ 和 $M_2 = 4$ 时 $H(e^{j\omega})$ 的幅频特性和相频特性。可以看到，该离散时间系统的频率响应 $H(e^{j\omega})$ 是周期的。同时 $|H(e^{j\omega})|$ 在"高频"衰减，而 $H(e^{j\omega})$ 的相位 $\arg[H(e^{j\omega})]$ 随 ω 线性变化。高频衰减表示系统对输入序列中的快速变化起到平滑作用，即移动平均系统具有一种近似低通滤波器的特性。

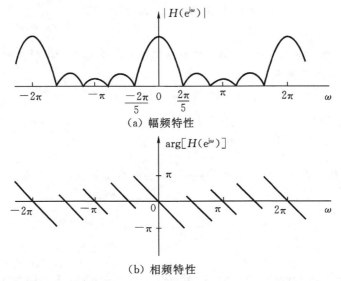

(a) 幅频特性

(b) 相频特性

图 2.15　$M_1=0, M_2=4$ 时移动平均系统频率响应的幅频特性和相频特性

习　题

2.1　利用单位采样序列 $\delta(n)$ 表示以下序列：
$$x(n) = 2^n[u(n-1) - u(n-3) - u(n-5)]$$

2.2　(1) 求以下序列的离散时间傅里叶变换：
$$r(n) = \begin{cases} 1, & 0 \leqslant n \leqslant M \\ 0, & \text{其他 } n \end{cases}$$

(2) 考虑序列 $w(n)$
$$w(n) = \begin{cases} \dfrac{1}{2}\left(1 + \cos\dfrac{2\pi n}{M}\right), & 0 \leqslant n \leqslant M \\ 0, & \text{其他 } n \end{cases}$$

画出 $w(n)$ 并利用 $r(n)$ 的离散时间傅里叶变换来表示 $w(n)$ 的离散时间傅里叶变换。

提示：先用 $r(n)$ 和复指数 $e^{j(2\pi n/M)}$ 和 $e^{-j(2\pi n/M)}$ 来表示 $w(n)$。

2.3　已知 $x(n)$ 与 $X(e^{j\omega})$ 为离散时间傅里叶变换对，试证明下列傅里叶变换对成立：

(1) $x(n)e^{j\omega_0 n} \Leftrightarrow X(e^{j(\omega-\omega_0)})$　　　　　(2) $x(n-m) \Leftrightarrow e^{-j\omega m}X(e^{j\omega})$

(3) $x^*(n) \Leftrightarrow X^*(e^{-j\omega})$　　　　　　　　(4) $x^*(-n) \Leftrightarrow X^*(e^{j\omega})$

(5) $\mathrm{Re}[x(n)] \Leftrightarrow \dfrac{1}{2}[X(e^{j\omega}) + X^*(e^{-j\omega})]$　　(6) $\mathrm{jIm}[x(n)] \Leftrightarrow -\dfrac{j}{2}[X(e^{j\omega}) - X^*(e^{-j\omega})]$

(7) $\dfrac{1}{2}[x(n) + x^*(-n)] \Leftrightarrow \mathrm{Re}[X(e^{j\omega})]$　　(8) $\dfrac{1}{2}[x(n) - x^*(-n)] \Leftrightarrow \mathrm{jIm}[X(e^{j\omega})]$

(9) $g(n) = \begin{cases} x(n/2), & n \text{ 为偶数} \\ 0, & n \text{ 为奇数} \end{cases} \Leftrightarrow X(e^{j2\omega})$

(10) $g(n) = \begin{cases} x(n), & n \text{ 为偶数} \\ 0, & n \text{ 为奇数} \end{cases} \Leftrightarrow \dfrac{X(e^{j\omega}) + X(-e^{j\omega})}{2}$

2.4　(1) 求等幅有限长序列

$$x(n) = \begin{cases} 1/2, & 0 \leqslant n \leqslant N-1 \\ 0, & \text{其他 } n \end{cases}$$

的离散时间傅里叶变换,并画出 $x(n)$ 与 $X(e^{j\omega})$ 的幅频和相频特性。

(2) 设一序列 $x(n)$ 的离散时间傅里叶变换为 $X(e^{j\omega}) = \dfrac{1}{1-ae^{j\omega}}$,$-1 < a < 0$,求出并画出下列以 ω 为变量的函数。

(a) $\mathrm{Re}[X(e^{j\omega})]$;(b) $\mathrm{Im}[X(e^{j\omega})]$;(c) $|X(e^{j\omega})|$;(d) $\arg[X(e^{j\omega})]$。

2.5　有一任意线性系统,其输入为 $x(n)$,输出为 $y(n)$,证明:若对所有 n,$x(n) = 0$,则 $y(n)$ 对所有 n 也必须为零。

2.6　利用线性系统的定义(式(2.45)),证明:理想延时系统和移动平均系统都是线性系统。

2.7　对下列系统,试判断系统是否是(a)稳定的;(b)因果的;(c)线性的;(d)时不变的;(e)无记忆的;并说明理由。

(1) $T[x(n)] = g(n)x(n)$,　$g(n)$已知　　　　(2) $T[x(n)] = \displaystyle\sum_{k=n_0}^{n} x(k)$

(3) $T[x(n)] = \displaystyle\sum_{k=n-n_0}^{n+n_0} x(k)$　　　　　　(4) $T[x(n)] = x(n-n_0)$

(5) $T[x(n)] = e^{x(n)}$　　　　　　　　　　(6) $T[x(n)] = ax(n)+b$

(7) $T[x(n)] = x(-n)$　　　　　　　　　　(8) $T[x(n)] = x(n)+3u(n+1)$

2.8　已知系统 $T[\cdot]$ 是时不变的,当系统输入分别是 $x_1(n)$、$x_2(n)$ 和 $x_3(n)$ 时,对应的系统响应分别是 $y_1(n)$、$y_2(n)$ 和 $y_3(n)$,如图 2.16 所示。

(1) 确定系统 $T[\cdot]$ 是否线性;

(2) 当系统 $T[\cdot]$ 的输入 $x(n)$ 是 $\delta(n)$,请给出系统的输出响应 $y(n)$。

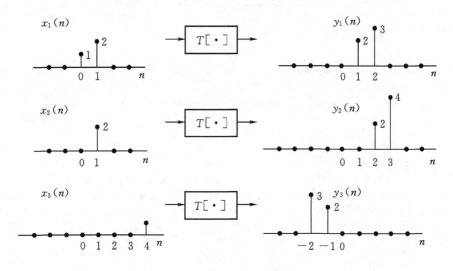

图 2.16　习题 2.8 图

2.9　已知系统 $T[\cdot]$ 是线性的,系统的输出信号 $y_1(n)$、$y_2(n)$ 和 $y_3(n)$ 分别是对输入信号 $x_1(n)$、$x_2(n)$ 和 $x_3(n)$ 的响应,如图 2.17 所示。

(1) 确定系统 $T[\cdot]$ 是否是时不变的；

(2) 当系统 $T[\cdot]$ 的输入 $x(n)$ 是 $\delta(n)$，请给出系统的输出响应 $y(n)$。

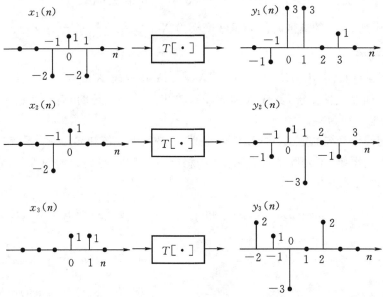

图 2.17　习题 2.9 图

2.10　对图 2.18 中每一对序列,利用离散卷积求单位采样响应为 $h(n)$ 的线性时不变系统对输入 $x(n)$ 的响应。

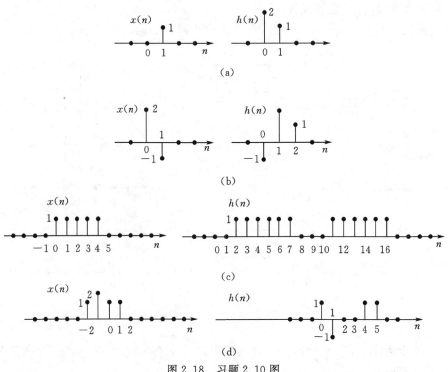

图 2.18　习题 2.10 图

2.11　一个离散线性时不变系统的单位采样响应如图 2.19 所示,求出并画出该系统对输入 $x(n) = u(n-4)$ 的响应。

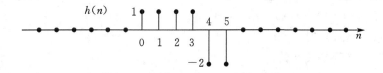

图 2.19　习题 2.11 图

2.12　一个离散时间线性时不变系统的单位采样响应为 $h(n)$,其输入 $x(n)$ 是一个周期为 N 的序列,即 $x(n) = x(n+N)$。证明:输出 $y(n)$ 也是一个周期为 N 的序列。

2.13　一个离散线性时不变系统的单位采样响应为

$$h(n) = u(n) = \begin{cases} 1, & n \geqslant 0 \\ 0, & n < 0 \end{cases}$$

求该系统对输入 $x(n)$ 的响应。$x(n)$ 如图 2.20 所示,并描述如下:

$$x(n) = \begin{cases} 0, & n < 0 \\ a^n, & 0 \leqslant n \leqslant N_1 \\ 0, & N_1 < n < N_2 \qquad 0 < a < 1 \\ a^{n-N_2}, & N_2 \leqslant n \leqslant N_2 + N_1 \\ 0, & N_2 + N_1 < n \end{cases}$$

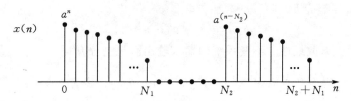

图 2.20　习题 2.13 图

2.14　已知一个离散线性时不变系统的单位采样响应为 $h(n)$($N_0 \leqslant n \leqslant N_1$,在其他 n 为零),该系统的输入为 $x(n)$($N_2 \leqslant n \leqslant N_3$,在其他 n 为零),其输出为 $y(n)$($N_4 \leqslant n \leqslant N_5$,在其他 n 为零)。试用 N_0、N_1、N_2 和 N_3 来确定 N_4 和 N_5。

2.15　2.4.3 节定义了离散线性时不变系统的因果性:$h(n) = 0$,$n < 0$。请证明,如果 $h(n) \neq 0$,$n < 0$,那么该系统就不可能是因果的。

2.16　一系统的线性常系数差分方程如下:

$$y(n) - \frac{3}{4}y(n-1) + \frac{1}{8}y(n-2) = 2x(n-1)$$

当 $x(n) = \delta(n)$ 和 $y(n) = 0$,$n < 0$,求 $y(n)$。

2.17　设系统输入为 $x(n)$,输出为 $y(n)$,且满足差分方程

$$y(n) = ay(n-1) + x(n)$$

该系统是因果的且满足初始条件,即若 $n < n_0$,$x(n) = 0$,则有 $y(n) = 0$,$n < n_0$。

(1) 若 $x(n) = \delta(n)$,求 $y(n)$(对全部 n);

(2) 试证明系统是线性的；

(3) 试证明系统是时不变的。

2.18　设系统输入为 $x(n)$，输出为 $y(n)$，输入/输出关系由下面两式决定：

(a) $y(n)-ay(n-1)=x(n)$；(b) $y(0)=1$。

(1) 确定系统是否是时不变的；

(2) 确定系统是否是线性的；

(3) 假定式(a)的差分方程仍然不变，而 $y(0)=0$，这会改变(1)还是改变(2)的答案？

2.19　一个因果离散线性时不变系统由下列差分方程描述：

$$y(n)-5y(n-1)+6y(n-2)=2x(n-1)$$

(1) 求系统的单位采样响应；

(2) 求系统的单位阶跃响应。

2.20　以下序列是系统的单位采样响应，分析系统的因果性和稳定性，并给出证明。

(1) $2^n u(n)$　　　(2) $\left(\dfrac{1}{2}\right)^n u(-n)$　　　(3) $\left(\dfrac{1}{2}\right)^n u(n)$　　　(4) $\dfrac{1}{n}u(n)$

(5) $a^{-n}u(n)$　　　(6) $a^n u(-n)$　　　　(7) $a^n u(n)$　　　　(8) $a^{-n}u(-n)$

(9) $u(n-n_0)$　　　(10) $\dfrac{1}{n!}u(n)$

2.21　已知 $x(n)=u(n)$，$h(n)=a^{-n}u(-n)$，$0<a<1$，求 $y(n)=x(n)*h(n)$。

2.22　若系统的单位采样响应 $h(n)=0$，$n>0$，证明满足一阶差分方程

$$y(n)=ay(n-1)+x(n)$$

的该系统的单位采样响应 $h(n)$ 应是

$$h(n)=-a^n u(-n-1)$$

2.23　(1) 设一离散线性时不变系统的输入输出满足差分方程

$$y(n)-\dfrac{1}{2}y(n-1)=x(n)+2x(n-1)+x(n-2)$$

求其频率响应 $H(\mathrm{e}^{\mathrm{j}\omega})$。

(2) 设一系统的频率响应为

$$H(\mathrm{e}^{\mathrm{j}\omega})=\dfrac{1-\dfrac{1}{2}\mathrm{e}^{-\mathrm{j}\omega}+\mathrm{e}^{-\mathrm{j}3\omega}}{1+\dfrac{1}{2}\mathrm{e}^{-\mathrm{j}\omega}+\dfrac{3}{4}\mathrm{e}^{-\mathrm{j}2\omega}}$$

写出表征该系统的差分方程。

2.24　一离散线性时不变系统的单位采样响应为

$$h(n)=\left(\dfrac{\mathrm{j}}{2}\right)^n u(n)，\qquad \mathrm{j}=\sqrt{-1}$$

求系统的稳态响应，即对输入为 $x(n)=\cos(\pi n)u(n)$ 时，在 $n\to\infty$ 时的响应。

2.25　一离散线性时不变系统的频率响应为

$$H(\mathrm{e}^{\mathrm{j}\omega})=\begin{cases}\mathrm{e}^{-\mathrm{j}3\omega}，& |\omega|<\dfrac{2\pi}{16}\left(\dfrac{3}{2}\right)\\[2mm]0，& \dfrac{2\pi}{16}\left(\dfrac{3}{2}\right)\leqslant|\omega|\leqslant\pi\end{cases}$$

该系统的输入是一个周期 $N=16$ 的单位冲激脉冲串，即

$$x(n) = \sum_{k=-\infty}^{\infty} \delta(n+16k)$$

求系统的输出。

2.26　一阶差分运算定义为

$$y(n) = \nabla[x(n)] = x(n) - x(n-1)$$

式中 $x(n)$ 是输入，$y(n)$ 是一阶差分系统的输出，并记作 $y(n) = \nabla[x(n)]$。

(1) 证明该系统是线性时不变的；

(2) 求该系统的单位采样响应；

(3) 求出并画出频率响应（幅度和相位）；

(4) 证明若

$$x(n) = f(n) * g(n)$$

则

$$\nabla[x(n)] = \nabla[f(n)] * g(n) = f(n) * \nabla[g(n)]$$

(5) 当用一个系统与该一阶差分系统级联时，能恢复出 $x(n)$，求该系统的单位采样响应 $h_i(n)$，以使

$$h_i(n) * \nabla[x(n)] = x(n)$$

2.27　考虑图 2.21 所示的系统。

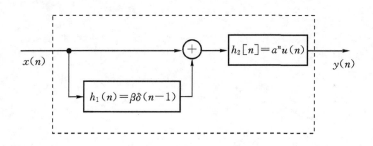

图 2.21　习题 2.27 图

(1) 求整个系统的单位采样响应 $h(n)$；

(2) 求整个系统的频率响应；

(3) 给出描述该系统的差分方程；

(4) 该系统是因果的吗？在什么条件下该系统是稳定的？

2.28　一个单位采样响应为 $h(n)$ 的线性时不变系统的频率响应为 $H(e^{j\omega})$，这里 $h(n)$ 一般是复数：

(1) 利用式(2.55)，证明 $H^*(e^{-j\omega})$ 是单位采样响应为 $h^*(n)$ 的系统的频率响应，这里 "$*$" 记作复共轭；

(2) 证明若 $h(n)$ 为实，频率响应就是共轭对称的，即 $H(e^{-j\omega}) = H^*(e^{j\omega})$。

2.29　设 $h(t)$ 是一线性时不变连续时间系统的冲激响应，$h_d(n)$ 为某一线性时不变离散时间系统的单位采样响应。

(1) 若

$$h(t) = \begin{cases} e^{-at}, & t \geqslant 0 \\ 0, & t < 0 \end{cases}$$

求该连续时间系统的频率响应,并画出它的幅度特性;

(2) 若 $h_d(n) = Th(nT)$, $h(t)$ 如(1)所给,求该离散时间系统的频率响应,并画出它的幅度特性(T 是离散时间系统的采样时间);

(3) 若给定 a 值,作为 T 的函数,求离散时间系统频率响应的最小幅度值。

第 3 章 z 变换

由第 2 章的讨论可知,傅里叶变换在表示和分析离散时间信号与系统中起着重要的作用。利用离散线性时不变系统的频率响应函数 $H(e^{j\omega})$ 和输入序列的离散时间傅里叶变换,可以方便地计算出离散线性时不变系统对任何任意绝对可加序列 $x(n)$ 的响应。但许多实际信号并不满足绝对可加条件,如 $u(n)$ 和 $nu(n)$ 等序列,它们的离散时间傅里叶变换都不存在;另外,也无法利用离散时间傅里叶变换计算出初始条件或由于输入变化所引起的系统暂态响应。解决这些问题,需要将离散时间傅里叶变换进行推广,这种推广就是 z 变换。离散时间信号的 z 变换和连续时间信号的拉氏变换是互相对应的,在连续时间信号与系统的分析方法中,拉氏变换是傅里叶变换的推广,它将解常系数微分方程的时域方法简化为求解代数方程的频域方法,而 z 变换是将求解离散系统差分方程的时域方法变换成解代数方程的频域方法。在离散时间信号与系统的分析中,使用 z 变换往往比傅里叶变换更方便。

3.1 z 变换的定义及收敛域

3.1.1 z 变换的定义

一个序列 $x(n)$ 的离散时间傅里叶变换在 2.2 节中定义为

$$X(e^{j\omega}) = \sum_{n=-\infty}^{\infty} x(n)e^{-j\omega n} \tag{3.1}$$

一个序列 $x(n)$ 的 z 变换用下面的罗朗级数形式定义

$$\mathscr{Z}[x(n)] = X(z) = \sum_{n=-\infty}^{\infty} x(n)z^{-n} \tag{3.2}$$

式中 z 是一个连续复变量,$\mathscr{Z}[\cdot]$ 称为 z 变换算子,它把序列 $x(n)$ 变换为函数 $X(z)$。式(3.2)定义的 z 变换称为双边 z 变换,与之相对应的单边 z 变换定义为

$$X_I(z) = \sum_{n=0}^{\infty} x(n)z^{-n} \tag{3.3}$$

显然,仅当 $x(n)=0, n<0$ 时,双边 z 变换和单边 z 变换是等效的。本书除非特别说明,z 变换均指双边 z 变换。

3.1.2 z 变换与离散时间傅里叶变换的关系

为了加深对 z 变换的理解,下面讨论 z 变换与离散时间傅里叶变换(DTFT)的关系。

将式(3.1)与式(3.2)比较,并把式(3.2)中的复变量 z 替换成复变量 $e^{j\omega}$,那么式(3.2)的 z 变换就成为离散时间傅里叶变换式(3.1)。显然,z 变换与傅里叶变换有着紧密的关系。当傅里叶变换存在时,它就是 $z=e^{j\omega}$ 的 $X(z)$。更一般的表示,将复变量 z 写成极坐标变量形式,令

$z=re^{j\omega}$,式(3.2)改写为

$$X(z) = X(re^{j\omega}) = \sum_{n=-\infty}^{\infty} [x(n)r^{-n}]e^{-j\omega n} \tag{3.4}$$

这样就可以用离散时间傅里叶变换来解释式(3.2)。式
(3.4)可以看作原序列$x(n)$与指数序列r^{-n}相乘后的离
散时间傅里叶变换。显然,当$r=1$时有$z=e^{j\omega}$,式(3.4)
就是$x(n)$的离散时间傅里叶变换。

　　因为z变换是一个复变量的函数,因此可以利用复
数z平面来描述z变换。在z平面上,相应于$|z|=1$的
围线就是半径为1的单位圆,如图3.1所示。求z变换
在单位圆上的值就是序列的离散时间傅里叶变换。这
里,ω是单位圆上的某点z的矢量与复平面实轴夹角的
角度,沿单位圆$z=1$(对应$\omega=0$)到$z=-1$($\omega=\pi$),对
$X(z)$求值,就得到$0\leqslant\omega\leqslant\pi$的离散时间傅里叶变换。再

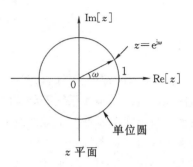

图 3.1　复数 z 平面的单位圆

从π到2π回到$z=1$,等效$\omega=-\pi$到$\omega=0$的离散时间傅里叶变换。这样绕单位圆一周计算
$X(z)$,就得到$[-\pi,\pi]$的离散时间傅里叶变换。2.2节讨论的在Ω域的离散时间傅里叶变换
是在一个线性频率轴上展开的。将离散时间傅里叶变换解释成z平面单位圆上的z变换,也
就相当于把线性频率轴缠绕在单位圆上,其中$\omega=0$在$z=1$处,$\omega=\pi$在$z=-1$处。显然,在z平
面上2π rad的改变相当于绕单位圆一次,然后又回到原来的同一点上来。这种对应性使傅里叶
变换固有的周期性自然得到解释。因此,可由z变换的性质直接推出DTFT的特性。

3.1.3　z变换的收敛域

　　对于任意给定序列$x(n)$,使其z变换的级数收敛的所有z值的集合称为z变换的收敛
域。只有当级数收敛时,式(3.2)所表示的z变换才有意义。下面我们先来讨论两个例子。

　　例3.1　设序列$x(n)=\left(\dfrac{1}{2}\right)^n u(n)$,$0\leqslant n\leqslant\infty$,求其$z$变换。

　　解　本例序列的双边z变换和单边z变换是相同的。由z变换定义得

$$X(z) = \sum_{n=-\infty}^{\infty} \left(\frac{1}{2}\right)^n u(n)z^{-n} = \sum_{n=0}^{\infty} \left(\frac{1}{2}z^{-1}\right)^n$$

这是一个无穷级数。利用式

$$1+r+r^2+\cdots = \sum_{n=0}^{\infty} r^n = \frac{1}{1-r}, \ r\text{是复数}$$

可以将$X(z)$的无穷级数改写为紧凑形式。根据级数理论,上式仅在$|r|<1$时成立,于是本例
序列$x(n)$的z变换为

$$X(z) = \frac{1}{1-\dfrac{1}{2}z^{-1}} = \frac{z}{z-\dfrac{1}{2}}$$

上式的z变换结果只有在$\left|\dfrac{1}{2}z^{-1}\right|<1$或$|z|>\dfrac{1}{2}$时才成立,即本例序列$x(n)$的$z$变换所表示
级数的收敛条件要满足$|z|>\dfrac{1}{2}$。

例 3.2　设序列 $x(n) = -\left(\dfrac{1}{2}\right)^n u(-n-1), -\infty < n \leqslant -1$，求其 z 变换。

解　由 z 变换定义得

$$X(z) = \sum_{n=-\infty}^{\infty}\left[-\left(\frac{1}{2}\right)^n u(-n-1)\right]z^{-n} = \sum_{n=-\infty}^{-1}-\left(\frac{1}{2}z^{-1}\right)^n = -\sum_{m=1}^{\infty}\left[\left(\frac{1}{2}\right)^{-1}z\right]^m$$

其中用 $m=-n$ 对 n 做了替换。由于

$$\sum_{n=1}^{\infty}r^n = \sum_{n=0}^{\infty}r^n - 1 = \frac{1}{1-r} - 1 = \frac{r}{1-r}$$

故

$$X(z) = -\frac{\left(\frac{1}{2}\right)^{-1}z}{1-\left(\frac{1}{2}\right)^{-1}z} = \frac{1}{1-\frac{1}{2}z^{-1}} = \frac{z}{z-\frac{1}{2}}$$

本例 z 变换级数的收敛条件是 $|z|<\dfrac{1}{2}$，但 z 变换的结果与上例相同。

　　上面两个例子说明一个十分重要的事实：不同的序列有可能具有相同的 z 变换，但收敛条件不同。这意味着序列与其 z 变换之间没有一一对应关系，这是由于没有事先规定式(3.2)级数的绝对收敛域的缘故。要解决 z 变换的唯一性问题，必须确定序列 z 变换的收敛域。只有当 z 变换的表达式与收敛域都相同时，才能判定两个序列相等。

　　2.2 节已经指出用级数表示的离散时间傅里叶变换并不总是收敛的。同样，用罗朗级数定义的，对于所有序列或所有 z 值的 z 变换也并非总是收敛的。若希望序列 $x(n)$ 的离散时间傅里叶变换均匀收敛于 ω，则要求序列应是绝对可加的(2.27)。将此条件应用于式(3.4)，就得到序列 $x(n)$ 的 z 变换一致收敛的充分条件为

$$\sum_{n=-\infty}^{\infty}|x(n)r^{-n}| < \infty \tag{3.5}$$

　　由式(3.5)可以清楚地看到，由于序列被实指数 r^{-n} 相乘，即使序列的离散时间傅里叶变换不存在时，其 z 变换也有可能是收敛的。例如，单位阶跃序列 $u(n)$ 不是绝对可加的，因此，它的傅里叶变换不收敛，但 $r^{-n}u(n)$ 在 $r>1$ 时是绝对可加的，因此，单位阶跃序列 $u(n)$ 的 z 变换的收敛域是 $1<|z|<\infty$。

　　式(3.2)幂级数的收敛只取决于 $|z|$，其收敛域由满足下列不等式的全部 z 值所组成，即

$$\sum_{n=-\infty}^{\infty}|x(n)||z|^{-n} < \infty \tag{3.6}$$

为进一步研究 z 变换的收敛条件，将式(3.5)表示为

$$\sum_{n=-\infty}^{\infty}|x(n)r^{-n}| = \sum_{n=-\infty}^{-1}|x(n)|r^{-n} + \sum_{n=0}^{\infty}|x(n)|r^{-n}$$

$$= \sum_{m=1}^{\infty}|x(-m)|r^m + \sum_{n=0}^{\infty}|x(n)|r^{-n} < \infty \tag{3.7}$$

若式(3.7)中两个和式为有限值，则无穷级数 $\sum\limits_{n=-\infty}^{\infty}|x(n)z^{-n}|$ 也为有限值，即级数收敛。

　　为保证式(3.7)中的等号右边为有限值，我们给出三个正数，分别对应于 z 的负指数幂的收敛半径 R_{x-}，z 的正指数幂的收敛半径 R_{x+} 和一个确定的有限值 M。并在 $n \geqslant 0$ 时，使

$|x(n)| < MR_{x-}^n$，在 $n < 0$ 时，使 $|x(n)| < MR_{x+}^n$。这样，就有

$$\sum_{n=-\infty}^{\infty} |x(n)z^{-n}| \leqslant M \left| \sum_{m=1}^{\infty} R_{x+}^{-m} r^m + \sum_{n=0}^{\infty} R_{x-}^n r^{-n} \right| \tag{3.8}$$

因此，当且仅当 $R_{x-} < r < R_{x+}$ 时，式(3.8)中的两个和式都是有限值，并使幂级数收敛。它表明 $X(z)$ 的收敛域是一个环状区域，即 $R_{x-} < |z| < R_{x+}$，如图 3.2(a)所示(用阴影区域表示收敛域)。若 $R_{x-} > R_{x+}$，则找不到任何 z 值能使级数收敛，即 $X(z)$ 的收敛域不存在，因此，$x(n)$ 的 z 变换也不存在。

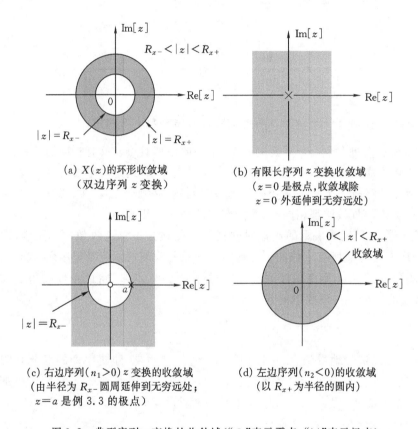

(a) $X(z)$ 的环形收敛域
(双边序列 z 变换)

(b) 有限长序列 z 变换收敛域
($z=0$ 是极点，收敛域除
$z=0$ 外延伸到无穷远处)

(c) 右边序列($n_1 > 0$) z 变换的收敛域
(由半径为 R_{x-} 圆周延伸到无穷远处；
$z=a$ 是例 3.3 的极点)

(d) 左边序列($n_2 < 0$)的收敛域
(以 R_{x+} 为半径的圆内)

图 3.2　典型序列 z 变换的收敛域("○"表示零点，"×"表示极点)

　　序列的 z 变换往往是一些有理函数，即两个多项式之比。例如，任何用指数和表示的序列都能用一个有理函数 z 变换来表示。这种有理函数形式表示的 z 变换，除了一个常数因子外，都由它的零点和极点来决定。使 z 变换的分子多项式为零的根称为零点，使分母多项式为零的根为极点。由于极点使 $X(z)$ 变为无限大，因此，收敛域中不能包括极点，其次，收敛域以极点作为边界。

　　下面讨论几种典型序列的 z 变换的收敛域以及极点和零点的位置。

1. 有限长序列的 z 变换收敛域

这类序列是指在有限区间 $n_1 \leqslant n \leqslant n_2$ 内序列值为非零，其 z 变换为

$$X(z) = \sum_{n=n_1}^{n_2} x(n)z^{-n}$$

式中 n_1、n_2 为有限整数。要使上式收敛,只要当 $n_1 \leqslant n \leqslant n_2$ 时,有 $|x(n)| < \infty$,即序列的所有样本的幅值为有限。在 $X(z)$ 中代入除 $z = 0$ 以外的所有 z 值,$X(z)$ 都有确定值,可见它在除原点之外的整个 z 平面上都收敛,如图 3.2(b) 所示。另外,将 $z = 0$ 代入 $X(z)$ 会出现无穷大,这个点称为 $X(z)$ 的极点。于是,除了 $z = \infty(n_1 < 0$ 时) 和 $z = 0(n_2 > 0$ 时) 之外,z 可取任意值。因此,有限长序列的 z 变换的收敛域至少为 $0 < |z| < \infty$,而且在 $n_1 \geqslant 0$ 或 $n_2 \leqslant 0$ 时,还可能包括 $|z| = \infty$ 或 $|z| = 0$。

2. 右边序列的 z 变换收敛域

当 $n < n_1$ 时,$x(n) = 0$ 的序列称为右边序列,其 z 变换为

$$X(z) = \sum_{n=n_1}^{\infty} x(n) z^{-n}$$

根据式(3.8),只要 $|z| > R_{x-}$,$X(z)$ 绝对收敛,所以 $X(z)$ 的收敛域是在以 R_{x-} 为半径的圆外,并延伸到无穷远,也称它在无穷远的邻域收敛,如图 3.2(c) 所示。如果 $n_1 < 0$,$X(z)$ 在收敛半径为 R_{x-} 的圆外区域除 $|z| = \infty$ 外处处收敛。对于所有右边序列,只要其样本序列是有界的,其 z 变换一定收敛,这是由于无穷级数中的通项是 $x(n) z^{-n}$,判断级数是否收敛要看级数通项的后项与前项之比是否满足

$$|r(n)| = \left| \frac{x(n+1) z^{-(n+1)}}{x(n) z^{-n}} \right| = \left| \frac{x(n+1)}{x(n)} z^{-1} \right| < 1$$

如果 $x(n)$ 和 $x(n+1)$ 有界,当上式中的 z 值趋向无穷大时,则 z^{-1} 和 $|r(n)|$ 就趋于无穷小。可见右边序列若是绝对可加,其 z 变换级数的收敛性是有保证的。通过以上讨论可以看到,z 变换提供收敛的条件比傅里叶变换宽松得多。

例 3.3 求序列 $x(n) = a^n u(n)$,$0 \leqslant n < \infty$ z 变换及其收敛域。

解 由式(3.3),有

$$X(z) = \sum_{n=0}^{\infty} [a^n u(n)] z^{-n} = \sum_{n=0}^{\infty} (az^{-1})^n$$

为使 $X(z)$ 收敛,则要求

$$\sum_{n=0}^{\infty} |az^{-1}|^n < \infty$$

因此,$X(z)$ 的收敛域为 $|az^{-1}| < 1$ 范围内的全部 z 值,或者 $|z| > a$,在收敛域内,该无穷级数收敛到

$$X(z) = \sum_{n=0}^{\infty} (az^{-1})^n = \frac{1}{1 - az^{-1}} = \frac{z}{z-a}, \quad |z| > |a|$$

(图 3.2(c) 中当 $R_{x-} = |a|$ 就是本例收敛域的图示)

例 3.3 的 z 变换对任何有限的 $|a|$ 值都收敛,而该例的 $x(n)$ 的离散时间傅里叶变换仅当 $|a| < 1$ 时才收敛。对 $a = 1$,$x(n)$ 就是阶跃序列,此时它的 z 变换 $X(z) = \frac{1}{1 - z^{-1}}$,$|z| > 1$。在例 3.3 中,$z$ 变换的无限和等于其收敛域内一个 z 的有理函数。显然,用有理函数表示 z 变换比用无限和表示要方便得多。在例 3.3 中,z 变换 $X(z)$ 的一个零点在 $z = 0$,一个极点在 $z = a$,它的收敛域和零极点分布如图 3.2(c) 所示。当 $|a| > 1$ 时,其收敛域不包括单位圆。其实,这与 a 的这些值给指数序列 $a^n u(n)$ 的离散时间傅里叶变换带来的结果是一致的,如指数增长

序列 $a^n u(n)$ 的离散傅里叶变换就不收敛。

3. 左边序列的 z 变换收敛域

当 $n > n_2$ 时，$x(n) = 0$ 的序列称为左边序列，其 z 变换为

$$X(z) = \sum_{n=-\infty}^{n_2} x(n) z^{-n}$$

根据式(3.8)，只要 $|z| < R_{x+}$，$X(z)$ 绝对收敛。所以 $X(z)$ 的收敛域是在以 R_{x+} 为半径的圆内，如图 3.2(d)所示。也可以称它在 z 平面上 $z = 0$ 的邻域收敛。如果 $n_2 > 0$，$X(z)$ 在收敛半径为 R_{x+} 的圆内区域除 $|z| = 0$ 外处处收敛。左边序列之所以不能在 $z = \infty$ 附近收敛，是因为经变量转换后所得到的 z 变换无穷级数中出现的是 z^n 项(见例 3.2)，显然在 $z = \infty$ 时，左边序列的 z 变换趋于发散。

4. 双边序列的 z 变换收敛域

双边序列是从 $-\infty$ 延伸到 $+\infty$ 的序列，式(3.2)给出了其 z 变换，即

$$X(z) = \sum_{n=-\infty}^{\infty} x(n) z^{-n}$$

由 z 变换收敛域表达式(3.8)可知，满足绝对可加条件的双边序列 z 变换的收敛域是一环形区域 $R_{x-} < |z| < R_{x+}$(图 3.2(a))。由于双边序列可看成是一个左边序列和一个右边序列组成，因此它的收敛域就是两个单边序列 z 变换收敛域的交集。

上面讨论了四种序列的收敛域区域，在实际应用中，只需考虑图 3.2(b)和(c)两种收敛域，它们对应有限长序列和右边序列，这两种序列的收敛域有一个共同的本质特性，即都在 $z = \infty$ 的邻域收敛，并且在这个邻域是解析的。

例 3.4　设双边序列

$$x(n) = \begin{cases} a^n, & n \geqslant 0 \\ -b^n, & n < 0 \end{cases}$$

且 $|a| < |b|$，求其 z 变换。

解　由定义得

$$
\begin{aligned}
X(z) &= \sum_{n=-\infty}^{\infty} x(n) z^{-n} \\
&= \sum_{n=0}^{\infty} a^n z^{-n} + \sum_{n=-\infty}^{-1} (-b^n) z^{-n} \\
&= 1 - \sum_{m=0}^{\infty} b^{-m} z^m + \sum_{n=0}^{\infty} a^n z^{-n} \\
&= \frac{z}{z-b} + \frac{z}{z-a} \\
&= \frac{z(2z-a-b)}{(z-b)(z-a)}
\end{aligned}
$$

其收敛域是 $|a| < |z| < |b|$，图 3.3 示出了 $X(z)$ 的极点和零点的分布，两个单边序列的收敛域各自以不同的阴影区表示，两个区域的重叠部分(即灰度深的区域)表示相交的收敛域。

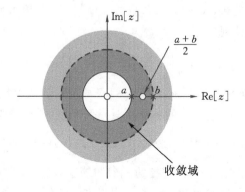

图 3.3　例 3.4 序列的 z 变换在 z 平面上极-零点分布和收敛域

表 3.1 给出了一些常用序列的 z 变换。

表 3.1 常用序列的 z 变换

序号	序列	z 变换	收敛域
1	$\delta(n)$	1	整个 z 平面
2	$u(n)$	$\dfrac{1}{1-z^{-1}}$	$\lvert z\rvert>1$
3	$-u(-n-1)$	$\dfrac{1}{1-z^{-1}}$	$\lvert z\rvert<1$
4	$a^{n}u(n)$	$\dfrac{1}{1-az^{-1}}$	$\lvert z\rvert>a$
5	$nu(n)$	$\dfrac{z^{-1}}{(1-z^{-1})^{2}}$	$\lvert z\rvert>1$
6	$e^{-an}u(n)$	$\dfrac{1}{1-e^{-a}z^{-1}}$	$\lvert z\rvert>e^{-a}$
7	$ne^{-an}u(n)$	$\dfrac{e^{-a}z^{-1}}{(1-e^{-a}z^{-1})^{2}}$	$\lvert z\rvert>e^{-a}$
8	$\sin(\omega_{0}n)u(n)$	$\dfrac{z^{-1}\sin\omega_{0}}{1-2z^{-1}\cos\omega_{0}+z^{-2}}$	$\lvert z\rvert>1$
9	$\cos(\omega_{0}n)u(n)$	$\dfrac{1-z^{-1}\cos\omega_{0}}{1-2z^{-1}\cos\omega_{0}+z^{-2}}$	$\lvert z\rvert>1$
10	$e^{-an}\sin(\omega_{0}n)u(n)$	$\dfrac{z^{-1}e^{-a}\sin\omega_{0}}{1-2z^{-1}e^{-a}\cos\omega_{0}+z^{-2}e^{-2a}}$	$\lvert z\rvert>e^{-a}$
11	$e^{-an}\cos(\omega_{0}n)u(n)$	$\dfrac{1-z^{-1}e^{-a}\cos\omega_{0}}{1-2z^{-1}e^{-a}\cos\omega_{0}+z^{-2}e^{-2a}}$	$\lvert z\rvert>e^{-a}$
12	$a^{n}R_{N}(n)$	$\dfrac{1-a^{N}z^{-N}}{1-az^{-1}}$	$\lvert z\rvert>0$

3.2 z 反变换

从 $X(z)$ 恢复序列 $x(n)$，称作 z 反变换，记作 $\mathscr{Z}^{-1}[X(z)]$。在离散线性时不变系统的分析中，往往是先求出序列的 z 变换，然后将变换得到的代数表达式经过离散系统的某些运算处理后，再经 z 反变换，得到离散线性时不变系统的时域特性。计算 z 反变换，通常有围线积分法（留数法）、部分分式展开法和幂级数展开法。

1. 围线积分法

利用柯西积分定理可导出 $X(z)$ 的反变换。柯西积分公式如下：

$$\frac{1}{2\pi \mathrm{j}}\oint_{c}z^{k-1}\mathrm{d}z=\begin{cases}1, & k=0 \\ 0, & k\neq 0\end{cases}\tag{3.12}$$

其中 c 为沿逆时针方向围绕原点的闭合曲线。

根据 z 变换定义

$$X(z) = \sum_{n=-\infty}^{\infty} x(n) z^{-n} \tag{3.13}$$

将式(3.13)等号两边分别乘上 z^{k-1},并在 $X(z)$ 的收敛域内取一条包围原点的闭合围线作围线积分,得

$$\frac{1}{2\pi \mathrm{j}} \oint_c X(z) z^{k-1} \mathrm{d}z = \frac{1}{2\pi \mathrm{j}} \oint_c \sum_{n=-\infty}^{\infty} x(n) z^{-(n-k+1)} \mathrm{d}z \tag{3.14}$$

由于级数一致收敛,可以交换式(3.14)等号右边的求和与积分的次序,得到

$$\frac{1}{2\pi \mathrm{j}} \oint_c X(z) z^{k-1} \mathrm{d}z = \sum_{n=-\infty}^{\infty} x(n) \frac{1}{2\pi \mathrm{j}} \oint_c z^{-(n-k+1)} \mathrm{d}z \tag{3.15}$$

根据柯西积分定理式(3.12)和式(3.15)等号右边只有当 $n=k$ 时才不等于零,于是

$$\frac{1}{2\pi \mathrm{j}} \oint_c X(z) z^{k-1} \mathrm{d}z = x(k)$$

因此,由围线积分给出的 $X(z)$ 的 z 反变换公式为

$$x(n) = \frac{1}{2\pi \mathrm{j}} \oint_c X(z) z^{n-1} \mathrm{d}z \tag{3.16}$$

式(3.16)是一种正规的 z 反变换表达式,利用它可以导出 z 变换的两个重要性质,即 z 变换的复卷积定理和帕塞瓦定理。在实际的数字信号处理中,并不应用围线积分法来求 z 反变换,但对于理解 z 反变换的原理是有用的。应该指出,在导出式(3.16)时未对前面的 k 和 n 是正还是负做出任何假设,因此,该式对 n 和 k 是正或负的都是成立的。

如果 z 变换收敛域包括单位圆,并且积分路径就取在单位圆上,那么在这条路径上 $X(z)$ 就变成 $x(n)$ 的离散时间傅里叶变换,将 $z=\mathrm{e}^{\mathrm{j}\omega}$ 代入式(3.16),该式就变成离散时间傅里叶反变换式(2.26b),即

$$x(n) = \frac{1}{2\pi} \int_{-\pi}^{\pi} X(\mathrm{e}^{\mathrm{j}\omega}) \mathrm{e}^{\mathrm{j}\omega n} \mathrm{d}\omega$$

上式用了沿单位圆逆时钟方向以 z 求积分等效于以 ω 从 $-\pi$ 到 $+\pi$ 求积分,并且 $\mathrm{d}z=\mathrm{j}\mathrm{e}^{\mathrm{j}\omega} \mathrm{d}\omega$。

对于有理函数形式的 z 变换来说,式(3.16)的围线积分可用柯西留数定理求解,即

$$x(n) = \frac{1}{2\pi \mathrm{j}} \oint_c X(z) z^{n-1} \mathrm{d}z = \sum_i \mathrm{Res}[X(z) z^{n-1}] \mid_{z=z_i} \tag{3.17}$$

其中 $\mathrm{Res}[X(z) z^{n-1}] \mid_{z=z_i}$ 表示 $X(z) z^{n-1}$ 在围线 c 内极点 z_i 上的留数值。对于 $n \geqslant 0$ 时,对应右边序列,此时极点在积分围线 c 内;对 $n<0$,对应左边序列,此时极点在积分围线 c 外。式(3.17)表明,z 反变换等于 $X(z) z^{n-1}$ 所有极点上留数的总和。

一般来说,如果 $X(z) z^{n-1}$ 是 z 的有理函数,则可以把 $X(z) z^{n-1}$ 表示成

$$X(z) z^{n-1} = \frac{\Phi(z)}{(z-z_i)^s} \tag{3.18}$$

这里 $X(z) z^{-1}$ 在 $z=z_i$ 有 s 阶极点,$\Phi(z)$ 在 $z=z_i$ 处没有极点,因此 $X(z) z^{n-1}$ 在 $z=z_i$ 处留数为

$$\mathrm{Res}[X(z) z^{n-1}] \mid_{z=z_i} = \frac{1}{(s-1)!} \left[\frac{\mathrm{d}^{s-1} \Phi(z)}{\mathrm{d}z^{s-1}} \right] \Bigg|_{z=z_i} \tag{3.19}$$

如果 z_i 为单阶极点,即 $s=1$,则根据留数定理,有

$$\mathrm{Res}[X(z) z^{n-1}] \mid_{z=z_i} = (z-z_i) X(z) z^{n-1} \mid_{z=z_i} = \Phi(z) \tag{3.20}$$

例 3.5 用留数定理求

$$X(z) = \frac{z^2 + z}{z^2 - \frac{5}{6}z + \frac{1}{6}}, \quad 且 \mid z \mid > \frac{1}{2}$$

的反变换。

解　所给序列对应右边序列。根据留数定理有

$$x(n) = \sum_i \mathrm{Res}[X(z)z^{n-1}] \mid_{z=z_i}$$

$$= \left(z - \frac{1}{2}\right) \frac{z^2 + z}{\left(z - \frac{1}{3}\right)\left(z - \frac{1}{2}\right)} z^{n-1} \Big|_{z=\frac{1}{2}} + \left(z - \frac{1}{3}\right) \frac{z^2 + z}{\left(z - \frac{1}{3}\right)\left(z - \frac{1}{2}\right)} z^{n-1} \Big|_{z=\frac{1}{3}}$$

$$= 9\left(\frac{1}{2}\right)^n u(n) - 8\left(\frac{1}{3}\right)^n u(n)$$

下面用留数定理来研究例 3.3 $X(z) = \dfrac{1}{1 - az^{-1}}$, $\mid z \mid > \mid a \mid$ 的反变换。利用式(3.17),得到

$$x(n) = \frac{1}{2\pi\mathrm{j}} \oint_c \frac{z^{n-1}}{1 - az^{-1}} \mathrm{d}z = \frac{1}{2\pi\mathrm{j}} \oint_c \frac{z^n}{z - a} \mathrm{d}z$$

式中积分围线 c 是半径大于 a 的一个圆。因此,$n \geqslant 0$ 时,积分围线 c 内只有 $z = a$ 处的一个极点,此时 $x(n)$ 为

$$x(n) = a^n, \quad n \geqslant 0$$

在 $n < 0$ 时,$\dfrac{z^n}{z-a}$ 在 $z = 0$ 处有 n 阶极点;当 $n = -1$ 时,$z = 0$ 处的极点为一阶的,运用式 (3.20),留数为 $-a^{-1}$,同时在 $z = a$ 处,极点的留数为 a^{-1},因此,留数之和为零,从而 $x(-1) = 0$; $n = -2$ 时,有

$$\mathrm{Res}\left[\frac{1}{z^2(z-a)}\right]_{z=a} = \frac{1}{z^2}\Big|_{z=a} = a^{-2}$$

和

$$\mathrm{Res}\left[\frac{1}{z^2(z-a)}\right]_{z=0} = \left[\frac{\mathrm{d}}{\mathrm{d}z}\left(\frac{1}{z-a}\right)\right]_{z=0} = -a^{-2}$$

因此,$x(-2) = 0$,依此类推可以证明,该例中在 $n < 0$ 时,$x(n) = 0$。随着 n 的负值增大,计算 $z = 0$ 处多阶极点的留数就越麻烦。虽然式(3.17)对所有 n 都成立,但在 $n < 0$ 时,由于 $z = 0$ 处有多阶极点,所以利用式(3.17)计算 z 反变换很不方便。因此在许多情况下,常常使用部分分式或幂级数展开来求 z 反变换。

2. 部分分式展开法

当 z 变换是变量 z 的一个多项式有理分式时,可以用部分分式分解的方法将其变成简单因式项(一阶)的和,再由 z 变换表查出对应各简单因式项的序列,然后相加求得 $X(z)$ 的 z 反变换。一个 N 阶的 z 函数可用 N 阶降幂的分子分母多项式表示,即

$$X(z) = \frac{\sum\limits_{i=0}^{M} a_i z^{-i}}{1 + \sum\limits_{i=1}^{N} b_i z^{-i}}, \quad \mid z \mid > \max[\mid p_i \mid] \tag{3.21}$$

式(3.21)的 z 变换形式在离散线性时不变系统的研究中常常出现。假定 $X(z)$ 有 N 个单阶的极点,即 $p_1, p_2, \cdots, p_N$,这时 $X(z)$ 的部分分式可以表示为

$$X(z) = A_0 + \frac{A_1 z}{z - p_1} + \frac{A_2 z}{z - p_2} + \cdots + \frac{A_N z}{z - p_N}$$

$$= A_0 + \sum_{i=1}^{N} \frac{A_i z}{z - p_i} \tag{3.22}$$

式中 A_i 可用留数定理求得,将式(3.22)改写成

$$\frac{X(z)}{z} = \frac{A_0}{z} + \sum_{i=1}^{N} \frac{A_i}{z - p_i} \tag{3.23}$$

式中等号右边分母为 z 的一次项,而分子为常数的简单分式,它们的 z 变换可以从表 3.1 中查出,而 A_0 和 A_i 分别是 $X(z)/z$ 在极点 0 和 p_i 处的留数,于是有

$$A_0 = \mathrm{Res}\left[\frac{X(z)}{z}\right]_{z=0} = X(0) = \frac{a_N}{b_N}$$

$$A_i = \mathrm{Res}\left[\frac{X(z)}{z}\right]_{z=p_i} = (z - p_i)\frac{X(z)}{z}\bigg|_{z=p_i} = (1 - p_i z^{-1})X(z)\,|_{z=p_i}$$

常数 A_0 对应的是 $\delta(n)$ 序列,因此

$$x(n) = A_0 \delta(n) + \sum_{i=1}^{N} A_i p_i^n u(n)$$

从以上讨论可以看出,利用部分分式展开法求解 z 反变换,首先要求出分母多项式的根,以便找到极点,然后求出这些极点上的留数。

例 3.6　用部分分式展开法求下列 z 变换

$$X(z) = \frac{z^2 + z}{z^2 - \frac{5}{6}z + \frac{1}{6}}, \quad |z| > \frac{1}{2}$$

的反变换。

解　先将 $X(z)$ 展开部分分式

$$X(z) = A_0 + \frac{A_1 z}{z - \frac{1}{3}} + \frac{A_2 z}{z - \frac{1}{2}}$$

其中

$$A_0 = X(0) = 0$$

$$A_1 = X(z)\frac{z - \frac{1}{3}}{z}\bigg|_{z=\frac{1}{3}} = -8$$

$$A_2 = X(z)\frac{z - \frac{1}{2}}{z}\bigg|_{z=\frac{1}{2}} = 9$$

于是

$$X(z) = \frac{9z}{z - \frac{1}{2}} - \frac{8z}{z - \frac{1}{3}}$$

对上式等号右边分别进行 z 反变换,得

$$x(n) = 9\left(\frac{1}{2}\right)^n u(n) - 8\left(\frac{1}{3}\right)^n u(n)$$

3. 幂级数展开法

对于简单的单边序列的 z 变换可用长除的方法直接展开成幂级数的形式。根据序列收敛域的情况可展开成升幂或降幂级数的形式。当 $X(z)$ 的收敛域为 $|z|>R_{x-}$ 时，$x(n)$ 为右边序列，$X(z)$ 的分子分母应该按降幂排列进行长除；当 $X(z)$ 的收敛域为 $|z|<R_{x+}$ 时，$x(n)$ 为左边序列，$X(z)$ 的分子分母应该按升幂排列进行长除。

例 3.7 用幂级数求下列 z 变换

$$X(z) = \frac{1}{1-az^{-1}}, \quad |z|>a$$

的反变换。

解 因为该例 z 变换的收敛域是在一个圆的外面，序列是一个右边序列。利用幂级数法将 $X(z)$ 展开为降幂级数形式

$$
\begin{array}{r}
1+az^{-1}+a^2z^{-2}+\cdots \\
1-az^{-1} \overline{\smash{\big)}\ 1 } \\
\underline{1-az^{-1}} \\
az^{-1} \\
\underline{az^{-1}-a^2z^{-2}} \\
a^2z^{-2} \\
\underline{a^2z^{-2}-a^3z^{-3}} \\
a^3z^{-3} \\
\vdots
\end{array}
$$

由此得到

$$X(z) = 1+az^{-1}+a^2z^{-2}+\cdots$$

从而得到其反变换为

$$x(n) = \{1,a,a^2,a^3,\cdots\} = a^n u(n)$$

例 3.8 试利用幂级数法求下列 z 变换

$$X(z) = \frac{5z}{6z^2-z-1}, \quad \frac{1}{3}<|z|<\frac{1}{2}$$

的反变换。

解 由于该例的 z 变换收敛域是一个环状区域，因此，原序列是一个双边序列。利用长除法得

$$
\begin{array}{r}
-5z+5z^2-35z^3 \\
-1-z+6z^2 \overline{\smash{\big)}\ 5z } \\
\underline{5z+5z^2-30z^3} \\
-5z^2+30z^3 \\
\underline{-5z^2-5z^3+30z^4} \\
35z^3-30z^4 \\
\underline{35z^3+35z^4-210z^5} \\
-65z^4+210z^5 \\
\vdots
\end{array}
$$

由此得到

$$X(z) = -5z + 5z^2 - 35z^3 + 65z^4 + \cdots$$

此级数虽然当 $|z| < \dfrac{1}{3}$ 时是收敛的,但不符合给定的收敛域,所以不能代表原 $X(z)$。若将 $X(z)$ 展开成降幂级数

$$
\begin{array}{r}
\dfrac{5}{6}z^{-1} + \dfrac{5}{36}z^{-2} + \dfrac{35}{216}z^{-3} \\[1mm]
\hline
\end{array}
$$

$$6z^2 - z - 1 \; \overline{)\; 5z}$$

$$5z - \dfrac{5}{6} - \dfrac{5}{6}z^{-1}$$

$$\overline{\quad \dfrac{5}{6} + \dfrac{5}{6}z^{-1}\quad}$$

$$\dfrac{5}{6} - \dfrac{5}{36}z^{-1} - \dfrac{5}{36}z^{-2}$$

$$\overline{\quad \dfrac{35}{36}z^{-1} + \dfrac{5}{36}z^{-2}\quad}$$

$$\dfrac{35}{36}z^{-1} - \dfrac{35}{216}z^{-2} - \dfrac{35}{216}z^{-3}$$

$$\vdots$$

由此得到

$$X(z) = \dfrac{5}{6}z^{-1} + \dfrac{5}{36}z^{-2} + \dfrac{35}{216}z^{-3} + \cdots$$

此级数虽然当 $|z| > \dfrac{1}{2}$ 时是绝对收敛的,但仍然不符合给定的收敛域,因此也不能代表原 $X(z)$。

　　通过例 3.8,我们看到幂级数法有两个缺点:一是除了 $x(n)$ 的表达式极为明显外,一般不能直接给出原序列的解析表达式;二是不能用于求解双边 z 变换的反变换。对于双边序列,应按收敛域的不同分为两个单边序列进行处理。

3.3　z 变换的性质

　　z 变换的性质是离散时间傅里叶变换性质的推广。将 z 变换的定义和性质结合起来可以进一步理解 z 变换收敛域的变化。

1. 线性

　　z 变换是一种线性变换,因此满足叠加原理。即:若有

$$\mathscr{Z}[x(n)] = X(z), \quad R_{x-} < |z| < R_{x+}$$

$$\mathscr{Z}[y(n)] = Y(z), \quad R_{y-} < |z| < R_{y+}$$

则

$$\mathscr{Z}[ax(n) + by(n)] = aX(z) + bY(z)$$

$$\max\{R_{x-}, R_{y-}\} < |z| < \min\{R_{x+}, R_{y+}\} \tag{3.24}$$

式中 a 与 b 为任意常数。需要指出,如果式(3.24)的线性组合引入一些零点,有可能对消 z 变

换的极点,这时收敛域有可能扩大。例如,序列 $a^n u(n)$ 和序列 $a^n u(n-1)$ 的 z 变换收敛域都是 $|z|>a$,但这两个序列之差的序列 $[a^n u(n)-a^n u(n-1)]=\delta(n)$ 的 z 变换收敛域为整个 z 平面。

2. 移位

序列的移位会改变其收敛域。移位性质表明序列移位后的 z 变换与原序列 z 变换的关系

$$\mathscr{Z}[x(n-n_0)]=z^{-n_0}X(z),\quad R_{x-}<|z|<R_{x+} \tag{3.25}$$

或

$$\mathscr{Z}[x(n+n_0)]=z^{+n_0}X(z),\quad R_{x-}<|z|<R_{x+} \tag{3.26}$$

式中 n_0 是一个整数。$n_0>0$ 时,移位为正(右移),$n_0<0$ 时,移位为负(左移)。$x(n)$ 和移位序列的 z 变换收敛域相同。但是 $z=0$ 和 $z=\infty$ 可能是例外。例如 $\mathscr{Z}[\delta(n)]=1$,其收敛域为整个 z 平面,而 $\delta(n-1)$ 的 z 变换 $\mathscr{Z}[\delta(n-1)]=z^{-1}$,其收敛域不包括 $z=0$;同理,$\delta(n+1)$ 的 z 变换其收敛域不包含 $z=\infty$。

3. z 域微分(序列的线性加权)

若 $x(n)$ 的 z 变换为 $X(z)$,其收敛域为 $R_{x-}<|z|<R_{x+}$,则 $nx(n)$ 的 z 变换为

$$\mathscr{Z}[nx(n)]=-z\frac{dX(z)}{dz} \tag{3.27}$$

这里的线性加权是指将序列 $x(n)$ 的时间移位变量 n 作为 $x(n)$ 的加权系数,不是乘以常系数。

证明　根据 z 变换定义,有

$$\mathscr{Z}[nx(n)]=\sum_{n=-\infty}^{\infty}nx(n)z^{-n}=z\sum_{n=-\infty}^{\infty}nx(n)z^{-n-1}$$

$$=z\sum_{n=-\infty}^{\infty}x(n)(nz^{-n-1})=z\sum_{n=-\infty}^{\infty}x(n)\left(-\frac{d}{dz}z^{-n}\right)$$

$$=-z\frac{d}{dz}\sum_{n=-\infty}^{\infty}x(n)z^{-n}=-z\frac{dX(z)}{dz}$$

上述结果可推广到乘以 n 的任意次正数幂序列,即

$$n^m x(n)\leftrightarrow\underbrace{-z\frac{d}{dz}\left\{-z\frac{d}{dz}\left[-z\frac{d}{dz}\cdots\left(-z\frac{d}{dz}X(z)\right)\cdots\right]\right\}}_{\text{求导}m\text{次}}$$

例 3.9　利用 z 变换微分性质,求序列 $x(n)=na^n u(n)$ 的 z 变换。

解　由 z 变换微分性质,上式 z 变换为

$$X(z)=-z\frac{d}{dz}\left(\frac{1}{1-az^{-1}}\right),\quad |z|>|a|$$

$$=\frac{az^{-1}}{(1-az^{-1})^2},\quad |z|>|a|$$

4. 序列指数加权

序列指数加权是指将指数序列 a^n 乘以 $x(n)$。设 $x(n)$ 的 z 变换 $X(z)$ 的收敛域为 $R_{x-}<|z|<R_{x+}$,若序列乘以 a^n,$|a|\leqslant1$,则 $a^n x(n)$ 的 z 变换为

$$\mathscr{Z}[a^n x(n)]=\sum_{n=-\infty}^{\infty}a^n x(n)z^{-n}=\sum_{n=-\infty}^{\infty}x(n)\left(\frac{z}{a}\right)^{-n}=X\left(\frac{z}{a}\right) \tag{3.28}$$

其收敛域变为

$$R_{x-} < \left| \frac{z}{a} \right| < R_{x+}$$

由此得到

$$|a| R_{x-} < |z| < |a| R_{x+}$$

可见序列乘以 a^n 指数序列，相当于在 z 域中使 z 平面尺度伸缩。若 a 是模为 1 的复数，即 $a = e^{j\omega_0}$，相当于在 z 平面上旋转一个 ω_0 的角度，此时复指数加权序列 $e^{j\omega n} x(n)$ 的 z 变换有如下形式

$$\mathscr{Z}[e^{j\omega_0 n} x(n)] = X(e^{j(\omega-\omega_0)}) \tag{3.29}$$

例 3.10　已知阶跃序列的 z 变换为 $\mathscr{Z}[u(n)] = \dfrac{1}{1-z^{-1}}$，$|z| > 1$，利用 z 变换性质，求序列

$$x(n) = r^n \cos(\omega_0 n) u(n)$$

的 z 变换。

解　首先将序列 $x(n)$ 表示成

$$x(n) = \frac{1}{2}(re^{j\omega_0})^n u(n) + \frac{1}{2}(re^{-j\omega_0})^n u(n)$$

利用阶跃序列的 z 变换公式和指数加权性质，可以看出

$$\mathscr{Z}\left[\frac{1}{2}(re^{j\omega_0})^n u(n)\right] = \frac{1/2}{1-re^{j\omega_0} z^{-1}}, \quad |z| > r$$

$$\mathscr{Z}\left[\frac{1}{2}(re^{-j\omega_0})^n u(n)\right] = \frac{1/2}{1-re^{-j\omega_0} z^{-1}}, \quad |z| > r$$

由线性性质得到

$$X(z) = \frac{1/2}{1-re^{j\omega_0} z^{-1}} + \frac{1/2}{1-re^{-j\omega_0} z^{-1}}$$

$$= \frac{1-r\cos\omega_0 z^{-1}}{1-2r\cos\omega_0 z^{-1} + r^2 z^{-2}}, \quad |z| > r$$

5. 初值定理

若给定的序列 $x(n)u(n-n_0)$，当 $n < n_0$ 时其值为零，则根据 $X(z)$ 可以确定初始值 $x(n_0)$，即

$$x(n_0) = z^{n_0} X(z) \big|_{z=\infty} \tag{3.30}$$

证明

$$X(z) = \sum_{n=-\infty}^{\infty} x(n) z^{-n} = \sum_{n=n_0}^{\infty} x(n) z^{-n}$$

$$= x(n_0) z^{-n_0} + x(n_0+1) z^{-(n_0+1)} + \cdots$$

上式等号两边同乘 z^{n_0}，则得

$$z^{n_0} X(z) = x(n_0) + x(n_0+1) z^{-1} + x(n_0+2) z^{-2} + \cdots$$

当 $z = \infty$ 时，除上式右边第一项以外，其余各项均为零，于是 $z^{n_0} X(z)|_{z=\infty} = x(n_0)$。因此，对于因果序列 $x(n)u(n)$ 可得

$$x(0) = X(z) \big|_{z=\infty}$$

初值定理仅适用于 $X(z)$ 的收敛域包括无限大的情况。当 $z = \infty$ 处 $X(z)$ 不复存在，该定

理不能使用。

6. 终值定理

当 $x(n)$ 为一因果序列时,则有

$$\lim_{n \to \infty} x(n) = \lim_{z \to 1} (1 - z^{-1}) X(z) \tag{3.31}$$

证明　原序列 $x(n) - x(n-1)$ 的 z 变换为

$$\mathscr{Z}[x(n) - x(n-1)] = X(z) - z^{-1} X(z)$$

$$= \sum_{n=-\infty}^{\infty} [x(n) - x(n-1)] z^{-n}$$

考虑到 $x(n)$ 是因果序列,因此上式可改写成

$$X(z)(1 - z^{-1}) = \lim_{N \to \infty} \sum_{n=0}^{N} [x(n) - x(n-1)] z^{-n}$$

上式两边取 $z \to 1$ 极限

$$\lim_{z \to 1} X(z)(1 - z^{-1}) = \lim_{z \to 1} \lim_{N \to \infty} \sum_{n=0}^{N} [x(n) - x(n-1)] z^{-n}$$

$$= \lim_{N \to \infty} \lim_{z \to 1} \sum_{n=0}^{N} [x(n) - x(n-1)] z^{-n}$$

$$= \lim_{N \to \infty} \sum_{n=0}^{N} [x(n) - x(n-1)]$$

$$= \lim_{N \to \infty} x(N)$$

因此,式(3.31)得证。

同初值定理类似,仅当 $X(z)$ 的收敛域包含 $z=1$ 时,终值定理才可以使用。

对于一些复杂的 $X(z)$ 表达式,可在不求反变换的情况下,利用初值定理和终值定理直接求得序列 $x(n)$ 的初值和终值。

7. 序列卷积的 z 变换(卷积定理)

两个序列卷积的 z 变换是两个序列各自 z 变换的乘积。设

$$\mathscr{Z}[x(n)] = X(z), \quad R_{x-} < |z| < R_{x+}$$

$$\mathscr{Z}[h(n)] = H(z), \quad R_{h-} < |z| < R_{h+}$$

若

$$y(n) = x(n) * h(n) = \sum_{m=-\infty}^{\infty} h(m) x(n-m)$$

则 $y(n)$ 的 z 变换为

$$Y(z) = H(z) X(z), \quad \max\{R_{x-}, R_{h-}\} < |z| < \min\{R_{x+}, R_{h+}\} \tag{3.32}$$

证明　根据 z 变换定义

$$Y(z) = \sum_{n=-\infty}^{\infty} y(n) z^{-n} = \sum_{n=-\infty}^{\infty} \left[\sum_{m=-\infty}^{\infty} h(m) x(n-m) \right] z^{-n}$$

交换上式右边求和次序,得

$$Y(z) = \sum_{m=-\infty}^{\infty} h(m) z^{-m} \sum_{n=-\infty}^{\infty} x(n-m) z^{-(n-m)} = H(z) X(z)$$

上式 $Y(z)$ 的收敛域是 $H(z)$ 和 $X(z)$ 收敛域的交集。如果其中一个 z 变换的收敛域边缘上的极点被另一个 z 变换的零点抵消,则 $Y(z)$ 的收敛域就会扩大一些。在多数情况下,卷积定理

对于避免在时域的繁琐运算是非常有效的,它是一个很有用的性质。

8. 复序列共轭的 z 变换

$$\mathscr{Z}[x^*(n)] = X^*(z^*), \quad R_{x-} < |z| < R_{x+} \tag{3.33}$$

式中"＊"表示取共轭复数。

证明

$$\mathscr{Z}[x^*(n)] = \sum_{n=-\infty}^{\infty} x^*(n) z^{-n} = \sum_{n=-\infty}^{\infty} [x(n)(z^*)^{-n}]^*$$

$$= \Big[\sum_{n=-\infty}^{\infty} x(n)(z^*)^{-n}\Big]^* = X^*(z^*)$$

9. 序列乘积的 z 变换(复卷积定理)

若 $w(n) = x(n)y(n)$,则其 z 变换是

$$W(z) = \frac{1}{2\pi \mathrm{j}} \oint_{c1} X\Big(\frac{z}{v}\Big) Y(v) v^{-1} \mathrm{d}v, \quad R_{x-}R_{y-} < |z| < R_{x+}R_{y+} \tag{3.34}$$

式中 c_1 是 $X\Big(\dfrac{z}{v}\Big)$ 与 $Y(v)$ 两者收敛域重叠区域内的逆时针闭合围线。

证明　根据 z 变换定义,序列 $w(n)$ 的 z 变换是

$$W(z) = \sum_{n=-\infty}^{\infty} x(n)y(n) z^{-n}$$

用 $Y(z)$ 表示 $y(n)$ 的 z 变换,于是

$$y(n) = \frac{1}{2\pi \mathrm{j}} \oint_{c_1} Y(v) v^{n-1} \mathrm{d}v$$

这里 c_1 是 $Y(v)$ 收敛域内包围原点的一条逆时针方向的围线,那么

$$W(z) = \frac{1}{2\pi \mathrm{j}} \sum_{n=-\infty}^{\infty} x(n) \oint_{c_1} Y(v) \Big(\frac{z}{v}\Big)^{-n} v^{-1} \mathrm{d}v$$

$$= \frac{1}{2\pi \mathrm{j}} \oint_{c_1} \Big[\sum_{n=-\infty}^{\infty} x(n) \Big(\frac{z}{v}\Big)^{-n}\Big] v^{-1} Y(v) \mathrm{d}v$$

从而

$$W(z) = \frac{1}{2\pi \mathrm{j}} \oint_{c_1} X\Big(\frac{z}{v}\Big) Y(v) v^{-1} \mathrm{d}v, \quad R_{x-}R_{y-} < |z| < R_{x+}R_{y+}$$

上式中的积分围线 c_1 应限制在 $X(z/v)$ 和 $Y(v)$ 的公共收敛域内,即 $R_{y-} < |v| < R_{y+}$ 和 $R_{x-} < \Big|\dfrac{z}{v}\Big| < R_{x+}$ 的交集内。根据这两个不等式,可以得到 $W(z)$ 的公共收敛域,即 z 平面收敛域为

$$R_{x-}R_{y-} < |z| < R_{x+}R_{y+}$$

对于 v 平面的收敛域为

$$\max\Big\{R_{y-}, \frac{|z|}{R_{x+}}\Big\} < |v| < \min\Big\{R_{y+}, \frac{|z|}{R_{x-}}\Big\}$$

在某些情况下,收敛域可能向内或向外延伸至邻近极点处。式(3.34)又称为复卷积定理,根据对称性可证明公式中 X 和 Y 的位置可以交换,即

$$W(z) = \frac{1}{2\pi \mathrm{j}} \oint_{c_2} X(v) Y\Big(\frac{z}{v}\Big) v^{-1} \mathrm{d}v, \quad R_{x-}R_{y-} < |z| < R_{x+}R_{y+} \tag{3.35}$$

此时，积分围线 c_2 所在的收敛域为

$$\max\left\{R_{x-},\frac{|z|}{R_{y+}}\right\}<|v|<\min\left\{R_{x+},\frac{|z|}{R_{y-}}\right\}$$

使用复卷积定理时应注意判断极点是在积分围线之内或之外。

在 2.3.2 节曾经讨论过序列相乘的离散时间傅里叶变换的周期卷积性质（式 2.41），这个性质的推广就是复卷积定理。为了说明这一点，将积分围线取在单位圆上，且

$$z=\mathrm{e}^{\mathrm{j}\omega},\quad v=\mathrm{e}^{\mathrm{j}\theta}$$

则式（3.35）就变成

$$W(\mathrm{e}^{\mathrm{j}\omega})=\frac{1}{2\pi}\int_{-\pi}^{\pi}X(\mathrm{e}^{\mathrm{j}\theta})Y(\mathrm{e}^{\mathrm{j}(\omega-\theta)})\mathrm{d}\theta$$

上式就与式（2.41）的周期卷积一致了。

例 3.11 利用序列乘积的 z 变换性质，计算序列 $x(n)=a^n u(n)$ 和 $y(n)=b^n u(n)$ 乘积的 z 变换。

解 由表 3.1，分别得到两序列的 z 变换为

$$X(z)=\frac{1}{1-az^{-1}},\quad |z|>|a|$$

$$Y(z)=\frac{1}{1-bz^{-1}},\quad |z|>|b|$$

应用复卷积定理式（3.34），得到新序列 $w(n)=x(n)\cdot y(n)=(ab)^n u(n)$ 的 z 变换为

$$W(z)=\frac{1}{2\pi\mathrm{j}}\oint_{c_1}\frac{-z/a}{v-z/a}\frac{1}{v-b}\mathrm{d}v,\quad R_{x-}R_{y-}<|z|<R_{x+}R_{y+}$$

被积函数在 $v=b$ 和 $v=z/a$ 处有单极点，积分围线 c_1 必须在 $Y(v)$ 的收敛域内且包围原点，因而也包围了极点 $v=b$；另外，$X(z/v)$ 的收敛域 $|z/v|>|a|$，这样必有 $|v|<\left|\dfrac{z}{a}\right|$ 使极点 z/a 总是在 c_1 之外，极点位置与积分路径如图 3.4 所示，这里假设 a 和 b 都是实数。在 $v=b$ 处计算留数，得到 $w(n)=x(n)y(n)$ 的 z 变换为

$$W(z)=\mathrm{Res}\left[\frac{-z/a}{v-z/a}\cdot\frac{1}{v-b}\right]\Bigg|_{v=b}=\frac{-z/a}{v-z/a}\Bigg|_{v=b}=\frac{1}{1-abz^{-1}}$$

$$|z|>|ab|$$

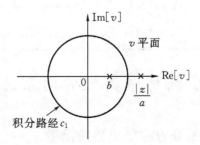

图 3.4 例 3.11 被积函数的极点位置和应用卷积定理的积分路径

10. 帕塞瓦定理

2.3.2 节已经讨论过离散时间傅里叶变换的帕塞瓦定理，利用复卷积定理可以将这个定

理推广到 z 变换。考虑两个复序列 $x(n)$ 和 $y(n)$，可以建立以下帕塞瓦关系式

$$\sum_{n=-\infty}^{\infty} x(n) y^*(n) = \frac{1}{2\pi\mathrm{j}} \oint_c X(v) Y^* \left(\frac{1}{v^*}\right) v^{-1} \mathrm{d}v \tag{3.36a}$$

式中的积分围线 c 应取在 $X(v)$ 和 $Y^*(1/v^*)$ 的公共收敛域之内且包围原点。当 $y(n)=x(n)$ 时，上述关系式可以写成

$$\begin{aligned}
\sum_{n=-\infty}^{\infty} x(n) x^*(n) &= \sum_{n=-\infty}^{\infty} |x(n)|^2 \\
&= \frac{1}{2\pi} \int_{-\pi}^{\pi} X(\mathrm{e}^{\mathrm{j}\omega}) X^*(\mathrm{e}^{\mathrm{j}\omega}) \mathrm{d}\omega \\
&= \frac{1}{2\pi} \int_{-\pi}^{\pi} |X(\mathrm{e}^{\mathrm{j}\omega})|^2 \mathrm{d}\omega
\end{aligned} \tag{3.36b}$$

即

$$\sum_{n=-\infty}^{\infty} |x(n)|^2 = \frac{1}{2\pi} \int_{-\pi}^{\pi} |X(\mathrm{e}^{\mathrm{j}\omega})|^2 \mathrm{d}\omega \tag{3.36c}$$

式(3.36c)表明序列 $x(n)$ 在时域中的能量与频域中的能量是相等的。该式正是离散时间傅里叶变换的帕塞瓦定理式(2.43)。表 3.2 归纳了以上讨论的 z 变换的重要性质。

表 3.2　z 变换的重要性质

序号	序列	z 变换	收敛域
1	$ax(n)+by(n)$	$aX(z)+bY(z)$	$\max\{R_{x-}, R_{y-}\} < |z| < \min\{R_{x+}, R_{y+}\}$
2	$x(n-n_0)$	$z^{-n_0} X(z)$	$R_{x-} < |z| < R_{x+}$
3	$nx(n)$	$-z \dfrac{\mathrm{d}X(z)}{\mathrm{d}z}$	$R_{x-} < |z| < R_{x+}$
4	$a^n x(n)$	$X(a^{-1}z)$	$|a|R_{x-} < |z| < |a|R_{x+}$
5	$x^*(n)$	$X^*(z^*)$	$R_{x-} < |z| < R_{x+}$
6	$x(-n)$	$X(z^{-1})$	$1/R_{x+} < |z| < 1/R_{x-}$
7	$\mathrm{Re}[x(n)]$	$\dfrac{1}{2}[X(z)+X^*(z^*)]$	$R_{x-} < |z| < R_{x+}$
8	$\mathrm{Im}[x(n)]$	$\dfrac{1}{2\mathrm{j}}[X(z)-X^*(z^*)]$	$R_{x-} < |z| < R_{x+}$
9	$x(n) * y(n)$	$X(z)Y(z)$	$\max\{R_{x-}, R_{y-}\} < |z| < \min\{R_{x+}, R_{y+}\}$
10	$x(n)y(n)$	$\dfrac{1}{2\pi\mathrm{j}} \oint_c X\left(\dfrac{z}{v}\right) Y(v) v^{-1} \mathrm{d}v$	$R_{x-}R_{y-} < |z| < R_{x+}R_{y+}$

3.4　z 变换域中离散时间系统的描述

3.4.1　由线性常系数差分方程导出系统函数

在 2.4.2 节中定义了单位采样响应 $h(n)$ 作为线性时不变离散系统的时域描述，这里考虑的系统是因果系统，即 $h(n)=0, n<0$。此时式(2.48)可改写为

$$y(n) = \sum_{m=0}^{\infty} x(m) h(n-m) \tag{3.37}$$

在 z 变换域中也可以用系统的单位采样响应 $h(n)$ 的 z 变换 $H(z)$ 来描述离散线性时不变系统,即

$$H(z) = \sum_{n=0}^{\infty} h(n) z^{-n} \tag{3.38}$$

$H(z)$ 定义为 z 域中离散线性时不变系统的系统函数。

根据 z 变换的序列卷积性质,式(3.37)的 z 变换为

$$Y(z) = H(z) X(z) \tag{3.39}$$

式中 $X(z)$、$Y(z)$ 和 $H(z)$ 分别表示输入 $x(n)$、输出 $y(n)$ 和单位采样响应 $h(n)$ 的 z 变换。

于是系统函数 $H(z)$ 可以表示为系统的输出序列 $y(n)$ 的 z 变换与输入序列 $x(n)$ 的 z 变换之比

$$H(z) = \frac{Y(z)}{X(z)} \tag{3.40}$$

与系统的频率响应函数 $H(e^{j\omega})$ 不同,$H(z)$ 对那些不是有界输入有界输出(BIBO)意义下的稳定系统也存在。

对于线性常系数差分方程式(2.52)描述的线性时不变系统,利用 z 变换的线性和移位性质可以方便地求得其系统函数。考虑一个线性时不变系统,其输入和输出序列满足式(2.52)定义的线性常系数差分方程,即

$$\sum_{k=0}^{N} b_k y(n-k) = \sum_{k=0}^{M} a_k x(n-k) \tag{3.41}$$

对式(3.41)两边取 z 变换,并利用线性和移位性质,得到

$$\sum_{k=0}^{N} b_k z^{-k} Y(z) = \sum_{k=0}^{M} a_k z^{-k} X(z) \tag{3.42}$$

于是可将系统函数进一步表示为

$$H(z) = \frac{Y(z)}{X(z)} = \frac{\sum_{k=0}^{M} a_k z^{-k}}{\sum_{k=0}^{N} b_k z^{-k}} \tag{3.43}$$

从式(3.43)可以看出,由于式(3.41)的两边是由序列的一组移位项线性组合而成,所以式(3.43)变成 z^{-1} 的多项式有理分式;有时将 b_0 归一化为 1,其余 b_k 为零,此时式(3.43)变成 z 的多项式。一个由线性常系数差分方程描述的系统,其系统函数是一个有理函数。在一般线性系统的分析中,有时将系统函数 $H(z)$ 又称为传递函数。

3.4.2 系统函数的频域分析

式(3.43)给出的系统函数 $H(z)$ 是两个多项式之比,也可用因式分解式把 $H(z)$ 表示为下列形式:

$$H(z) = A \frac{\prod_{k=1}^{M} (1 - c_k z^{-1})}{\prod_{k=1}^{N} (1 - d_k z^{-1})} \tag{3.44}$$

根据上式中的极-零点分布可以确定系统的因果性和稳定性。

式(3.44)分子中的每一个因式$(1-c_kz^{-1})$在$z=c_k$处提供一个零点和$z=0$处提供一个极点;同样,分母中每一个$(1-d_kz^{-1})$因式在$z=d_k$处提供一个极点和在$z=0$处提供一个零点。这样,两个因式之比使得部分零点和极点抵消。因此,系统函数是由极-零点在z平面上的分布和常数因子A所确定。

式(3.43)并未说明系统函数$H(z)$的收敛域,这和在2.4.5节讨论线性时不变系统的差分方程描述时,指出差分方程不能唯一地确定线性时不变系统的单位采样响应$h(n)$这一结论是一致的。因此,对于式(3.43)所表示的系统函数,收敛域可有多种选择,它们都能符合收敛域的条件,即收敛域是一个环状区域,由极点限定边界但不包含极点。不同的收敛域对应着不同的系统函数,即可以得出不同的单位采样响应,但它们却都满足同一系统的差分方程。若假设系统是稳定的,则应选择收敛域包含单位圆的环状区域;若假设系统是因果性的,则收敛域应选择在某个圆周之外(以原点为圆心)的区域,该圆经过$H(z)$的离原点最远的极点。若此时系统又是稳定的,则所有极点应分布在单位圆之内,并且收敛域包括单位圆。因此,当用z平面内的极-零点分布图描述分析系统函数时,需要说明各极点分布在单位圆内外的情况,以便能直观地判断系统的稳定性和因果性。同样地,从极-零点分布图了解系统的频率响应也离不开对单位圆内外极点和零点的分析。

在式(3.43)所表示的系统中,在$N=0$的特殊情况下,除了$z=0$外,系统无极点,并且系统的冲激响应$h(n)$是有限长的,表明是一个有限冲激响应(FIR)系统。当$N>0$时,系统具有极点,每一个极点为单位采样响应(即系统的冲激响应)提供一个指数序列型的响应分量,此时表明$h(n)$具有无限时宽,它是一个无限冲激响应(IIR)系统。

用极-零点分布图表示系统函数的一个优点是,它提供了一种清晰地观察系统频率响应的几何方法。为了确定系统函数在单位圆上的响应,只需将$z=e^{j\omega}$代入式(3.44),得到

$$H(e^{j\omega}) = A\frac{\prod\limits_{k=1}^{M}(1-c_k e^{-j\omega})}{\prod\limits_{k=1}^{N}(1-d_k e^{-j\omega})} \tag{3.45}$$

为了分析极-零点对系统频率响应的影响,我们首先分析单个极-零点对系统频率响应的影响,然后推广到多个极-零点的情况。取出式(3.44)中的一个因式比

$$\frac{1-c_kz^{-1}}{1-d_kz^{-1}} = \frac{z-c_k}{z-d_k}$$

用它在z平面上的极-零点分布(如图3.5所示),来解释其频率响应。该因式提供的极点和零点分别是$z=d_k$和$z=c_k$。极点和零点在z平面中的位置分别用D和C表示,则复数d_k和c_k可用几何矢量$\overrightarrow{OD}$和$\overrightarrow{OC}$表示,即

$$d_k = \overrightarrow{OD}, \quad c_k = \overrightarrow{OC}$$

从图3.5上可以分析系统频率响应的几何意义。若要求出系统在数字频率ω处的频率响应,在单位圆上取相角为ω的点A,其几何矢量表示为$\overrightarrow{OA}$,即

$$z = e^{j\omega} = \overrightarrow{OA}$$

把极点和零点都向A点连上矢量,显然,可以得到下列几何关系

$$e^{j\omega} - d_k = \overrightarrow{OA} - \overrightarrow{OD} = \overrightarrow{DA}$$

$$e^{j\omega} - c_k = \overrightarrow{OA} - \overrightarrow{OC} = \overrightarrow{CA}$$

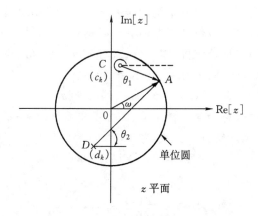

图 3.5　一阶系统的频率响应与极–零点分布的几何关系

矢量 $\overrightarrow{DA}$ 和 $\overrightarrow{CA}$ 分别代表单位圆上复数 $e^{j\omega}$ 的 A 点至极点 D 和零点 C 的矢量（简称为极矢量和零矢量），于是图 3.5 所示系统的频率响应为

$$\frac{1-c_k z^{-1}}{1-d_k z^{-1}}\bigg|_{z=e^{j\omega}} = \frac{e^{j\omega}-c_k}{e^{j\omega}-d_k} = \frac{\overrightarrow{CA}}{\overrightarrow{DA}} = \frac{\text{零矢量}}{\text{极矢量}}$$

当角频率 ω 变化时，点 A 沿单位圆运动，极矢量和零矢量随之发生幅度和幅角的变化。如果零点和极点靠近单位圆且间隔较大时，当点 A 移近零点 C 时，零矢量模 $|\overrightarrow{CA}|$ 减少，幅频响应出现局部极小值，即出现凹谷；当点 A 移近极点 D 时，极矢量模 $|\overrightarrow{DA}|$ 减少，幅频响应出现局部极大值，即出现凸峰。如果零点越靠近单位圆，则谷点的幅频响应的模越小，当零点出现在单位圆上时，对应的谷点为 0 值。如果极点越靠近单位圆，则凸峰的峰值将越尖锐，当点 D 出现在单位圆上时，对应的幅频响应模为无穷大，即系统出现不稳定状态。

上述的几何分析方法可以推广到式（3.45）的多个因式的乘积，即多个极点和零点对系统性能的影响。当 $M=N$ 时，$H(z)$ 的分子和分母多项式的阶数相同，系统的相对频率响应可表示为

$$\frac{H(e^{j\omega})}{A} = \frac{\text{各零矢量连乘积}}{\text{各极矢量连乘积}}$$

当 $M \neq N$ 时，式（3.44）可写成如下形式

$$\frac{H(z)}{Az^{-(M-N)}} = \frac{\prod\limits_{k=1}^{M}(z-c_k)}{\prod\limits_{k=1}^{N}(z-d_k)} \tag{3.46}$$

因子 $z^{-(M-N)}$ 的出现仅仅表明在 $z=0$ 处或者有 $M-N$ 阶极点（$M>N$ 时），或者具有 $N-M$ 阶零点（$M<N$ 时），这种极点和零点至单位圆的距离不变，不影响幅频特性 $|H(e^{j\omega})|$，因为此时 $z^{-(M-N)} = e^{-j(M-N)\omega}$，其模为 1，仅仅对相频特性 $\arg[H(e^{j\omega})]$ 产生线性相移 $-(M-N)\omega$，即仅仅在时域引入 $M-N$ 步延时（或超前）移位而已。

这样用零矢量和极矢量表示系统的相对频率响应 $H(e^{j\omega})/A$ 的公式为

$$\left.\left|\frac{H(e^{j\omega})}{A}\right|\right. = \text{各零矢量模的连乘积 / 各极矢量模的连乘积}$$
$$\arg[H(e^{j\omega})] = \text{各零矢量幅角之和 − 各极矢量幅角之和} -(M-N)\omega \tag{3.47}$$

根据式(3.47),可以通过几何方法求取系统的频率响应。由于靠近单位圆附近的零点位置影响幅频响应的凹谷位置和深度,单位圆附近的极点影响着凸峰(即谐振频率)的位置和高度,利用这种直观的几何方法,适当地控制极-零点分布,对于数字系统的设计是十分重要的。

例 3.12　考虑如下差分方程表征的一个因果系统

$$y(n) = by(n-1) + x(n)$$

求该系统的系统函数、单位采样响应和频率响应,并画出系统的极-零点图和频率响应。

解　对差分方程两边同时进行 z 变换,即

$$Y(z) = bz^{-1}Y(z) + X(z)$$

因此系统函数为

$$H(z) = \frac{Y(z)}{X(z)} = \frac{1}{1 - bz^{-1}}$$

由因果性假设可知收敛域为 $|z| > |b|$,那么对于稳定性的条件是 $|b| < 1$。由 $H(z)$ 的反变换得到系统的单位采样响应

$$h(n) = b^n u(n)$$

将 $z = e^{j\omega}$ 代入上面的系统函数,得到系统的频率响应

$$H(e^{j\omega}) = \frac{1}{(1 - b\cos\omega) + jb\sin\omega}$$

$$|H(e^{j\omega})| = \frac{1}{\sqrt{1 + b^2 - 2b\cos\omega}}$$

$$\arg[H(e^{j\omega})] = -\arctan\left(\frac{b\sin\omega}{1 - b\cos\omega}\right)$$

系统的一个极点在单位圆内,零点在原点,其极-零点图和频率响应如图 3.6 所示。

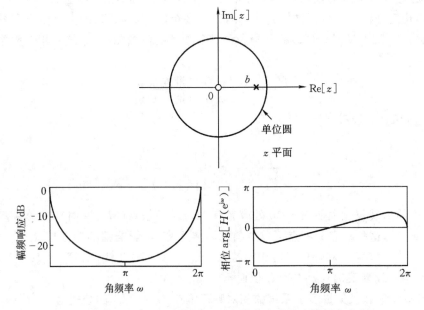

图 3.6　例 3.12 一阶系统的极-零点的分布和相应的频率响应

例 3.13　考虑某线性系统的单位采样响应是上例的一个有限截取段,即

$$h(n) = \begin{cases} b^n, & 0 \leqslant n \leqslant N-1 \\ 0, & \text{其他 } n \end{cases}$$

式中 $0 < b < 1$。求该系统的系统函数,并画出 $N=8$ 时系统的极-零点图和频率响应。

解　根据 z 变换的定义,系统函数为

$$H(z) = \sum_{n=0}^{N-1} b^n z^{-n} = \frac{1 - b^N z^{-N}}{1 - b z^{-1}}$$

上式经整理可写成

$$H(z) = \frac{z^N - b^N}{z^{N-1}(z-b)}$$

$H(z)$ 分子的零点出现在

$$z_k = b e^{j\frac{2\pi}{N}k}, \quad k = 0, 1, \cdots, N-1$$

式中假设 b 为正实数,在 $z=b$ 的极点被该位置的零点所抵消。图 3.7 示出了 $N=8$ 时系统的极-零点图和相应的频率响应。可以看到峰值出现在 $\omega=0$ 处(那里没有零点),还有它的幅频特性上带有 N 次起伏波纹,即每个零点附近对应着幅频特性的一个凹谷。

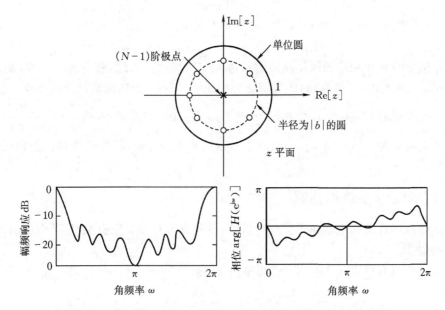

图 3.7　例 3.13 有限冲激响应系统的极-零点分布图和频率响应
(该系统的单位采样响应是将例 3.12 的单位采样响应截尾后得到的)

我们还可以用几何法直观地验证这些特性,当 $N \to \infty$ 时,纹波就趋于平滑。

3.5　单边 z 变换

前面讨论了双边 z 变换,这里讨论单边 z 变换。在 3.1 节中,虽然也讨论了右边序列和左边序列的 z 变换,但它们并不是严格意义上的单边 z 变换。单边 z 变换只计算序列 $x(n)$ 在正向区间($n \geqslant 0$)的值为系数的幂级数,而不管 $x(n)$ 在 $n < 0$ 时如何定义。单边 z 变换和双边 z 变换性质有相同之处,也有相异之处,请读者注意它们之间的区别和联系。

3.5.1　单边 z 变换的定义

一个序列 $x(n)$ 的单边 z 变换定义为

$$X_I(z) = \sum_{n=0}^{\infty} x(n) z^{-n} \tag{3.48}$$

显然,对于 $x(n)=0,n<0$,单边 z 变换与双边 z 变换是等效的。

如一个双边序列

$$x(n) = \begin{cases} a^n, & n \geqslant 0 \\ b^n, & n < 0 \end{cases}$$

和一个相应的因果序列

$$x_c(n) = \begin{cases} x(n) = a^n, & n \geqslant 0 \\ 0, & n < 0 \end{cases}$$

二者正向区间相同,因而也就有相同的单边 z 变换

$$X_I(z) = X_{Ic}(z) = \frac{1}{1-az^{-1}}, \quad |z| > a$$

另一方面,因果序列的单边 z 变换 $X_{Ic}(z)$ 和其本身的双边 z 变换相同,因此

$$X_I(z) = X_c(z), \quad |z| > |a|$$

上式说明单边 z 变换和相应的因果序列的双边 z 变换相同。因此,和 $X_c(z)$ 一样,$X_I(z)$ 的收敛域为包括 $z=\infty$ 在内,半径为 $|a|$ 的圆周之外的无穷平面,a 为离圆点最远的极点。

单边 z 变换也有相应的 z 反变换,但其解不是唯一的,如上例中 $X_I(z)=\frac{1}{1-az^{-1}},|z|>a$,其反变换既可以是 $x(n)=a^n,-\infty<n<\infty$,也可以是 $x_c(n)$,但这些序列在正向区间 $n\geqslant0$ 时必须相同。

3.5.2　单边 z 变换的性质

单边 z 变换的性质和定理除了移位性质外,其他都与双边 z 变换类似,下面说明单边 z 变换的移位性质。

先考虑一个具有单边 z 变换 $X_I(z)$ 的序列 $x(n)$,令 $y(n)=x(n-1)$,则

$$\mathscr{L}_I[y(n)] = \sum_{n=0}^{\infty} x(n-1) z^{-n} = x(-1) + \sum_{n=1}^{\infty} x(n-1) z^{-n}$$

将 $m=n-1$ 代入上式,有

$$Y_I(z) = x(-1) + \sum_{m=0}^{\infty} x(m) z^{-(m+1)}$$

于是

$$Y_I(z) = x(-1) + z^{-1} X_I(z)$$

对于序列

$$y(n) = x(n-2)$$

则有

$$Y_I(z) = x(-2) + x(-1)z^{-1} + z^{-2} X_I(z)$$

更一般地,若 $y(n)=x(n-n_0),n_0>0$,那么向右移位可表示为

$$\mathscr{Z}_{\mathrm{I}}\big[y(n)\big] = \mathscr{Z}_{\mathrm{I}}\big[x(n-n_0)\big] = z^{-n_0}\Big[X_{\mathrm{I}}(z) + \sum_{l=-n_0}^{-1} x(l)z^{-l}\Big]$$

$$= x(-n_0) + x(-n_0+1)z^{-1} + \cdots + x(-1)z^{-n_0+1} + z^{-n_0}X_{\mathrm{I}}(z) \tag{3.49}$$

利用单边 z 变换定义式(3.48)可以证明上式给出的单边 z 变换的移位性质。设序列 $x(n+n_0)$，且 n_0 为正整数时，表示 $x(n)$ 向左移位，若 $n < n_0$，$x(n) = 0$ 时，有

$$\mathscr{Z}_{\mathrm{I}}\big[x(n+n_0)\big] = z^{+n_0}X_{\mathrm{I}}(z) \tag{3.50}$$

比较式(3.49)和式(3.25)，可以看出，单边 z 变换和双边 z 变换的移位性质的差别在于，前者引入了在 $-n_0 \leqslant n < 0$ 区间内以 $x(n)$ 为系数的 n 阶多项式，这是因为经延时移位 n_0 后，原来在 $-n_0 \leqslant n < 0$ 区间的序列值都要移至正向区间，从而出现在幂级数的前 n_0 项中，因此单边 z 变换的移位与初值有关。而对于双边 z 变换，定义在整个 n 域上的序列值都要参与罗朗级数的运算，无初值可言。

对于物理可实现的离散线性时不变系统，其输入和输出都是因果的，因此，可以利用单边 z 变换的移位性质来解决在非零初始条件下由线性常系数差分方程描述的系统响应的问题。也就是说，从某个感兴趣的时刻开始，设定 $n=0$，研究 $n > 0$ 时的系统响应，而不考虑在 $n < 0$ 时系统如何受激励和响应，仅是由几个适当的初始条件值来体现系统在 $n < 0$ 的行为对于 $n \geqslant 0$ 以后的反效作用，这时必须采用单边 z 变换。反之，在无法提供初始状态(如噪声激励)或只需要了解稳态(滤波器设计)的场合，才使用双边 z 变换。这里需要指出的是，前面讨论的单位冲激响应与卷积和的概念仅适用于双边 z 变换，序列的卷积在单边 z 变换中无明确定义。

3.6 用单边 z 变换求解线性差分方程

2.4.5 节介绍了用递推法直接求解线性差分方程，下面讨论利用单边 z 变换和移位性质来求解具有非零初始条件的线性常系数差分方程。把差分方程变换成以 z 为变量的代数方程，使差分方程的求解得到简化。由 3.5 节的讨论可知，对由线性差分方程表征的因果系统，当给定适当的初始条件时，可以用单边 z 变换求解。

下面用一个例子来说明利用单边 z 变换在给定初始条件和给定 $n \geqslant 0$ 输入时求解差分方程的过程。

例 3.14 考虑一个系统由如下一阶差分方程描述

$$y(n) = x(n) + ay(n-1)$$

试求输入序列为 $x(n) = \mathrm{e}^{\mathrm{j}\omega n}u(n)$，$n \geqslant 0$，初始条件为 $n = -1$，$y(-1) = k$ 时，系统的输出 $y(n)$。

解 对差分方程两边取单边 z 变换，并利用线性移位性质有

$$Y_{\mathrm{I}}(z) = X_{\mathrm{I}}(z) + az^{-1}Y_{\mathrm{I}}(z) + ay(-1)$$

$$Y_{\mathrm{I}}(z) = \frac{X_{\mathrm{I}}(z) + ay(-1)}{1 - az^{-1}}$$

$x(n)$ 的单边 z 变换为

$$X_{\mathrm{I}}(z) = \frac{1}{1 - \mathrm{e}^{\mathrm{j}\omega}z^{-1}}, \quad |z| > 1$$

将上式代入 $Y_{\mathrm{I}}(z)$，并考虑初始条件 $y(-1) = k$，得到

$$Y_{\mathrm{I}}(z) = \frac{ak}{1 - az^{-1}} + \frac{1}{(1 - az^{-1})(1 - \mathrm{e}^{\mathrm{j}\omega}z^{-1})}, \quad |z| > \max\{|a|, 1\}$$

将上式右边的第二项展开为部分分式,上式改写为

$$Y_\mathrm{I}(z) = \frac{ak}{1-az^{-1}} + \frac{a/(a-\mathrm{e}^{\mathrm{j}\omega})}{1-az^{-1}} - \frac{\mathrm{e}^{\mathrm{j}\omega}/(a-\mathrm{e}^{\mathrm{j}\omega})}{1-\mathrm{e}^{\mathrm{j}\omega}z^{-1}}$$

上式右边每一项都对应着一个右边指数序列,因此上式的 z 反变换为

$$y(n) = \left[ka^{n+1} + \frac{a^{n+1}}{a-\mathrm{e}^{\mathrm{j}\omega}} - \frac{\mathrm{e}^{\mathrm{j}\omega(n+1)}}{a-\mathrm{e}^{\mathrm{j}\omega}} \right] u(n)$$

上式右边第一项对应着系统对初始状态的响应,即零输入解,第二项是系统对输入的暂态响应,当 $|a| < 1$ 时,这两项均作指数衰减,第三项表示系统对输入的稳态响应。

　　下面讨论如何用单边 z 变换求解高阶线性差分方程描述的因果系统。将 2.4.5 节的式(2.52)给出的高阶线性差分方程的一般形式重写如下:

$$\sum_{k=0}^{N} b_k y(n-k) = \sum_{k=0}^{M} a_k x(n-k) \tag{3.51}$$

对式(3.51)两边取单边 z 变换,并利用移位性质式(3.49)得

$$\sum_{k=0}^{N} b_k z^{-k} \left[Y_\mathrm{I}(z) + \sum_{m=-k}^{-1} y(m)z^{-m} \right] = \sum_{k=0}^{M} a_k z^{-k} \left[X_\mathrm{I}(z) + \sum_{m=-k}^{-1} x(m)z^{-m} \right] \tag{3.52}$$

由此得到

$$Y_\mathrm{I}(z) = \frac{\sum\limits_{k=0}^{M} a_k z^{-k} \left[X_\mathrm{I}(z) + \sum\limits_{m=-k}^{-1} x(m)z^{-m} \right]}{\sum\limits_{k=0}^{N} b_k z^{-k}} - \frac{\sum\limits_{k=0}^{N} b_k z^{-k} \sum\limits_{m=-k}^{-1} y(m)z^{-m}}{\sum\limits_{k=0}^{N} b_k z^{-k}} \tag{3.53}$$

定义式(3.53)中 $\sum\limits_{k=0}^{M} a^k z^{-k} \Big/ \sum\limits_{k=0}^{N} b^k z^{-k} = H(z)$,并代入上式,得到

$$Y_\mathrm{I}(z) = X_\mathrm{I}(z)H(z) + \frac{\sum\limits_{k=0}^{M} a_k z^{-k} \sum\limits_{m=-k}^{-1} x(m)z^{-m}}{\sum\limits_{k=0}^{N} b_k z^{-k}} - \frac{\sum\limits_{k=0}^{N} b_k z^{-k} \sum\limits_{m=-k}^{-1} y(m)z^{-m}}{\sum\limits_{k=0}^{N} b_k z^{-k}} \tag{3.54}$$

式(3.54)中的 $H(z)$ 仍然称为系统函数,它与 3.4.1 节所讨论的系统函数具有相同的形式。

　　如果式(3.51)中的输入为零,即 $x(n)=0$,则该方程的解与输出 $y(n)$ 的起始状态相关,称为系统的零输入解。这种情形下,式(3.53)中右边第一项为零,则可得到

$$Y_\mathrm{I}(z) = -\frac{\sum\limits_{k=0}^{N} b_k z^{-k} \sum\limits_{m=-k}^{-1} y(m)z^{-m}}{\sum\limits_{k=0}^{N} b_k z^{-k}}$$

对 $Y_\mathrm{I}(z)$ 进行单边 z 反变换,可以得到系统的零输入响应,即当输入为零($x(n)=0$)时的系统响应。

　　若输入序列 $x(n)$ 为因果序列,且系统处于静止初始状态,即 $y(n)=0,-k \leqslant n \leqslant -1$,则式(3.53)中右边第三项为零,同时考虑有 $x(n)=0,-k \leqslant n \leqslant -1$,因此式(3.54)可简化为

$$Y_\mathrm{I}(z) = H(z)X_\mathrm{I}(z) \tag{3.55}$$

或

$$Y_\mathrm{I}(z) = H(z)X(z) \tag{3.56}$$

于是,系统的输出序列为

$$y(n) = \mathscr{Z}^{-1}[H(z)X(z)]$$

这是单纯由输入序列引起的系统响应,称为系统的零状态响应,即当最初条件或初始状态为零时的响应。

式(3.54)表明,一个具有非零初始状态的线性常系数差分方程的解是由零输入响应和零状态响应组成。

由上述讨论可以看出,线性时不变系统的输出响应的单边 z 变换不仅与系统函数 $H(z)$ 有关,而且与输入和输出的起始状态相关,只有在初值为零,并且有因果性条件的约束,其单边 z 变换具有双边 z 变换相同的形式。

习　题

3.1　写出图 3.8 所示离散系统的差分方程,系统的初始条件 $y(n)=0, n<0$,求输入为 $x(n)=u(n)$ 时的输出序列 $y(n)$,并画图。

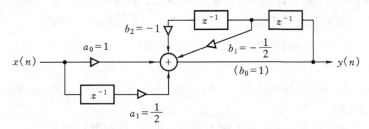

图 3.8　习题 3.1 图

3.2　试求下列序列的 z 变换及其收敛域。

(1) $\left(\dfrac{1}{2}\right)^{n} u(n)$　　　(2) $\left(-\dfrac{1}{2}\right)^{n} u(-n-1)$　　　(3) $\left(\dfrac{1}{2}\right)^{n} u(-n)$

(4) $\delta(n-1)$　　　(5) $\delta(n+1)$　　　(6) $\left(\dfrac{1}{2}\right)^{n}[u(n)-u(n-7)]$

(7) $\sin(\omega_0 n) u(n)$　　　(8) $\cos(\omega_0 n) u(n)$　　　(9) $e^{j\omega_0 n} u(n)$

3.3　试求下列序列的 z 变换,并用图示出收敛域及极-零点分布。

(1) $x(n)=a^{|n|}$, $0<a<1$　　　　　(2) $x(n)=Ar^n \cos(\omega_0 n+\phi) u(n)$, $0<r<1$

(3) $x(n)=a^n u(n)+b^n u(-n-1)$　　　(4) $x(n)=u(n)-u(n-N)$

3.4　已知 $a^n u(n)$ 的 z 变换是

$$X(z) = \frac{1}{1-az^{-1}}, \quad |z|>a$$

试求:

(1) $n^2 a^n u(n)$ 的 z 变换及其收敛域;

(2) $a^{-n} u(-n)$ 的 z 变换及其收敛域。

3.5　求下式的 z 反变换。

$$X(z) = e^z + e^{1/z}, \quad 0<z<\infty$$

3.6　写出 z 变换

$$X(z) = \frac{3}{1-\dfrac{1}{2}z^{-1}} + \frac{3}{1-2z^{-1}}$$

对应的各种可能的序列表达式。

3.7　画出 $X(z)=\dfrac{-3z^{-1}}{2-5z^{-1}+2z^{-2}}$ 的极-零点图,并求出下列各个收敛域所对应的序列,判断各个序列的类型。三个收敛域分别是

(1) $|z|>2$　　　　(2) $|z|<0.5$　　　　(3) $0.5<|z|<2$

3.8　(1)求出下列序列的 z 变换 $X(z)$,并给出每个 z 变换的收敛域:

(a) $x(x)=\left[\left(\dfrac{1}{2}\right)^{n}+\left(\dfrac{3}{4}\right)^{n}\right]u(n-10)$

(b) $x(n)=\begin{cases}1, & -10\leqslant n\leqslant10 \\ 0, & 其他\ n\end{cases}$

(c) $x(n)=2^{n}u(-n)$

(2)上述序列中哪些傅里叶变换收敛?

3.9　令 $x(n)$ 是一个因果序列,即 $x(n)=0,n<0$,且 $x(0)\neq0$。

(1) 证明 $X(z)$ 没有极点或零点在 $z=\infty$ 处,即 $\lim\limits_{z\to\infty}X(z)$ 非零且有限;

(2) 证明在 z 平面极点数等于零点数(此时 z 平面不包括 $z=\infty$)。

3.10　考虑序列 $x(n)$ 的 z 变换,其极-零点图如 3.9 所示。

(1) 若已知 $x(n)$ 的离散时间傅里叶变换存在,确定 $X(z)$ 的收敛域,并确定其对应序列是右边、左边或双边序列。

(2) 有多少可能的双边序列都有如图 3.9 所示的极-零点图?

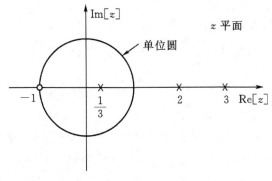

图 3.9　习题 3.10 图

3.11　求具有如下 z 变换的序列:
$$X(z)=(1+2z)(1+3z^{-1})(1-z^{-1})$$

3.12　用二种方法(部分分式展开法、幂级数展开法)求以下 z 反变换。

(1) $X(z)=\dfrac{1}{1+0.5z^{-1}}$,　　　$|z|>0.5$

(2) $X(z)=\dfrac{1}{1+0.5z^{-2}}$,　　　$|z|<0.5$

(3) $X(z)=\dfrac{1-az^{-1}}{z^{-1}-a}$,　　　$|z|>|a^{-1}|$

3.13　确定下列函数的收敛域,并给出函数的 z 反变换,说明是否为因果性序列,并给出所求各序列的初值 $x(0)$ 和终值 $x(\infty)$。

(1) $X(z) = \dfrac{1}{1 - \dfrac{2}{3}z^{-1} - \dfrac{13}{36}z^{-2}}$　　　　(2) $X(z) = \dfrac{z^{-1}}{1 - 1.5z^{-1} + 0.5z^{-2}}$

(3) $X(z) = \dfrac{1 + z^{-1} + z^{-2}}{(1 - z^{-1})(1 - 2z^{-1})}$　　　(4) $X(z) = \dfrac{1 + 2z^{-1}}{1 - 0.7z^{-1} - 0.3z^{-2}}$

3.14　已知 $x(n)$ 和 $y(n)$ 的 z 变换

$$X(z) = \frac{0.99}{(1 - 0.1z^{-1})(1 - 0.1z)}, \quad 0.1 < |z| < 10$$

$$Y(z) = \frac{1}{1 - 10z}, \quad |z| > 0.1$$

分别用直接法和复卷积公式求 $\mathscr{Z}[x(n)y(n)]$。

3.15　设 $h(n) = a^n u(n), x(n) = u(n) - u(n - N)$。

(1) 利用直接法求时域卷积和 $x(n) * h(n)$;

(2) 利用 z 变换求 $x(n) * h(n)$。

3.16　设一序列 $x(n)$ 的 z 变换为 $X(z) = P(z)/Q(z)$;其中 $P(z)$ 和 $Q(z)$ 都是 z 的多项式,如果序列 $x(n)$ 是绝对可加的,且 $Q(z)$ 的全部根都在单位圆内,该序列一定是因果的吗?如果是,请给出解释。

3.17　考虑一个右边序列有如下 z 变换:

$$X(z) = \frac{1}{(1 - az^{-1})(1 - bz^{-1})} = \frac{z^2}{(z - a)(z - b)}$$

现在请把 $X(z)$ 分别当作 z^{-1} 和 z 的多项式之比,进行部分分式展开,再从展开式中求出 $x(n)$。

3.18　求下列各式的 z 反变换。

(1) 长除法:

$$X(z) = \frac{1 - \dfrac{1}{3}z^{-1}}{1 + \dfrac{1}{3}z^{-1}}, \quad x(n) \text{ 为右边序列}$$

(2) 部分分式法:

$$X(z) = \frac{3}{z - \dfrac{1}{4} - \dfrac{1}{8}z^{-1}}, \quad x(n) \text{ 为稳定序列}$$

(3) 幂级数法:

$$X(z) = \ln(1 - 4z), \quad |z| < \frac{1}{4}$$

3.19　求下列 $X(z)$ 的反变换(可用任意一种方法)

(1) $X(z) = \dfrac{1}{\left(1 + \dfrac{1}{2}z^{-1}\right)^2 (1 - 2z^{-1})(1 - 3z^{-1})}$,　稳定序列

(2) $X(z) = e^{z^{-1}}$

(3) $X(z) = \dfrac{z^3 - 2z}{z - 2}$,　左边序列

3.20　用幂级数展开法求解 $X(z) = e^z + e^{1/z} (z \neq 0)$ 的 z 反变换。

3.21 求

$$X(z) = \lg\left[2\left(\frac{1}{2} - z\right)\right], \quad |z| < \frac{1}{2}$$

的 z 反变换。

(1) 用幂级数

$$\lg(1-x) = -\sum_{i=1}^{\infty} \frac{x^i}{i} \quad |x| < 1$$

(2) 先将 $X(z)$ 微分,然后用它来恢复 $x(n)$。

3.22 对下列序列求 z 变换和收敛域,并画出极-零点图。

(1) $x(n) = a^n u(n) + b^n u(n) + c^n u(-n-1), \quad |a| < |b| < |c|$

(2) $x(n) = n^2 a^n u(n)$

(3) $x(n) = e^{n^4}\left(\cos\frac{\pi}{12}n\right)u(n) - e^{n^4}\left(\cos\frac{\pi}{12}n\right)u(n-1)$

3.23 图 3.10 已给出因果序列 $x(n)$ 的 z 变换的极-零点图,这里有 $y(n) = x(-n+3)$,请给出 $Y(z)$ 的极-零点图,并给出 $Y(z)$ 的收敛域。

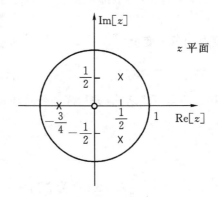

图 3.10 习题 3.23 图

3.24 图 3.11 是对应于序列 $x(n)$ 的 z 变换的极-零点图,画出以下序列所对应的 $Y(z)$ 和 $W(z)$ 极-零点图。

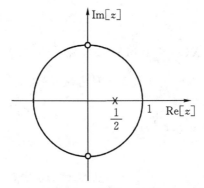

图 3.11 习题 3.24 图

(1) $y(n) = \left(\dfrac{1}{2}\right)^n x(n)$

(2) $w(n) = \cos\left(\dfrac{\pi n}{2}\right) x(n)$

3.25　设一个稳定序列 $x(n)$ 的 z 变换为

$$X(z) = \frac{z^{10}}{\left(z - \dfrac{1}{2}\right)\left(z - \dfrac{3}{2}\right)^{10}\left(z + \dfrac{3}{2}\right)^2\left(z + \dfrac{5}{2}\right)\left(z + \dfrac{7}{2}\right)}$$

(1) 求 $X(z)$ 的收敛域；

(2) 利用围线积分求 $n = -8$ 时的 $x(n)$。

3.26　序列 $x(n)$ 的 z 变换为

$$X(z) = \frac{z^{20}}{\left(z - \dfrac{1}{2}\right)\left(z + \dfrac{5}{2}\right)^2\left(z + \dfrac{7}{2}\right)\left(z - \dfrac{9}{2}\right)}$$

(1) 设 $x(n)$ 是一个稳定序列，求 $n = -18$ 的 $x(n)$；

(2) 设 $x(n)$ 是一个左边序列，利用围线积分求 $n = -18$ 的 $x(n)$。

3.27　求一离散线性时不变系统的单位阶跃响应，其单位采样响应的 z 变换是

$$H(z) = \frac{1 - z^3}{1 - z^4}$$

3.28　若一个离散线性时不变系统的输入是 $x(n) = u(n)$，其输出 $y(n)$ 是

$$y(n) = \left(\frac{1}{2}\right)^{n-1} u(n+1)$$

(1) 求该系统单位采样响应的 z 变换 $H(z)$，并画出它的极-零点图；

(2) 求系统的单位采样响应 $h(n)$；

(3) 该系统是稳定的吗？

(4) 该系统是因果的吗？

3.29　一个因果的离散线性时不变系统的输入序列是

$$x(n) = u(-n-1) + \left(\frac{1}{2}\right)^n u(n)$$

该系统输出序列 $y(n)$ 的 z 变换是

$$Y(z) = \frac{-\dfrac{1}{2}z^{-3}}{\left(1 - \dfrac{1}{2}z^{-1}\right)(1 + z^{-1})}$$

(1) 求该系统单位采样响应的 z 变换 $H(z)$，并给出收敛域；

(2) 确定 $Y(z)$ 的收敛域；

(3) 求输出序列 $y(n)$。

3.30　一个因果的离散线性时不变系统的系统函数是

$$H(z) = \frac{1 - z^{-1}}{1 + \dfrac{3}{4}z^{-1}}$$

该系统的输入序列是

$$x(n) = \left(\frac{1}{2}\right)^n u(n) + u(-n-1)$$

(1) 求对全部 n 的系统的单位采样响应；

(2) 求对全部 n 的输出序列 $y(n)$；

(3) 该系统是稳定的吗？即 $h(n)$ 是绝对可加的吗？

3.31　一个因果的离散线性时不变系统的单位采样响应 $h(n)$ 的 z 变换是

$$H(z) = \frac{1 + z^{-1}}{\left(1 - \frac{1}{2}z^{-1}\right)\left(1 + \frac{1}{4}z^{-1}\right)}$$

(1) 给出 $H(z)$ 的收敛域；

(2) 说明系统是否稳定的并解释；

(3) 当系统的输入为 $x(n)$，产生的输出为

$$y(n) = -\frac{1}{3}\left(-\frac{1}{4}\right)^n u(n) - \frac{4}{3}(2)^n u(-n-1)$$

求 $x(n)$ 的 z 变换 $X(z)$；

(4) 给出系统单位采样响应 $h(n)$。

3.32　利用 z 变换定义证明：如果 $x(n)$ 的 z 变换是 $X(z)$，那么

(1) $\mathscr{Z}[x^*(n)] = X^*(z^*)$

(2) $\mathscr{Z}[x(-n)] = X(1/z)$

(3) $\mathscr{Z}[\mathrm{Re}\{x(n)\}] = \frac{1}{2}[X(z) + X^*(z^*)]$

(4) $\mathscr{Z}[\mathrm{Im}\{x(n)\}] = \frac{1}{2\mathrm{j}}[X(z) - X^*(z^*)]$

3.33　一个实序列 $x(n)$ 的 z 变换的全部极-零点都在单位圆内。请利用 $x(n)$ 求另一个实序列 $x_1(n)$，$x_1(n)$ 不等于 $x(n)$，但有 $x_1(0) = x(0)$，$|x_1(n)| = |x(n)|$，并且 $x_1(n)$ 的 z 变换的全部极-零点也在单位圆内。

3.34　一个稳定的线性时不变系统的单位采样响应的 z 变换是

$$H(z) = \frac{z^{-1} + z^{-2}}{\left(1 - \frac{1}{2}z^{-1}\right)\left(1 + \frac{1}{3}\right)z^{-1}}$$

其系统的输入为 $x(n) = 2u(n)$，求 $n = 1$ 时系统的输出 $y(n)$。

3.35　一个离散线性时不变系统，其单位采样响应为 $h(n)$，输入 $x(n)$ 如下：

$$h(n) = \begin{cases} a^n, & n \geqslant 0 \\ 0, & n < 0 \end{cases}$$

$$x(n) = \begin{cases} 1, & 0 \leqslant n \leqslant (N-1) \\ 0, & \text{其他 } n \end{cases}$$

(1) 用 $x(n)$ 和 $h(n)$ 的离散卷积求输出 $y(n)$；

(2) 用输入和单位采样响应 z 变换乘积的 z 反变换求输出 $y(n)$。

3.36　一个稳定的离散线性时不变系统，其单位采样响应的 z 变换 $H(z)$ 为

$$H(z) = \frac{3 - 7z^{-1} + 5z^{-2}}{1 - \frac{5}{2}z^{-1} + z^{-2}}$$

其输入 $x(n)$ 为单位阶跃序列。

(1) 由 $x(n)$ 与 $h(n)$ 的离散卷积求输出 $y(n)$；

(2) 用 $Y(z)$ 的 z 反变换求输出 $y(n)$。

3.37　求下列各序列的单边 z 变换 $X(z)$：

(1) $\delta(n)$ 　　　　　　　　　　(2) $\delta(n-1)$

(3) $\delta(n+1)$ 　　　　　　　　　(4) $\left(\dfrac{1}{2}\right)^n u(n)$

(5) $-\left(\dfrac{1}{2}\right)^n u(-n-1)$ 　　　　(6) $\left(\dfrac{1}{2}\right)^n u(-n)$

(7) $\left[\left(\dfrac{1}{2}\right)^n+\left(\dfrac{1}{4}\right)^n\right]u(n)$ 　　　(8) $\left(\dfrac{1}{2}\right)^{n-1} u(n-1)$

3.38　如果 $X_I(z)$ 是 $x(n)$ 的单边 z 变换，利用 $X_I(z)$ 求下列序列的单边 z 变换：

(1) $x(n+1)$ 　　(2) $x(n-2)$ 　　(3) $\displaystyle\sum_{k=-\infty}^{n} x(k)$

3.39　下列差分方程已有确定的输入和初始条件，用单边 z 变换求响应 $y(n)$：

(1) $y(n)+3y(n-1)=x(n)$

输入：$x(n)=\left(\dfrac{1}{2}\right)^n u(n)$

初始条件：$y(-1)=1$

(2) $y(n)-\dfrac{1}{2}y(n-1)=x(n)-x(n-1)$

输入：$x(n)=u(n)$

初始条件：$y(-1)=0$

(3) $y(n)-\dfrac{1}{2}y(n-1)=x(n)-x(n-1)$

输入：$x(n)=u(n)$

初始条件：$y(-1)=1$

3.40　一个具有下列系统函数的线性时不变因果系统

$$H(z)=\frac{1-b^{-1}z^{-1}}{1-bz^{-1}}$$

式中 b 为实数。

(1) 给出系统的差分方程；

(2) 式中 b 值在哪个范围内，系统是稳定的？

(3) 给出 $b=\dfrac{1}{2}$ 时的极-零点分布图，并确定收敛域；

(4) 求系统的单位采样响应 $h(n)$；

(5) 证明该系统为一个全通系统（全通系统指系统的频率响应幅度为一常数），同时给出该常数值。

3.41　一个如图 3.12 所示的离散时间线性时不变系统，该系统由两个线性时不变系统级联，第一个系统的频率响应为

$$H_1(\mathrm{e}^{\mathrm{j}\omega})=\begin{cases}1,& |\omega|<0.5\pi\\0,& 0.5\pi\leqslant|\omega|<\pi\end{cases}$$

第二个系统可由差分方程描述

$$y(n) = x_1(n) - x_1(n-1)$$

这个系统的输入 $x(n) = \sin(0.65\pi n) + 2\delta(n-3) + 5$。求系统的输出 $y(n)$。

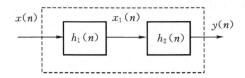

图 3.12　习题 3.41 图

3.42　系统由下列差分方程描述

$$y(n) = x(n) + 2r\cos\theta y(n-1) - r^2 y(n-2)$$

应用 MATLAB 编程:

(1) 求出系统函数 $H(z) = Y(z)/X(z)$,画出 $H(z)$ 的极-零点分布图;

(2) 确定其收敛域及单位采样响应序列 $h(n)$;

(3) 求系统对输入激励 $x(n) = a^n u(n)$ 的输出响应 $y(n)$。

3.43　令图 3.8 中的 $a_1 = 2\cos(2\pi/N)$,$b_1 = -\cos(2\pi/N)$,求系统函数 $H(z)$ 的极-零点分布图、单位采样响应序列 $h(n)$。

3.44　已知一个线性时不变因果系统,用下列差分方程描述:

$$y(n) = y(n-1) + x(n-1)$$

用 MATLAB 编程:

(1) 求出系统函数 $H(z)$,画出 $H(z)$ 的极-零点分布图并指出其收敛域;

(2) 求系统的单位采样响应 $h(n)$,并简要分析系统的稳定性。

3.45　某稳定系统的系统函数为

$$H(z) = \frac{1.5 - 3.5z^{-1} + 2.5z^{-2}}{0.5 - 1.25z^{-1} + 0.5z^{-2}}$$

用 MATLAB 编程:

(1) 求系统的单位阶跃响应 $y(n)$,并给出图示;

(2) 求系统的单位采样响应 $h(n)$;

(3) 画出该系统的幅频响应和相频响应图;

(4) 画出系统的极-零点分布图。

3.46　利用 MATLAB 语言编写程序实现一线性时不变系统

$$h(n) = \left(\frac{j}{2}\right)^n u(n), \quad 0 \leqslant n \leqslant 999$$

求系统对输入 $x(n) = \sin(\frac{\pi}{2}n)u(n)$ 的稳态响应的值。

3.47　考虑一个线性时不变系统,其系统函数 $H(z)$ 是

$$H(z) = \frac{z^{-2}}{\left(1 - \frac{1}{2}z^{-1}\right)(1 - 3z^{-1})}$$

(1) 假设系统是稳定的,求当输入 $x(n)$ 是阶跃序列时的输出 $y(n)$;

（2）假设 $H(z)$ 的收敛域包括 $z=\infty$，当 $x(n)$ 如图 3.13 所示，求 $n=2$ 时的 $y(n)$；

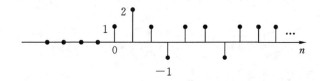

图 3.13 习题 3.47 图

（3）如果用一个单位采样响应为 $h_i(n)$ 的线性时不变系统再从 $y(n)$ 中恢复出 $x(n)$，问 $h_i(n)$ 与 $H(z)$ 的收敛域有关吗？

3.48 图 3.14 给出了一线性时不变系统 $H(z)$ 的极-零点分布图，说明下列是否成立，或者由已给出的信息无法确定。

（1）系统是稳定的；

（2）系统是因果的；

（3）如果系统是因果的，那么一定是稳定的；

（4）如果系统是稳定的，那么一定有一个双边的单位采样响应。

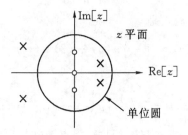

图 3.14 习题 3.48 图

3.49 设序列 $x(n)$ 是一线性时不变系统在输入为 $s(n)$ 时的输出，该系统由差分方程 $x(n)=s(n)-e^{8a}s(n-8)$ 描述，这里 $0<a$。

（1）求系统函数

$$H_1(z) = \frac{X(z)}{S(z)}$$

并画出它的极-零点图，指出它的收敛域；

（2）希望用一个线性时不变系统从 $x(n)$ 中恢复出 $s(n)$，求系统函数

$$H_2(z) = \frac{Y(z)}{X(z)}$$

以使得 $y(n)=s(n)$，找出 $H_2(z)$ 全部可能的收敛域，并对每一种收敛域，说明该系统是否是因果的稳定的；

（3）求所有可能的单位采样响应 $h_2(n)$，而有 $y(n)=h_2(n)*x(n)=s(n)$；

（4）对上面（3）中所确定的全部 $h_2(n)$，当 $s(n)=\delta(n)$，$y(n)=\delta(n)$ 时，通过直接计算 $y(n)$ 的卷积给予讨论。

（注意：本题给出的离散线性时不变系统的差分方程是一种多径通信信道的简单模型，由

(2)和(3)所确定的系统就相应于补偿系统以校正多径失真。)

3.50　考虑一个输入为 $x(n)$,输出为 $y(n)$ 的稳定的线性时不变系统,其输入 $x(n)$ 和输出 $y(n)$ 满足差分方程

$$y(n-1) - \frac{10}{3}y(n) + y(n+1) = x(n)$$

(1) 画出在 z 平面的极-零点图;

(2) 求冲激响应 $h(n)$。

3.51　考虑一个离散线性时不变系统,其输入 $x(n)$ 和输出 $y(n)$ 满足二阶差分方程

$$y(n-1) + \frac{1}{3}y(n-2) = x(n)$$

请从以下序列中选出两种该系统可能的单位采样冲激响应:

(1) $\left(-\frac{1}{3}\right)^{n+1}u(n+1)$ (2) $3^{n+1}u(n+1)$

(3) $3(-3)^{n+2}u(-n-2)$ (4) $\frac{1}{3}\left(-\frac{1}{3}\right)^{n}u(-n-2)$

(5) $\left(-\frac{1}{3}\right)^{n+1}u(-n-2)$ (6) $\left(\frac{1}{3}\right)^{n+1}u(n+1)$

(7) $(-3)^{n+1}u(n)$ (8) $n^{1/3}u(n)$

3.52　当线性不变系统的输入是

$$x(n) = \left(\frac{1}{2}\right)^{n}u(n) + (2)^{n}u(-n-1)$$

时,其输出是

$$y(n) = 6\left(\frac{1}{2}\right)^{n}u(n) - 6\left(\frac{3}{4}\right)^{n}u(n)$$

(1) 求该系统的系统函数,画了 $H(z)$ 的极-零点图并指出收敛域;

(2) 求对所有 n 的系统冲激响应 $h(n)$;

(3) 写出表征该系统的差分方程;

(4) 说明该系统是否具有稳定性和因果性。

第4章 离散傅里叶变换

前面两章分别讨论了利用离散时间傅里叶变换和 z 变换来表示离散序列和线性时不变系统的方法,这种将时域信号与系统变换到频域的分析方法能够更清楚地描述其信号或系统的特性。但离散时间傅里叶变换和 z 变换是频域连续变量(ω 或 z)的函数,需要在无限频率点上求无限和,这在实际应用中无法直接实现。因此,类似于时域中对连续信号进行采样,在频域内对离散时间傅里叶变换(或在单位圆上的 z 变换)进行采样,使其频谱离散化,这样就可以在频域内实现数值计算,也可以用离散的频谱恢复出有限长序列 $x(n)$。这就是本章讨论的有限长序列的另一种傅里叶表示:离散傅里叶变换(discrete Fourier transform,DFT)。由于存在着各种高效快速计算 DFT 的算法,使得 DFT 不仅具有重要的理论意义,而且在各种数字信号处理的算法中扮演着核心作用。

为了更好地理解 DFT 的概念,本章以周期序列和有限长序列的关系为基础,首先讨论周期序列的离散傅里叶级数(discrete Fourier series,DFS)表示;然后通过构造一个每个周期都与有限长序列相等的周期序列,将周期序列的傅里叶级数表示用于有限长序列的傅里叶表示。我们将会看到,周期序列的 DFS 表示相当于有限长序列的 DFT。

4.1 离散傅里叶级数

4.1.1 周期序列的傅里叶表示:离散傅里叶级数

2.1.2 节的式(2.15b)给出了周期序列 $\tilde{x}(n)$ 的定义,现重写如下:

$$\tilde{x}(n) = \tilde{x}(n+rN) \tag{4.1}$$

式中 r 为任意整数,N 为正整数,表示该序列的一个周期的长度。由于周期序列随 N 在 $(-\infty, \infty)$ 区间周而复始地变化,因而在整个 z 平面的任何地方都找不到一个衰减因子 $|z|$ 使周期序列绝对可加,即不满足下式(参见 2.1.3 节)

$$\sum_{n=-\infty}^{\infty} |\tilde{x}(n)| |z|^{-n} < \infty$$

因此,周期序列不能进行 z 变换。但是,正如可以用傅里叶级数(FS)表示连续时间周期信号那样,可用离散傅里叶级数(DFS)表示离散时间周期信号,该级数相当于成谐波关系的复指数序列之和,也就是说,复指数序列的频率是与周期序列 $\tilde{x}(n)$ 有关的基频($2\pi/N$)的整数倍,这些复指数的形式为

$$e_k(n) = e^{j(2\pi/N)kn} = e_k(n+rN)$$

对于连续时间周期信号的傅里叶级数表示,通常需要无穷多个成谐波关系的复指数,而对于任何周期为 N 的序列,只需要 N 个成谐波关系的复指数,这是因为构成谐波关系的复指数

序列 $e_k(n)$ 对于相差为 N 的 k 值均是相同的,即 $e_0(n)=e_N(n),e_1(n)=e_{N+1}(n)$。或者说,周期为 N 的复指数序列中存在以下关系

$$e_{k+rN}(n) = e^{j(\frac{2\pi}{N})(k+rN)n} = e^{j(\frac{2\pi}{N})kn} = e_k(n) \tag{4.2}$$

式中 k 为谐波次数,$\frac{2\pi}{N}$ 为基波频率,r 为任意整数。因此,式(4.2)中 $k=0,1,2,\cdots,N-1$ 的一组 N 个复指数构成的线性组合定义了频率为 $2\pi/N$ 的整数倍的所有周期复指数。由于式(4.2)复指数序列中只有 N 个复指数是独立的,这样我们只需取从 $k=0$ 到 $(N-1)$ 的 N 个独立谐波分量来构成周期序列的离散傅里叶级数(DFS),即

$$\tilde{x}(n) = \frac{1}{N}\sum_{k=0}^{N-1}\tilde{X}(k)e^{j\frac{2\pi}{N}kn}, \quad -\infty < n < \infty \tag{4.3}$$

式中系数 $1/N$ 是习惯上已经采用的常数[①],$\tilde{X}(k)$ 是 k 次谐波的系数。

下面讨论如何从周期序列 $\tilde{x}(n)$ 导出离散傅里叶级数(DFS)的系数序列 $\tilde{X}(k)$。这里需要利用复指数的正交性。将式(4.3)两端都乘以 $e^{-j(2\pi/N)rn}$,并在 $0 \leqslant n \leqslant N-1$ 的一个周期内求和,得到

$$\sum_{n=0}^{N-1}\tilde{x}(n)e^{-j(2\pi/N)rn} = \sum_{n=0}^{N-1}\frac{1}{N}\sum_{k=0}^{N-1}\tilde{X}(k)e^{j(2\pi/N)(k-r)n} \tag{4.4}$$

交换式(4.4)等式右边求和的顺序,于是有

$$\sum_{n=0}^{N-1}\tilde{x}(n)e^{-j(2\pi/N)rn} = \sum_{k=0}^{N-1}\tilde{X}(k)\left[\frac{1}{N}\sum_{n=0}^{N-1}e^{j(2\pi/N)(k-r)n}\right] \tag{4.5}$$

利用复指数的正交性

$$\frac{1}{N}\sum_{n=0}^{N-1}e^{j(2\pi/N)(k-r)n} = \begin{cases} 1, & k-r=mN, m \text{ 为任意整数} \\ 0, & \text{其他} \end{cases} \tag{4.6}$$

将上式代入式(4.5)括号内的求和运算,可得出

$$\sum_{n=0}^{N-1}\tilde{x}(n)e^{-j(2\pi/N)rn} = \tilde{X}(r) \tag{4.7}$$

利用上式就可以由 $\tilde{x}(n)$ 求出式(4.3)中的傅里叶级数系数 $\tilde{X}(k)$

$$\tilde{X}(k) = \sum_{n=0}^{N-1}\tilde{x}(n)e^{-j\frac{2\pi}{N}kn} \tag{4.8}$$

值得注意的是 $\tilde{X}(k)$ 本身就是一个周期为 N 的周期序列,即 $\tilde{X}(0)=\tilde{X}(N),\tilde{X}(1)=\tilde{X}(N+1)$,$\cdots$,对于任意整数 k,有 $\tilde{X}(k)=\tilde{X}(N+k)$。可以把系数 $\tilde{X}(k)$ 看作是一个有限长序列,它对应着从 $k=0$ 到 $N-1$ 的 N 次谐波系数,其值由式(4.8)给出,k 为其他数时,其值为零;也可以把它看作是一个对于所有 k 均由式(4.8)定义的以 N 为周期的周期序列 $\tilde{X}(k)$。这两种解释都是合理的,因为在式(4.3)中,我们只用到 $0 \leqslant k \leqslant N-1$ 的 $\tilde{X}(k)$ 值,而把系数 $\tilde{X}(k)$ 当作一个周期序列,更能清楚表明,对于周期序列的离散傅里叶级数表示,在时域和频域之间存在着对偶性。式(4.3)和式(4.8)构成了一个周期序列的离散傅里叶级数(DFS)变换对。

习惯上使用下列符号表示复指数

$$W_N = e^{-j\frac{2\pi}{N}}, \quad W_N^{kn} = e^{-j\frac{2\pi}{N}kn} \tag{4.9}$$

---

① 在式(4.3)中使用了常数 $1/N$,它也可以放在 $\tilde{X}(k)$ 的定义式中。

并用符号 DFS[·]表示离散傅里叶级数的正变换，IDFS[·]表示离散傅里叶级数的反变换。
这样式(4.8)和式(4.3)又可表示为

$$\widetilde{X}(k) = \mathrm{DFS}[\widetilde{x}(n)] = \sum_{n=0}^{N-1} \widetilde{x}(n) \mathrm{e}^{-\mathrm{j}\frac{2\pi}{N}kn} = \sum_{n=0}^{N-1} \widetilde{x}(n) W_N^{kn} \tag{4.10}$$

$$\widetilde{x}(n) = \mathrm{IDFS}[\widetilde{X}(k)] = \frac{1}{N} \sum_{k=0}^{N-1} \widetilde{X}(k) \mathrm{e}^{\mathrm{j}\frac{2\pi}{N}kn} = \frac{1}{N} \sum_{k=0}^{N-1} \widetilde{X}(k) W_N^{-kn} \tag{4.11}$$

式(4.10)和式(4.11)中的两个表达式都只取 N 点求和，这一事实说明：一个周期序列虽然是
无限长序列，但只要研究一个周期的性质，其他周期的性质也就知道了。因此，周期序列与所
要讨论的有限长序列有着本质的联系。下面用一个例子说明式(4.10)和式(4.11)的使用。

例 4.1　设 $\widetilde{x}(n)$ 为周期采样序列

$$\widetilde{x}(n) = \sum_{r=-\infty}^{\infty} \delta(n+rN)$$

给出序列 $\widetilde{x}(n)$ 的傅里叶级数表示。

解　对 $0 \leqslant n \leqslant N-1$，有 $\widetilde{x}(n)=\delta(n)$，故利用式(4.10)求出 $\widetilde{x}(n)$ 的 DFS 系数为

$$\widetilde{X}(k) = \sum_{n=0}^{N-1} \delta(n) W_N^{kn} = W_N^0 = 1$$

此时，对所有 k 值的 $\widetilde{X}(k)$ 均相同，将上式代入式(4.11)，可以得到

$$\widetilde{x}(n) = \sum_{r=-\infty}^{\infty} \delta(n+rN) = \frac{1}{N} \sum_{k=0}^{N-1} W_N^{-kn}$$
$$= \frac{1}{N} \sum_{k=0}^{N-1} \mathrm{e}^{\mathrm{j}(2\pi/N)kn}$$

上式就是式(4.6)所给出的正交性关系，只是形式上不同。

上例利用对复指数的求和给出了对周期采样序列的一种有用的表达式，其中所有复指数
都有相同的幅值和相位。

例 4.2　求以下周期序列

$$\widetilde{x}(n) = \{\cdots, 0, 1, 2, 3, 0, 1, 2, 3, 0, 1, 2, 3\}$$

的离散傅里叶级数的系数 $\widetilde{X}(k)$。

解　序列 $\widetilde{x}(n)$ 的基波周期 $N=4$，所以 $W_4 = \mathrm{e}^{-\mathrm{j}\frac{2\pi}{4}} = -\mathrm{j}$，有

$$\widetilde{X}(k) = \sum_{n=0}^{3} \widetilde{x}(n) W_4^{nk}, \quad k = 0, \pm 1, \pm 2, \cdots$$

所以

$$\widetilde{X}(0) = \sum_{n=0}^{3} \widetilde{x}(n) W_4^{0 \times n} = \sum_{n=0}^{3} \widetilde{x}(n) = \widetilde{x}(0) + \widetilde{x}(1) + \widetilde{x}(2) + \widetilde{x}(3) = 6$$

同理

$$\widetilde{X}(1) = \sum_{n=0}^{3} \widetilde{x}(n) W_4^{n} = \sum_{n=0}^{3} \widetilde{x}(n)(-\mathrm{j})^n = (-2+2\mathrm{j})$$

$$\widetilde{X}(2) = \sum_{n=0}^{3} \widetilde{x}(n) W_4^{2n} = \sum_{n=0}^{3} \widetilde{x}(n)(-\mathrm{j})^{2n} = -2$$

$$\widetilde{X}(3) = \sum_{n=0}^{3} \widetilde{x}(n) W_4^{3n} = \sum_{n=0}^{3} \widetilde{x}(n)(-\mathrm{j})^{3n} = (-2-2\mathrm{j})$$

4.1.2　离散傅里叶级数的性质

为方便分析,这里也用符号"⇔"表示离散傅里叶级数(DFS)关系式(4.10)和式(4.11),即

$$\tilde{x}(n) \Leftrightarrow \widetilde{X}(k) \tag{4.12}$$

DFS 的一些性质对于它在数字信号处理问题中的应用至关重要,它的许多基本性质与离散时间傅里叶变换和 z 变换相似。但由于 $\tilde{x}(n)$ 和 $\widetilde{X}(k)$ 二者都具有周期性,由此而引起一些重要差别。另外,在 DFS 表达式中时域和频域之间存在着完全的对偶性,而在序列的离散时间傅里叶变换和 z 变换的表达式中,这一点都不存在。

下面讨论 DFS 的五个主要性质,读者可自行推导其他性质或参考相关文献。

1. 线性

设 $\tilde{x}(n)$ 和 $\tilde{y}(n)$ 是周期均为 N 的两个周期序列,它们的 DFS 系数分别为 $\widetilde{X}(k)$ 和 $\widetilde{Y}(k)$,即

$$\tilde{x}(n) \Leftrightarrow \widetilde{X}(k)$$
$$\tilde{y}(n) \Leftrightarrow \widetilde{Y}(k)$$

则

$$a\tilde{x}(n) + b\tilde{y}(n) \Leftrightarrow a\widetilde{X}(k) + b\widetilde{Y}(k) \tag{4.13}$$

式中 a 和 b 均为常数。

2. 序列移位

设周期序列 $\tilde{x}(n)$ 的 DFS 的系数为 $\widetilde{X}(k)$,则对序列 $\tilde{x}(n)$ 移位后的周期序列 $\tilde{x}(n+n_0)$ 有

$$\tilde{x}(n + n_0) \Leftrightarrow W_N^{-kn_0} \widetilde{X}(k) \tag{4.14}$$

其中 n_0 为整数。

证明　　$$\mathrm{DFS}[\tilde{x}(n + n_0)] = \sum_{n=0}^{N-1} \tilde{x}(n + n_0) W_N^{kn} = \sum_{r=n_0}^{N-1+n_0} \tilde{x}(r) W_N^{k(r-n_0)}$$
$$= W_N^{-kn_0} \sum_{r=0}^{N-1} \tilde{x}(r) W_N^{kr} = W_N^{-kn_0} \widetilde{X}(k)$$

由于周期序列的 DFS 的系数序列也是一个周期序列,类似的结果也可用于 DFS 系数的移位,若 $\widetilde{X}(k)$ 所对应的序列为 $\tilde{x}(n)$,则对序列 $\widetilde{X}(k)$ 的移位 $\widetilde{X}(k+l)$ 的 DFS 为

$$\widetilde{X}(k + l) \Leftrightarrow W_N^{nl} \tilde{x}(n) \tag{4.15}$$

其中 l 为整数。注意式(4.14)和式(4.15)中复指数符号的差别。

应该指出,这里的序列移位 $\tilde{x}(n+n_0)$ 或 $\widetilde{X}(k+l)$ 都是指整个周期序列 $\tilde{x}(n)$ 或 $\widetilde{X}(k)$ 的移位。

3. 对偶性

若 $\tilde{x}(n)$ 的 DFS 为 $\widetilde{X}(k)$,则有

$$\widetilde{X}(n) \Leftrightarrow N\tilde{x}(-k) \tag{4.16}$$

下面说明上述的对偶性。由式(4.10)和式(4.11)的 DFS 表示对中可以看出,它们之间的差别仅在于 $1/N$ 因子和 W_N 指数的符号,并且周期序列和它的 DFS 系数为同类函数,都是周期序列。于是,考虑到因子 $1/N$ 以及指数符号的差别,由式(4.11)可得

$$N\tilde{x}(-n) = \sum_{k=0}^{N-1} \widetilde{X}(k) W_N^{kn} \tag{4.17a}$$

或者将 n 和 k 互换,有

$$N\widetilde{x}(-k) = \sum_{n=0}^{N-1} \widetilde{X}(n)W_N^{nk} \tag{4.17b}$$

式(4.17b)与式(4.10)相似。或者说,周期序列 $\widetilde{X}(n)$ 的 DFS 系数序列是 $N\widetilde{x}(-k)$,即倒序后的原周期序列并乘以 N。

4. 对称性

当 $\widetilde{x}(n)$ 是一周期为 N 的实序列,则它的傅里叶级数的系数 $\widetilde{X}(k)$ 有以下对称性质:

$$\left.\begin{array}{ll} \widetilde{X}(k) = \widetilde{X}^*(-k) & (\text{共轭对称}) \\ \mathrm{Re}[\widetilde{X}(k)] = \mathrm{Re}[\widetilde{X}(-k)] & (\text{实部是偶函数}) \\ \mathrm{Im}[\widetilde{X}(k)] = -\mathrm{Im}[\widetilde{X}(-k)] & (\text{虚部是奇函数}) \\ |\widetilde{X}(k)| = |\widetilde{X}(-k)| & (\text{幅度是偶函数}) \\ \arg[\widetilde{X}(k)] = -\arg[\widetilde{X}(-k)] & (\text{相位是奇函数}) \end{array}\right\} \tag{4.18}$$

这些性质的推导留作习题(见习题 4.4(2))。

5. 周期卷积

设两个周期序列 $\widetilde{x}(n)$ 和 $\widetilde{y}(n)$ 的周期均为 N,它们的 DFS 系数分别为 $\widetilde{X}(k)$ 和 $\widetilde{Y}(k)$,两者的乘积为

$$\widetilde{F}(k) = \widetilde{X}(k)\widetilde{Y}(k)$$

则以 $\widetilde{F}(k)$ 为 DFS 系数的周期序列 $\widetilde{f}(n)$ 为

$$\widetilde{f}(n) = \mathrm{IDFS}[\widetilde{F}(k)] = \sum_{m=0}^{N-1} \widetilde{x}(m)\widetilde{y}(n-m) \tag{4.19a}$$

式(4.19a)称为时域上两个周期序列的周期卷积,它对应于与之相应的 DFS 系数序列的乘积,即

$$\sum_{m=0}^{N-1} \widetilde{x}(m)\widetilde{y}(n-m) \Leftrightarrow \widetilde{X}(k)\widetilde{Y}(k) \tag{4.19b}$$

证明　　　$\displaystyle \widetilde{f}(n) = \mathrm{IDFS}[\widetilde{X}(k)\widetilde{Y}(k)] = \frac{1}{N}\sum_{k=0}^{N-1} \widetilde{X}(k)\widetilde{Y}(k)W_N^{-kn}$

将 　　　　　　　$\displaystyle \widetilde{X}(k) = \sum_{m=0}^{N-1} \widetilde{x}(m)W_N^{mk}$

代入得

$$\begin{aligned} \widetilde{f}(n) &= \frac{1}{N}\sum_{k=0}^{N-1}\sum_{m=0}^{N-1} \widetilde{x}(m)\widetilde{Y}(k)W_N^{-(n-m)k} \\ &= \sum_{m=0}^{N-1} \widetilde{x}(m)\left[\frac{1}{N}\sum_{k=0}^{N-1} \widetilde{Y}(k)W_N^{-(n-m)k}\right] \\ &= \sum_{m=0}^{N-1} \widetilde{x}(m)\widetilde{y}(n-m) \end{aligned}$$

前面 1.4.2 节讨论的卷积定理已经告诉我们,频域函数的乘积对应于时域函数的卷积。式(4.19a)看上去很像卷积和,它是对 $\widetilde{x}(m)$ 和 $\widetilde{y}(n-m)$ 的乘积进行求和,其中 $\widetilde{y}(n-m)$ 是将 $\widetilde{y}(n)$ 时间反转并移位,与式(2.48)定义的非周期离散线性卷积具有类似的形式。但是,周期卷积的求和区间和卷积结果与线性卷积不同。周期卷积式(4.19a)中的 $\widetilde{x}(m)$ 和 $\widetilde{y}(n-m)$(或

$\tilde{y}(m)\tilde{x}(n-m)$)都是周期序列,周期为 N,求和也只在一个周期(有限区间 $0 \leqslant m \leqslant N-1$)上进行,因而其卷积结果 $\tilde{f}(n)$ 也是周期为 N 的周期序列。而两个长度皆为 N 的序列的线性卷积的结果是长度为 $(2N-1)$ 的序列。

图 4.1 说明了对应式(4.19a)的两个周期序列($N=8$)的周期卷积的过程。图中示出了对应于 $n=2$ 时的 $\tilde{y}(n-m)$,并在一个周期内将它与 $\tilde{x}(m)$ 逐点相乘的结果,再将逐点相乘的结果求和,就得到相应 $n=2$ 时的 $\tilde{f}(n)$。随着 n 的改变,序列 $\tilde{y}(n-m)$ 适当移位,并对于 $0 \leqslant n \leqslant N-1$ 的每一个值,根据式(4.19a)计算出对应不同 n 的 $\tilde{f}(n)$,就可得到整个周期内的全部 $\tilde{f}(n)$。由于序列的周期性,当序列 $\tilde{y}(n-m)$ 移向右边或左边时,离开两条虚线之间的区间一端的值又会重新出现在另一端。因为 $\tilde{f}(n)$ 的周期性,没有必要继续计算式(4.19a)在区间 $0 \leqslant n \leqslant N-1$ 之外的值。

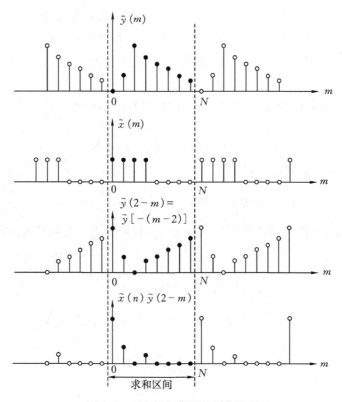

图 4.1 两个周期序列的周期卷积

如同非周期卷积一样,周期卷积也是可交换的,即

$$\tilde{f}(n) = \sum_{m=0}^{N-1} \tilde{y}(m)\tilde{x}(n-m) \tag{4.20}$$

利用上面讨论的对偶性质,将时间和频率交换,可以得到与周期序列卷积几乎相同的表达形式,即有

$$\tilde{f}(n) = \tilde{x}(n)\tilde{y}(n) \tag{4.21a}$$

的 DFS 的系数为

$$\widetilde{F}(k) = \frac{1}{N}\sum_{l=0}^{N-1} \widetilde{X}(l)\widetilde{Y}(k-l) \tag{4.21b}$$

也就是说,两个周期序列乘积的 DFS 等于它们各自 DFS 的周期卷积乘以 $1/N$。这一结论也可以通过将式(4.21b)给出的 $\widetilde{F}(k)$ 代入傅里叶级数关系式(4.11)得到 $\widetilde{f}(n)$ 来说明。

4.1.3　离散傅里叶级数与 z 变换的关系

周期序列的离散傅里叶级数(DFS)系数 $\widetilde{X}(k)$ 可以解释为取 $\widetilde{x}(n)$ 的一个周期进行 z 变换,然后在单位圆上按等间隔采样得到。下面来推导这种关系。

令 $x(n)$ 表示周期序列 $\widetilde{x}(n)$ 的一个周期

$$x(n) = \begin{cases} \widetilde{x}(n), & 0 \leqslant n \leqslant N-1 \\ 0, & \text{其他 } n \end{cases} \tag{4.22}$$

因在区间 $0 \leqslant n \leqslant N-1$ 之外,有 $x(n)=0$,故 $x(n)$ 的 z 变换为

$$X(z) = \sum_{n=0}^{N-1} x(n) z^{-n} \tag{4.23}$$

比较式(4.10)和式(4.23)可见,$X(z)$ 与 DFS 系数 $\widetilde{X}(k)$ 之间的关系为

$$\widetilde{X}(k) = X(z) \Big|_{z=e^{j\frac{2\pi}{N}k}=W_N^{-k}} \tag{4.24}$$

式(4.24)表明,周期序列的 DFS 系数 $\widetilde{X}(k)$ 相当于在单位圆上 N 个 $\frac{2\pi}{N}$ 等间隔点上对 z 变换 $X(z)$ 的采样。图 4.2 给出了 $N=8$ 时对 $X(z)$ 的采样。

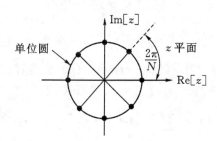

图 4.2　在单位圆上对 $X(z)$ 进行 N 点采样($N=8$),得到周期序列 $\widetilde{X}(k)$

4.1.4　离散傅里叶级数与离散时间傅里叶变换的关系

在第 1 章,讨论了将一个非周期信号看成周期信号的周期趋于无穷大的极限情况,利用周期信号的傅里叶级数导出了非周期信号的连续时间傅里叶变换,并直接通过引入变量 $t=nT$(T 是采样周期),推导出非周期离散时间采样信号的傅里叶表示,即离散时间傅里叶变换(DTFT)$X_s(j\Omega)$。非周期采样信号可以看作非周期离散序列的特例。在第 2 章,通过引入数字域频率 $\omega=\Omega T$,给出了一般离散时间序列的傅里叶变换 $X(e^{j\omega})$。因此,类似于连续信号的傅里叶表示情况,也可以从周期序列的离散傅里叶级数(DFS)导出一般序列的离散时间傅里叶变换(DTFT)$X(e^{j\omega})$。

下面从周期序列的 DFS 表达式导出离散时间序列的 DTFT 的过程来理解 DFS 和 DTFT 之间的密切关系。

考虑 $x(n)$ 为一有限长序列,它在 $0 \leqslant n \leqslant L$ 区间以外取值为零,如图 4.3(a)表示。由这个非周期信号可以构造一个周期序列 $\widetilde{x}(n)$,如图 4.3(b)所示,使得对 $\widetilde{x}(n)$ 来说,$x(n)$ 是它的一

个周期。随着所选周期 N 的增大，$\tilde{x}(n)$ 就在一个更长的时间间隔内与 $x(n)$ 一样，当 $N\to\infty$ 时，对任意有限 n 值来说，有 $\tilde{x}(n)=x(n)$。

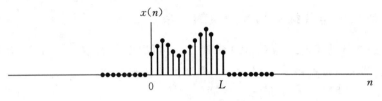

(a) 长度为 $L+1$ 的有限长序列 $x(n)$

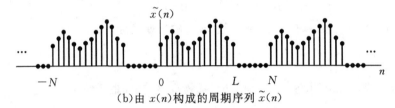

(b) 由 $x(n)$ 构成的周期序列 $\tilde{x}(n)$

图 4.3　有限长序列 $x(n)$ 与周期序列 $\tilde{x}(n)$

接下来给出 $\tilde{x}(n)$ 的 DFS 表示。由式（4.3）和式（4.8），有

$$\tilde{x}(n) = \frac{1}{N}\sum_{k=0}^{N-1}\widetilde{X}(k)\,\mathrm{e}^{\mathrm{j}\frac{2\pi}{N}kn} \tag{4.25a}$$

$$\widetilde{X}(k) = \sum_{n=0}^{N-1}\tilde{x}(n)\,\mathrm{e}^{-\mathrm{j}\frac{2\pi}{N}kn} \tag{4.25b}$$

由于在一个周期内的 $0\leqslant n\leqslant L$ 区间上 $x(n)=\tilde{x}(n)$，因此在式（4.25b）中的求和区间可选为 $0\leqslant n\leqslant L$，这样式（4.25b）中的 $\tilde{x}(n)$ 可用 $x(n)$ 来替代，于是有

$$\widetilde{X}(k) = \sum_{n=0}^{L}x(n)\,\mathrm{e}^{-\mathrm{j}\frac{2\pi}{N}kn} = \sum_{n=-\infty}^{\infty}x(n)\,\mathrm{e}^{-\mathrm{j}\frac{2\pi}{N}kn} \tag{4.26}$$

式（4.26）已考虑到在 $0\leqslant n\leqslant L$ 以外，$x(n)=0$。将第 2 章的式（2.26a）给出的离散时间序列的 DTFT 重写如下

$$X(\mathrm{e}^{\mathrm{j}\omega}) = \sum_{n=-\infty}^{\infty}x(n)\,\mathrm{e}^{-\mathrm{j}\omega n} \tag{4.27}$$

将式（4.27）与式（4.26）比较，可以看到 $\widetilde{X}(k)$ 就是通过对 $X(\mathrm{e}^{\mathrm{j}\omega})$ 在 $\omega_k=\dfrac{2\pi k}{N}$ 频率处采样得到，即

$$\widetilde{X}(k) = X(\mathrm{e}^{\mathrm{j}\omega})\Big|_{\omega=\frac{2\pi}{N}k} = X(\mathrm{e}^{\mathrm{j}\frac{2\pi}{N}k}) \tag{4.28}$$

令 $\omega_0=\dfrac{2\pi}{N}$ 来记作在频域的样本间隔，并将上式代入式（4.25a），得到

$$\tilde{x}(n) = \frac{1}{N}\sum_{k=0}^{N-1}X(\mathrm{e}^{\mathrm{j}\omega})\,\mathrm{e}^{\mathrm{j}\frac{2\pi}{N}kn} \tag{4.29}$$

因为 $\omega_0=\dfrac{2\pi}{N}$，有 $\dfrac{1}{N}=\dfrac{\omega_0}{2\pi}$，那么式（4.29）可以改写为

$$\tilde{x}(n) = \frac{1}{2\pi}\sum_{k=0}^{N-1}X(\mathrm{e}^{\mathrm{j}\omega_0 k})\,\mathrm{e}^{\mathrm{j}\omega_0 kn}\omega_0 \tag{4.30}$$

与式(1.12)类似,随着 N 增大,ω_0 减小,当 $N \to \infty$ 时,式(4.30)就过渡为一个积分,图 4.4 用图示的方法说明了这一过程。根据式(4.27),$X(\mathrm{e}^{\mathrm{j}\omega})$ 是 ω 的周期函数,其周期为 2π,而 $\mathrm{e}^{\mathrm{j}\omega}$ 也是以 2π 为周期的 ω 的函数,所以乘积 $X(\mathrm{e}^{\mathrm{j}\omega})\mathrm{e}^{\mathrm{j}\omega n}$ 也一定是周期的。在式(4.30)的求和中的每一项都代表了一个高为 $X(\mathrm{e}^{\mathrm{j}\omega_0 k})\mathrm{e}^{\mathrm{j}k\omega_0 n}$,宽为 ω_0 的矩形面积,当 $\omega_0 \to 0$ 时,这个求和式就演变为一个积分。另外,式(4.30)的求和是在 N 个宽为 $\omega_0 = \dfrac{2\pi}{N}$ 的间隔内完成,所以总的积分区间总是一个 2π 的宽度。因此,随着 $N \to \infty$,有 $\tilde{x}(n) = x(n)$,于是式(4.30)就变成 2.2.1 节讨论的离散时间傅里叶变换对中的式(2.26b)(该式也对应着 1.5.3 节中的式(1.75)),即

$$x(n) = \frac{1}{2\pi} \int_{-\pi}^{\pi} X(\mathrm{e}^{\mathrm{j}\omega}) \mathrm{e}^{\mathrm{j}\omega n} \, \mathrm{d}\omega$$

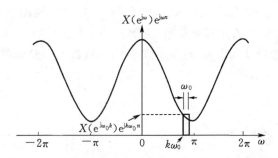

图 4.4　式(4.30)的图示说明

由于离散傅里叶级数(DFS)系数 $\tilde{X}(k) = X(\mathrm{e}^{\mathrm{j}k\omega_0})$,这意味着可以在 $\omega = 0$ 到 $\omega = 2\pi$ 的范围内,通过以 $\omega_0 = \dfrac{2\pi}{N}$ 间隔对 DTFT 的 $X(\mathrm{e}^{\mathrm{j}\omega})$ 的等间隔采样而得到 $\tilde{X}(k)$。由式(4.24)和式(4.28)可见,DFS 表示给出了一种在频域的采样方式,它在原理上类似于时域采样。间隔 $\omega_0 = \dfrac{2\pi}{N}$ 是在频域的采样间隔,又称为频率分辨率,它决定了频率样本(或测量)的密度。

下面从非周期卷积的概念来进一步讨论周期序列的 DFS 系数 $\tilde{X}(k)$ 与离散时间傅里叶变换(DTFT)$X(\mathrm{e}^{\mathrm{j}\omega})$ 的关系。将式(4.27)代入式(4.28),然后将得到的 $\tilde{X}(k)$ 代入式(4.25a),于是得

$$\tilde{x}(n) = \frac{1}{N} \sum_{k=0}^{N-1} \left[\sum_{m=-\infty}^{\infty} x(m) \mathrm{e}^{-\mathrm{j}\frac{2\pi}{N}km} \right] W_N^{-kn} \tag{4.31}$$

交换式(4.31)等号右边的求和先后次序,得到

$$\tilde{x}(n) = \sum_{m=-\infty}^{\infty} x(m) \left[\frac{1}{N} \sum_{k=0}^{N-1} W_N^{-k(n-m)} \right] \tag{4.32}$$

由式(4.6)或例 4.1 给出的正交性关系式可知,式(4.32)右边方括号中的项可看作例 4.1 中的周期单位采样序列(即周期单位冲激串)的 DFS 表示,该项可表示为

$$\frac{1}{N} \sum_{k=0}^{N-1} W_N^{-k(n-m)} = \sum_{r=-\infty}^{\infty} \delta(n-m+rN) \tag{4.33}$$

若将 $\displaystyle\sum_{n=-\infty}^{\infty} \delta(n)$ 记作 $\tilde{p}(n)$,则式(4.33)的 $\displaystyle\sum_{r=-\infty}^{\infty} \delta(n-m+rN)$ 可表示为 $\tilde{p}(n-m+rN)$,由此得出

$$\tilde{x}(n) = x(n) * \sum_{r=-\infty}^{\infty} \delta(n+rN) = \sum_{r=-\infty}^{\infty} x(n+rN) \tag{4.34}$$

式(4.34)表明一个非周期序列 $x(n)$ 与一个周期单位冲激序列串的非周期卷积,其卷积的结果是周期序列 $\tilde{x}(n)$。显然,与 $\tilde{X}(k)$ 对应的周期序列 $\tilde{x}(n)$ 是把无数个平移后的 $x(n)$ 加在一起而形成的,$\tilde{X}(k)$ 是对 $X(\mathrm{e}^{\mathrm{j}\omega})$ 采样而得到的(在 4.2.4 节将进一步讨论这一结论)。这里需要注意,无论平移后的 $x(n)$ 是否存在重叠,式(4.28)都是成立的,也就是说,在这两种情况下,$\tilde{x}(n)$ 的 DFS 系数 $\tilde{X}(k)$ 都是 $x(n)$ 的离散时间傅里叶变换 $X(\mathrm{e}^{\mathrm{j}\omega})$ 在频率为 $\dfrac{2\pi}{N}$ 整数倍的等间隔点上的采样值。

　　包括第 1 章关于连续时间信号的傅里叶级数和傅里叶变换的讨论在内,至此,我们已经给出了四种形式的傅里叶表示,如图 4.5 所示,它们是:连续时间周期信号的傅里叶级数(FS)表示,其级数的系数是离散频率的非周期函数(见图 4.5(a));连续时间非周期信号的傅里叶变换(FT),它是由傅里叶级数演变而得到,与周期信号不同,连续时间非周期信号的频谱是连续的非

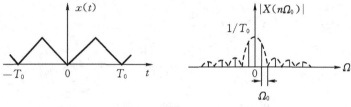

(a)时域连续周期信号 $\xrightarrow{\text{FS}}$ 频域离散非周期信号

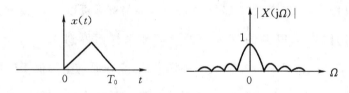

(b)时域连续非周期信号 $\xrightarrow{\text{FT}}$ 频域连续非周期信号

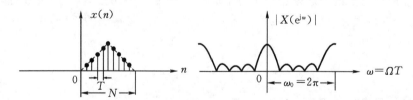

(c)时域离散非周期信号 $\xrightarrow{\text{DTFT}}$ 频域连续周期信号

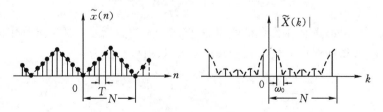

(d)时域离散周期信号 $\xrightarrow{\text{DFS}}$ 频域离散周期信号

图 4.5　连续和离散时间傅里叶表示的对照

周期函数(见图 4.5(b));对连续时间非周期信号的时域采样信号频谱的讨论,推导出离散时间信号(序列)的离散时间傅里叶变换(DTFT),其在频域是连续的周期信号(见图 4.5(c));类似连续时间周期信号的傅里叶级数表示,本节给出了离散时间周期信号,即周期序列的离散傅里叶级数(DFS)表示,周期序列的频谱是离散的也是周期的(见图 4.5(d))。由上述讨论可以清楚地看到,信号的时域分析与频域分析之间存在着一一对应关系。概括地说,若信号在时域是周期的,其频谱一定是离散的,反之亦然;若信号在时域是非周期的,其频谱一定是连续的,反之也成立。

4.2　离散傅里叶变换

4.2.1　有限长序列的傅里叶表示:离散傅里叶变换

我们关心的是如何用 $\tilde{X}(k)$ 表示或恢复有限长序列 $x(n)$。上面讨论了 $X(e^{j\omega})$ 及其采样 $\tilde{X}(k)$ 之间的一般关系,一个基本结论是,若 $x(n)$ 为有限长序列,可对其进行周期延拓,形成一个周期序列 $\tilde{x}(n)$,这样就能用离散傅里叶级数(DFS)表示该周期序列(式(4.3)和式(4.8))。给出傅里叶系数 $\tilde{X}(k)$ 后,就可以求出 $\tilde{x}(n)$,再利用式(4.22)得到 $x(n)$。当以这种方式利用傅里叶级数表示有限长序列时,称为离散傅里叶变换(DFT)。在下面的推导和讨论 DFT 时要记住,通过离散时间傅里叶变换 $X(e^{j\omega})$ 的采样值来表示 DFT,实际上是用一个周期序列来表示有限长序列。利用 DFS 计算周期序列的一个周期,也就等于计算了有限长序列。

对于一个长度为 N 的有限长序列 $x(n)$,可以把它看作周期为 N 的周期序列 $\tilde{x}(n)$ 的一个周期,而 $\tilde{x}(n)$ 则是 $x(n)$ 的周期延拓,这个关系表示为

$$\tilde{x}(n) = \sum_{r=-\infty}^{\infty} x(n+rN), \quad r \text{ 为任意整数} \tag{4.35a}$$

而有限长序列 $x(n)$ 可以通过下式由 $\tilde{x}(n)$ 来恢复,即

$$x(n) = \begin{cases} \tilde{x}(n), & 0 \leqslant n \leqslant N-1 \\ 0, & \text{其他 } n \end{cases} \tag{4.35b}$$

由于 $x(n)$ 的有限长度为 N,对于不同 r 值,各项 $x(n+rN)$ 之间彼此不重叠。通常把周期序列 $\tilde{x}(n)$ 的第一个周期 $n=0$ 到 $N-1$ 定义为"主值区间",因此,$x(n)$ 就是 $\tilde{x}(n)$ 的"主值序列"。为了方便起见,常常把式(4.35a)和式(4.35b)分别表示成下列形式:

$$\tilde{x}(n) = x((n))_N \qquad \text{(周期延拓)} \tag{4.36a}$$

$$x(n) = \tilde{x}(n)R_N(n) \qquad \text{(时窗运算)} \tag{4.36b}$$

式中,$R_N(n)$ 是 2.1.2 节讨论过的矩形序列(见式(2.8));$((n))_N$ 是余数运算表达式,表示 n 对 N 求余值,或称 n 对 N 取模值。令 $n = n_1 + n_2 N, 0 \leqslant n_1 \leqslant N-1$,则 n_1 是 n 对 N 的余数,不管 n_1 再加上多少倍的 N,余数均等于 n_1,也就是周期性重复出现的 $x((n))_N$ 值是相等的。例如 $\tilde{x}(n)$ 是周期 $N=8$ 的序列,求 $n=21$ 和 $n=-3$ 两数对 N 的余数,则

$$n = 21 = 2 \times 8 + 5 \qquad ((21))_N = 5$$

$$n = -3 = (-1) \times 8 + 5 \qquad ((-3))_N = 5$$

因此

$$\tilde{x}(21) = x(5), \quad \tilde{x}(-3) = x(5)$$

下面将 $((n))_N$ 简称为"取余数"或"取模数"。

同理,频域周期序列 $\widetilde{X}(k)$ 也可看成是有限长频域序列 $X(k)$ 的周期延拓,而有限长频域序列 $X(k)$ 可以看成 $\widetilde{X}(k)$ 的主值序列,这个有限长序列 $X(k)$ 称为离散傅里叶变换(DFT)。因此,DFT 的 $X(k)$ 与 DFS 系数 $\widetilde{X}(k)$ 有如下关系:

$$X(k) = \begin{cases} \widetilde{X}(k), & 0 \leqslant k \leqslant N-1 \\ 0, & \text{其他 } k \end{cases} \tag{4.37a}$$

和

$$\widetilde{X}(k) = X((k))_N \tag{4.37b}$$

$$X(k) = \widetilde{X}(k)R_N(k) \tag{4.37c}$$

由 4.1.1 节知,$\widetilde{X}(k)$ 和 $\widetilde{x}(n)$ 由下式相联系:

$$\widetilde{X}(k) = \sum_{n=0}^{N-1} \widetilde{x}(n)W_N^{kn} \tag{4.38a}$$

$$\widetilde{x}(n) = \frac{1}{N}\sum_{k=0}^{N-1} \widetilde{X}(k)W_N^{-kn} \tag{4.38b}$$

式(4.38a)和式(4.38b)两式中的求和只限于各自的主值区间,因而它们也适用于主值序列 $x(n)$ 和 $X(k)$,所以由式(4.35b)至式(4.38),可以得到 N 点有限长序列的离散傅里叶变换(DFT),即

$$X(k) = \mathrm{DFT}[x(n)] = \widetilde{X}(k) = \sum_{n=0}^{N-1} x(n)W_N^{kn}, \quad 0 \leqslant k \leqslant N-1 \tag{4.39a}$$

$$x(n) = \mathrm{IDFT}[X(k)] = \widetilde{x}(n)R_N(n) = \frac{1}{N}\sum_{k=0}^{N-1} X(k)W_N^{-kn}, \quad 0 \leqslant n \leqslant N-1 \tag{4.39b}$$

式(4.39a)和式(4.39b)定义了一个有限长序列的离散傅里叶变换对,它们表明,给定了 $x(n)$ 就能唯一确定 $X(k)$。同样,已知 $X(k)$ 也就唯一确定了 $x(n)$。

这里需要进一步说明的是,用式(4.39a)和式(4.39b)来表示有限长序列的离散傅里叶变换,并没有消除固有的周期性。因为在 DFT 中,有限长序列是作为周期序列的一个周期来考虑的。与离散傅里叶级数一样,DFT 的 $X(k)$ 是对离散时间傅里叶变换 $X(e^{j\omega})$ 的采样,如果用 $0 \leqslant n \leqslant N-1$ 之外的 n 值计算式(4.39b),其结果并不为零,而是 $x(n)$ 的周期延拓,这表明固有的周期性总是存在的。在给出有限长序列 DFT 定义式时,我们只考虑了 $x(n)$ 在 $0 \leqslant n \leqslant N-1$ 区间内的取值,因为 $x(n)$ 在该区间之外的确为零,并且认为所需要的 $X(k)$ 值也只在 $0 \leqslant n \leqslant N-1$ 区间内,因为在式(4.39b)中只需要这 N 个值。

4.2.2　离散傅里叶变换的性质

下面讨论 DFT 的一些基本性质。应该指出,DFT 与 DFS 的某些性质是相同的(如线性特性等),某些性质是有区别的,读者应注意比较它们的差异。为简单起见,下面依然用符号"$\Leftrightarrow$"表示离散傅里叶变换对。

1. 线性

设 $x(n)$ 和 $y(n)$ 是长度分别为 N_1 和 N_2 的两个有限长序列,它们的离散傅里叶变换分别为 $X(k)$ 和 $Y(k)$,则线性组合 $f(n) = ax(n) + by(n)$ 的离散傅里叶变换为

$$F(k) = aX(k) + bY(k) \tag{4.40}$$

显然线性组合 $f(n)$ 的最大长度为 $N_3 = \max[N_1, N_2]$,因此,它们的 DFT 必须按 $N \geqslant N_3$ 来计

算,例如,若 $N_1 < N_2$,则 $X(k)$ 为序列 $x(n)$ 增加 $(N_2 - N_1)$ 个零点后的 DFT,也就是说,它的 N_2 点 DFT 是

$$X(k) = \sum_{n=0}^{N_2-1} x(n) W_{N_2}^{kn}, \quad 0 \leqslant k \leqslant N_2 - 1 \tag{4.41}$$

且 $y(n)$ 的 N_2 点 DFT 是

$$Y(k) = \sum_{n=0}^{N_2-1} y(n) W_{N_2}^{kn}, \quad 0 \leqslant k \leqslant N_2 - 1 \tag{4.42}$$

总之,若有

$$x(n) \Leftrightarrow X(k) \tag{4.43a}$$

和

$$y(n) \Leftrightarrow Y(k) \tag{4.43b}$$

则

$$ax(n) + by(n) \Leftrightarrow aX(k) + bY(k) \tag{4.43c}$$

式中每个序列及其 DFT 的长度等于 $x(n)$ 和 $y(n)$ 中的最大长度。

2. 对偶性

DFT 是由 DFS 所导出的,因此,DFT 也具有类似于 4.1.2 节讨论的 DFS 的对偶性质。

由式(4.39a)和式(4.39b)的离散傅里叶变换对可知,它们之间的不同只在于因子 $\frac{1}{N}$ 和 W_N 幂指数的符号。

DFT 对偶性可由 DFT 与 DFS 之间的关系推导出。考虑 $x(n)$ 及其 DFT 的 $X(k)$,构造相应的周期序列

$$\tilde{x}(n) = x((n))_N \tag{4.44a}$$

$$\tilde{X}(k) = X((k))_N \tag{4.44b}$$

从而有

$$\tilde{x}(n) \Leftrightarrow \tilde{X}(k) \tag{4.44c}$$

由式(4.16)DFS 的对偶性,得

$$\tilde{X}(n) \Leftrightarrow N\tilde{x}(-k) \tag{4.45}$$

若定义周期序列 $\tilde{x}_1(n) = \tilde{X}(n)$,它的一个周期是有限长序列 $x_1(n) = X(n)$,则 $\tilde{x}_1(n)$ 的 DFS 系数 $\tilde{X}_1(k) = N\tilde{x}(-k)$,因此,$x_1(n)$ 的 DFT 是

$$X_1(k) = \begin{cases} N\tilde{x}(-k), & 0 \leqslant k \leqslant N-1 \\ 0, & \text{其他 } n \end{cases} \tag{4.46}$$

或等效地有

$$X_1(k) = \begin{cases} Nx((-k))_N, & 0 \leqslant k \leqslant N-1 \\ 0, & \text{其他 } n \end{cases} \tag{4.47}$$

因此,DFT 的对偶性可表述为,若有

$$x(n) \Leftrightarrow X(k) \tag{4.48a}$$

则

$$X(n) \Leftrightarrow Nx((-k))_N, \quad 0 \leqslant k \leqslant N-1 \tag{4.48b}$$

上式中序列 $Nx((-k))_N$ 是将 $Nx(k)$ 的变量反转且以 N 为模移位的情况。

3. 共轭对称性

设 $x^*(n)$ 为 $x(n)$ 的复共轭序列,则

$$x^*(n) \Leftrightarrow X^*(N-k) \tag{4.49}$$

证明
$$\mathrm{DFT}[x^*(n)] = \sum_{n=0}^{N-1} x^*(n) W_N^{kn}$$

$$= \left[\sum_{n=0}^{N-1} x(n) W_N^{-kn} \right]^*, \quad 0 \leqslant k \leqslant N-1$$

由于

$$W_N^{nN} = \mathrm{e}^{-\mathrm{j}\frac{2\pi}{N}nN} = \mathrm{e}^{-\mathrm{j}2\pi n} = 1$$

因此

$$\mathrm{DFT}[x^*(n)] = \left[\sum_{n=0}^{N-1} x(n) W_N^{(N-k)n} \right]^*$$

$$= X^*((N-k))_N = X^*(N-k)$$

对上式需要说明一点,按定义 $X(k)(0 \leqslant k \leqslant N-1)$ 只有 N 个值,故当 $k=0$ 时,应该使 $X^*((N-k))_N = X^*(0)$,而不是 $X^*(N)$。因为 $X^*(N)$ 已超出主值区间,所以严格地讲,$k=0$ 时不能使用等式 $X^*((N-k))_N = X^*(N-k)$,也即式(4.49)的严格表示应为

$$x^*(n) \Leftrightarrow X^*((N-k))_N \tag{4.50}$$

但一般习惯认为 $X(k)$ 是分布在 N 等分的圆周上,它的末点就是它的起点,即 $X(N)=X(0)$,因此 $k=0$ 时仍然用式(4.49)的形式。在下面对称特性的讨论中,$X(N)$ 应理解为 $X((N))_N = X(0)$。

下面讨论有限长序列的实部与虚部的 DFT 对称性。

设 $x_r(n)$ 与 $x_i(n)$ 分别表示序列 $x(n)$ 的实部与虚部

$$x(n) = x_r(n) + \mathrm{j}x_i(n) \tag{4.51a}$$

$$\left. \begin{array}{l} x_r(n) = \dfrac{1}{2}[x(n) + x^*(n)] \\[2mm] \mathrm{j}x_i(n) = \dfrac{1}{2}[x(n) - x^*(n)] \end{array} \right\} \tag{4.51b}$$

若 $X_e(k)$ 和 $X_o(k)$ 分别是 $x_r(n)$ 和 $x_i(n)$ 的 DFT,则

$$X_e(k) = \mathrm{DFT}[x_r(n)] = \frac{1}{2}\mathrm{DFT}[x(n) + x^*(n)]$$

$$= \frac{1}{2}[X(k) + X^*(N-k)] \tag{4.52}$$

$$X_o(k) = \mathrm{DFT}[\mathrm{j}x_i(n)] = \frac{1}{2}\mathrm{DFT}[x(n) - x^*(n)]$$

$$= \frac{1}{2}[X(k) - X^*(N-k)] \tag{4.53}$$

$$X_e(k) + X_o(k) = X(k) \tag{4.54}$$

现在再来分析 $X_e(k)$ 与 $X_o(k)$ 的对称性。由式(4.52)可以看到

$$X_e(k) = \frac{1}{2}[X(k) + X^*(N-k)]$$

而
$$X_e^*(N-k) = \frac{1}{2}[X(N-k) + X^*(N-N+k)]^*$$

$$= \frac{1}{2}[X^*(N-k) + X(k)]$$

即
$$X_e(k) = X_e^*(N-k) \tag{4.55}$$

因此 $X_e(k)$ 称为 $X(k)$ 的共轭偶部，也即认为是 $X_e(k)$ 分布在 N 等分圆周上，则以 $k=0$ 为原点，其左半圆上的序列与右半圆上的序列是共轭对称的。一般情况下，$X_e(k)$ 是复数，其共轭对称的含义是模值相等幅角相反，即

$$\left.\begin{array}{l} |X_e(k)| = |X_e(N-k)| \\ \arg[X_e(k)] = -\arg[X_e(N-k)] \end{array}\right\} \tag{4.56}$$

而 $X_o(k)$ 称为 $X(k)$ 的共轭奇部。因为从式(4.53)可以看到，它具有圆周共轭奇对称性，即

$$X_o(k) = -X_o^*(N-k) \tag{4.57}$$

式(4.57)表示 $X_o(k)$ 在圆周上是以 $k=0$ 为中心，左半圆上的序列与右半圆上的序列共轭反对称，有

$$\left.\begin{array}{l} \mathrm{Re}[X_o(k)] = -\mathrm{Re}[X_o(N-k)] \\ \mathrm{Im}[X_o(k)] = \mathrm{Im}[X_o(N-k)] \end{array}\right\} \tag{4.58}$$

即实部相反而虚部相等。

根据上述讨论，我们知道对于时域和频域的 DFT 对应关系来说，序列的实部对应 $X(k)$ 的共轭偶部，其虚部对应于 $X(k)$ 的共轭奇部。

如果 $x(n)$ 是纯实数序列，即 $x(n)=x_r(n)$，则 $X(k)$ 只有共轭偶对称部分，即 $X(k)=X_e(k)$。如果 $x(n)$ 是纯虚数序列，即 $x(n)=jx_i(n)$，则 $X(k)$ 只有共轭奇对称部分，即 $X(k)=X_o(k)$。这两种情况无论哪一种都只需知道 $X(k)$ 的一半数目，再用对称关系就可求得另一半的 $X(k)$。利用这个特点可以提高 DFT 的运算效率。

根据 $x(n)$ 和 $X(k)$ 的对称关系，同样可以得到 $X(k)$ 的实部、虚部和 $x(n)$ 的共轭偶部和共轭奇部的关系。用 $x_e(n)$ 和 $x_o(n)$ 分别表示序列 $x(n)$ 的圆周共轭偶部和圆周共轭奇部

$$\left.\begin{array}{l} x_e(n) = \dfrac{1}{2}[x(n) + x^*(N-n)] \\[2mm] x_o(n) = \dfrac{1}{2}[x(n) - x^*(N-n)] \end{array}\right\} \tag{4.59}$$

这里同样应从圆周意义上理解 $x(N-0)=x(0)$。与式(4.52)、式(4.53)相对称的特性为

$$\left.\begin{array}{l} \mathrm{DFT}[x_e(n)] = \mathrm{Re}[X(k)] \\ \mathrm{DFT}[x_o(n)] = j\mathrm{Im}[X(k)] \end{array}\right\} \tag{4.60}$$

4. $x((-n))_N R_N(n)$ 的 DFT

$x((-n))_N R_N(n)$ 是 $x(n)$ 的循环倒像，如图 4.6 所示。由取余数运算可知，$((-n))_N$ 是小于 N 的正整数，且有 $((-n))_N = -n - lN$。因此，当 $n=0$ 时，取 $l=0$；当 $n \neq 0$ 时，取 $l=1$。即

$$((-n))_N = \begin{cases} 0, & n = 0 \\ N-n, & n = 1,2,\cdots,N-1 \end{cases} \tag{4.61}$$

从而得到

$$x((-n))_N = \begin{cases} x(0), & n = 0 \\ x(N-n), & n = 1,2,\cdots,N-1 \end{cases} \tag{4.62}$$

现在来求用 $X(k)$ 表示 $\mathrm{DFT}[x((-n))_N R_N(n)]$ 的关系式。根据 DFT 定义，将式(4.62)代入式(4.39a)，并令 $n_1 = N-n$，得

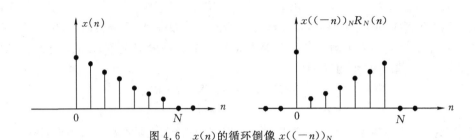

图 4.6　$x(n)$ 的循环倒像 $x((-n))_N$

$$\mathrm{DFT}[x((-n))_N R_N(n)] = \sum_{n=0}^{N-1} x((-n))_N W_N^{kn}$$

$$= x(0)W_N^{k\cdot 0} + \sum_{n=1}^{N-1} x(N-n)W_N^{kn}$$

$$= x(0)W_N^{k\cdot 0} + \sum_{n_1=N-1}^{1} x(n_1)W_N^{k(N-n_1)} \tag{4.63}$$

由于 $W_N^{nN} = W_N^{kN} = 1$，故对等式右边的第二项，可用 W_N^{nN} 代替 W_N^{kN}，再用 n 代回 n_1，并将等式右边的第一项的 $W_N^{k\cdot 0}$ 用 $W_N^{(N-k)0}$ 替代，这样上式可写成

$$\mathrm{DFT}[x((-n))_N R_N(n)] = x(0)W_N^{(N-k)0} + \sum_{n=1}^{N-1} x(n)W_N^{(N-k)n}$$

$$= \sum_{n=0}^{N-1} x(n)W_N^{(N-k)n} \tag{4.64}$$

$k=0$ 时，有

$$\mathrm{DFT}[x((-n))_N R_N(n)] = \sum_{n=0}^{N-1} x(n)W_N^{Nn} = \sum_{n=0}^{N-1} x(n)W_N^{0\cdot n} = X(0) \tag{4.65}$$

$k=1,2,\cdots,N-1$ 时，有

$$\mathrm{DFT}[x((-n))_N R_N(n)] = \sum_{n=0}^{N-1} x(n)W_N^{(N-k)n} = X(N-k) \tag{4.66}$$

根据式(4.61)和式(4.62)，将上两式合并，得到

$$\mathrm{DFT}[x((-n))_N R_N(n)] = X((-k))_N R_N(k) \tag{4.67}$$

5. 序列的循环移位

一个有限序列 $x(n)$ 的循环移位定义为

$$f(n) = x((n+m))_N R_N(n) \tag{4.68}$$

循环移位是先将有限长序列 $x(n)$ 进行周期延拓，得到 $\tilde{x}(n)$，再对 $\tilde{x}(n)$ 进行移位，即

$$x((n+m))_N = \tilde{x}(n+m) \tag{4.69}$$

然后再对移位的周期序列 $\tilde{x}(n+m)$ 取主值序列，即 $x((n+m))_N R_N(n)$，得到 $\tilde{x}(n)$ 的循环移位序列 $f(n)$。$f(n)$ 仍然是一个长度为 N 的有限长序列。序列的循环移位过程如图 4.7 所示，可以看出，如果将周期序列移位，并观测 0 到 $N-1$ 区间的情况，则当序列的一个采样离开这个区间时，与它相同的一个采样就从另一端进入这个区间。因此，我们可以想象 $f(n)$ 是按如下方式将 $x(n)$ 移位形成的，即当采样从区间 0 到 $N-1$ 区间的一端移出时，它又从该区间的另一端进来，因此取名为"循环移位"。

序列循环移位后的 DFT 为

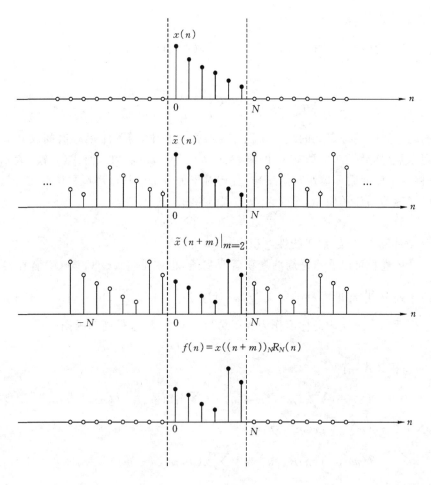

图 4.7　序列的循环移位

$$f(n) \Leftrightarrow F(k) = W_N^{-mk} X(k) \tag{4.70}$$

证明　由周期序列的移位特性

$$\mathrm{DFS}[x((n+m))_N] = \mathrm{DFS}[\tilde{x}(n+m)] = W_N^{-mk} \tilde{X}(k)$$

从而推得

$$\begin{aligned}
\mathrm{DFT}[f(n)] &= \mathrm{DFT}[x((n+m))_N R_N(n)] \\
&= \mathrm{DFT}[\tilde{x}(n+m) R_N(n)] \\
&= W_N^{-mk} \tilde{X}(k) R_N(k) \\
&= W_N^{-mk} X(k)
\end{aligned}$$

同理,如果 $X(k)$ 在频域内循环移位时,可得到类似结果

$$\mathrm{IDFT}[X((k+l))_N R_N(k)] = W_N^{ln} x(n) \tag{4.71}$$

6. 循环卷积

设两个有限长序列 $x(n)$ 和 $y(n)$ 的长度均为 N,它们的离散傅里叶变换分别为 $X(k)$ 和 $Y(k)$,如果有一序列 $f(n)$ 的 DFT 为 $F(k)$

$$F(k) = X(k)Y(k) \tag{4.72}$$

则 $F(k)$ 的离散傅里叶反变换为

$$f(n) = \text{IDFT}[F(k)] = \left[\sum_{m=0}^{N-1} x(m) y((n-m))_N\right] R_N(n) \tag{4.73}$$

或

$$f(n) = \text{IDFT}[F(k)] = \left[\sum_{m=0}^{N-1} y(m) x((n-m))_N\right] R_N(n)$$

式(4.73)不同于式(2.48)定义的线性卷积。在线性卷积中,将一个序列时间反转并线性移位与另一序列相乘,然后把对应所有 m 的乘积 $x(m)y(n-m)$ 求和。而式(4.73)表示的卷积则不同,它需将一个序列循环地作时间反转,且相对于另一个序列循环地移位。因此把式(4.73)所表示的运算称为循环卷积和,或称为 N 点循环卷积,记为

$$f(n) = x(n) \,\textcircled{N}\, y(n) \tag{4.74}$$

式中 $\textcircled{N}$ 表示循环卷积,以区别于线性卷积。

证明 循环卷积可以看作是周期卷积后取主值,也就是将 $x(n)$ 和 $y(n)$ 看作是周期为 N 的两个周期序列,应用周期卷积的定义,$f(n)$ 对应于 $\tilde{f}(n) = \sum\limits_{m=0}^{N-1} \tilde{x}(m) \tilde{y}(n-m)$ 的一个周期,即取周期卷积后一个周期内的样值作为卷积结果。对 $F(k)$ 进行周期延拓

$$\widetilde{F}(k) = \widetilde{X}(k) \widetilde{Y}(k)$$

根据 DFS 的卷积公式,有

$$\tilde{f}(n) = \sum_{m=0}^{N-1} \tilde{x}(m) \tilde{y}(n-m) = \sum_{m=0}^{N-1} x((m))_N y((n-m))_N$$

因 $0 \leqslant m \leqslant N-1$,$x((m))_N = x(m)$,故

$$f(n) = \tilde{f}(n) R_N(n) = \left[\sum_{m=0}^{N-1} x(m) y((n-m))_N\right] R_N(n)$$

同样经过换元可以证明

$$f(n) = \left[\sum_{m=0}^{N-1} y(m) x((n-m))_N\right] R_N(n) \tag{4.75}$$

上述循环卷积的过程可以用图 4.8 表示。

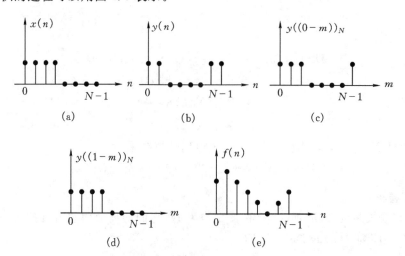

图 4.8　两个长度为 N 的有限长序列 $x(n)$ 和 $y(n)$ 的循环卷积

由于循环卷积正是周期卷积,因此前面的图 4.1 也可用来说明循环卷积。但由图 4.8 可以看到,如果利用循环移位的概念,就不必构造出图 4.1 中的基本周期序列。在处理实际问题中,周期卷积没有什么使用价值,它仅仅是循环卷积的一种过渡形式,而循环卷积具有应用价值。

例 4.3　设两个有限长序列相等,即

$$x_1(n) = x_2(n) = \begin{cases} 1, & 0 \leqslant n \leqslant N-1 \\ 0, & \text{其他 } n \end{cases}$$

求此两序列的循环卷积。

解　序列的 DFT 为

$$X_1(k) = X_2(k) = \sum_{n=0}^{N-1} W_N^{kn} = \begin{cases} N, & k = 0 \\ 0, & \text{其他 } k \end{cases}$$

如果将 $X_1(k)$ 和 $X_2(k)$ 直接相乘,得

$$Y(k) = X_1(k) X_2(k) = \begin{cases} N^2, & k = 0 \\ 0, & \text{其他 } k \end{cases}$$

则卷积序列

$$y(n) = \begin{cases} N, & 0 \leqslant n \leqslant N-1 \\ 0, & \text{其他 } n \end{cases}$$

这个例子说明,循环卷积与线性卷积的不同之处在于卷积后的长度不同,循环卷积的长度为 N,而线性卷积为 $2N$,如果对序列 $x_1(n)$ 和 $x_2(n)$ 各补 N 个零值点为 $2N$ 长序列,则 $2N$ 点的循环卷积相当于两序列的线性卷积。

表 4.1 归纳了 DFT 的基本性质。表中的第 13 项是 DFT 形式下的帕塞瓦定理,表明 DFT 同样遵循能量守恒定理,即时域和频域信号能量保持不变,利用 DFT 的共轭对称性可以证明这一定理。

表 4.1　DFT 的基本性质(序列长度皆为 N)

序　列	DFT
1. $ax(n) + by(n)$	$aX(k) + bY(k)$
2. $x((n-m))_N R_N(n)$	$W_N^{mk} X(k)$
3. $W_N^{-ln} x(n)$	$X((k-l))_N R_N(n)$
4. $x^*(n)$	$X^*(N-k)$
5. $x^*(-n)_N R_N(n)$	$X^*(k)$
6. $x(n) \circledN y(n) = \left[\sum_{m=0}^{N-1} x(m) y((n-m))_N \right] R_N(n)$	$X(k)Y(k)$
7. $x(n)y(n)$	$\dfrac{1}{N} \left[\sum_{l=0}^{N-1} X(l) Y((k-l))_N \right] R_N(k)$
8. $\text{Re}[x(n)]$	$X_e(k) = \dfrac{1}{2} [X(k) + X^*(N-k)]$
9. $j\text{Im}[x(n)]$	$X_o(k) = \dfrac{1}{2} [X(k) - X^*(N-k)]$

序　列	DFT
10. $x_e(n) = \dfrac{1}{2}[x(n) + x^*(N-n)]$	$\text{Re}[X(k)]$
11. $x_o(n) = \dfrac{1}{2}[x(n) - x^*(N-n)]$	$j\text{Im}[X(k)]$
12. $\displaystyle\sum_{n=0}^{N-1} x(n)y^*(n)$	$\dfrac{1}{N}\displaystyle\sum_{k=0}^{N-1} X(k)Y^*(k)$
13. $\displaystyle\sum_{n=0}^{N-1} \mid x(n) \mid^2$	$\dfrac{1}{N}\displaystyle\sum_{k=0}^{N-1} \mid X(k) \mid^2$

4.2.3　利用循环卷积计算线性卷积

1. 有限长序列的情况

对于有限长序列,存在循环卷积和线性卷积。由于循环卷积与离散傅里叶变换的乘积(DFT)相对应,而 DFT 可用第 5 章讨论的快速傅里叶变换(FFT)来实现运算,它具有运算速度快的优势。而在实际应用中,经常遇到的问题是如何实现两个有限长序列的线性卷积或者计算这类信号的自相关函数,如对语音波形或雷达之类信号的滤波、分析离散线性时不变系统对输入序列的响应等。在时域中计算线性卷积往往是很麻烦的,如果 $x(n)$ 和 $h(n)$ 是具有不同长度的有限长序列,那么能否用循环卷积来代替线性卷积?要解决这个问题,必须弄清线性卷积与循环卷积之间的关系。

从 2.4.2 节已知,若输入序列为 $x(n)$,离散线性时不变系统的单位采样响应为 $h(n)$,则系统的输出响应等于 $x(n)$ 和 $h(n)$ 的线性卷积(式(2.48)),即

$$y(n) = x(n) * h(n) = \sum_{m=-\infty}^{\infty} x(m)h(n-m)$$

而循环卷积

$$y(n) = x(n) \,\textcircled{N}\, h(n) = \left[\sum_{m=0}^{N-1} x(m)h((n-m))_N\right]R_N(n)$$

或用矩阵表示为

$$
\begin{bmatrix} y(0) \\ y(1) \\ \vdots \\ y(N-1) \end{bmatrix}
=
\begin{bmatrix}
h(0) & h(N-1) & h(N-2) & \cdots & h(1) \\
h(1) & h(0) & h(N-1) & \cdots & h(2) \\
\vdots & \vdots & \vdots & & \vdots \\
h(N-1) & h(N-2) & h(N-3) & \cdots & h(0)
\end{bmatrix}
\begin{bmatrix} x(0) \\ x(1) \\ \vdots \\ x(N-1) \end{bmatrix}
\tag{4.76}
$$

而对于线性卷积 $y(n) = x(n) * h(n)$,如果 $x(n)$ 序列的长度为 N_1,$h(n)$ 序列的长度为 N_2,则 $y(n)$ 的长度为 $N = N_1 + N_2 - 1$。该线性卷积的矩阵表示为

$$
\begin{bmatrix} y(0) \\ y(1) \\ y(2) \\ \vdots \\ y(N-1) \end{bmatrix} = N_1-1
\left\{
\begin{bmatrix}
h(0) & & & & & \\
h(1) & h(0) & & & & \\
h(2) & h(1) & h(0) & & & \\
\vdots & \vdots & \vdots & & & \\
h(N_2-1) & h(N_2-2) & \cdots & & & \\
0 & h(N_2-1) & \cdots & h(1) & h(0) & \\
\vdots & \vdots & \cdots & \vdots & \vdots & h(0) \\
0 & 0 & 0 & h(N_2-1) & \cdots & h(1) & h(0)
\end{bmatrix}
\right.
$$

$$
\underbrace{\qquad\qquad\qquad}_{N_1-1}
$$

$$
\times
\begin{bmatrix}
x(0) \\ x(1) \\ x(2) \\ \vdots \\ x(N_1-1) \\ 0 \\ 0 \\ 0 \\ \vdots \\ 0
\end{bmatrix}
\left.\vphantom{\begin{bmatrix}0\\0\\0\\ \vdots \\0\end{bmatrix}}\right\} N_2-1
\tag{4.77}
$$

由以上两种卷积的矩阵形式可以看到,在一般情况下,循环卷积与线性卷积是不相等的。但是,在一定条件下可以使循环卷积与线性卷积相等。我们来观察式(4.77)的线性卷积,$x(m)$ 的非零区为

$$
0 \leqslant m \leqslant N_1 - 1
$$

$h(n-m)$ 的非零区为

$$
0 \leqslant n - m \leqslant N_2 - 1
$$

将上面两不等式相加,得到 $y(n)$ 的非零区间为

$$
0 \leqslant n \leqslant N_1 + N_2 - 2
$$

在此区间外,不是 $x(m)$ 为零,就是 $h(n-m)$ 为零,因而 $y(n)=0$,所以 $y(n)$ 的长度为 $N_1 + N_2 - 1$。

现在讨论上面两个有限长序列的循环卷积。以 $N=N_1+N_2-1$ 为周期,构造两个周期序列为

$$
\tilde{x}(n): \quad \underbrace{\underbrace{x(0), x(1), \cdots, x(N_1-1)}_{N_1}, 0, 0, \cdots, 0}_{N}
$$

$$
\tilde{h}(n): \quad \underbrace{\underbrace{h(0), h(1), \cdots, h(N_2-1)}_{N_2}, 0, 0, \cdots, 0}_{N}
$$

即

$$
\tilde{x}(n) = \sum_{q=-\infty}^{\infty} x(n + qN)
\tag{4.78}
$$

$$\tilde{h}(n) = \sum_{p=-\infty}^{\infty} h(n + pN) \tag{4.79}$$

它们的周期卷积为

$$
\begin{aligned}
\tilde{y}(n) &= \sum_{m=0}^{N-1} \tilde{x}(m)\tilde{h}(n-m)\\
&= \sum_{m=0}^{N-1} \tilde{x}(m) \sum_{p=-\infty}^{\infty} h(n-m+pN)\\
&= \sum_{m=0}^{N-1} \sum_{q=-\infty}^{\infty} x(n+qN) \sum_{p=-\infty}^{\infty} h(n-m+pN)\\
&= \sum_{p=-\infty}^{\infty} \sum_{m=0}^{N-1} x(m)h(n+pN-m)\\
&= \sum_{p=-\infty}^{\infty} y(n+pN)
\end{aligned}
\tag{4.80}
$$

而循环卷积正是周期卷积取主值序列

$$
\begin{aligned}
y(n) &= x(n) \circledN h(n) = \tilde{y}(n)R_N(n)\\
&= \Big[\sum_{p=-\infty}^{\infty} y(n+pN) \Big] R_N(n)\\
&= \sum_{m=0}^{N-1} x(m)h(n-m), \quad 0 \leqslant n \leqslant N-1
\end{aligned}
\tag{4.81}
$$

即循环卷积与线性卷积是相等的。

由上述讨论可以看出,上式中的周期卷积 $\tilde{y}(n)$ 是线性卷积 $y(n) = x(n) * h(n)$ 的周期延拓,为使 $\tilde{y}(n)$ 不产生混叠,进而使循环卷积等于线性卷积的必要条件是

$$N \geqslant N_1 + N_2 - 1 \tag{4.82}$$

只有满足式(4.82)的条件时,才可以利用循环卷积来实现线性卷积,这是一个很重要的结果,这是因为在各种卷积运算中,只有循环卷积可以直接采用 DFT,即

$$y(n) = x(n) \circledN h(n) = \frac{1}{N} \sum_{k=0}^{N-1} X(k)H(k)W_N^{-kn} \tag{4.83}$$

而在实际问题中常常需要求解线性卷积 $y(n) = x(n) * h(n)$,这时无法直接应用 DFT,但可将线性卷积转化为循环卷积,再利用 DFT 方法,如图 4.9 所示。首先分别将 $x(n)$ 补 $N_2 - 1$ 个零,将 $h(n)$ 补 $N_1 - 1$ 个零,然后分别计算 N 点的 DFT[$x(n)$]和 DFT[$h(n)$],将 $X(k)$ 与 $H(k)$ 相乘后,再作 N 点的 IDFT 运算,求得序列为 $y(n)$。

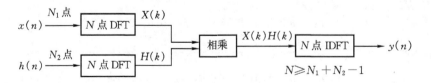

图 4.9　用循环卷积计算线性卷积的流程图

2. 时宽不定序列的情况

在实际问题中,并不总是可以通过上述补零的方法利用循环卷积代替线性卷积。例如在语

音信号滤波处理中,往往将一个时宽不定的语音采样序列和一个有限时宽的序列进行卷积,虽然在理论上可以将整个波形存储起来,然后做大点数的 DFT 运算得到线性卷积,但这样做运算量太大。另外,这种方法还存在一个问题,就是输入数据没有收集完之前算不出一个过滤点来,而在实际应用中又要求避免这样大的延时。下面讨论解决这一问题的重叠相加法和重叠保留法。

1) 重叠相加法

重叠相加法是将待处理的序列分成长度为 N_1 的几个小片段,每一段与有限长的单位冲激响应 $h(n)$ 作卷积,然后再将各段的计算结果重叠相加。

设有限长单位冲激响应 $h(n)$ 如图 4.10(a)所示,长度为 M,待处理的信号 $x(n)$ 如图 4.10(b)所示,将 $x(n)$ 分成若干长度为 N_1 的片段,如图 4.10(c)所示,第 i 段 $x_i(n)$ 表示为

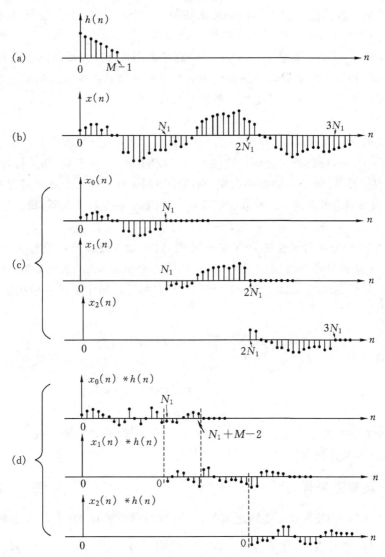

图 4.10　利用重叠相加法进行卷积

(a)单位冲激响应 $h(n)$;(b)待处理信号 $x(n)$;(c)将 $x(n)$ 分解成长度为 N_1 的互不重叠的几段;(d)每一段和 $h(n)$ 卷积的结果

$$x_i(n) = \begin{cases} x(n), & iN_1 \leqslant n \leqslant (i+1)N_1 - 1 \\ 0, & \text{其他 } n \end{cases} \tag{4.84}$$

因此 $x(n)$ 等于 $x_i(n)$ 之和,即

$$x(n) = \sum_i x_i(n) \tag{4.85}$$

于是 $x(n)$ 与 $h(n)$ 的线性卷积等于各 $x_i(n)$ 和 $h(n)$ 的线性卷积之和,即

$$x(n) * h(n) = \sum_i x_i(n) * h(n) \tag{4.86}$$

由于 $x_i(n)$ 只有 N_1 个非零点,并且 $h(n)$ 的长度为 M,所以式(4.86)中的每个线性卷积 $x_i(n)$ $* h(n)$ 的长度为 $N_1 + M - 1$,这样,线性卷积 $x_i(n) * h(n)$ 可用 $N \geqslant N_1 + M - 1$ 点的 DFT 来计算。由于每一个输入段的起点和相邻段的起点相隔 N_1 个点,又由于经卷积运算所得到的每一段长度为 $(N_1 + M - 1)$,故用式(4.86)求和时,处理后的各段中有 $(M-1)$ 个非零点与相邻段重叠,如图 4.10(d)所示。而结果 $x(n) * h(n)$ 则是将图 4.10(d)所示的各段相加而成。这种由处理后的各段相加构成最后输出的方法称为重叠相加法。产生重叠的原因是由于每一输入段与单位冲激响应线性卷积的长度大于各段的长度。

2) 重叠保留法

重叠保留法相当于对 N 点 $x_i(n)$ 和 M 点 $h(n)$ 作 N 点循环卷积,然后取出循环卷积中相应于线性卷积的那一部分,最后将这些部分连接起来形成输出。具体来说,如果计算 M 点的单位采样响应与 N 点波形段($M < N$)的循环卷积,则结果序列中前 $M-1$ 个点与实现线性卷积得到的点是不同的,只有剩下的点是与线性卷积结果相同。因此,在这种情况下,我们将 x_i 定义为

$$x_i(n) = x[n + i(N - M + 1)], \quad 0 \leqslant n \leqslant N - 1 \tag{4.87}$$

也就是说将波形 $x(n)$ 分成若干长度为 N 的小片段,每个输入段和前一段有 $M-1$ 个重叠点。图 4.11(a)示出了这种分段方法,每一段和 $h(n)$ 的循环卷积用 $y_i'(n)$ 表示,如图 4.11(b)所示。去掉每个输出序列段在区间 $0 \leqslant n \leqslant M - 2$ 的部分,把各相邻段留下来的点衔接起来,就构成最终的卷积结果,即

$$y(n) = \sum_{i=0}^{\infty} y_i[n - i(N - M + 1)] \tag{4.88}$$

式中

$$y_i(n) = \begin{cases} y_i'(n), & M - 1 \leqslant n \leqslant N - 1 \\ 0, & \text{其他 } n \end{cases} \tag{4.89}$$

由于在这种方法中的每一个输入段均由 $N - M + 1$ 个新的点和前一段保留下来的 $M-1$ 个点组成,故称之为重叠保留法。

4.2.4　z 域频率采样

由前面 4.1.3 节对 DFS 与 z 变换之间关系的讨论可知,利用 DFT 可以实现在 z 域对频率进行等间隔采样,即对 $X(z)$ 在单位圆上以 $\dfrac{2\pi}{N}$ 等间隔采样。这样很自然地使我们想到,能否对任意一个频率特性都可用频率采样的办法去逼近它?这是一个很有实际意义的问题。弄清这个问题,就能在频域中用适当的数字逼近方法实现所希望的频率特性,例如在第 7 章用频率采样的方法设计有限冲激响应(FIR)数字滤波器等。

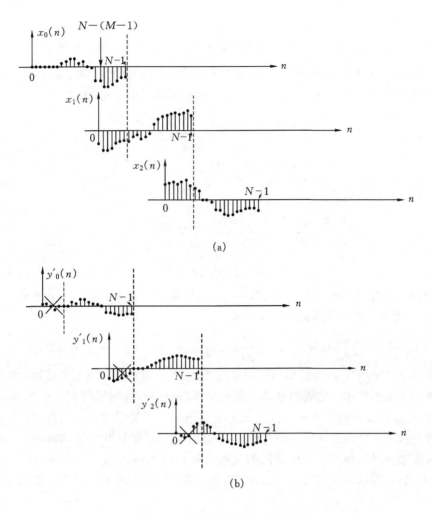

图 4.11　利用重叠保留法进行卷积

(a) 将 $x(n)$ 分解成长度为 N 且相互重叠的序列段；(b) 每一段与单位冲激 $h(n)$ 循环卷积的结果

（在构成线性卷积时，处理后各段中要去掉的部分已在图中标出）

1. 频率采样与 $X(z)$ 之间的关系

先考虑一个任意的绝对可加的序列 $x(n)$，可以是一无限长的，它的 z 变换为

$$X(z) = \sum_{n=-\infty}^{\infty} x(n) z^{-n} \tag{4.90}$$

假定 $X(z)$ 的收敛域包括单位圆，在单位圆上以 $\omega = \dfrac{2\pi}{N}$ 等间隔对 $X(z)$ 进行 N 点采样得到一个 DFS 序列，即

$$\widetilde{X}(k) = X(z) \mid_{z=e^{j\frac{2\pi}{N}k}} = \sum_{n=-\infty}^{\infty} x(n) e^{-j\frac{2\pi}{N}kn} = \sum_{n=-\infty}^{\infty} x(n) W_N^{kn}, \quad k = 0, \pm 1, \pm 2, \cdots \tag{4.91}$$

$\widetilde{X}(k)$ 是周期的，其周期为 N。$\widetilde{X}(k)$ 的 IDFS 为

$$\widetilde{x}(n) = \mathrm{IDFS}[\widetilde{X}(k)] \tag{4.92}$$

或

$$\widetilde{x}(n) = \sum_{r=-\infty}^{\infty} x(n+rN) = \cdots + x(n-N) + x(n) + x(n+N) + \cdots \qquad (4.93)$$

它的周期也为 N。显然,任意序列 $x(n)$ 和这个周期序列 $\widetilde{x}(n)$ 之间一定存在某种关系。

先从周期序列 $\widetilde{x}_N(n)$ 开始。设 $\widetilde{x}_N(n)$ 是 $x_N(n)$ 的周期延拓序列,由式(4.11)有

$$\widetilde{x}_N(n) = \text{IDFS}[\widetilde{X}(k)] = \frac{1}{N}\sum_{k=0}^{N-1}\widetilde{X}(k)W_N^{-kn}$$

$$= \frac{1}{N}\sum_{k=0}^{N-1}X(k)W_N^{-kn} \qquad (4.94)$$

将式(4.91)代入式(4.94),得

$$\widetilde{x}_N(n) = \frac{1}{N}\sum_{k=0}^{N-1}\Big[\sum_{m=-\infty}^{\infty}x(m)W_N^{km}\Big]W_N^{-kn}$$

$$= \sum_{m=-\infty}^{\infty}x(m)\Big[\frac{1}{N}\sum_{k=0}^{N-1}W_N^{(m-n)k}\Big] \qquad (4.95)$$

由式(4.6)可知,只有当 $((m-n))_N = 0$,即 $m = n + lN$ 时(l 为任意整数),上式右边的方括号内的求和值为 1,否则为零。所以上式可以写成

$$\widetilde{x}_N(n) = \sum_{l=-\infty}^{\infty} x(n+lN) = \cdots + x(n-N) + x(n) + x(n+N) + \cdots \qquad (4.96)$$

上式说明 $\widetilde{x}_N(n)$ 是原序列 $x(n)$ 的周期延拓序列,即得到的周期序列是由非周期序列按一定周期不断重复出现而形成的。它表明在单位圆上对 $X(z)$ 采样,在时域得到一个周期序列,这个序列是原序列 $x(n)$ 和它的无穷多个移位 $\pm N$ 整数倍的序列复本的线性组合。这让我们联想起 1.6 节讨论过的一个关系式(1.80),就是时域连续信号的傅里叶变换和将该信号周期性采样得到时域离散信号的傅里叶变换之间的关系。我们将式(4.96)与 1.6 节中的式(1.80)对比,就不难看出,与时域采样造成频域的周期延拓类似,频域上的采样同样也造成了时域的周期延拓。

现在的问题是:$X(z)$ 经采样后,信息有无损失? 能否由 $X(k)$ 恢复 $X(e^{j\omega})$? 或者说从频率采样 $X(k)$ 的傅里叶反变换中所得到的有限长序列 $x_N(n)$ 是否能代表原序列 $x(n)$? 下面就来讨论这一问题。

如果 $x(n)$ 是长度为 M 的有限长序列,则当 $N < M$ 时,即频率采样间隔不够密时,$x(n)$ 的周期重复就会出现某些序列值混叠在一起,这样就不可能从 $\widetilde{x}(n)$ 中无失真地恢复出原序列,这就是频率采样中的混叠现象。因此,对于有限长序列

$$x(n) = \begin{cases} \widetilde{x}(n), & 0 \leqslant n \leqslant M-1 \\ 0, & \text{其他 } n \end{cases}$$

频率采样不失真的条件是 $N \geqslant M$,即频率采样的分辨率 N 要等于或大于原序列的长度 M,下式才能成立

$$x_N(n) = \widetilde{x}(n)R_N(n)$$

$$= \sum_{l=-\infty}^{\infty} x(n+lN)R_N(n)$$

$$= x(n), \qquad N \geqslant M \qquad (4.97)$$

因此,若 $x(n)$ 是无限长序列,则 $x_N(n)$ 将不可能完全消除误差,只能随着频域采样点数 N

增大来逐渐接近 $x(n)$。

例 4.4　设序列 $x_1(n) = \{x(0), x(1), x(2), x(3), x(4), x(5)\} = \{6, 5, 4, 3, 2, 1\}$，它的离散时间傅里叶变换 $X_1(e^{j\omega})$ 在 $\omega_k = \dfrac{2\pi}{4}k, k = 0, \pm 1, \pm 2, \pm 3, \cdots$ 被采样，得到 DFS 序列 $\widetilde{X}_2(k)$。求 $\widetilde{X}_2(k)$ 的 IDFS 序列 $\widetilde{x}_2(n)$。

解　此题不用计算 DTFT、DFS 和 IDFS，只需利用式(4.96)就能求出 $\widetilde{x}_2(n)$ 为

$$\widetilde{x}_2(n) = \sum_{l=-\infty}^{\infty} x_1(n + 4l)$$

由此，序列的 $x(4)$ 混叠到 $x(0)$，$x(5)$ 混叠到 $x(1)$ 中去了，所以有

$$\widetilde{x}_2(n) = \{\cdots, 8, 6, 4, 3, \underset{\underset{\widetilde{x}_2(0)}{\uparrow}}{8}, 6, 4, 3, 8, 6, 4, 3, \cdots\}$$

其中 $\widetilde{x}_2(0) = 8$。

2. 频率采样的内插公式

对于长度为 N 的有限长序列 $x(n)$，其 N 个频域采样 $X(k)$ 就可以无失真地表示它，换句话说，这 N 个采样值 $X(k)$ 可以完整地表达 $X(z)$ 函数及其频响 $X(e^{j\omega})$。下面推导 $X(k)$ 与 $X(z)$ 之间关系的内插公式。

将式(4.39a)和式(4.39b)所表示的 N 点有限长序列 $x(n)$ 的离散傅里叶变换对重写如下

$$\mathrm{DFT}[x(n)] = X(k) = \sum_{n=0}^{N-1} x(n) W_N^{kn} \tag{4.98a}$$

$$\mathrm{IDFT}[X(k)] = x(n) = \frac{1}{N} \sum_{k=0}^{N-1} X(k) W_N^{-kn} \tag{4.98b}$$

对式(4.98b)的 $x(n)$ 进行 z 变换，得

$$\begin{aligned}
X(z) &= \sum_{n=0}^{N-1} x(n) z^{-n} = \sum_{n=0}^{N-1} \left[\frac{1}{N} \sum_{k=0}^{N-1} X(k) W_N^{-kn} \right] z^{-n} \\
&= \frac{1}{N} \sum_{k=0}^{N-1} X(k) \left[\sum_{n=0}^{N-1} (W_N^{-k} z^{-1})^n \right]
\end{aligned} \tag{4.99}$$

对上式等号右边括号内的等比多项式求和，求得用 $X(z)$ 的采样值 $X(k)$ 表示的内插公式

$$X(z) = \frac{1 - z^{-N}}{N} \sum_{k=0}^{N-1} \frac{X(k)}{1 - W_N^{-k} z^{-1}} = \sum_{k=0}^{N-1} X(k) \Phi_k(z) \tag{4.100}$$

式中内插函数为

$$\Phi_k(z) = \frac{1}{N} \frac{1 - z^{-N}}{1 - W_N^{-k} z^{-1}} \tag{4.101}$$

将 $z = e^{j\omega}$ 代入式(4.100)，有

$$X(e^{j\omega}) = \sum_{k=0}^{N-1} X(k) \Phi_k(e^{j\omega}) \tag{4.102}$$

式中

$$\begin{aligned}
\Phi_k(e^{j\omega}) &= \frac{1}{N} \frac{1 - e^{-jN\omega}}{1 - e^{-j(\omega - 2k\pi/N)}} \\
&= \frac{1}{N} \frac{\sin(\omega N/2)}{\sin[(\omega - 2k\pi/N)/2]} e^{-j(\frac{(N-1)\omega}{2} + \frac{k\pi}{N})}
\end{aligned} \tag{4.103}$$

将式 $\Phi_k(\mathrm{e}^{\mathrm{j}\omega})$ 表示为

$$\Phi_k(\mathrm{e}^{\mathrm{j}\omega}) = \Phi\left(\omega - \frac{2\pi}{N}k\right)$$

其中

$$\Phi(\omega) = \frac{1}{N}\,\frac{\sin(\omega N/2)}{\sin(\omega/2)}\mathrm{e}^{-\mathrm{j}\omega\left(\frac{N-1}{2}\right)}$$

因此,式(4.102)可写成

$$X(\mathrm{e}^{\mathrm{j}\omega}) = \sum_{k=0}^{N-1} X(k)\Phi\left(\omega - \frac{2\pi}{N}k\right) \tag{4.104}$$

式(4.104)就是由样本 $X(k)$ 重建 $X(\mathrm{e}^{\mathrm{j}\omega})$ 的内插公式,该公式表明,有限长为 N 的序列 $x(n)$ 的 z 变换 $X(z)$ 和离散时间傅里叶变换 $X(\mathrm{e}^{\mathrm{j}\omega})$ 可以由其在 z 平面单位圆上的 N 个"频率采样"来表示。正如在第 7 章讨论 FIR 滤波器的频率采样设计法将要指出的,这个表达式是实现有限时宽单位采样响应系统(即有限冲激响应滤波器)的一种依据。由于 $\Phi(0)=1$,有 $X(\mathrm{e}^{\mathrm{j}\frac{2\pi}{N}k}) = X(k)$,这表示在采样点上的内插值就是原始信号,而采样点间的函数值是 N 个 $\Phi\left(\omega - \frac{2\pi}{\omega}k\right)$ 内插函数由采样值 $X(k)$ 的加权线性组合形成。

式(4.104)与 1.7 节由采样信号恢复模拟信号的时域内插公式(1.90)

$$x(t) = \sum_{n=-\infty}^{\infty} x(nT)\,\mathrm{sinc}\left[\frac{\pi}{T}(t - nT)\right]$$

在形式上是很类似的。

如果把式(4.100)应用于有限冲激响应系统的设计,由于系统函数 $H(z)$ 是有限冲激响应 $h(n)$ 的 z 变换,取 $h(n)$ 的持续长度为 N,则可得到

$$H(z) = \frac{1 - z^{-N}}{N}\sum_{k=0}^{N-1}\frac{H(k)}{1 - W_N^{-k}z^{-1}} \tag{4.105}$$

$H(k)=H(\mathrm{e}^{\mathrm{j}\frac{2\pi}{N}k})$,可见 $H(z)$ 是由 N 个采样滤波器并联构成,如图 4.12 所示。

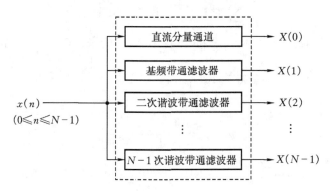

图 4.12　DFT 等效为 N 个采样滤波器

4.3　离散傅里叶变换应用中的问题与参数选择

在应用 DFT 解决实际问题时常常会遇到下列几个问题:①频谱混叠;②频谱泄漏;③栅栏

效应。这些问题都涉及到 DFT 的参数选择。

4.3.1 频谱混叠

在 1.5 节中讨论了对连续信号的采样,如果采样频率选得过高,即采样间隔 T 过小,则在一定的时间内采样点数过多,造成计算机存储量增大,计算时间过长。但采样频率过低,则采样信号序列的 DFT 运算结果在频域出现混叠现象,形成频谱失真,使之不能反映原来的信号,这将使进一步的数字处理失去依据而不能从失真的频谱中恢复出原来的信号。因此,对连续信号采样的频率必须大于两倍奈奎斯特频率,即采样频率 f_s 至少应等于或大于信号所含有的最高频率 f_0 的两倍(参见式(1.82)),即

$$f_s \geqslant 2f_0 \tag{4.106}$$

实际应用时,f_s 常取 $3f_0 \sim 4f_0$。

4.3.2 频谱泄漏

频谱泄漏现象是指信号的频谱经过系统处理后,以前没有频谱的区间出现了频谱,即产生了频谱泄漏。

实际问题中所遇到的离散时间序列 $x(nT)$(采样周期为 T)往往是非时限的,而处理这个序列时需要将它截短。所谓截短就是将该序列限定为有限的 N 点,使该序列 N 点以外的值为零,等价于将该序列乘以一个窗口函数 $w(nT)$ 或 $w(t)$。根据频域卷积定理,时域中 $x(nT)$ 与 $w(t)$ 相乘,则频域中 $X(j\Omega)$ 与 $W(j\Omega)$ 进行卷积。这样将使 $x(nT)$ 截短后的频谱不同于它加窗以前的频谱。下面用一个简单的例子来说明这一问题。

例 4.5 设序列 $x(nT) = e^{j\Omega_0 nT}$ 在频域中的谱线大小为 $2\pi/T$,位于 $\Omega = \Omega_0 + k\Omega_s$ 处,如图 4.13(a)所示,这里 $\Omega_s = 2\pi/T$,T 为采样间隔,k 为任意整数。但当加上矩形窗后,频域中的 $X(j\Omega)$ 要与矩形窗的 $W(j\Omega)$ 相卷积,卷积后的频谱如图 4.13(b)所示。这时,原来在 Ω_0 处的一根谱线变成了以 Ω_0 为中心的,其形状为内插函数 $S_a(\Omega t/2)$ 的连续谱线。此时,$X(j\Omega)$ 的频率成分从 Ω_0 处"泄漏"到其他频率处。为了把泄漏现象看得更清楚,图 4.13(b)中只示出了 Ω_0 处的情况,其他 $\Omega_0 + k\Omega_s$ 频率处的类似波形没有给出。考虑所有的卷积结果 $X(j\Omega) * W(j\Omega)$,则还会在其他 $\Omega_0 + k\Omega_s$ 频率处有混叠现象产生。

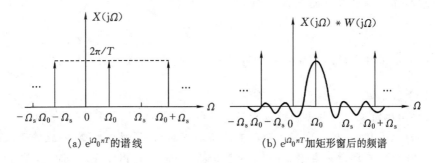

(a) $e^{j\Omega_0 nT}$ 的谱线   (b) $e^{j\Omega_0 nT}$ 加矩形窗后的频谱

图 4.13 例 4.5 加窗对频谱的影响

在上述例子中,频谱泄漏现象是由于使用矩形窗函数造成的。矩形窗是滤波器设计和序列截断时常用的窗函数,其时域和频域的波形如图 4.14 所示。频域中 $|\Omega| < 2\pi/\tau$ 的部分称为

$W(\mathrm{j}\Omega)$ 的主瓣,其余两边称为旁瓣。从图中可以看出,加大时域窗口宽度 τ,主瓣和旁瓣将变窄,这样可使泄漏减少,但无限加大窗口宽度等于对 $x(nT)$ 不截短,因此不能用这种方法来减少泄漏。为了尽量减少泄漏应选择一类旁瓣小主瓣窄的窗函数。关于这个问题将在第 7 章的 FIR 数字滤波器窗函数设计法中详细讨论。

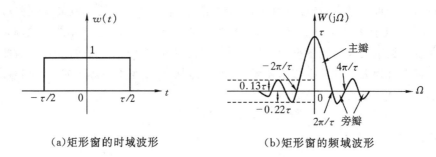

(a)矩形窗的时域波形　　　　　　　　　(b)矩形窗的频域波形

图 4.14　矩形窗 $w(t)$ 的时域与频域波形

4.3.3　栅栏效应

如果模拟信号 $x(t)$ 是非周期函数,且它的频谱是连续的,对 $x(t)$ 的 N 点采样序列进行 DFT 运算后,得到的频谱 $X(k)$ 只能是连续频谱 $X(\mathrm{e}^{\mathrm{j}\omega})$ 上的若干采样点。正如 4.2.4 节所讨论的那样,DFT 的结果是 N 个采样滤波器的并联输出(如图 4.12 所示),这就好像是在栅栏的一边通过缝隙观察另一边的景象一样,故称这种现象称为栅栏效应。为了把被"栅栏"挡住的频谱分量检测出来,可以采用在原采样序列的末端补零的方法,即增大频域采样的 N 值。采用补零可以看到由于采样点位置错位而未显现出的频率,但并不能提高由于物理频率分辨率的缺少而损失的频率分辨率,即原先不能分开的频率,补零后仍然不能分开,这一现象将在 4.3.4 节进一步讨论。

通常只要采样频率选择适当,频谱被"栅栏"挡住的情况会得到改善,所以栅栏效应在许多情况下是可以克服的。下面通过一个例子说明栅栏效应及其如何克服这种现象。

例 4.6　待处理的原采样序列为 8 个采样点(序列长度 $N=8$),在 8 个采样点之后再加 4 个零,于是新的序列的长度 N' 变为 12。原来在频域中 8 个间隔的总长度对应采样频率 f_s 或 2π,此时的数字角频率的采样间隔为

$$\Delta\omega = \frac{2\pi}{8} = \frac{\pi}{4}$$

补零后 12 个频率采样点的总长度对应于同样的采样频率,则频率的采样间隔为

$$\Delta\omega' = \frac{2\pi}{12} = \frac{\pi}{6}$$

所以每个采样间隔所表示的频率值就改变了。这样,$X(k'),k'=0,1,\cdots,N'-1(N'=12)$ 就代表了与 $X(k),k=0,1,\cdots,N-1(N=8)$ 在不同频率下的谱线,所以改变 N 就等于改变"栅栏"缝隙的间隔,就可以看到原来看不见的"景象"。这种情况可用图 4.15 来说明,信号 $x(t)$ 的时间长度 t_n 分为 N 个间隔,每段时间为 T,即采样周期为 T,于是 $t_n=NT$,采样频率 f_s 是采样间隔的倒数,即 $f_s=1/T$。把 f_s 分为 N 等分,即频率间隔

$$\Delta f = \frac{f_s}{N}$$

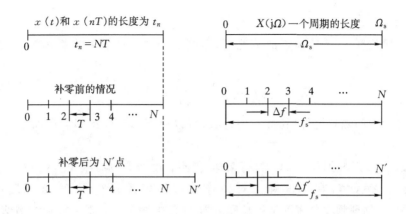

图 4.15　栅栏效应的说明

所谓 $X(k)$ 就是 $X\left(k\dfrac{f_s}{N}\right)$，即有 $\omega_k = \dfrac{2\pi}{N}k$ 处的频谱。如果把 $x(nT)$ 的长度后边补几个零，使序列长度从 N 增加到 N'，而采样间隔 T 没有变，因为

$$\Delta f' = \frac{f_s}{N'}$$

所以

$$\Delta f' < \Delta f$$

因此，$X\left(k\dfrac{f_s}{N'}\right)$ 中在 $\omega_{k'} = \dfrac{2\pi}{N'}k$ 处的频谱值与 $\omega = \dfrac{2\pi}{N}k$ 处的频谱值是不同的。

4.3.4　离散傅里叶变换的参数选择(频率分辨率与计算长度)

为了避免 DFT 运算中出现上述问题，必须合理地选择有关参数。

1. DFT 计算的频率分辨率与信号的物理分辨率

如果已知信号的最高频率 f_h，为了在 DFT 运算中避免频谱混叠现象，要求采样率 f_s 满足香农采样定理，即 $f_s > 2f_h$。然后根据需要，确定频率分辨率 Δf[①]，即离散频谱中两相邻点间的频率间隔，也就是信号的基波频率。Δf 愈小则频率分辨率愈好。选择 Δf 后，可根据

$$N = \frac{f_s}{\Delta f} \tag{4.107}$$

来确定样本点数(为了能应用 FFT 算法，N 应取为 2^m，m 为正整数)。

由于两相邻采样点的时间间隔是采样频率 f_s 的倒数，即

$$T = \frac{1}{f_s} \tag{4.108}$$

故所需要的数据时间长度 t_n 等于 NT，即

---

① 数字信号处理中的分辨率可指时间分辨率和频率分辨率，而频率分辨率又可分为物理频率分辨率(physical frequency resolution)和计算频率分辨率(computational frequency resolution)。频率分辨率是指离散频谱中两相邻点间的频率间隔，它表示了将信号 $x(n)$ 中任意两个频率分开的最大能力。

$$t_n = NT = \frac{N}{f_s} \tag{4.109}$$

在数据时间长度 t_n 已经确定的情况下,不能靠增加采样点数来提高频率分辨率,这是因为

$$\Delta f = \frac{f_s}{N} = \frac{1}{NT} = \frac{1}{t_n} \tag{4.110}$$

N 越大则采样时间间隔越短,但其乘积仍是 t_n,所以提高频率分辨率需增加原始数据的有效时间长度 t_n。

以采样频率 f_s 对模拟信号 $x(t)$ 进行采样,得到长度为 L 的有限长序列 $x(n)$,其离散时间傅里叶变换为 $X(e^{j\omega})$,在单位圆上对该连续谱均匀采样得到 N 点离散谱 $X(k) = X(e^{j\omega})|_{\omega=(2\pi/N)k}$。物理频率分辨率是指长度为 L 的信号序列 $x(n)$ 对应的连续谱 $X(e^{j\omega})$ 能够分辨的最小频率,定义为

$$f_p = \frac{f_s}{L} \quad \text{或} \quad \omega_p = \frac{2\pi}{L} \tag{4.111}$$

计算频率分辨率是指连续谱 $X(e^{j\omega})$ 在单位圆上通过 N 点均匀采样后得到的离散谱相邻谱线的距离,其定义为

$$f_c = \frac{f_s}{N} \quad \text{或} \quad \omega_c = \frac{2\pi}{N} \tag{4.112}$$

下面通过一个具体的例子说明物理频率分辨率和计算频率分辨率的区别。

例 4.7　一模拟信号 $x(t)$ 由等强度的频率为 $f_1 = 2 \text{ kHz}, f_2 = 2.5 \text{ kHz}, f_3 = 3 \text{ kHz}$ 的正弦信号

$$x(t) = \cos(2\pi f_1 t) + \cos(2\pi f_2 t) + \cos(2\pi f_3 t)$$

组成。利用 10 kHz 的采样频率对上述信号进行采样,分别取两种不同采样点数,即采样序列的长度为 $L=10$ 和 $L=20$。试问:取哪种序列长度可以分离该模拟信号 $x(t)$ 所含有的三个正弦信号?

解　$x(t)$ 中包含的频率分量的最小间隔为

$$\Delta f = 2.5 \text{ kHz} - 2 \text{ kHz} = 0.5 \text{ kHz}$$

要使上述信号中的三种频率分量得到分离,则物理频率分辨率必须满足

$$f_p = \frac{f_s}{L} \leqslant \Delta f$$

因此,得到

$$L \geqslant \frac{f_s}{\Delta f}$$

代入 $f_s = 10 \text{ kHz}$, $\Delta f = 0.5 \text{ kHz}$,则得到 L 必须满足

$$L \geqslant 20$$

图 4.16(a)和(d)示出了其样本数即长度 $L=10$ 和 $L=20$ 两种情况下的采样序列 $x(n)$,图 4.16(b)、(c)、(e)和(f)分别给了对应的离散傅里叶变换 $X(k)$ 和离散时间傅里叶变换 $X(e^{j\omega})$。从图 4.16(b)和(c)可以看出,当 $L=10$ 时,由于物理分辨率太低导致频率采样位置偏离正确的位置,不论计算分辨率如何的高(N 取大的值),$X(k)$ 都不能分辨包含在该模拟信号中的三个频率分量;同时应该看到,相同原始序列长度 L 的条件下,频率采样点数 N 的增加

仅仅平滑了频谱。从图 4.16(e)和(f)中可以看出,对于 $L=20$,由于其物理频率分辨率等于原始信号中三个频率的最小间隔,因此在离散谱 $X(k)$ 和其连续谱 $X(\mathrm{e}^{\mathrm{j}\omega})$ 中均可以清楚地看到三个独立的频率分量。

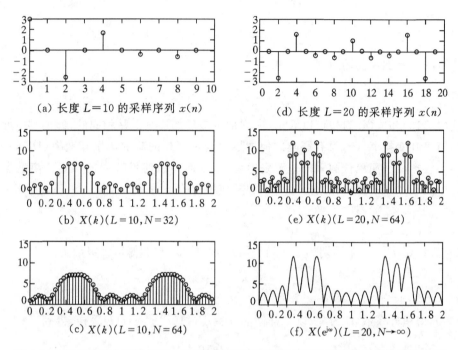

图 4.16　例 4.7 两个不同长度 L 的采样序列及其对应不同 N 的离散傅里叶变换 $X(k)$
和离散时间傅里叶变换 $X(\mathrm{e}^{\mathrm{j}\omega})$

2. 改变计算长度——补零

在许多实际应用中,有时需要对有限长输入信号序列进行加零预处理,即改变序列的计算长度。序列加零可分为前加零、后加零以及中间加零等三种情况,这三种不同的加零方式对信号的连续谱和离散谱有不同的影响。下面只讨论序列后加零对序列频谱的影响。

假定一个长度为 L 的有限长序列 $x_L(n)$,其离散时间傅里叶变换为 $X(\mathrm{e}^{\mathrm{j}\omega})$,在单位圆上对连续谱 $X(\mathrm{e}^{\mathrm{j}\omega})$ 进行 N 点均匀采样得到 $X_N(k)$,这里假设 $L\leqslant N$。现在对序列 $x_L(n)$ 加零得到一个长度为 N 的序列 $x_N(n)=[x_L(n),0,\cdots,0]$,加零后序列 $x_N(n)$ 的离散时间傅里叶变换(DTFT)为

$$
\begin{aligned}
X_N(\mathrm{e}^{\mathrm{j}\omega}) &= \sum_{n=0}^{N-1} x_N(n)\mathrm{e}^{-\mathrm{j}\omega n} \\
&= \sum_{n=0}^{L-1} x_N(n)\mathrm{e}^{-\mathrm{j}\omega n} + \sum_{n=L}^{N-1} x_N(n)\mathrm{e}^{-\mathrm{j}\omega n} \\
&= \sum_{n=0}^{L-1} x_L(n)\mathrm{e}^{-\mathrm{j}\omega n} \\
&= X_L(\mathrm{e}^{\mathrm{j}\omega})
\end{aligned}
\tag{4.113}
$$

加零后序列的离散傅里叶变换(DFT)为

$$X_N(k) = \sum_{n=0}^{N-1} x_N(n) \mathrm{e}^{-\mathrm{j}\frac{2\pi}{N}nk}$$

$$= \sum_{n=0}^{L-1} x_N(n) \mathrm{e}^{-\mathrm{j}\frac{2\pi}{N}nk} + \sum_{n=L}^{N-1} x_N(n) \mathrm{e}^{-\mathrm{j}\frac{2\pi}{N}nk}$$

$$= \sum_{n=0}^{L-1} x_N(n) \mathrm{e}^{-\mathrm{j}\frac{2\pi}{N}nk} \neq X_L(k), \quad k = 0,1,2,\cdots,N-1 \qquad (4.114)$$

式中 $X_L(k)$ 是加零前的序列的 DFT

$$X_L(k) = \sum_{n=0}^{L-1} x_L(n) \mathrm{e}^{-\mathrm{j}\frac{2\pi}{L}nk}$$

由式(4.113)和式(4.114)可以看出,序列加零前后的连续谱是相同的,即加零对原序列的离散时间傅里叶变换 $X(\mathrm{e}^{\mathrm{j}\omega})$ 没有影响。但加零改变了序列的离散傅里叶变换(DFT),主要原因是加零导致在 z 平面单位圆采样位置发生变化,因此离散傅里叶变换得到的离散点谱值有所变化。序列后加零的主要作用是平滑了加零前序列的连续谱。

习　题

4.1　假设 $x(t)$ 是一个周期为 1 ms 的连续时间信号,它的傅里叶级数为

$$x(t) = \sum_{k=-9}^{9} a_k \mathrm{e}^{\mathrm{j}(2\pi kt/10^{-3})}$$

对于 $|k|>9$,傅里叶系数 a_k 为零,以采样间隔 $T=\frac{1}{6}\times10^{-3}$ s 对 $x(t)$ 采样,得到

$$x(n) = x\left(\frac{n10^{-3}}{6}\right)$$

(1) $x(n)$ 是周期的吗? 如果是,周期为多少?

(2) 采样周期 T 是否充分小而可以避免混叠?

(3) 利用 a_k 求出 $x(n)$ 的离散傅里叶级数系数。

4.2　在推导 DFS 的式(4.8)中用到复指数的正交性式(4.6)。为了证明这个等式,分别考虑 $k-r=mN$ 和 $k-r\neq mN$ 这两种条件。

(1) 当 $k-r=mN$ 时,证明 $\mathrm{e}^{\mathrm{j}(2\pi/N)(k-r)n}=1$,并由此式证明

$$\frac{1}{N}\sum_{n=0}^{N-1} \mathrm{e}^{\mathrm{j}(2\pi/N)(k-r)n} = 1, \quad k-r = mN$$

提示:因为在式(4.6)中 k 和 r 均为整数,所以可用 $k-r=l$ 进行替换,并且考虑到求和式

$$\frac{1}{N}\sum_{n=0}^{N-1} \mathrm{e}^{\mathrm{j}(2\pi/N)ln} = \frac{1}{N}\sum_{n=0}^{N-1} \left[\mathrm{e}^{\mathrm{j}(2\pi/N)l}\right]^n$$

因为上式是几何级数中有限项求和,有如下表达形式

$$\frac{1}{N}\sum_{n=0}^{N-1} \left[\mathrm{e}^{\mathrm{j}(2\pi/N)l}\right]^n = \frac{1}{N}\frac{1-\mathrm{e}^{\mathrm{j}(2\pi/N)lN}}{1-\mathrm{e}^{\mathrm{j}(2\pi/N)l}}$$

(2) l 取何值时,上式等号右边为不定式,即分子和分母均为零?

(3) 由(2)的结果证明:当 $k-r\neq mN$ 时,有

$$\frac{1}{N}\sum_{n=0}^{N-1} \mathrm{e}^{\mathrm{j}(2\pi/N)(k-r)n} = 0$$

4.3　由 4.1.2 节 DFS 的序列移位性质，可以推得：若 $\tilde{x}_1(n)=\tilde{x}(n-m)$，则

$$\tilde{X}_1(k) = W_N^{km}\tilde{X}(k)$$

式中 $\tilde{X}(k)$ 和 $\tilde{X}_1(k)$ 分别为 $\tilde{x}(n)$ 和 $\tilde{x}_1(n)$ 的 DFS 系数。

（1）利用式（4.8）并作适当的变量替换，证明 $\tilde{X}_1(k)$ 可表示成

$$\tilde{X}_1(k) = W_N^{kn}\sum_{r=-m}^{N-1-m}\tilde{x}(r)W_N^{kr}$$

（2）上式中的求和可写为

$$\sum_{r=-m}^{N-1-m}\tilde{x}(r)W_N^{kr} = \sum_{r=-m}^{-1}\tilde{x}(r)W_N^{kr} + \sum_{r=0}^{N-1-m}\tilde{x}(r)W_N^{kr}$$

利用 $\tilde{x}(r)$ 和 W_N^{kr} 均是周期的这一事实，证明

$$\sum_{r=-m}^{-1}\tilde{x}(r)W_N^{kr} = \sum_{r=N-m}^{N-1}\tilde{x}(r)W_N^{kr}$$

（3）由上面（1）和（2）得出的结果，证明

$$\tilde{X}_1(k) = W_N^{km}\sum_{r=m}^{N-1}\tilde{x}(r)W_N^{kr} = W_N^{km}\tilde{X}(k)$$

4.4　（1）利用离散傅里叶级数的定义，证明下列性质

序列　　　　　　　离散傅里叶级数

$\tilde{x}(n+m)$ 　　$\Leftrightarrow$　　$W_N^{km}\tilde{X}(k)$

$\tilde{x}^*(n)$ 　　　$\Leftrightarrow$　　$\tilde{X}^*(-k)$

$\tilde{x}^*(-n)$ 　　$\Leftrightarrow$　　$\tilde{X}^*(k)$

$\operatorname{Re}[\tilde{x}(n)]$ 　$\Leftrightarrow$　　$\tilde{X}_e(k)$

$j\operatorname{Im}[\tilde{x}(n)]$ 　$\Leftrightarrow$　　$\tilde{X}_o(k)$

（2）利用（1）的性质，证明对于一个实周期序列 $\tilde{x}(n)$，下列离散傅里叶级数的对称性质成立：

(a) $\tilde{X}(k)=\tilde{X}^*(-k)$

(b) $\operatorname{Re}[\tilde{X}(k)]=\operatorname{Re}[\tilde{X}(-k)]$

(c) $\operatorname{Im}[\tilde{X}(k)]=-\operatorname{Im}[\tilde{X}(-k)]$

(d) $|\tilde{X}(k)|=|\tilde{X}(-k)|$

(e) $\arg[\tilde{X}(k)]=-\arg[\tilde{X}(-k)]$

4.5　图 4.17 表示三个周期 $N=7$ 的周期序列 $\tilde{x}_1(n)$、$\tilde{x}_2(n)$ 和 $\tilde{x}_3(n)$，试求：

（1）序列 $\tilde{y}_1(n)$ 的 DFS 等于 $\tilde{x}_1(n)$ 的 DFS 和 $\tilde{x}_2(n)$ 的 DFS 的乘积，即

$$\tilde{Y}_1(k) = \tilde{X}_1(k)\tilde{X}_2(k)$$

（2）序列 $\tilde{y}_2(n)$ 的 DFS 等于 $\tilde{x}_1(n)$ 的 DFS 和 $\tilde{x}_3(n)$ 的 DFS 的乘积，即

$$\tilde{Y}_2(k) = \tilde{X}_1(k)\tilde{X}_3(k)$$

4.6　请叙述傅里叶级数、连续时间傅里叶变换、离散时间傅里叶变换和离散傅里叶变换所对应的是何种类型信号的傅里叶表示，它们之间存在着什么样的关系？

4.7　图 4.18 给出了几个不同的周期序列 $\tilde{x}(n)$，这些序列可用傅里叶级数表示为

$$\tilde{x}(n) = \frac{1}{N}\sum_{k=0}^{N-1}\tilde{X}(k)e^{j(2\pi/N)kn}$$

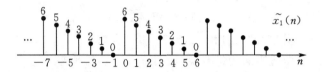

图 4.17 习题 4.5

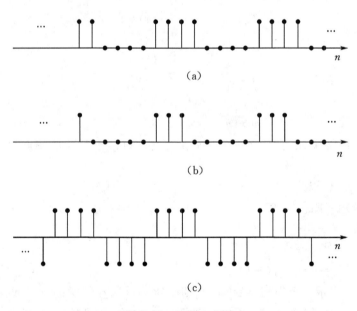

图 4.18 习题 4.7 图

(1) 哪一个序列可以通过选择时间起始点使所有的 $\widetilde{X}(k)$ 为实数?

(2) 哪一个序列可以通过选择时间起始点使所有的 $\widetilde{X}(k)$ 为虚数(k 为 0 和 N 的整数倍时除外)?

(3) 哪一个序列有 $\widetilde{X}(k) = 0, k = \pm 2, \pm 4, \pm 6, \cdots$?

4.8　考虑序列 $x(n) = a^n u(n), |a| < 1$,其周期序列 $\widetilde{x}(n)$ 由下式给出:

$$\widetilde{x}(n) = \sum_{k=-\infty}^{\infty} x(n + rN)$$

(1) 求 $x(n)$ 的离散时间傅里叶变换 $X(e^{j\omega})$；

(2) 求 $\tilde{x}(n)$ 的离散傅里叶级数 $\tilde{X}(k)$；

(3) $\tilde{X}(k)$ 与 $X(e^{j\omega})$ 有何联系？

4.9　计算下列每一个长度为 $N(N$ 为偶数)的有限长序列的 DFT：

(1) $x(n)=\delta(n)$

(2) $x(n)=\delta(n-n_0)$，　$0\leqslant n_0\leqslant N-1$

(3) $x(n)=\begin{cases}1, & n \text{ 为偶数},0\leqslant n\leqslant N-1 \\ 0, & n \text{ 为奇数},0\leqslant n\leqslant N-1\end{cases}$

(4) $x(n)=\begin{cases}1, & 0\leqslant n\leqslant N/2-1 \\ 0, & N/2\leqslant n\leqslant N-1\end{cases}$

(5) $x(n)=\begin{cases}a^n, & 0\leqslant n\leqslant N-1 \\ 0, & \text{其他 } n\end{cases}$

4.10　考虑复序列

$$x(n)=\begin{cases}e^{j\omega_0 n}, & 0\leqslant n\leqslant N-1 \\ 0, & \text{其他 } n\end{cases}$$

(1) 求 $x(n)$ 的离散时间傅里叶变换 $X(e^{j\omega})$；

(2) 求有限长序列 $x(n)$ 的 N 点 DFT；

(3) 对于 $\omega_0=2\pi k_0/N$，其中 k_0 为整数的情况，求 $x(n)$ 的 DFT。

4.11　一个有限长序列的 DFT 对应于它的 z 变换在单位圆上的采样样本。例如，一个 10 点序列 $x(n)$ 的 DFT 对应于 $X(z)$ 在如图 4.19(a)所示的 10 个等间隔点处的样本。希望求出 $X(z)$ 的如图 4.19(b)所示的围线上的等间隔的样本，也就是说，要得到

$$X(z)\big|_{z=0.5\,e^{j[(2\pi k/10)+(\pi/10)]}}$$

试证明如何从 $x(n)$ 得到一个序列 $x_1(n)$，使其 DFT 与 $X(z)$ 的所希望的样本相对应。

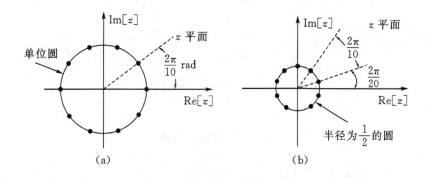

图 4.19　习题 4.11 图

4.12　设 $x(n)$ 为一个长度为 N 的有限长序列。证明

$$x((-n))_N = x((N-n))_N$$

4.13　一个有限长序列 $x(n)$ 如图 4.20 所示，请给出以下序列 $x_1(n)$ 和 $x_2(n)$ 的图形：

$$x_1(n) = x((n-2))_4，\quad 0\leqslant n\leqslant 3$$
$$x_2(n) = x((-n))_4，\quad 0\leqslant n\leqslant 3$$

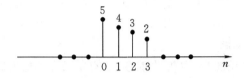

图 4.20　习题 4.13 图

4.14　设 $X(\mathrm{e}^{\mathrm{j}\omega})$ 为序列 $x(n)=\left(\dfrac{1}{2}\right)^{n}u(n)$ 的离散时间傅里叶变换,令 $y(n)$ 表示一个长度为 10 的有限长序列 $(0\leqslant n\leqslant 9)$,$y(n)$ 的 10 点 DFT 用 $Y(k)$ 表示,它对应于 $X(\mathrm{e}^{\mathrm{j}\omega})$ 的 10 个等间隔样本,即 $Y(k)=X(\mathrm{e}^{\mathrm{j}2\pi k/10})$,求 $y(n)$。

4.15　考虑一个长度为 P 的有限长序列 $x(n)(0\leqslant n\leqslant P-1)$,希望在 N 个等间隔频率处

$$\omega_k=\frac{2\pi k}{N},\quad k=0,1,\cdots,N-1$$

计算离散傅里叶变换的样本,确定并说明只利用一个 N 点 DFT 在下列两种情况下来计算傅里叶变换的 N 个样本的步骤:

(1) $N>P$;

(2) $N<P$(提示:考虑将时间混叠加在 $x(n)$ 上)。

4.16　两个 8 点序列 $x_1(n)$ 和 $x_2(n)$ 如图 4.21 所示(它们之间有循环移位的关系),其 DFT 分别为 $X_1(k)$ 和 $X_2(k)$,试确定 $X_1(k)$ 和 $X_2(k)$ 之间的关系式。

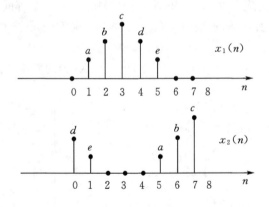

图 4.21　习题 4.16 图

4.17　设 $X(k)$ 表示 N 点序列 $x(n)$ 的 N 点 DFT。

(1) 证明:若 $x(n)$ 满足关系式 $x(n)=-x(N-1-n)$,则 $X(0)=0$。分别考虑 N 为偶数和 N 为奇数时的情况。

(2) 证明:若 N 为偶数,且 $x(n)=x(N-1-n)$,则 $X(N/2)=0$。

4.18　一个实序列 $x(n)$ 的偶部定义为

$$x_{\mathrm{e}}(n)=\frac{x(n)+x(-n)}{2}$$

假定 $x(n)$ 是一个有限长序列 $(0\leqslant n\leqslant N-1)$,其 N 点 DFT 为 $X(k)$。

（1）$\mathrm{Re}[X(k)]$ 是 $x_e(n)$ 的 DFT 吗？

（2）给出利用 $x(n)$ 表示的 $\mathrm{Re}[X(k)]$ 的 IDFT。

4.19　考虑如图 4.22 所示的实有限长序列 $x(n)$。

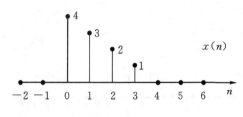

图 4.22　习题 4.19 图

（1）画出有限长序列 $y(n)$ 的图形，其 6 点 DFT 为
$$Y(k) = W_6^{4k} X(k)$$
式中 $X(k)$ 为 $x(n)$ 的 6 点 DFT。

（2）画出有限长序列 $w(n)$ 的图形，其 6 点 DFT 为
$$W(k) = \mathrm{Re}[X(k)]$$

（3）画出有限长序列 $q(n)$ 的图形，其 3 点 DFT 为
$$Q(k) = X(2k), \quad k = 0,1,2$$

4.20　图 4.23 表示两个有限长序列，给出它们 6 点循环卷积的图形。

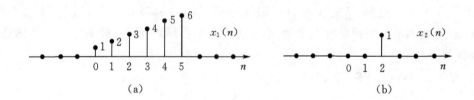

（a）　　　　　　　　　　　　　　（b）

图 4.23　习题 4.20 图

4.21　假设有两个 4 点序列 $x(n)$ 和 $h(n)$，表示式如下：
$$x(n) = \cos\left(\frac{\pi n}{2}\right), \quad n = 0,1,2,3$$
$$h(n) = 2^n, \qquad\quad n = 0,1,2,3$$

（1）计算 4 点 DFT $X(k)$；

（2）计算 4 点 DFT $H(k)$；

（3）直接用循环卷积计算 $y(n) = x(n)④h(n)$；

（4）利用将 $x(n)$ 和 $h(n)$ 的 DFT 相乘，然后求其 IDFT 的方法，计算（3）中的 $y(n)$。

4.22　求一个序列 $x(n)$，它能满足以下三个条件。

条件 1：$x(n)$ 的离散时间傅里叶变换有如下形式：
$$X(\mathrm{e}^{\mathrm{j}\omega}) = 1 + A_1\cos\omega + A_2\cos 2\omega$$
其中 A_1 和 A_2 为未知常数。

条件 2：当 $n=2$ 时所计算出的序列卷积 $x(n) * \delta(n-3)$ 的值为 5。

条件 3:对于图 4.24 所示的 3 点序列 $w(n)$,当 $n=2$ 时 $w(n)$ 和 $x(n-3)$ 的 8 点循环卷积的结果等于 11,即

$$\sum_{m=0}^{7} w(m)x((n-3-m))_8 \mid_{n=2} = 11$$

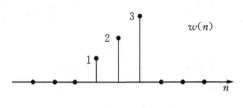

图 4.24　习题 4.22

4.23　设 $x(n)$ 为一 N 点序列,其 N 点 DFT 为 $X(k)$,由式(4.39a)和(4.39b)证明 DFT 的帕塞瓦定理

$$\sum_{m=0}^{N-1} \mid x(n) \mid^2 = \frac{1}{N}\sum_{k=0}^{N-1} \mid X(k) \mid^2$$

4.24　设 $x(n)$ 是一实有限长序列($0 \leqslant n \leqslant 9$),$X(e^{j\omega})$ 表示 $x(n)$ 的离散时间傅里叶变换,$X(k)$ 表示 $x(n)$ 的 10 点 DFT。请确定 $x(n)$,使得 $X(k)$ 对于全部的 k 为实数,并且

$$X(e^{j\omega}) = A(\omega)e^{j\alpha\omega}, \quad \omega \mid < \pi$$

式中 $A(\omega)$ 为实数,α 是一个非零实常数。

4.25　设一个长度为 N 的实非负有限长序列 $x(n)$($0 \leqslant n \leqslant N-1$),其 N 点 DFT 是 $X(k)$,且 $x(n)$ 的离散时间傅里叶变换为 $X(e^{j\omega})$。试确定下面的每一种表述是正确的还是错误的,并说明其理由。

(1) 若 $X(e^{j\omega})$ 可用下述形式表示:

$$X(e^{j\omega}) = B(\omega)e^{j\alpha\omega}$$

其中 $B(\omega)$ 是实数,且 α 为实常数,则 $X(k)$ 可表示成

$$X(k) = A(k)e^{j\gamma k}$$

式中 $A(k)$ 为实数,且 γ 为实常数。

(2) 若 $X(k)$ 可表示为

$$X(k) = A(k)e^{j\gamma k}$$

其中 $A(k)$ 为实数,且 γ 为实常数,则 $X(e^{j\omega})$ 可表示成如下形式:

$$X(e^{j\omega}) = B(\omega)e^{j\alpha\omega}$$

式中 $B(\omega)$ 为实数,且 α 为实常数。

4.26　怎样理解离散傅里叶变换类似于一组带通滤波器?

4.27　考虑图 4.25 所示的函数 $x(t)$,用 $N=6$ 对其采样。假如应用 DFT 对波形作谐波分析,那么采样间隔 T 应取多大?计算和画出 DFT 的结果,并与该函数的傅里叶级数比较,解释两者的差别。

4.28　令 $X(k)$ 表示 N 点序列 $x(n)$ 的 N 点 DFT,$X(k)$ 本身仍是 N 点序列,若对 $X(k)$ 作 DFT 运算,获得一新序列 $x_1(n)$,而有

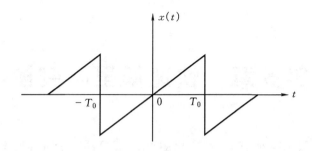

图 4.25　习题 4.27 图

$$x_1(n) = \sum_{k=0}^{N-1} X(k) W_N^{kn}$$

说明 $x_1(n)$ 和 $x(n)$ 的关系。

4.29　已知 N 点有限长序列 $x(n)$ 的 z 变换 $X(z)$ 及 N 点的 DFT 系数 $X(k)$,导出下列各序列的 DFT。

(1) $x(N-1-n)$,$0 \leqslant n \leqslant N-1$

(2) $x(2n)$,$0 \leqslant n < \dfrac{N}{2}$,$N$ 为偶数

(3) $y(n) = \begin{cases} x(n), & 0 \leqslant n \leqslant N-1 \\ 0, & N \leqslant n \leqslant 2N-1 \end{cases}$

4.30　设一阶线性系统的差分方程为

$$y(n) = 0.5y(n-1) + x(n)$$

(1) 给出系统的单位采样响应;

(2) 若输入 $x(n)$ 是周期为 N 的序列,可重新表示为 $x((n))_N$,则系统的稳态响应也是周期为 N 的序列,即 $y((n))_N$,因此,系统的差分方程可相应改写成

$$y((n))_N = 0.5y((n-1))_N + x((n))_N$$

现对上式进行 DFT 运算,利用 DFT 的基本性质,推导系统的频率响应 $H(k) = Y(k)/X(k)$;

(3) 说明 $H(k)$ 就是系统对周期性单位采样序列 $\delta((n))_N$ 的响应的 DFT。

第5章 快速傅里叶变换

第4章讨论了有限长序列 $x(n)$ 的 DFT 表示，DFT 实质上是对有限长序列 $x(n)$ 的 z 变换沿单位圆周进行 $\frac{2\pi}{N}$ 的等间隔采样，即在 N 个等间隔频率 $\omega_k = \frac{2\pi k}{N}$ 处计算 N 点 DFT。虽然可以利用式(4.39a)直接计算序列 $x(n)$ 的 DFT，但当序列长度很大时，运算时间很长。本章讨论计算 N 点 DFT 的高效算法，这类算法统称为快速傅里叶变换(fast Fourier transform，FFT)。FFT 的出现才使得傅里叶变换的应用进入到数字信号处理中去。

一般 FFT 算法需要计算 DFT 的所有 N 个值，但有时只需要计算 $0 \leqslant \omega \leqslant 2\pi$ 区间的部分频率点的 DFT 值，即在更一般的路径上对有限长序列的 z 变换进行频率采样，实现更为灵活的 DFT 计算，Chirp-z 变换就是这类算法的代表。

对本章内容的讨论，并不要求读者精通 FFT 算法本身，而是通过本章的学习能对 DFT 有更充分的理解，同时了解 FFT 的基本算法。

5.1 FFT 算法的基本原理

第4章的式(4.39a)定义了一个有限长序列 $x(n)(0 \leqslant n \leqslant N-1)$ 的 DFT，即

$$X(k) = \mathrm{DFT}[x(n)] = \sum_{n=0}^{N-1} x(n) W_N^{kn}, \quad 0 \leqslant k \leqslant N-1 \qquad (5.1)$$

式中 $W_N = \mathrm{e}^{-\mathrm{j}\frac{2\pi}{N}}$。式中 $x(n)$ 和 $X(k)$ 可以是复数，按复数形式展开式(5.1)，有

$$\begin{aligned}
X(k) = \sum_{n=0}^{N-1} \Big\{ &(\mathrm{Re}[x(n)]\mathrm{Re}[W_N^{kn}] - \mathrm{Im}[x(n)]\mathrm{Im}[W_N^{kn}]) \\
&+ \mathrm{j}(\mathrm{Re}[x(n)]\mathrm{Im}[W_N^{kn}] + \mathrm{Im}[x(n)]\mathrm{Re}[W_N^{kn}]) \Big\} \\
&0 \leqslant k \leqslant N-1
\end{aligned} \qquad (5.2)$$

式(5.1)也可表示成 N 个方程的计算。例如，若 $N=4$，那么式(5.1)可以写成

$$X(0) = x(0)W_4^0 + x(1)W_4^0 + x(2)W_4^0 + x(3)W_4^0$$
$$X(1) = x(0)W_4^0 + x(1)W_4^1 + x(2)W_4^2 + x(3)W_4^3$$
$$X(2) = x(0)W_4^0 + x(1)W_4^2 + x(2)W_4^4 + x(3)W_4^6$$
$$X(3) = x(0)W_4^0 + x(1)W_4^3 + x(2)W_4^6 + x(3)W_4^9$$

上面的方程式可以表示成矩阵形式

$$\begin{bmatrix} X(0) \\ X(1) \\ X(2) \\ X(3) \end{bmatrix} = \begin{bmatrix} W_4^0 & W_4^0 & W_4^0 & W_4^0 \\ W_4^0 & W_4^1 & W_4^2 & W_4^3 \\ W_4^0 & W_4^2 & W_4^4 & W_4^6 \\ W_4^0 & W_4^3 & W_4^6 & W_4^9 \end{bmatrix} \begin{bmatrix} x(0) \\ x(1) \\ x(2) \\ x(3) \end{bmatrix} \qquad (5.3)$$

考察式(5.1)或式(5.3)可以看出,由于 W_N 是复数,$x(n)$ 也有可能是复序列,计算每一个 $X(k)$ 值需要 N 次复数相乘和 $(N-1)$ 次复数相加。所以完成式(5.1)或式(5.3)的矩阵运算需要 N^2 次复数乘法和 $N(N-1)$ 次复数加法。

若用实数运算表示式(5.2),对于 $X(k)$ 的每个 k 值,需要进行 $4N$ 次实数相乘和 $(4N-2)$ 次实数相加,一次复数相乘需要 4 次实数相乘和 2 次实数相加。因此,对于 N 个 k 值,则共需 $4N^2$ 次实数相乘和 $N(4N-2)$ 次实数相加。因此,按式(5.2)直接运算的时间近似地比例于 N^2。若 N 值愈大,则运算量愈大。如 $N=1\,024$ 时,则需 $1\,048\,576$ 次复数乘法运算,这对于实时性要求很强的一些应用,如雷达信号处理、自动控制系统及语音识别中的信号处理,显然是没有实用意义。而 FFT 算法的好处在于,它减少了直接计算 DFT 所需的乘法和加法。

改进 DFT 计算效率的大多数方法利用了 W_N^{kn} 的周期性和对称性,即

(1) 对 n 和 k 的周期性:

$$W_N^{(k+N)n} = W_N^{k(n+N)} = W_N^{kn}$$

(2) 复共轭对称性:

$$W_N^{k(N-n)} = W_N^{-kn} = (W_N^{kn})^*$$

另外,由于 $W_N^{N/2} = \mathrm{e}^{-\mathrm{j}(2\pi/N)N/2} = -1$,因此,有

$$W_N^{(k+\frac{N}{2})} = W_N^{N/2} W_N^k = -W_N^k$$

利用对称性,即隐含的余弦和正弦函数的对称性,可将式(5.2)的和式中含有 n 和 $(N-n)$ 的项组合在一起,例如

$$\mathrm{Re}\{[x(n)]\mathrm{Re}[W_N^{kn}] + \mathrm{Re}[x(N-n)]\mathrm{Re}[W_N^{k(N-n)}]\}$$
$$= \{\mathrm{Re}[x(n)] + \mathrm{Re}[x(N-n)]\}\mathrm{Re}[W_N^{kn}]$$

同样

$$-\mathrm{Im}[x(n)]\mathrm{Im}[W_N^{kn}] - \mathrm{Im}[x(N-n)]\mathrm{Im}[W_N^{k(N-n)}]\}$$
$$= -\{\mathrm{Im}[x(n)] - \mathrm{Im}[x(N-n)]\}\mathrm{Im}[W_N^{kn}]$$

对式(5.2)的其他项也可作类似的组合。这样,乘法就减去一半。尽管还可利用当乘积 kn 取某些值时,正弦和余弦函数值为 1 或 0,可以省略掉相应的这些乘法。但仍然与 N^2 成正比,没有根本性的改进。然而,我们可以利用复序列 W_N^{kn} 的周期性,使得 DFT 的计算量显著减少。

同时利用 W_N^{kn} 的对称性和周期性减少计算量的计算方法,在高速数字计算出现之前,早已被人们所知,1942 年有学者给出了 DFT 计算量大体上与 $N\log N$ 成正比的算法,但到 1965 年 Cooly 和 Tukey 在利用复序列 W_N^{kn} 的对称性和周期性的基础上,发表了一种分解组合计算 DFT 的方法,随之出现了一大批高效计算算法,这类算法被称为快速傅里叶变换(FFT)。分解组合计算 DFT 的出发点是:既然 DFT 的运算量是与 N^2 成正比,若将大 N 的 DFT 分解为若干小点数 DFT 的组合,使整个 DFT 的计算过程变成一系列迭代运算过程。这就是 FFT 的基本原理。

后面我们将会看到,对于 $N=2^M$ 的 FFT 算法,只需要 $\dfrac{NM}{2}$ 次复数乘法和 NM 次复数加法。而直接计算式(5.3)却需要 N^2 次复数乘法和 $N(N-1)$ 次复数加法。如果计算时间只与乘法成正比,那么直接计算 DFT 与 FFT 算法的计算时间之比有以下近似关系

$$\frac{N^2}{NM/2} = \frac{2N}{M}$$

对于 $N=1\,024=2^{10}$,可以使计算量减少到 200:1。图 5.1 给出了 DFT 直接计算与 FFT 算

法所需乘法次数的比较。

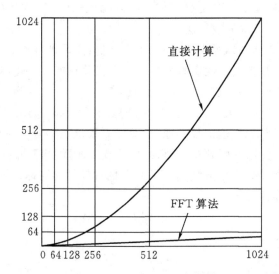

图 5.1 DFT 直接计算与 FFT 算法所需乘法次数的比较

5.2 按时间抽取的 FFT 算法

当计算 DFT 时,把整个计算逐次分解为较短的 DFT 同时利用复指数 $W_N^{kn}=\mathrm{e}^{-\mathrm{j}(2\pi/N)kn}$ 的周期性和对称性,将会显著提高效率。若在分解过程中,将序列 $x(n)$ 逐次分解为较短的子序列,这类 FFT 算法称为按时间抽取算法。这里重点介绍按时间抽取的基 2 FFT 算法。通过研究 N 为 2 的整数幂,即 $N=2^M$ 的这种特殊情况,可以方便地说明按时间抽取 FFT 算法的基本原理。

设 N 点序列 $x(n)$,$N=2^M$,将 $x(n)$ 按奇偶点分组,且偶数 n 用变量 $n=2r$ 替代,而奇数 n 用变量 $n=2r+1$ 替代,则式(5.1)可表示为

$$X(k) = \sum_{r=0}^{\frac{N}{2}-1} x(2r)W_N^{k2r} + \sum_{r=0}^{\frac{N}{2}-1} x(2r+1)W_N^{k(2r+1)}$$

$$= \sum_{r=0}^{\frac{N}{2}-1} x(2r)(W_N^2)^{kr} + W_N^k \sum_{r=0}^{\frac{N}{2}-1} x(2r+1)(W_N^2)^{kr} \qquad (5.4)$$

由于

$$W_N^2 = \mathrm{e}^{-\mathrm{j}\frac{2\pi}{N}2} = \mathrm{e}^{-\mathrm{j}\frac{2\pi}{N/2}} = W_{N/2}$$

所以,$W_N^2 = W_{N/2}$,因此,式(5.4)可改写为

$$X(k) = \sum_{r=0}^{\frac{N}{2}-1} x(2r)W_{\frac{N}{2}}^{kr} + W_N^k \sum_{r=0}^{\frac{N}{2}-1} x(2r+1)W_{\frac{N}{2}}^{kr}$$

$$= \sum_{r=0}^{\frac{N}{2}-1} x_1(r)W_{\frac{N}{2}}^{k} + W_N^k \sum_{r=0}^{\frac{N}{2}-1} x_2(r)W_{\frac{N}{2}}^{k}$$

$$= X_1(k) + W_N^k X_2(k), \quad 0 \leqslant k \leqslant \frac{N}{2}-1 \qquad (5.5)$$

式中 $x_1(r)=x(2r)$，$x_2(r)=x(2r+1)$，$r=0,1,2,\cdots,\dfrac{N}{2}-1$。

由式(5.5)可以看到，式(5.1)所表示的一个 N 点的 DFT 被分解为两个 $N/2$ 点的 DFT，其等式右边的第一项是原序列偶数点的($N/2$)点 DFT，第二项对应原序列奇数点的($N/2$)点 DFT。由于 $X(k)$ 有 N 个点，即 $k=0,1,2,\cdots,N-1$，而 $X_1(k)$ 和 $X_2(k)$ 分别只有 $N/2$ 点，即只对 $0\leqslant k\leqslant\dfrac{N}{2}-1$ 有定义，如果利用 $X_1(k)$ 和 $X_2(k)$ 表达全部的 $X(k)$，必须应用 W_N^{kn} 权函数的周期性对 $k\geqslant N/2$ 情况做出说明。考虑到

$$W_{\frac{N}{2}}^{k+\frac{N}{2}}=W_{\frac{N}{2}}^{k}$$

于是

$$X_1\left(k+\frac{N}{2}\right)=\sum_{r=0}^{\frac{N}{2}-1}x_1(r)W_{\frac{N}{2}}^{r\left(k+\frac{N}{2}\right)}=\sum_{r=0}^{\frac{N}{2}-1}x_1(r)W_{\frac{N}{2}}^{kr}=X_1(k)$$

同样

$$X_2\left(k+\frac{N}{2}\right)=X_2(k)$$

并且

$$W_N^{(k+N/2)}=W_N^{(N/2)}W_N^{k}=-W_N^{k}$$

因此有

$$X\left(k+\frac{N}{2}\right)=X_1\left(k+\frac{N}{2}\right)+W_N^{\left(k+\frac{N}{2}\right)}X_2\left(k+\frac{N}{2}\right)$$

$$=X_1(k)-W_N^{k}X_2(k),0\leqslant k\leqslant\frac{N}{2}-1 \tag{5.6}$$

式(5.5)和式(5.6)分别是 $0\leqslant k\leqslant\dfrac{N}{2}-1$ 和 $\dfrac{N}{2}\leqslant k\leqslant N-1$ 的 DFT 运算式。这两式所表达的运算可用一个专用信号流图来表示，即所谓的蝶形运算图，如图 5.2 所示。图中的圆圈符号表示相加或相减，输出端上部和下部分别表示和值与差值，箭头符号表示相乘运算，即输入端的值与箭头旁的值相乘。一般情况下所有值都是复数形式。图 5.3 表示的是 $N=2^3$ 时的 DFT 分解过程图。

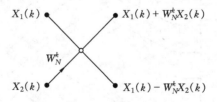

图 5.2　DFT 的蝶形运算流图

通过上述分解，运算量减少一倍，但 $N/2$ 点 DFT 仍然存在，按照奇偶分组的基本思想，还可对式(5.5)中的每一个 $N/2$ 点 DFT 进一步分解为两个 $N/4$ 点的 DFT 来进行计算。对前面式(5.5)中的 $x_1(r)$，按其偶数和奇数部分再分解为

$$x_1(2l)=x_3(l)$$

$$x_1(2l+1)=x_4(l),\quad l=0,1,2,\cdots,\frac{N}{4}-1$$

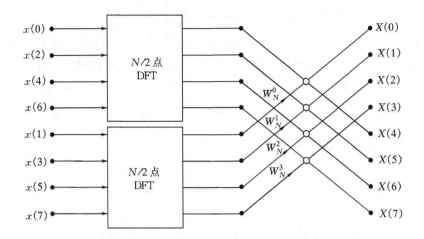

图 5.3　按时间抽取将 N 点 DFT 分解为两个 N/2 点 DFT(N=8)

于是 $X_1(k)$ 表示为

$$X_1(k) = \sum_{l=0}^{\frac{N}{4}-1} x_1(2l) W_{\frac{N}{2}}^{2lk} + \sum_{l=0}^{\frac{N}{4}-1} x_1(2l+1) W_{\frac{N}{2}}^{(2l+1)k}$$

$$= \sum_{l=0}^{\frac{N}{4}-1} x_3(l) W_{\frac{N}{4}}^{lk} + \sum_{l=0}^{\frac{N}{4}-1} x_4(l) W_{\frac{N}{4}}^{lk} W_{\frac{N}{2}}^{k}$$

$$= X_3(k) + W_{\frac{N}{2}}^{k} X_4(k)$$

$$X_1(k+N/4) = X_3(k) - W_{\frac{N}{2}}^{k} X_4(k), \quad k = 0, 1, \cdots, \frac{N}{4}-1$$

同样,对于式(5.5)的 $x_2(r)$ 也可这样分解,并且将系数统一为 $W_{\frac{N}{2}}^{k} = W_N^{2k}$。这样对于一个 $N=8$ 点的 DFT 就分解为 4 个 2 点的 DFT,流程如图 5.4 所示。

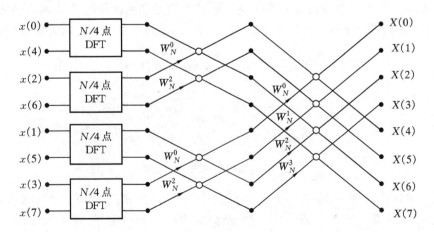

图 5.4　按时间抽取将 N 点 DFT 分解为 4 个 N/4 点 DFT(N=8)

分解过程可进行到第 $M-1$ 次分解,每一个子序列只有两点,这两点本身也按如图 5.2 所示的蝶形图进行运算。于是一个有限长 $N=2^M$ 的离散序列的 DFT 计算被转化为 M 级迭代运算,图 5.5 说明了迭代运算过程。每次迭代有 $N/2$ 次复数相乘和 N 次复数相加。M 级迭代运算约需 $\left(\dfrac{N}{2}\right)\log_2 N$ 次复数相乘和 $N\log_2 N$ 次复数相加。复数相乘显然要比复数相加需要更多时间,故可认为其运算量约为 $\left(\dfrac{N}{2}\right)\log_2 N$。实际运算中,由于 $W_N^0=1$,$W_N^{\frac{N}{2}}=-1$,$W_N^{\pm\frac{N}{4}}=\mp j$ 等,乘法次数还会减少。

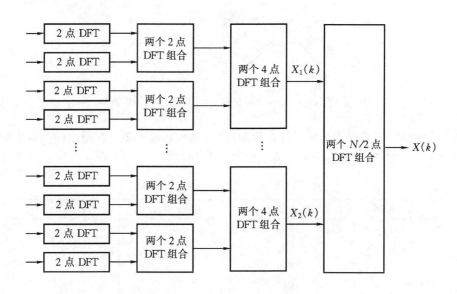

图 5.5 N 点 FFT 的 M 级迭代过程($N=2^M$)

图 5.6 给出了 $N=8$ 点的按时间抽取的基 2FFT 算法的流程图。

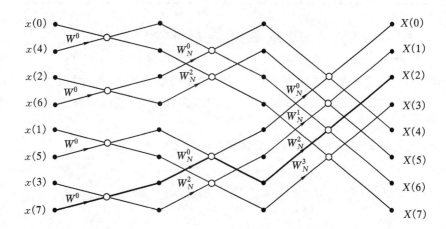

图 5.6 按时间抽取 $N=8$ 点 FFT 算法的完全分解流程图(图中的粗线表示 $x(7)$ 至 $X(2)$ 一条路径)

从图 5.6 中可以看出,整个运算过程均由下述迭代方程表示,即

$$\left.\begin{array}{l} A_m(i) = A_{m-1}(i) + A_{m-1}(j)W_N^k \\ A_m(j) = A_{m-1}(i) - A_{m-1}(j)W_N^k \end{array}\right\} \tag{5.7}$$

式中的 m 表示第 m 次迭代。式(5.7)的迭代运算过程也可用一个蝶形运算单元来表示,如图 5.7 所示。

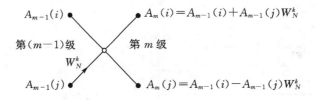

图 5.7　式(5.7)的按时间抽取 FFT 算法的蝶形运算单元

按时间抽取的 FFT 运算结果是按自然序号排列的,而输入序列则是按码位倒置的序。表 5.1 列出了 $N=8$ 时,码位倒置序号与自然序号之间的关系。

表 5.1　码位倒置与自然序号($N=8$)

自然顺序	二进制码表示	码位倒置	码位倒置顺序
0	000	000	0
1	001	100	4
2	010	010	2
3	011	110	6
4	100	001	1
5	101	101	5
6	110	011	3
7	111	111	7

5.3　按频率抽取的 FFT 算法

快速傅里叶变换算法的另一种基本形式是按频率抽取的算法,这种算法是基于对输出序列 $X(k)$ 进行分解。这里依然是研究 N 为 2 的整数幂,即 $N=2^M$ 的特殊情况,来说明按频率抽取的 FFT 算法。

设 $N=2^M$,先把输入序列 $x(n)$ 按前后两部分分解成两个序列

$$\begin{aligned} X(k) &= \sum_{n=0}^{\frac{N}{2}-1} x(n)W_N^{kn} + \sum_{n=\frac{N}{2}}^{N-1} x(n)W_N^{kn} \\ &= \sum_{n=0}^{\frac{N}{2}-1} x(n)W_N^{kn} + \sum_{n=0}^{\frac{N}{2}-1} x\left(n+\frac{N}{2}\right)W_N^{k\left(n+\frac{N}{2}\right)} \\ &= \sum_{n=0}^{\frac{N}{2}-1} x(n)W_N^{kn} + W_N^{\frac{N}{2}k}\sum_{n=0}^{\frac{N}{2}-1} x\left(n+\frac{N}{2}\right)W_N^{kn} \end{aligned}$$

$$= \sum_{n=0}^{\frac{N}{2}-1} \left[x(n) + (-1)^k x\left(n+\frac{N}{2}\right) \right] W_N^{kn}, \ k = 0, 1, \cdots, N-1 \tag{5.8}$$

式中，$W_N^{\frac{N}{2}k}=(-1)^k$。下面分别计算 k 为偶数和奇数的频率样本。以 $X(2l)$ 和 $X(2l+1)$ 分别表示偶数点和奇数点，由此，式(5.8)分为以下两组

$$\left. \begin{aligned} X(2l) &= \sum_{n=0}^{\frac{N}{2}-1} \left[x(n) + x\left(n+\frac{N}{2}\right) \right] W_N^{2ln} \\ X(2l+1) &= \sum_{n=0}^{\frac{N}{2}-1} \left[x(n) - x\left(n+\frac{N}{2}\right) \right] W_N^{2ln} W_N^n \end{aligned} \right\} \tag{5.9}$$

$$0 \leqslant l \leqslant \frac{N}{2}-1$$

观察式(5.9)，可以看到按频率抽取计算 N 点的 DFT 时，应先形成以下两个子序列，即

$$\left. \begin{aligned} x_1(n) &= x(n) + x\left(n+\frac{N}{2}\right) \\ x_2(n) &= \left[x(n) - x\left(n+\frac{N}{2}\right) \right] W_N^n \end{aligned} \right\} \tag{5.10}$$

$$0 \leqslant n \leqslant \frac{N}{2}-1$$

因为 $W_N^2 = W_{N/2}$，于是，由式(5.9)和式(5.10)得到两个 $N/2$ 点的 DFT 运算，即

$$\left. \begin{aligned} X(2l) &= \sum_{n=0}^{\frac{N}{2}-1} x_1(n) W_{\frac{N}{2}}^{ln} \\ X(2l+1) &= \sum_{n=0}^{\frac{N}{2}-1} x_2(n) W_{\frac{N}{2}}^{ln} \end{aligned} \right\} \tag{5.11}$$

这个过程可用图 5.8 来说明。

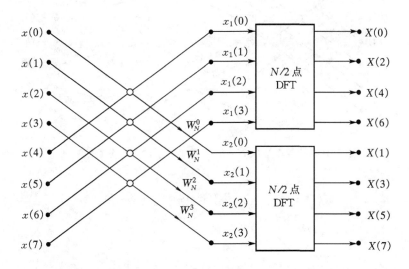

图 5.8　按频率抽取将 N 点分解为两个 $N/2$ 点 DFT($N=8$)

　　同样,类似按时间抽取算法,可对两个 $N/2$ 点子序列进一步分解,直到最后分解为全部是 2 点的 DFT。如把图 5.8 的 $N/2$ 点 DFT 再分解为两个 $N/4$ 点 DFT,如图 5.9 所示。

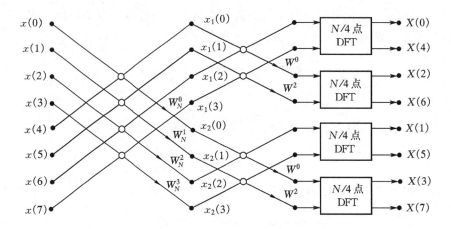

图 5.9　按频率抽取将 N 点 DFT 分解为 4 个 $N/4$ 点 DFT($N=8$)

　　图 5.10 给出了 $N=8$ 点的按频率抽取 FFT 算法的流程图。从图 5.10 可以看出,按频率抽取的 FFT 算法过程可用下述的基本迭代公式来表示:

$$\left. \begin{array}{l} B_m(i) = B_{m-1}(i) + B_{m-1}(j) \\ B_m(j) = [B_{m-1}(i) - B_{m-1}(j)]W_N^k \end{array} \right\} \tag{5.12}$$

式(5.12)迭代运算过程也可用一个蝶形运算单元来表示,如图 5.11 所示。

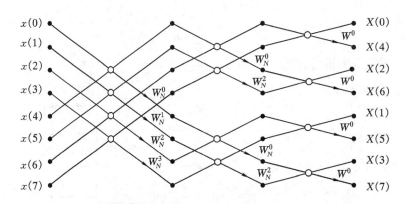

图 5.10　按频率抽取 $N=8$ 点 FFT 算法的完全分解流程图

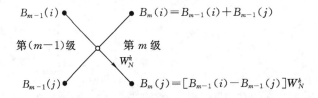

图 5.11　式(5.12)的按频率抽取 FFT 算法的蝶形运算单元

　　按频率抽取 FFT 算法与按时间抽取 FFT 算法,有很多相似之处,它们的运算量是相同的,都具有明显的对称性。但它们也有两点差异,一是蝶形运算形式不同,图 5.7 的蝶形运算是先乘权函数后加减,而图 5.11 的蝶形运算是先加减后乘权函数;二是在按时间抽取 FFT 算法中,输入序列是位乱序的,输出序列是按自然序列排列,而在按频率抽取的 FFT 算法中,输入序列是按自然序列排列,输出序列是位乱序的。

5.4　任意基数的 FFT 算法

　　前面所讨论的都是 N 为 2 的整数幂的特殊情况,即 $N=2^M$ 时的 FFT 算法,又称为以 2 为基数的快速算法。在实际应用中,有限长序列的长度可人为地选定为 2^M,这样就可以直接采用以 2 为基数的 FFT 算法。但在某种场合下,序列 $x(n)$ 的长度 N 不能人为地确定,这时可采用补零的方法,使 N 增长到最邻近的 2^M 点,这样 $x(n)$ 的频率采样点数增加了,但并不影响频谱 $X(\mathrm{e}^{\mathrm{j}\omega})$。另一种方法是采用任意基数的 FFT 算法来计算,即把 N 分解为两个整数 p 与 q 的乘积,使 DFT 的运算量尽量减小。即将输入序列分解为 p 个子序列,每个子序列的长度为 q,并且由相距 p 个样本间隔的样本值结合在一起构成。下面讨论这种方法。

　　先把 $x(n)$ 分解成 p 组,即

$$p\ 组 \begin{cases} x(pr) \\ x(pr+1) \\ x(pr+2) \\ \vdots \\ x(pr+p-1) \end{cases} \qquad r=0,1,2,\cdots,q-1 \qquad (5.13)$$

p 组序列的每一组都是长度为 q 的有限长序列,这样 N 点 DFT 也分解为 p 组:

$$\begin{aligned} X(k) &= \sum_{n=0}^{N-1} x(n) W_N^{kn} \\ &= \sum_{r=0}^{q-1} x(pr) W_N^{kpr} + \sum_{r=0}^{q-1} x(pr+1) W_N^{k(pr+1)} + \cdots + \sum_{r=0}^{q-1} x(pr+p-1) W_N^{k(pr+p-1)} \\ &= \sum_{r=0}^{q-1} x(pr) W_N^{kpr} + W_N^{k} \sum_{r=0}^{q-1} x(pr+1) W_N^{kpr} + W_N^{2k} \sum_{r=0}^{q-1} x(pr+2) W_N^{kpr} + \cdots \\ &\quad + W_N^{k(p-1)} \sum_{r=0}^{q-1} x(pr+p-1) W_N^{kpr} \\ &= \sum_{l=0}^{p-1} W_N^{kl} \sum_{r=0}^{q-1} x(pr+l) W_N^{kpr} \end{aligned} \qquad (5.14)$$

由于 $W_N^{kpr}=W_q^{kr}$,式(5.14)第四个等号右边的第二个求和项实际上是 q 点的 DFT,即

$$\sum_{r=0}^{q-1} x(pr+l) W_q^{kr} = Q_l(k) \qquad (5.15)$$

于是

$$X(k) = \sum_{l=0}^{p-1} Q_l(k) W_N^{kl} \qquad (5.16)$$

式(5.16)表明,一个序列长度为 $N=pq$ 的 DFT 可用 p 组 q 点 DFT 组成,这个关系可用图 5.12来说明。

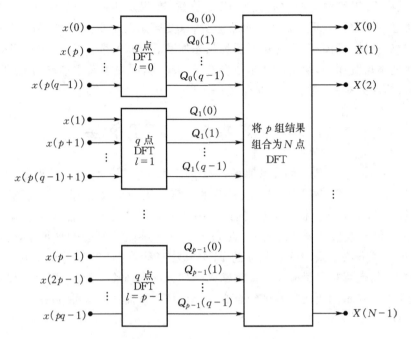

图 5.12　$N = pq$ 的 DFT 分组示意图

5.5　IDFT 的快速运算方法

4.2.1 节式(4.39b)给出的离散傅里叶反变换(IDFT)为

$$\text{IDFT}[X(k)] = x(n) = \frac{1}{N} \sum_{k=0}^{N-1} X(k) W_N^{-kn} \tag{5.17}$$

将式(5.17)与 DFT 表达式(5.1)比较,可以看出,IDFT 有一个常数 $1/N$,而且只要把 DFT 中的权函数 W_N^{kn} 改为 W_N^{-kn},前述的各种 FFT 算法都可以直接用来计算 IDFT。如按时间抽取 FFT 算法用于 IDFT 时就成为按频率抽取的 IDFT 算法,这是因为 IDFT 的输入序列 $X(k)$ 被按奇偶分组抽取了;同样,按频率抽取的 FFT 算法用于 IDFT 时就成为按时间抽取的 IDFT。另外,IDFT 中的常数 $1/N$ 在 M 级运算中分解为 M 个 $1/2$,使每次运算乘上一个 $1/2$ 因子。IDFT 的两种基本运算方法也可用基本蝶形运算结构表示,图 5.13(a)是 IDFT 按频率抽取方法的蝶形运算,图 5.13(b)是 IDFT 按时间抽取的蝶形运算。

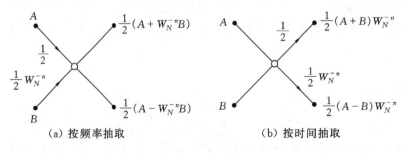

(a) 按频率抽取　　　　　　　　(b) 按时间抽取

图 5.13　IDFT 的两种基本蝶形运算

采用上述两种方法计算 IDFT 时,对 FFT 程序需要进行一些参数修改,通常无法共用一套程序。这里介绍一种无需对 FFT 程序进行修改的方法。先对式(5.17)取共轭函数,即

$$x^*(n) = \frac{1}{N}\sum_{k=0}^{N-1} X^*(k)W^{kn}$$

于是

$$x(n) = \frac{1}{N}\Big[\sum_{k=0}^{N-1} X^*(k)W^{kn}\Big]^* \tag{5.18}$$

式(5.18)表明在求 IDFT 时,先对 $X(k)$ 取共轭函数,然后直接调用 FFT 子程序,最后对结果再取一次共轭变换再乘常数 $1/N$,这样就得到了 $x(n)$。在一般情况下,这种方法极为方便。

5.6　实数序列的 FFT 运算方法

对于实数序列 $x(n)$ 的 FFT 运算,可以采用更有效的办法。当然也可认为实序列 $x(n)$ 是一个虚部为零的复序列,这样可完全按照复序列进行运算。但这种处理方式并未带来计算时间的节省,因为在计算机程序中,即使 $x(n)$ 的虚部为零,它仍然要进行涉及虚部的乘法运算。在这一节中,我们将介绍两种方法,它们利用复序列函数的虚部,使实数序列的 FFT 计算有更高的效率。

5.6.1　同时运算两个实序列的 FFT

将两个同长度的序列 $x(n)$ 和 $y(n)$,分别作为一个复序列的实部和虚部来变换,即

$$
\begin{aligned}
V(k) &= \sum_{n=0}^{N-1}\big[x(n)+\mathrm{j}y(n)\big]\mathrm{e}^{-\mathrm{j}\frac{2\pi}{N}kn}\\
&= \sum_{n=0}^{N-1}\Big[x(n)\cos\frac{2\pi}{N}kn + y(n)\sin\frac{2\pi}{N}kn\Big]\\
&\quad + \mathrm{j}\sum_{n=0}^{N-1}\Big[y(n)\cos\frac{2\pi}{N}kn - x(n)\sin\frac{2\pi}{N}kn\Big]\\
&= V_1(k) + V_2(k) + \mathrm{j}\big[V_3(k) - V_4(k)\big]\\
&= V_{\mathrm{R}}(k) + \mathrm{j}V_{\mathrm{I}}(k)
\end{aligned} \tag{5.19}
$$

式中:

$V_1(k) = \displaystyle\sum_{n=0}^{N-1} x(n)\cos\frac{2\pi}{N}kn$ 是 $V(k)$ 实数部分的偶数部分;

$V_2(k) = \displaystyle\sum_{n=0}^{N-1} y(n)\sin\frac{2\pi}{N}kn$ 是 $V(k)$ 实数部分的奇数部分;

$V_3(k) = \displaystyle\sum_{n=0}^{N-1} y(n)\cos\frac{2\pi}{N}kn$ 是 $V(k)$ 虚数部分的偶数部分;

$V_4(k) = \displaystyle\sum_{n=0}^{N-1} x(n)\sin\frac{2\pi}{N}kn$ 是 $V(k)$ 虚数部分的奇数部分;

$V_{\mathrm{R}}(k) = V_1(k) + V_2(k)$;

$V_{\mathrm{I}}(k) = V_3(k) - V_4(k)$。

而 $V(N-k)$ 为

$$V(N-k) = [V_1(k) - V_2(k)] + \mathrm{j}[V_3(k) + V_4(k)]$$
$$= V_R(N-k) + \mathrm{j}V_I(N-k) \tag{5.20}$$

式中

$$V_R(N-k) = V_1(k) - V_2(k)$$
$$V_I(N-k) = V_3(k) + V_4(k)$$

由于

$$X(k) = \sum_{n=0}^{N-1} x(n) \left[\cos\frac{2\pi}{N}kn - \mathrm{j}\sin\frac{2\pi}{N}kn \right]$$

所以

$$X(k) = V_1(k) - \mathrm{j}V_4(k)$$
$$= \frac{1}{2}[V_R(k) + V_R(N-k)] + \mathrm{j}\frac{1}{2}[V_I(k) - V_I(N-k)] \tag{5.21}$$

这样就求出了 $X(k)$。

同理,求出 $Y(k)$ 为

$$Y(k) = \sum_{n=0}^{N-1} y(n) \left(\cos\frac{2\pi}{N}kn - \mathrm{j}\sin\frac{2\pi}{N}kn \right)$$
$$= V_3(k) - \mathrm{j}V_2(k)$$
$$= \frac{1}{2}[V_I(k) + V_I(N-k)] - \mathrm{j}\frac{1}{2}[V_R(k) - V_R(N-k)] \tag{5.22}$$

这种将两个实序列同时进行 FFT 计算的方法所用时间只比单独做一个序列的变换(即把实序列当作一个虚部为零的复序列)略多一些,但计算效率几乎提高一倍,只是需要将计算结果分离一下。

5.6.2　用 N 点变换计算 2N 点实序列的 FFT

也可利用复序列函数的虚部来更有效地计算单个实序列的 DFT。这种方法是将有限长度 $2N$ 的实序列 $x(n)$ 分成两个 N 点实序列,然后按 5.6.1 节的方法先计算出这个实序列的 DFT,然后按下列方法计算 $X(k)$, $k=0,1,\cdots,N-1$。这种方法比直接计算 $2N$ 点 FFT 要节约一半以上时间。

设 $x(n)$ 为给定的实序列,其长度为 $2N$ 点。由 DFT 定义可知

$$X(k) = \sum_{n=0}^{2N-1} x(n) W_{2N}^{kn}, \quad k = 0,1,2,\cdots,2N-1 \tag{5.23}$$

把 $x(n)$ 按 n 的奇偶分开,令

$$x(2r) = u(r)$$
$$x(2r+1) = v(r)$$

则

$$X(k) = \sum_{r=0}^{N-1} x(2r) W_{2N}^{k2r} + \sum_{r=0}^{N-1} x(2r+1) W_{2N}^{k(2r+1)}$$
$$= \sum_{r=0}^{N-1} u(r) W_N^{kr} + W_{2N}^{k} \sum_{r=0}^{N-1} v(r) W_N^{kr}$$
$$= U(k) + W_{2N}^{k} V(k), \quad k = 0,1,2,\cdots,2N-1 \tag{5.24}$$

式中

$$U(k) = \sum_{r=0}^{N-1} u(r) W_N^{kr}, \quad k = 0, 1, 2, \cdots, 2N-1$$

$$V(k) = \sum_{r=0}^{N-1} v(r) W_N^{kr}, \quad k = 0, 1, 2, \cdots, 2N-1$$

因 $u(r)$ 和 $v(r)$ 是两个长度为 N 的实序列,故可按 5.6.1 节的方法来进行计算。得出 $U(k)$ 再和 $W_{2N}^k V(k)$ 相加就可以得到所求的 $X(k)$。

这里需要注意的是,虽然以上各式中的 k 是从 0 到 $2N-1$,但由于 $U(k+N)=U(k)$,$V(k+N)=V(k)$,所以计算 $U(k)$ 和 $V(k)$ 时只需计算出 $0 \leqslant k \leqslant N-1$ 的 $U(k)$ 和 $V(k)$ 即可。又由于 $N \leqslant k \leqslant 2N-1$ 时,有 $W_{2N}^k = -W_{2N}^{k+N}$,所以当 $N \leqslant k \leqslant 2N-1$ 时,令 $k=N+l$,则

$$\begin{aligned} X(k) = X(N+l) &= U(l) + W_{2N}^{(l+N)} V(l) \\ &= U(l) - W_{2N}^l V(l), \quad l = 0, 1, 2, \cdots, N-1 \end{aligned} \tag{5.25}$$

5.7　FFT 的软件实现

在计算机上实现快速傅里叶变换必须解决以下几个问题:迭代次数 M 的确定,对偶节点的计算,权函数 W_N^p 的计算,重新排序。

1. 迭代次数 M 的确定

实现序列长度 N 为 2 的整数幂的 FFT 算法的迭代次数由下式确定:

$$M = \log_2 N$$

2. 对偶节点的计算

对偶节点的计算是求出每次迭代中对偶节点的间距或节距。由 FFT 蝶式流程图可见,第一次迭代的节距为 $N/2$,第二次迭代的节距为 $N/4$,第三次迭代的节距为 $N/2^3$ 等。由以上分析可得如下的对偶节点计算方法,即

$$x_m(k) \sim x_m\left(k + \frac{N}{2^m}\right)$$

式中 m 表示第 m 次迭代,k 是序列的序号数,N 为序列长度。

3. 权函数 W_N^p 的计算

权函数 W_N^p 的计算主要是确定 p 值,p 值按下列过程求得:

(1) 将 p 值表示成 M 位的二进制数,其中 M 应满足:$M = \log_2 N$,N 为处理点数;

(2) 将这个二进制数右移 $(M-l)$ 位,并把左边的空位补零,结果仍为 M 位;

(3) 将右移后的 M 位二进制数进行比特倒置;

(4) 倒置后的二进制数转换成十进制数即得到 p 值。

权函数 W_N^p 具有下述规律:如果一节点的权函数为 W_N^p,则对偶节点的加权系数必然是 $W_N^{p+\frac{N}{2}}$,而且 $W_N^p = -W_N^{p+\frac{N}{2}}$,所以按蝶形运算公式,对偶节点可用下面两式计算:

$$x_l(k) = x_{l-1}(k) + W_N^p x_{l-1}\left(k + \frac{N}{2^l}\right)$$

$$x_l\left(k + \frac{N}{2^l}\right) = x_{l-1}(k) - W_N^p x_{l-1}\left(k + \frac{N}{2^l}\right)$$

上式可参见式(5.7)和式(5.12)。

4. 重新排序

为了保证 $x(n)$ 与它的变换 $X(k)$ 有对应关系,需要将 $x(n)$ 输入序列按码位倒置后存入计算机内存,或者将乱序的输出序列 $X(k)$ 按码位倒置,即数据的重新排列。具体排序方法如下:

(1) 将最后一次迭代结果 $X(k)$ 中的序号 k 写成二进制数,即

$$X(k) = X(k_{r-1}k_{r-2}\cdots k_1 k_0)$$

(2) 将 r 位的二进制数比特倒置,即

$$X(k_0 k_1 \cdots k_{r-2}k_{r-1})$$

(3) 求出倒置后的二进制数所代表的十进制数,就可得到与 $x(n)$ 相对应的 $X(k)$ 的序号数。

在中间迭代过程中不必考虑节点值的排序问题,在迭代运算全部完成后使用比特倒置就能得到正确的自然顺序。

解决了上述 4 个问题就可以设计编制程序。当然,如何确定进行 FFT 的数据序列长度 N,还涉及到所要求的频谱分辨率和采样数据的结构等(请参考 4.3.4 节)。

5.8　Chirp - z 变换

5.8.1　Chirp - z 变换的定义

DFT 是对有限序列的 z 变换沿单位圆周上作等间隔采样,但在实际应用中,这种等间隔均匀采样有很大的局限性。例如一个短的有限长序列的 N 个点对应于均匀分布在 z 平面中圆周上的 N 个采样点,则得到的频率分辨率$(2\pi/N)$是很低的,若用补零的办法增加序列的长度,DFT 的计算工作量又会增加。此外在实际问题中,有时我们对一个时间序列的某个频率分段感兴趣,就会要求这个分段的采样频率与其他分段不一样。此时,应用常规的 z 变换和DFT 就不能满足要求了。为了解决这些问题,我们希望能找到一种沿不完全的单位圆,或者更一般的路径对 z 变换采样的方法,以增加计算 DFT 的灵活性。

为了说明上述问题,我们下面讨论一个例子。

例 5.1　设 $N=32$,希望得到 z 平面上与单位圆同心之圆周上的 8 点采样,如图 5.14(a)所示,这些采样点分布在半径为 R 的圆弧上,它们可以表示为

$$X(z_k) = \sum_{n=0}^{N-1} x(n) z_k^{-n}, \quad k = 0,1,2,\cdots,7 \tag{5.26}$$

其中 $z_k = R \cdot e^{j[\theta + 2(\pi k/N)]}$,于是上式可写为

$$X(z_k) = \sum_{n=0}^{N-1} [x(n)R^{-n}e^{-jn\theta}]e^{-j(2\pi kn/N)}, \quad k = 0,1,2,\cdots,7$$

上式说明,对 $x(n)$ 乘以 $R^{-n}e^{-jn\theta}$,式(5.26)的 z 变换就转化为如图 5.14(b)所示的沿单位圆周上的一段弧求频谱。用 FFT 求这段频谱有两种方法。一种是将 N 分解成 4 组 DFT,即分别对信号的第 $0,4,8,\cdots,28$ 个采样;第 $1,5,\cdots,29$ 个采样;第 $2,6,\cdots,30$ 个采样;第 $3,7,\cdots,31$ 个采样进行 DFT 运算,得到 $X_0(k)$、$X_1(k)$、$X_2(k)$ 和 $X_3(k)$,然后按下式组合:

$$X(k) = X_0(k) + W_N^k X_1(k) + W_N^{2k} X_2(k) + W_N^{3k} X_3(k) \tag{5.27}$$

式中 $k=0,1,2,\cdots,7$。

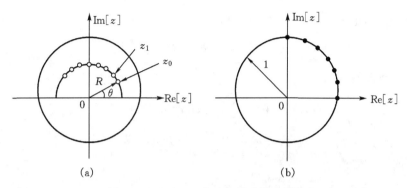

图 5.14　z 平面上的 z 变换采样点路径

另一种方法是，先作 32 点 FFT，并只保留结果中的 8 个频谱点，32 点 FFT 的运算量是 $N/2\log_2 N=80$ 次基本蝶形运算，而按式(5.27)计算，则运算量是 48 次蝶形运算。很明显，这两种方法的计算量是不一样的。

Chirp-z 变换(CZT)则是处理这类问题的一种高速算法[5]，它不限于沿 z 平面单位圆进行变换，它可以沿 z 平面内更一般的路径实现快速变换。CZT 算法可以快速分析 z 平面内的极-零点分布，有可能实时测量系统的瞬态响应。由于 CZT 算法突破了普通 FFT 算法中对序列长度和路径的限制，因而受到广泛重视，并已应用到雷达信号实时处理系统中。

CZT 算法中的 z 变换位置是在 z 平面内一段螺线路径上按等角分布。设 $X(z)$ 是一个 N 点序列 $x(n)$ 的 z 变换，现在要计算 z 平面 z_k 点上的采样值

$$z_k = AW^{-k}, \quad k=0,1,2,\cdots,M-1 \tag{5.28}$$

式中 M 为采样点的总数(不需要与 N 相等)，A 为起始位置，这个位置可用它的半径 A_0 及幅角 θ_0 表示，即

$$A = A_0 e^{j\theta_0} \tag{5.29}$$

参数 W 可表示为

$$W = W_0 e^{-j\phi_0} \tag{5.30}$$

式中 W_0 为螺线的伸展率。当 $W_0>1$ 时，随 k 增大螺线趋向原点；当 $W_0<1$ 时，随 k 增大螺线趋回圆外。ϕ_0 为螺线上采样点之间的等分角。图 5.15 示出了螺线采样点在 z 平面上的分布情况。由于 ϕ_0 是任意的，故 CZT 算法的频率分辨率是任意的，这对研究具有任意起始频率的高分辨率窄带频谱是很有利的。

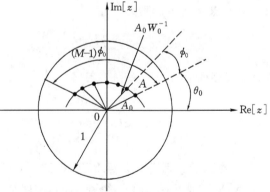

图 5.15　CZT 算法的螺线采样路径

5.8.2　Chirp-z 变换的算法实现

下面讨论如何快速实现 CZT 变换。式(5.28)所给出的路径 z_k 的 z 变换是

$$X(z_k) = \sum_{n=0}^{N-1} x(n)A^{-n}W^{kn}, \quad k = 0,1,2,\cdots,M-1 \tag{5.31}$$

为了提高运算速度,把乘积项 kn 变换成求和项,即

$$kn = \frac{1}{2}\left[n^2 + k^2 - (k-n)^2\right] \tag{5.32}$$

于是,式(5.31)可改写为

$$X(z_k) = W^{k^2/2} \sum_{n=0}^{N-1} x(n)A^{-n}W^{n^2/2}W^{-(k-n)^2/2}$$

令

$$q(n) = x(n)A^{-n}W^{n^2/2}, \quad g(n) = W^{-n^2/2}$$

则上式可简写为

$$X(z_k) = W^{k^2/2} \sum_{n=0}^{N-1} q(n)g(k-n), \quad k = 0,1,2,\cdots,M-1 \tag{5.33}$$

显然,式(5.33)表明了 $X(z_k)$ 可通过两个有限长序列的卷积和来得到,由于 $q(n)$ 为有限长序列,则式(5.33)的卷积可以用 DFT 实现,其运算过程如图 5.16 所示。这样就可通过 FFT 来计算 $X(z_k)$。当 $A=1,W_0=1$ 时,$q(n)$ 可看作是一个具有二次相位的复指数序列,这种信号在雷达系统中称为 Chirp-z 信号,故称式(5.33)为 Chirp-z 变换,也称为线性调频变换。

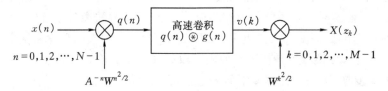

图 5.16　CZT 变换的运算过程

在图 5.16 中,高速卷积的 FFT 处理区间长度 L 应选择为 $L \geqslant N+M-1$;若取 $L=N+M-1$,取 L 点序列 $q(n)$ 可表示成

$$q(n) = \begin{cases} x(n)A^{-n}W^{n^2/2}, & n = 0,1,2,\cdots,N-1 \\ 0, & n = N, N+1,\cdots,L-1 \end{cases}$$

并且定义序列 $g(n)$

$$g(n) = \begin{cases} W^{-n^2/2}, & 0 \leqslant n \leqslant M-1 \\ W^{-(L-n)^2/2}, & L-N+1 \leqslant n < L \\ \text{任意值}, & \text{其他 } n \end{cases}$$

对 $q(n)$ 和 $g(n)$ 分别进行 L 点 FFT,得到 $Q(r)$ 和 $G(r)$,然后将它们相乘,得到 $V(r)=Q(r)\cdot G(r)$;对 $V(r)$ 作 L 点 IFFT,得到 $v(k)$,它就是 $q(n)$ 与 $g(n)$ 的卷积和;最后进行运算

$$X(z_k) = v(k)W^{k^2/2}, \quad k = 0,1,2,\cdots,M-1$$

于是得到 $X(z)$ 在 z_k 点上的采样值。当 $k \geqslant M$ 时,$v(k)$ 值已没有意义应予取消,因而 $X(z_k)$ 也只有 M 点。图 5.17 给出了上述的运算过程。由于在 CZT 算法中要进行 2~3 次 L 点 FFT 运算,因此 CZT 的运算量为 $(2\sim3)\frac{L}{2}\log_2 L$。值得注意的是,在实际系统中,CZT 算法的计算效率与变换路径有很大关系。

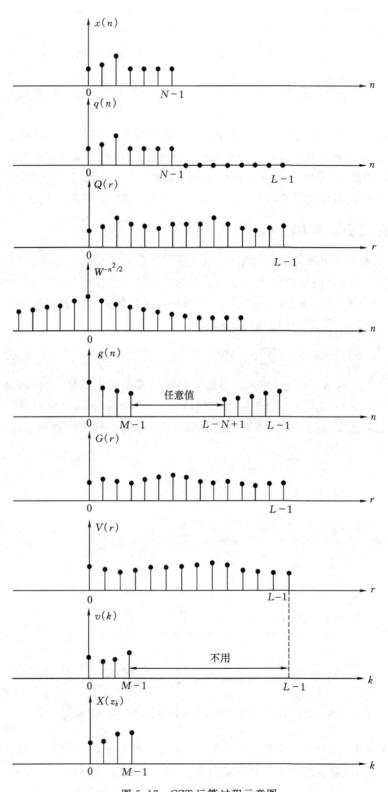

图 5.17　CZT 运算过程示意图

根据上述讨论可以看出,CZT 算法与标准 DFT 的区别在于,它能分析 z_k 分布更为普遍的情况,不像 DFT 那样,要求待分析的谱分量的总数 M 与序列长度 N 相等,也不要求采样间隔为 $2\pi/N$,而可以为任意所需要的值,因而使得 CZT 在许多场合应用更加方便、灵活。

5.9　FFT 算法中有限寄存器长度量化效应分析

在 FFT 算法中,引起量化误差的因素较多,有系数量化运算带来的有限字长效应,也有FFT 运算迭代过程的累积误差。因而很难用统一的量化误差准则来精确地分析 FFT 算法的有限字长效应。因此,只能用简化的方法大致分析量化效应。这里只讨论 $N=2^M$ 按时间抽取FFT 运算的舍入误差和量化误差的分析方法,该方法也可推广到按频率抽取 FFT 算法中。

5.9.1　直接法计算 DFT 的舍入量化误差

DFT 的计算有着许多不同的算法结构,但这些算法的基本结构都是把计算分解成若干个短长度的 DFT,因而在不同类的算法中量化效应的影响是非常相似的。下面讨论直接法计算DFT 表达式中的舍入噪声,为分析和比较 FFT 噪声性能提供一种比较的基准。

将序列 $x(n)$ 的 DFT 表达式(5.1)重写如下:

$$X(k) = \sum_{n=0}^{N-1} x(n) W_N^{kn} \quad k = 0, 1, 2, \cdots, N-1$$

式中 $W_N = \mathrm{e}^{-\mathrm{j}(2\pi/N)}$。设 $X_q(k)$ 为 DFT 定点运算的统计模型输出结果,它由两部分组成:一部分是理想线性系统的 DFT 定点运算的结果 $X(k)$,另一部分是运算误差 $D(k)$,如图 5.18 所示。令 $\varepsilon(n,k)$ 是对乘积 $x(n) W_N^{kn}$ 的舍入而引起的误差,由于是加性噪声(additive noise)序列,可表示成

$$D(k) = \sum_{n=0}^{N-1} \varepsilon(n,k) \tag{5.34}$$

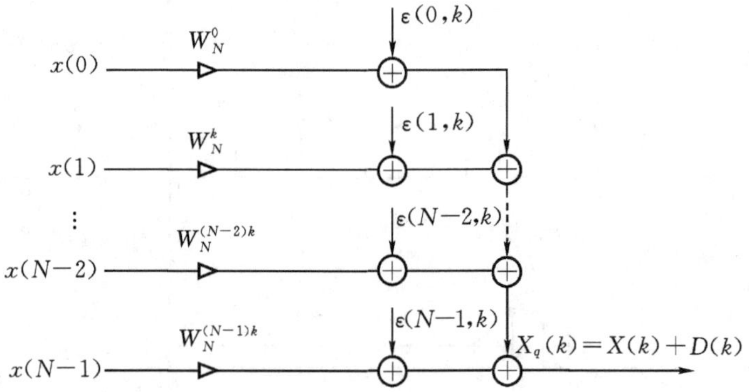

图 5.18　DFT 定点运算舍入误差的线性噪声统计模型

对于一个复乘积 $x(n) W_N^{kn}$ 可表示成 4 个实数乘积,若不考虑系数 W_N^{kn} 的量化误差,对于有限精度定点运算,可以将经舍入处理后的复数乘积 $x(n) W_N^{kn}$ 表示为

$$Q[x(n) W_N^{kn}]$$

$$= \left\{ \mathrm{Re}[x(n)]\cos\left(\frac{2\pi}{N}kn\right) + \varepsilon_1(n,k) \right\} + \left\{ \mathrm{Im}[x(n)]\sin\left(\frac{2\pi}{N}kn\right) + \varepsilon_2(n,k) \right\}$$

$$+ \mathrm{j}\left\{ \mathrm{Im}[x(n)]\cos\left(\frac{2\pi}{N}kn\right) + \varepsilon_3(n,k) \right\} - \mathrm{j}\left\{ \mathrm{Re}[x(n)]\sin\left(\frac{2\pi}{N}kn\right) + \varepsilon_4(n,k) \right\} \quad (5.35)$$

这就是说,每个实数乘法都产生一份舍入误差。在计算 $D(k)$ 的方差之前,先对每个实数乘法产生的舍入误差作如下假设:

(1) 舍入误差 $\varepsilon(n,k)$ 是在 $[-q/2, q/2]$ 区间均匀分布的随机变量[①],均值为零,每个噪声源的方差为 $q^2/12$(q 的定义参见式(1.94));

(2) 各舍入误差互不相关;

(3) 所有误差与输入不相关,因此与输出也不相关。

由于四个噪声序列都是互不相关的零均值白噪声,并且有相同的方差,因此,$\varepsilon(n,k)$ 的绝对均方值应为

$$E[|\varepsilon(n,k)|^2] = 4 \times \frac{q^2}{12} = \frac{q^2}{3} \quad (5.36)$$

于是,在第 k 个 DFT 值 $D(k)$ 的计算中,输出误差的绝对均方值(又称总方差)为

$$\sigma_{D_k}^2 = E[|D(k)|^2] = \sum_{n=0}^{N-1} E[|\varepsilon(n,k)|^2] = \frac{N}{3} \times q^2 \quad (5.37)$$

由式(5.37)可看出,输出误差总方差正比于 N,不过按式(5.37)来估计误差是偏大的,因为在与某些系数 W_N^{kn}(如 W_N^0)相乘时不会出现舍入误差。

5.9.2　定点 FFT 运算的量化误差

式(5.7)给出了 N 为 2 的整数幂的按时间抽取 FFT 算法中第 m 级迭代的蝶形运算

$$A_m(i) = A_{m-1}(i) + A_{m-1}(j)W_N^r$$
$$A_m(j) = A_{m-1}(i) - A_{m-1}(j)W_N^r$$

把每个定点乘法运算与一个加性噪声发生器联系在一起,建立舍入噪声的统计模型。上述蝶形运算的统计模型如图 5.19 所示。

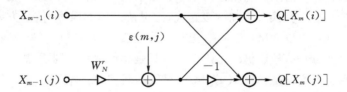

图 5.19　按时间抽取 FFT($N = 2^M$)蝶形单元的定点运算舍入的线性噪声统计模型

每个复数乘法包括 4 个实数乘法将产生一个舍入误差源,每个误差源互不相关。根据前面的统计特性假设,参照式(5.36)可求得复数误差 $\varepsilon(m,j)$ 的方差为

$$\sigma_B^2 = E[|\varepsilon(m,j)|^2] = \frac{q^2}{3} \quad (5.38)$$

计算任一输出节点上的输出误差,应考虑通往该输出节点所有误差源对总输出误差的贡献。

---

① 第 10 章给出了有关随机变量的统计描述。

如果画出与每个输出节点 $X(k)$ 相联系的蝶形单元,不难发现,每个输出节点都有 $(N-1)$ 个蝶形单元。因此,在第 k 个 DFT 值 $D(k)$ 的计算中,输出噪声的均方值为

$$E[\mid D(k)\mid^2] = (N-1)\sigma_B^2 \approx N\sigma_B^2 \tag{5.39}$$

式(5.39)表明,定点舍入运算的基 2 FFT 的输出噪声正比于变换点数 N。

在实现定点运算的 FFT 算法时,应使 $x(n)$ 满足

$$\sum_{n=0}^{N-1} \mid x(n) \mid < 1 \tag{5.40}$$

这是保证运算结果 $\mid X(k)\mid<1$,使 $X(k)$ 不出现溢出的充分条件。由于在 FFT 迭代运算过程中,从前一级至下级的迭代数据是非降的,为使 FFT 运算结果绝对值小于 1,必须使每次迭代时各节点的数据绝对值也小于 1。由式(5.40)看出,为保证 $\mid X_m(k)\mid<1$,要求输入序列幅度满足

$$\mid x(n) \mid < \frac{1}{N} \tag{5.41}$$

现在来考虑 FFT 运算结果中的噪声信号方差比。假设输入采样序列互不相关,其序列的实部和虚部也不相关,而且各部的幅度密度在 $-1/(\sqrt{2}N)$ 到 $+1/(\sqrt{2}N)$ 范围内均匀分布,此时,该信号的幅度满足式(5.41)。这样,复输入序列的绝对均方值可表示为

$$E[\mid x(n)\mid^2] = \frac{1}{3N^2} = \sigma_x^2 \tag{5.42}$$

由于输入序列的 DFT 是

$$X(k) = \sum_{n=0}^{N-1} x(n)W_N^{nk}$$

在上述有关输入序列的假设条件下,由上式可证明输出方差为

$$E[\mid X(k)\mid^2] = \sum_{n=0}^{N-1} E[\mid x(n)\mid^2] \mid W_N^{nk}\mid^2 = N\sigma_x^2 = \frac{1}{3N} \tag{5.43}$$

利用式(5.39)和式(5.43),可得输出端的噪声-信号方差比

$$(\text{SNR})^{-1} = \frac{E[\mid D(k)\mid^2]}{E[\mid X(k)\mid^2]} = 3N^2\sigma_B^2 = N^2 q^2 \tag{5.44}$$

由此可见,输出端的噪声-信号方差比正比于 N^2,或者每一级迭代增加一倍。这就是说,如果 N 加大一倍,相当于 FFT 变换又附加一级迭代,为保持同样的噪声-信号方差比,则字长必须增加一位。由式(5.44)可以看出,实际上,把输入信号假设为白噪声在这里并不重要。对于其他类型的输入噪声,噪声-信号比仍然正比于 N^2,只是比例常数不同而已。

另一种防止溢出的方案是:当 $\mid x(n)\mid<1$,每级迭代将输入衰减一半。例如,每个迭代单元对输入按 $1/2$ 做比例变换,在这种场合下,基本蝶形单元的统计模型如图 5.20 所示。

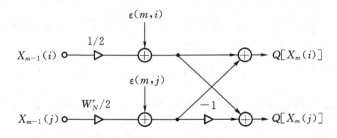

图 5.20   比例变换蝶形单元的舍入统计模型

这时每个单元有两个误差噪声源,其统计特性假设与前面一样,则方差为

$$E[\,|\,\varepsilon(m,j)\,|^2\,] = \sigma_B^2 = \frac{1}{3} \cdot 2^{-2b} = E[\,|\,\varepsilon(m,\,i)\,|^2\,] \tag{5.45}$$

式中 b 为量化后小数点右边的位数。

由于每个噪声源到达输出节点要经过比例变换的衰减,所以发生在第 m 级迭代的噪声源,若要传递到输出节点,它所经历的比例变换相当于与一个绝对值为 $\left(\frac{1}{2}\right)^{M-m}$ 的复常数相乘。在 $N=2^M$ 情况下,每个输出节点与第 m 级迭代中的 2^{M-m} 个蝶形单元相联。在 2^{M-m} 个蝶形单元中共有 2^{M-m+1} 个噪声源。因此,每个输出节点的噪声绝对均方值应为

$$E[\,|\,D(k)\,|^2\,] = \sigma_B^2 \cdot \sum_{m=1}^{M} 2^{M-m+1} \left(\frac{1}{2}\right)^{2(M-m)} = \sigma_B^2 \sum_{m=1}^{M} \left(\frac{1}{2}\right)^{M-m-1}$$

$$= \sigma_B^2 \cdot 2 \sum_{k=0}^{M-1} \left(\frac{1}{2}\right)^k = 2\sigma_B^2 \frac{\left[1 - \left(\frac{1}{2}\right)^M\right]}{1 - \frac{1}{2}}$$

$$= 4\sigma_B^2 \left[1 - \left(\frac{1}{2}\right)^M\right] \tag{5.46}$$

当 M 较大时,式(5.46)可以近似表示为

$$E[\,|\,D(k)\,|^2\,] \approx 4\sigma_B^2 = \frac{4}{3}q^2 \tag{5.47}$$

式(5.47)与式(5.39)比较,不难看出,采用逐级比例变换的方案,其输出噪声方差比采用输入节点一次比例变换的方案要小得多。由式(5.43)和式(5.47)可知,当输入为白噪声序列时,逐级比例变换系统的输出噪声-信号方差比为

$$\frac{E[\,|\,D(k)\,|^2\,]}{E[\,|\,X(k)\,|^2\,]} = 12N\sigma_B^2 = 4Nq^2 \tag{5.48}$$

以上讨论说明,采用逐级比例变换对于降低输出噪声是有效的。

防止溢出的另一种途径是成组浮点运算。在减小量化误差方面,成组浮点比定点系统有一定的优越性。由于成组浮点的量化误差分析与输入信号特性有关,其分析过程相当繁杂,这里就不作介绍了。

5.9.3　浮点 FFT 运算的量化误差

由前面的讨论可知,当确定定点 FFT 算法的输出噪声-信号方差比时,改变比例是避免溢出的主要方法。显然,采用浮点 FFT 算法不存在溢出的问题,不再需要改变比例,因此,浮点运算应当能改善 FFT 的性能。

浮点 FFT 运算的量化误差起源于蝶形单元中的乘法和加法引入的舍入误差,而且是以相对误差的形式表现的,如果忽略二阶和高阶误差项,则可以把这些误差效应等效为在每个乘法和加法之后引入的独立舍入噪声源。这里不作详细的推导,只给出分析的结论。

假设输入信号为白噪声序列,其浮点 FFT 输出噪声-信号的方差比为

$$\frac{E[\,|\,D(k)\,|^2\,]}{E[\,|\,X(k)\,|^2\,]} = 2M\sigma_B^2 \tag{5.49}$$

将式(5.49)与式(5.48)比较,可以看出,浮点系统的输出方差与 M 成正比,而定点系统的输出

方差与 $N=2^M$ 成正比,可见浮点系统的输出方差比随 N 增大而增加的趋势要比定点系统缓慢得多。另外,浮点系统的信噪比与信号幅度的大小无关,这是浮点制运算的特点。

5.9.4　FFT 运算的系数量化误差

实现 FFT 算法需要对系数 W_N^r 进行量化,显然系数量化的性质是非统计性的,但仍然可以假定每个量化系数都是由它的真值加上一个白噪声序列组成。这种假设虽然不能精确地分析 FFT 系数量化的误差,但对粗略估计系数量化误差的大小和趋势是有用的。

采用简单的统计分析,可以得到 FFT 系数量化的输出误差方差为

$$\sigma_D^2 = M \cdot \frac{q^2}{6} \cdot E[|X(k)|^2] \tag{5.50}$$

于是,可得到系数量化对 FFT 输出的统计影响

$$\frac{\sigma_D^2}{E[|X(k)|^2]} = M \cdot \frac{q^2}{6} \tag{5.51}$$

从式(5.51)得到一个结论,系数量化效应引起的 FFT 输出噪声-信号的方差比随 N 增大而缓慢增加,它正比于 $M=\log_2 N$,既使 N 加倍,也只引起方差比轻微增加。

习　题

5.1　计算 DFT 通常需要作复数乘法,考虑乘积 $X+jY=(A+jB)(C+jD)=(AC-BD)+j(BC+AD)$。在这个式子中,1 次复数乘法需要 4 次实数乘法和 2 次实数加法。证明利用算法

$$X = (A-B)D + (C-D)A$$
$$Y = (A-B)D + (C+D)B$$

可用 3 次实数乘法和 5 次加法完成 1 次复数乘法。

5.2　在 5.2 节的图 5.6 给出了 $N=8$ 的按时间抽取 FFT 算法的流程图,粗线指出从样本 $x(7)$ 到 DFT 样本 $X(2)$ 的一条路径。

(1) 在流程图中始于 $x(7)$ 且止于 $X(2)$ 的路径有多少条? 在一般情况下这个结果是否也正确,即在每个输入样本和每个输出样本之间有多少条路径?

(2) 现在考虑 DFT 样本 $X(2)$,沿着图 5.6 所示流程图中的路径,证明每个输入样本都对输出的 DFT 样本有适量的贡献,即证明

$$X(2) = \sum_{n=0}^{N-1} x(n) e^{-j(2\pi/N)2n}$$

5.3　在 5.2 节中推导出 $N=2^M$ 的按时间抽取基 2 FFT 算法,类似的方法也可以得出当 $N=3^M$ 的基 3 算法。

(1) 画出利用 DFT 的 3×3 分解的 9 点按时间抽取 FFT 算法流程图;

(2) 当 $N=3^M$ 时用按时间抽取基 3 FFT 算法来计算一个 N 点复序列的 DFT 需要多少次与 W_N 的幂相乘的复数乘法?

(3) 当 $N=3^M$ 时,对按时间抽取基 3 FFT 算法能否使用同址运算?

5.4　设有一个 $2N$ 点实序列 $v(n)$,两个 N 点实序列 $f(n)$ 和 $g(n)$,并有 $v(2n)=f(n)$,$g(n)=v(2n+1)$,$x(n)=f(n)+jg(n)$,$n=0,1,2,\cdots,N-1$。

(1) 令 $V(k)=\mathrm{DFT}[v(n)]$,试证明
$$V(k) = F(k) + W_{2N}^k G(k), \quad k = 0,1,2,\cdots,N-1$$
$$V(k+N) = F(k) - W_{2N}^k G(k), \quad k = 0,1,2,\cdots,N-1$$

(2) 根据(1)中所示的两式,试说明一个 $2N$ 点实序列 $v(n)$ 的 DFT 可通过对一个 N 点复序列 $x(n)$ 的 DFT 来完成,并说明运用这种方法求 $V(k)$ 为什么能提高 FFT 的运算效率。

5.5　试给出:

(1) 一种输入乱序而输出正序的 16 点基 2 按时间抽取的 FFT 流程图;

(2) 一种输入正序而输出乱序的 16 点基 2 按频率抽取的 FFT 流程图。

5.6　设有一长度 $N=32$ 的序列 $x(n)$,$n=0,1,2,\cdots,31$,通过 DFT 可得单位圆上 32 点等间隔频谱采样 $X(k)$,$k=0,1,2,\cdots,31$。根据 DFT 的滤波性质,可用 32 路窄带滤波器组来等效 DFT 过程,图 5.21 给出了该滤波器组各个滤波器幅频响应的主瓣示意图。

(1) 令 $N=16$,但仍要求通过 DFT 后得到 32 点等间隔频谱采样,试问此时等效滤波器组的幅频响应主瓣带宽有何变化,并绘出示意图;

(2) 令 $N=64$,回答(1)同样的问题。

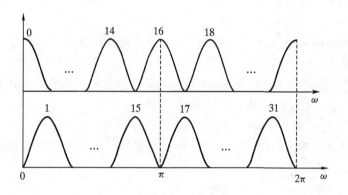

图 5.21　习题 5.6

5.7　设有一个 32 点序列,希望得到 z 平面上单位圆第二象限内 8 点等间隔分布的频谱采样(提示:式(5.27)已给出求单位圆上第一象限的等间隔频率采样的一种高速算法,可参照该式写出)。

5.8　试说明能否用 CZT 算法来计算有限长序列 $x(n)$ 在以下两个 z_k 点上的 z 变换 $X(z_k)$:

(1) $z_k=a^k$,$k=0,1,\cdots,N-1$,其中 a 为实数,且 $a\neq\pm1$;

(2) $z_k=ak$,$k=0,1,\cdots,N-1$,其中 a 为实数,且 $a\neq0$。

如果不能,是否意味着不能应用 CZT 来计算在实 z 点上的 z 变换序列 $X(z)$?

5.9　试推导基 4(即 $N=4^M$)FFT 算法:

(1) 按时间抽取;

(2) 按频率抽取。

5.10　已知 $x(n)$ 是一个 N(N 为偶数)点的序列,其 N 点离散傅里叶变换为 $X(k)$,$Y(k)$ 是 $y(n)$ 的 32 点离散傅里叶变换,其中

$$y(n) = \begin{cases} x(n), & 0 \leqslant n \leqslant N-1 \\ x(n-16), & N \leqslant n < 2N \\ 0, & 其他\ n \end{cases}$$

求 $X(k)$ 和 $Y(k)$ 之间的关系。

5.11　用 FFT 算法计算下列信号的频谱：

(1) $x(n) = e^{-0.1nT}$，$T = 0.75$，$n = 0,1,2,\cdots,7$，并说明是否有混叠现象；

(2) $x(t) = e^{-t}$，当 $T = 0.02$，$N = 512$，对 $x(t)$ 进行离散采样，然后计算 FFT，并比较直接计算 DFT 和 FFT 的计算时间；

(3) $x(n) = \cos\left(\dfrac{2\pi n}{1\,024}\right)$，$n = 0,1,\cdots,1\,023$。

5.12　(FFT 实验)用 C 语言编制码位倒置程序和计算 M 级蝶形运算程序，然后给出 FFT 及 IFFT 子程序。

5.13　假设有限长序列 $x(n)$ 有 N 点 DFT $X(k)$，并且还假设该序列满足对称条件

$$x(n) = -x((n+N/2))_N, \quad 0 \leqslant n \leqslant N-1$$

式中 N 为偶数，$x(n)$ 为复数。

(1) 试证明：当 $k = 0,2,\cdots,N-2$ 时，有 $X(k) = 0$；

(2) 说明如何只用一个 $N/2$ 点 DFT 外加少量的额外运算来计算奇序号 DFT 值 $X(k)$，$k = 1,3,\cdots,N-1$。

5.14　令 $x(n)(0 \leqslant n \leqslant L-1)$ 和 $h(n)(0 \leqslant n \leqslant P-1)$ 是两个实有限长序列，当 n 取其他值时，两个序列都为零。请计算序列 $y(n) = x(n) * h(n)$。

(1) 序列 $y(n)$ 的长度是多少？

(2) 当直接计算卷积和时，计算 $y(n)$ 全部的非零样本需要多少次实数乘法？提示：可利用下列等式

$$\sum_{k=1}^{N} k = \frac{N(N+1)}{2}$$

(3) 给出用 DFT 来计算 $y(n)$ 全部非零样本的方法，求用 L 和 P 表示的 DFT 和 IDFT 的最小长度。

(4) 假设 $L = P = N/2$，其中 $N = 2^M$ 是 DFT 的长度，给出利用(3)的方法计算 $y(n)$ 所有非零值时所需实乘法次数的计算公式(假设用按时间抽取基 2 FFT 算法来计算 DFT)。

5.15　线性时不变滤波可以用以下步骤来实现：先把输入信号分成有限长的信号段，然后用 DFT 来实现这些信号段的循环卷积，4.2.3 节讨论了循环卷积的重叠相加法和重叠保留法，如果用一个 FFT 算法来计算 DFT，则这些分段的方法计算每个输出样本所需要的复数乘法次数要比直接计算卷积和的复数乘法次数少。

(1) 假设复输入序列 $x(n)$ 是有限长的，且复单位采样响应 $h(n)$ 有 P 个样本，因此只有当 $0 \leqslant n \leqslant P-1$ 时 $h(n) \neq 0$。假设用重叠保留法并利用由基 2 FFT 算法实现的长度 $L = 2^M$ 的 DFT 来计算输出，请给出计算每个输出样本所需要的复数乘法次数的表达式，该式为 M 和 P 的函数；

(2) 假设单位采样响应 $h(n)$ 的长度为 $P = 500$，利用(1)得出的表达式，依然是使用重叠保留法，给出每个输出样本的乘法次数作为 M 的函数的曲线($M \leqslant 20$)，M 为何值时乘法次数最

少？比较用 FFT 的重叠保留法计算每个输出样本所需的复数乘法次数与直接计算卷积和所需要每个输出样本的复数乘法次数。

（3）假定 FFT 的长度是单位采样响应 $h(n)$ 长度的两倍（即 $L=2P$），且 $L=2^M$，利用（1）得出的表达式，求 P 的最小值，使得用 FFT 的重叠保留法所需要的复乘法次数比直接卷积法要少。

5.16　某一线性时不变系统的输入和输出满足如下差分方程：

$$y(n) = \sum_{k=1}^{N} b_k y(n-k) + \sum_{k=0}^{M} a_k x(n-k)$$

假设可用一 FFT 程序来计算长度 $N=2^M$ 的任何有限长序列的 DFT，试提出一种方法，它可以用所提供的 FFT 程序来计算

$$H(e^{j(2\pi/(512)k)}), \quad k = 0,1,\cdots,511$$

其中 $H(z)$ 是该系统的系统函数。

5.17　设 N 点 DFT 的输入序列 $x(n)$ 是零均值平稳白噪声序列，即有

$$E[x(n)x(m)] = \sigma_x^2 \delta(n-m)$$
$$E[x(n)] = 0$$

试计算：

（1）$|X(k)|^2$ 的方差；

（2）DFT 值之间的互相关序列为 $E[X(k)X^*(r)]$，把它表示成 k 及 r 的函数（参见 10.2.3 节）。

5.18　用 b 位定点舍入直接计算 DFT（不含符号位），设各乘积的舍入噪声互相独立，$x(n)$ 是实序列，试求每个采样 $X(k)$ 的实部与虚部的舍入噪声的方差。

5.19　设 $X(k)$ 为理想的离散傅里叶变换的结果，$X'(k)$ 是系数 W_N^r 已被量化的某一按时间抽取 FFT 算法的输出。假设系数已经量化，但在基 2（$N=2^M$）FFT 算法中的乘法和加法不产生误差。

（1）试证明输出 $X'(k)$ 可表示成

$$X'(k) = \sum_{n=0}^{N-1} x(n) Q_{kn} = X(k) + V(k)$$

式中

$$Q_{kn} = \prod_{i=1}^{M} (W_N^{r_i} + \delta_i)$$

而且

$$\prod_{i=1}^{M} W_N^{r_i} = W_N^{kn}$$

（2）若系数 W_N^r 是按 b 位舍入（不含符号位），系数误差的实部和虚部互不相关，且为均匀分布，试证明 δ_i 的方差是

$$\sigma_\delta^2 = \frac{2^{-2b}}{6}$$

（3）误差 $V(k)$ 可表示为

$$V(k) = X'(k) - X(k) = \sum_{n=0}^{N-1} x(n)(Q_{kn} - W_N^{kn}), \quad k = 0,1,\cdots,N-1$$

试证明因子$(Q_{kn} - W_N^{kn})$可以表示为

$$(Q_{kn} - W_N^{kn}) = \sum_{i=1}^{M} \delta_i \prod_{\substack{j=1 \\ j \neq i}}^{M} W_N^{r_i} + 高阶项$$

（4）若忽略高阶误差项,并假设各 δ_i 互不相关,证明 $V(k)$ 的方差是

$$\sigma_v^2 = \left(\frac{2M}{6}\right) 2^{-2b} \sum_{n=0}^{N-1} \mid x(n) \mid^2$$

（5）利用 DFT 的帕塞瓦定理证明

$$\frac{\sigma_V^2}{\dfrac{1}{N} \displaystyle\sum_{k=0}^{N-1} \mid X(k) \mid^2} = \left(\frac{2M}{6}\right) 2^{-2b}$$

5.20　当用定点运算来实现按时间抽取 FFT 算法时,其基本的蝶形计算为式(5.7),通常假定改变所有数的比例使其小于 1。因此,为了避免溢出,必须保证由蝶形计算所得出的实数不大于 1。

（1）试证明:如果要求

$$\mid A_{m-1}(i) \mid < \frac{1}{2} \text{ 和 } \mid A_{m-1}(j) \mid < \frac{1}{2}$$

则溢出就不会在蝶形计算中出现,即

$$\mid \mathrm{Re}[A_m(i)] \mid < 1, \quad \mid \mathrm{Im}[A_m(i)] \mid < 1$$

和

$$\mid \mathrm{Re}[A_m(j)] \mid < 1, \quad \mid \mathrm{Im}[A_m(j)] \mid < 1$$

（2）在实际中,比较容易且最方便的方法是求

$$\mid \mathrm{Re}[A_{m-1}(i)] \mid < \frac{1}{2}, \quad \mid \mathrm{Im}[A_{m-1}(i)] \mid < \frac{1}{2}$$

和

$$\mid \mathrm{Re}[A_{m-1}(j)] \mid < \frac{1}{2}, \quad \mid \mathrm{Im}[A_{m-1}(j)] \mid < \frac{1}{2}$$

为了保证在按时间抽取蝶形计算中不出现溢出,这些条件充分吗? 请说明原因。

5.21　在 5.9.2 节中我们研究了 $N = 2^M$ 按时间抽取 FFT 算法的量化误差,对于图 5.10 按频率抽取算法试进行类似的分析,当在计算的输入节点设置比例因子且在每一级也设置1/2 的比例因子时,试给出输出噪声均方值和噪声-信号方差比的表达式。

第6章　数字滤波器的基本原理与特性

在信号处理的许多场合都要用到滤波技术,通过对信号的滤波可以实现某一特定频率信号的提取、滤除或衰减信号频谱中不希望的频率分量和随机噪声,完成这类信号处理任务的系统称为滤波器。

数字滤波是通过对数字信号进行数学运算来达到滤波的目的。数学运算在时域是通过对输入数据的卷积运算或其他运算处理来完成,也可以通过变换的方法在频域中实现。但无论数字滤波器采用何种运算结构,它们都是一类特别重要的线性时不变系统。根据滤波器的频率响应和系统函数可以定义不同特性的滤波器。

6.1　数字滤波器的基本原理

6.1.1　滤波器的类型与基本指标

1. 滤波器的基本类型

2.4.2 节的讨论已经指出,任何一个离散线性时不变系统都能用它对单位采样序列的响应来表征,这一结论同样适用于数字滤波器。假定滤波器的输入信号 $x(n)$ 含有不希望的频率分量或随机噪声,设计一个合适的滤波器单位采样响应 $h(n)$,可以滤除输入信号 $x(n)$ 中不需要的信号分量,产生输出 $y(n)$,即滤波器完成以下卷积运算

$$y(n) = x(n) * h(n) \tag{6.1}$$

式中 $x(n)$ 和 $y(n)$ 都是有限长序列,若它们的傅里叶变换存在,则滤波器的输入与输出的频域关系为

$$Y(e^{j\omega}) = X(e^{j\omega})H(e^{j\omega}) \tag{6.2}$$

由上述讨论可以看到,滤波器是对输入信号各频率分量进行选择性处理的一类线性系统。不同的滤波器对应着不同的单位采样响应。按频率选择范围,滤波器可分为四种基本类型滤波器,即低通(low-pass)、高通(high-pass)、带通(band-pass)和带阻(band-stop)滤波器;它们对信号进行滤波处理的特性,图 6.1 给出了这四种滤波器系统函数的频率特性,图中的 ω_c 是滤波器的截止频率,对图 6.1(a)所示的低通滤波器而言,$x(n)$ 通过滤波器 $h(n)$,其输出 $y(n)$ 中不再含有 $|\omega| > \omega_c$ 以上频率成分的信号分量。因此,设计具有不同截止频率 ω_c 的滤波器的系统函数 $H(e^{j\omega})$,可以得到不同的滤波效果。另外,系统函数的零-极点分布决定了滤波器的具体结构,而且零-极点的个数与确定滤波器的阶数相关。

2. 滤波器的基本指标

我们已经知道,滤波器的作用是从输入信号中提取所需要的频率分量,或滤除输入信号中

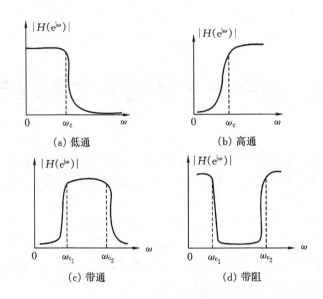

图 6.1　滤波器的四种类型

不需要的某个频率分量,这种对信号进行滤波处理的特性可用滤波器的频率响应特性来表征。因此,频率响应是评价滤波器性能的重要指标。通常用相对指标来描述频率响应特性,即用 $H(e^{j\omega})$ 在不同频率上的幅值响应与其最大的频率响应值之比的对数来描述,习惯上将两者之比的值取对数后再乘以 20,并以分贝(dB)值的形式表示,即

$$20\lg \frac{\mid H(e^{j\omega}) \mid}{\mid H(e^{j\omega}) \mid_{\max}} \text{ (dB)} \tag{6.3}$$

由式(6.3)可知,每 20 dB 信号的幅度变化对应于实际信号幅度变化 10 倍。

理想滤波器要求滤波器在通带内幅频响应为 1,而阻带内幅频响应为 0,实际上所设计的滤波器只能逼近这种理想特性。因此,实际滤波器的幅频响应可分成三个区域:通带、过渡带和阻带,以图 6.2 所示的低通滤波器为例,虚线表示满足规定要求的系统频率响应特性曲线,在通带内,幅频响应以误差 $\pm \delta_1$ 逼近于 1,即

$$1 - \delta_1 \leqslant \mid H(e^{j\omega}) \mid \leqslant 1 + \delta_1, \quad \mid \omega \mid \leqslant \omega_c \tag{6.4}$$

式中 ω_c 为通带截止频率,式(6.4)还可表示为

$$\max_{\omega \in (0,\pi)} \{\mid \mid H(e^{j\omega}) \mid -1 \mid\} \leqslant \delta_1 \tag{6.5}$$

在阻带内,幅频响应以误差小于 δ_2 逼近于零,即

$$\mid H(e^{j\omega}) \mid \leqslant \delta_2, \quad \omega_r \leqslant \mid \omega \mid \leqslant \pi \tag{6.6}$$

式中 ω_r 为阻带截止频率。

在具体应用中往往采用通带内允许的最大衰减 α_1 和阻带内应达到的最小衰减 α_2 作为滤波器的设计指标,即

$$\alpha_1 = 20\lg \frac{\mid H(e^{j\omega_c}) \mid}{\mid H(e^{j0}) \mid} = 20\lg \mid H(e^{j\omega_c}) \mid = 20\lg(1 - \delta_1) \tag{6.7}$$

$$\alpha_2 = 20\lg \frac{\mid H(e^{j\omega_r}) \mid}{\mid H(e^{j0}) \mid} = 20\lg \mid H(e^{j\omega_r}) \mid = 20\lg(\delta_2) \tag{6.8}$$

式中 $\mid H(e^{j0}) \mid$ 是被归一化的 $\mid H(e^{j\omega}) \mid_{\max}$。在通带内,当 $H(e^{j\omega})$ 在 ω_c 处降到 0.707 时,$\alpha_1 =$

-3dB。当 $|H(e^{j\omega})|$ 在 ω_r 处降到 0.01 时，$\alpha_2 = -40\text{ dB}$。为了逼近理想的低通滤波器的幅频特性，对于过渡带 (ω_c, ω_r) 内的幅频响应应平滑地从通带下降到阻带。

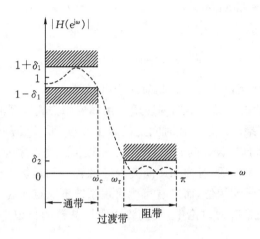

图 6.2 理想低通滤波器的逼近误差容限

因此，滤波器的基本技术指标有通带的截止频率 ω_c 及最大衰减 α_1、阻带截止频率 ω_r 及最小衰减 α_2，以及滤波器的阶数 N。应该指出，使用滤波器的幅频特性设计滤波器可以简化滤波器设计，但在一些应用场合还需要考虑滤波器的相位特性，即输出信号相对输入信号的相位变化。

6.1.2 数字滤波器的基本方程与分类

1. 数字滤波器的基本方程

数字滤波器是通过对输入的数字序列进行运算，来实现对信号的滤波。一个线性时不变数字滤波器可实现式(2.52)所表示的线性常系数差分方程的运算，现重写如下：

$$\sum_{k=0}^{N} b_k y(n-k) = \sum_{k=0}^{M} a_k x(n-k) \tag{6.9}$$

式中 $x(n)$ 和 $y(n)$ 分别表示输入和输出序列，a_k 和 b_k 是滤波器系数。由式(6.9)可以看到，数字滤波器的基本运算是由加法、乘法和延迟运算组成。

2. 数字滤波器的分类

根据式(6.9)中的系数 b_k 的状态，我们有非递归和递归两大类数字滤波器的实现方法。当式(6.9)中的 $b_0 = 1$，其余 b_k 系数全为零时，即

$$y(n) = \sum_{k=0}^{M} a_k x(n-k) \tag{6.10}$$

式(6.10)称为非递归型滤波器，此时滤波器的输出仅是输入序列 $x(n)$ 的加权平均，而与此前的输出无关，又称为移动平均(moving average，MA)滤波器。由于该类滤波器对单位采样输入的响应是有限时宽的，因此这类滤波器又称为有限冲激响应(finite impulse response，FIR)滤波器，即 FIR 滤波器。

当式(6.9)中的系数 b_k 不完全为零时，滤波器的输出不仅与输入有关，而且与过去的输出有关，则称这类滤波器为递归型滤波器。在给定系数的条件下，这类滤波器对单个采样的输入

可产生具有无限时宽的输出,故这类滤波器又称为无限冲激响应(infinite impulse response, IIR)滤波器,即 IIR 滤波器。IIR 滤波器又分为自回归(autoregressive,AR)滤波器和自回归移动平均(autoregressive moving average,ARMA)滤波器两种。在 AR 滤波器中,$a_0 = 1$, $b_0 = 1$,其余 b_k 不完全为零,其余 $a_k = 0$,$k = 1, 2, \cdots, M$,即

$$y(n) = x(n) - \sum_{k=1}^{N} b_k y(n-k) \tag{6.11}$$

自回归滤波器的输出只与当前的输入和此前的输出有关。

　　FIR 滤波器与 IIR 滤波器具有不同的性质。用非递归方式实现的 FIR 滤波器不改变输入信号的形状,只是将信号乘以系数并在时间上延迟了 k 点,可以很容易地使滤波器保持线性相位,但为了使 FIR 滤波器具有较好的滤波特性,需要较长的输入序列。用递归方式实现的 IIR 滤波器,由于存在输出的反馈项,可使 IIR 滤波器通过较少的运算次数,实现与 FIR 滤波器相同的滤波特性,但不具有线性相位,而且有可能出现系统不稳定问题。

　　为分析方便,在后面章节的讨论中,我们将数字滤波器的单位采样响应 $h(n)$ 简称为冲激响应。

3. 数字滤波器的系统函数与冲激响应

　　式(6.9)所表示的数字滤波器作为一大类离散线性时不变系统,其输入和输出信号序列之间的关系同样可以用 z 变换来描述。

　　对式(6.9)两边进行 z 变换,得

$$\sum_{k=0}^{N} b_k z^{-k} Y(z) = \sum_{k=0}^{M} a_k z^{-k} X(z)$$

经整理,得

$$Y(z) = \frac{\displaystyle\sum_{k=0}^{M} a_k z^{-k}}{\displaystyle\sum_{k=0}^{N} b_k z^{-k}} X(z) \tag{6.12}$$

于是,得到与 3.4.1 节中的式(3.43)相同的系统函数,即

$$H(z) = \frac{Y(z)}{X(z)} = \frac{\displaystyle\sum_{k=0}^{M} a_k z^{-k}}{\displaystyle\sum_{k=0}^{N} b_k z^{-k}} \tag{6.13}$$

式(6.13)是 z^{-1} 的有理函数,它对应无限冲激响应(IIR)滤波器($b_k \neq 0$)的系统函数。当式(6.13)中 $b_0 = 1$,其余 $b_k = 0$ 时,系统函数 $H(z)$ 为 z^{-1} 的多项式,即

$$H(z) = \frac{Y(z)}{X(z)} = \sum_{k=0}^{M} a_k z^{-k} \tag{6.14}$$

式(6.14)对应有限冲激响应(FIR)滤波器的系统函数。

　　系统函数 $H(z)$ 的频率特性可通过将 $z = e^{j\omega}$ 代入式(6.13)得到

$$H(z)\big|_{z=e^{j\omega}} = H(e^{j\omega}) = \frac{\displaystyle\sum_{k=0}^{M} a_k e^{-j\omega k}}{\displaystyle\sum_{k=0}^{N} b_k e^{-j\omega k}} \tag{6.15}$$

因此,数字滤波器的频率响应是由 z 平面中单位圆上系统函数的值来确定。

已知滤波器的系统函数 $H(z)$,若输入信号 $x(n)$ 为单位冲激脉冲,即

$$x(n) = \begin{cases} 1, & n = 0 \\ 0, & n \neq 0 \end{cases} \tag{6.16}$$

则 $X(z)=1$,此时数字滤波器的输出为

$$y(n) = \mathscr{Z}^{-1}[H(z)X(z)] = \mathscr{Z}^{-1}[H(z)] = h(n) \tag{6.17}$$

$h(n)$ 称为数字滤波器的冲激响应,它反映了滤波器在时域中的重要性能,不同的滤波器具有不同的冲激响应 $h(n)$。

由上述讨论,可以推得数字滤波器的输出与输入序列的关系,可以利用其冲激响应以下列的卷积形式来表示,即

$$y(n) = h(n) * x(n) = \sum_{m=0}^{N-1} h(m)x(n-m) \tag{6.18}$$

显然,这是一个因果性离散时间线性系统。

由式(6.10)可以知道,FIR 滤波器的冲激响应 $h(n)$ 就是系数 a_k,即

$$h(n) = \begin{cases} a_k, & 0 \leqslant k \leqslant N-1 \\ 0, & \text{其他 } k \end{cases} \tag{6.19}$$

通常把 FIR 滤波器与非递归实现,IIR 滤波器与递归实现相联系,但它们之间并不是唯一对应的,递归实现与非递归实现同样可适用于 FIR 滤波器和 IIR 滤波器,因此,应当将数字滤波器的冲激响应与实现方法区分开来。

6.2　数字滤波器的基本特性

6.2.1　FIR 滤波器的基本特性与类型

在设计滤波器或其他信号处理系统中,往往希望在某一频带范围内具有稳定的频率响应幅度和零相位特性,以使输出信号不失真。对因果系统而言,零相位是不可能得到的。因此,必须容许有某种程度的相位变化。另一方面,非线性相位无法使输出保持输入信号的形状,即使当频率响应的幅度是常数时也是这样。因此,在很多情况下,我们希望所设计的滤波器具有线性相位或近似线性相位的特性。如通信和图像处理的应用中,往往要求数字滤波器的系统函数随频率变化时,其相位应具有线性变化的特性。如果滤波器的相位频率特性不是线性的,则输出信号的形状相对输入信号就会产生严重的畸变。

1. 线性相位

由式(6.14)并将其求和范围记作 0 到 $N-1$,于是 FIR 数字滤波器的系统函数可表示成如下多项式形式

$$H(z) = \sum_{n=0}^{N-1} h(n)z^{-n} = h(0) + h(1)z^{-1} + \cdots + h(N-1)z^{-(N-1)} \tag{6.20}$$

式中的 $h(0), h(1), \cdots, h(N-1)$ 对应式(6.14)中的系数 a_k。由式(6.20)可以看出,$H(z)$ 是 z^{-1} 的 $N-1$ 次多项式,它在 z 平面内有 $N-1$ 个零点,同时在原点有一个 $N-1$ 阶极点。由于 FIR 数字滤波器的冲激响应是有限长的,所以它是稳定的。对这类滤波器的 $h(n)$ 提出一些约

束条件,可使滤波器的相位频率特性是线性的。

令 $z=\mathrm{e}^{\mathrm{j}\omega}$,即在单位圆上取值,那么由式(6.20)的 $H(z)$ 可得到滤波器的频率响应

$$H(\mathrm{e}^{\mathrm{j}\omega}) = H(z)\mid_{z=\mathrm{e}^{\mathrm{j}\omega}} = \sum_{n=0}^{N-1} h(n)\mathrm{e}^{-\mathrm{j}\omega n} \tag{6.21}$$

显然,频率响应函数 $H(\mathrm{e}^{\mathrm{j}\omega})$ 是以 2π 为周期的,即

$$H(\mathrm{e}^{\mathrm{j}\omega}) = H(\mathrm{e}^{\mathrm{j}(\omega+2\pi m)}),\ m = 0, \pm 1, \pm 2, \cdots \tag{6.22}$$

频率响应 $H(\mathrm{e}^{\mathrm{j}\omega})$ 可以表示为幅频函数与相频函数相乘的形式,即

$$H(\mathrm{e}^{\mathrm{j}\omega}) = H(\omega)\mathrm{e}^{\mathrm{j}\theta(\omega)} \tag{6.23}$$

式中 $H(\omega)$ 是 $H(\mathrm{e}^{\mathrm{j}\omega})$ 的幅频特性,$\theta(\omega)$ 是 $H(\mathrm{e}^{\mathrm{j}\omega})$ 的相频特性,即

$$\theta(\omega) = \arctan\left\{ \frac{\mathrm{Im}[H(\mathrm{e}^{\mathrm{j}\omega})]}{\mathrm{Re}[H(\mathrm{e}^{\mathrm{j}\omega})]} \right\} \tag{6.24}$$

此处使用 $H(\omega)$ 而不是一般的幅频特性 $|H(\mathrm{e}^{\mathrm{j}\omega})|$,这是因为考虑到 $H(\mathrm{e}^{\mathrm{j}\omega})$ 的增益有正又有负,而 $|H(\mathrm{e}^{\mathrm{j}\omega})|$ 只取正值。与模拟滤波器类似,数字滤波器相频特性与滤波器对离散信号的时延 τ 有密切的关系。

线性相位表示一个系统的相频特性与频率成正比,信号通过系统所产生的时延等于常数 τ,所以不会出现相位失真。因此,当要求滤波器具有严格线性相位时,应有

$$\theta(\omega) = -\omega\tau \tag{6.25}$$

式中的 τ 不一定是整数。

为了说明相位对 FIR 滤波器的影响,下面考虑一个理想延迟系统,其冲激响应是

$$h_{\mathrm{d}}(n) = \delta(n-\tau) \tag{6.26a}$$

其频率响应是

$$H_{\mathrm{d}}(\omega) = H_{\mathrm{d}}(\omega)\mathrm{e}^{-\mathrm{j}\omega\tau} \tag{6.26b}$$

对理想延迟系统的讨论,可以给出对具有非恒定幅度响应的线性相位一种有用的解释。式(6.26b)是一个具有线性相位频率响应的系统。如果假定式(6.26b)的 $H_{\mathrm{d}}(\mathrm{e}^{\mathrm{j}\omega})$ 是线性相位理想低通滤波器,即

$$H_{\mathrm{d}}(\mathrm{e}^{\mathrm{j}\omega}) = \begin{cases} 1, & |\omega| \leqslant \omega_{\mathrm{c}} \\ 0, & \omega_{\mathrm{c}} < |\omega| < \pi \end{cases} \tag{6.27}$$

那么该理想低通滤波器是先将序列 $x(n)$ 经零相位频率响应 $H_{\mathrm{d}}(\omega)$ 所滤波,然后将滤波后的输出"延迟"(整数或非整数)量 τ,$H_{\mathrm{d}}(\mathrm{e}^{\mathrm{j}\omega})$ 的傅里叶反变换就是系统的冲激响应,为

$$h(n) = \frac{\sin\omega_{\mathrm{c}}(n-\tau)}{\pi(n-\tau)},\ -\infty < n < \infty \tag{6.28}$$

图 6.3(a)给出了理想低通滤波器作为幅度滤波和延迟级联的结构表示,图 6.3(b)和(c)分别给出了理想低通滤波器的频率响应和冲激响应。类似地可以定义出具有线性相位的其他理想频率选择性的滤波器。这些滤波器都有所要求的频率特性,以及使输出产生 τ 的延迟。然而,应注意无论 τ 有多大,理想低通滤波器是非因果的。

下面给出 FIR 滤波器的相延迟和群延迟的定义为

$$\left.\begin{aligned} \tau_{\mathrm{p}}(\omega) &= -\frac{\theta(\omega)}{\omega} \\ \tau_{\mathrm{g}}(\omega) &= -\frac{\mathrm{d}\theta(\omega)}{\mathrm{d}\omega} \end{aligned}\right\} \tag{6.29}$$

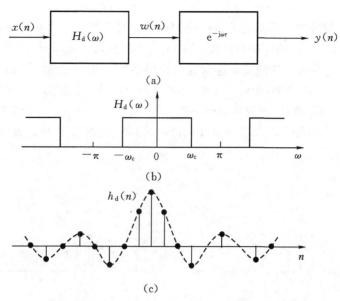

图 6.3　(a)线性相位理想低通滤波器作为幅度滤波器和延迟级联的结构
表示；(b)频率响应；(c)冲激响应

对一个带限信号，相延迟 $\tau_p(\omega)$ 表示信号载波的延迟，而群延迟 $\tau_g(\omega)$ 表示信号包络的延迟。群延迟是相位线性程度的一种方便的度量，群延迟偏离某一个常数的程度就表明相位特性的非线性程度。显然，当滤波器具有严格的线性相位时，其相延迟与群延迟必定相等，而且是恒定的，即

$$\tau_p(\omega) = \tau_g(\omega) = \tau = 常数$$

因此，由式(6.21)和式(6.24)得到

$$\theta(\omega) = -\omega\tau = \arctan\left\{\frac{-\sum\limits_{n=0}^{N-1} h(n)\sin(\omega n)}{\sum\limits_{n=0}^{N-1} h(n)\cos(\omega n)}\right\} \tag{6.30}$$

即

$$\tan(\omega\tau) = \frac{\sum\limits_{n=0}^{N-1} h(n)\sin(\omega n)}{\sum\limits_{n=0}^{N-1} h(n)\cos(\omega n)} \tag{6.31}$$

对式(6.31)利用交叉相乘并用三角恒等式合并有关项，可以得到方程

$$\sum_{n=0}^{N-1} h(n)\left[\cos(\omega n)\sin(\omega\tau) - \sin(\omega n)\cos(\omega\tau)\right] = \sum_{n=0}^{N-1} h(n)\sin[\omega(\tau-n)] = 0 \tag{6.32}$$

式(6.32)具有傅里叶级数的形式，当 N 为奇数时，如果 $h(n)$ 是以 $(N-1)/2$ 为中心的偶对称，即有 $h(n)=h(N-1-n)$，那么，为使该级数和为零，则要求 $\sin[\omega(\tau-n)]$ 是以 $(N-1)/2$ 为中心的奇函数；当 N 为偶数时，中心点位于 $N/2-1$ 和 $N/2$ 之间。这样，就得到式(6.32)的解为

$$\tau = \frac{N-1}{2} \tag{6.33a}$$

$$h(n) = h(N-1-n), \quad 0 \leqslant n \leqslant N-1 \tag{6.33b}$$

式(6.33)就是 FIR 数字滤波器具有严格线性相位的充要条件。它要求冲激响应 $h(n)$ 的序列必须满足式(6.33b)所表示的特定对称性；它的相位延迟应等于 $h(n)$ 长度的一半即 $(N-1)/2$ 个采样周期。满足这些条件的滤波器称为线性相位系统。当 N 为偶数，如 $N=8$ 时，滤波器的延时 τ 等于 3.5 个采样周期，所以 $h(n)$ 的对称中心应在第 4 个和第 5 个采样点的中间，如图 6.4(a)所示。当 N 为奇数时，滤波器延时 τ 是整数，如 $N=9$，则 τ 取 4 个采样间隔，所以 $h(n)$ 序列对称中心在第 5 个采样点，如图 6.4(b)所示。显然，无论图 6.4(a)或图 6.4(b)，$h(n)$ 都满足偶对称的条件。

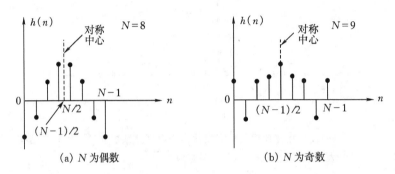

图 6.4 $h(n)$ 偶对称时的冲激响应

2. 广义线性相位

如上所述，线性相位滤波器要求其本身既有恒定的群延迟，又有恒定的相延迟。但在实际应用中往往只要求滤波器具有恒定的群延迟，即 $\tau_g(\omega)$ 是一常数，且系统具有更一般的线性相位形式

$$\theta(\omega) = \theta_0 - \omega\tau, \quad 0 < \omega < \pi \tag{6.34}$$

式中 θ_0 是一个常数。此时系统的频率响应可表示成

$$H(e^{j\omega}) = H(\omega)e^{j(\theta_0 - \omega\tau)} \tag{6.35}$$

具有式(6.34)相频响应的 FIR 滤波器称为广义线性相位系统。这类系统的相位是由常数项 θ_0 加上线性函数 $-\omega\tau$ 所组成。采用类似线性相位讨论的方法可以得到方程

$$\sum_{n=0}^{N-1} h(n)\sin[\omega(n-\tau) + \theta_0] = 0 \tag{6.36}$$

这个方程对于具有恒定群延迟系统是关于 $h(n)$，τ 和 θ_0 的一个必要条件，它必须对所有 ω 都成立。可以证明，满足式(6.36)的一组条件是

$$\theta_0 = 0 \quad 或 \quad \theta_0 = \pi \tag{6.37a}$$

$$\tau = \frac{N-1}{2} \quad 或 \quad 2\tau = N-1 = 整数 \tag{6.37b}$$

$$h(N-1-n) = h(n) \tag{6.37c}$$

当 $\theta_0 = 0$ 或 $\theta_0 = \pi$，式(6.36)就变成

$$\sum_{n=0}^{N-1} h(n)\sin[\omega(n-\tau)] = 0 \tag{6.38}$$

由式(6.38)可以证明，如果 2τ 是整数，式(6.38)中的各项就能配对，以使得组成的每一对对全

部 ω 都恒为零,且系统的频率响应具有式(6.35)的形式,只是这里 $\theta_0 = 0$ 或 π,以及 $H(\omega)$ 是 ω 的偶函数。

如果 $\theta_0 = \dfrac{\pi}{2}$ 或 $\dfrac{3}{2}\pi$,那么式(6.36)变成

$$\sum_{n=0}^{N-1} h(n)\cos[\omega(n-\tau)] = 0 \tag{6.39}$$

此时,可以证明

$$\theta_0 = \frac{\pi}{2} \quad \text{或} \quad \theta_0 = \frac{3}{2}\pi \tag{6.40a}$$

$$\tau = \frac{N-1}{2} \quad \text{或} \quad 2\tau = N-1 = \text{整数} \tag{6.40b}$$

$$-h(N-1-n) = h(n) \tag{6.40c}$$

对于全部 ω 都满足式(6.39)。式(6.40)就意味着系统的频率响应具有式(6.35)的形式,这时 $\theta_0 = \dfrac{\pi}{2}$ 和 $H(\omega)$ 是 ω 的奇函数。

上面给出了式(6.37)和式(6.40)两组条件,它们都保证了广义线性相位或恒定群延迟特性。将式(6.40a)代入式(6.34)得 $\theta(\omega) = \dfrac{\pi}{2} - \omega\tau$。可见,这时的相频特性仍然是一条直线,信号通过滤波器不仅有 $(N-1)/2$ 个采样周期的群延迟,而且还要产生 $90°$ 的相移。同时式(6.40c)表明其冲激响应 $h(n)$ 相对于序列的中心 $(N-1)/2$ 呈奇对称,如图 6.5 所示。

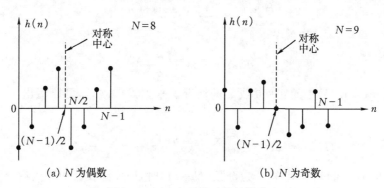

(a) N 为偶数　　　　　　　　(b) N 为奇数

图 6.5　$h(n)$ 奇对称时的冲激响应

3. FIR 滤波器冲激响应 $h(n)$ 的四种类型

由前面的讨论可以看出,根据滤波器冲激响应 $h(n)$ 的奇偶对称性质,以及 N 是奇数或偶数等特点,可以定义四种类型的 FIR 广义线性相位滤波器。

1) Ⅰ型 FIR 线性相位滤波器

$h(n)$ 偶对称($h(n)=h(N-1-n)$),N 为奇数,$0 \leqslant n \leqslant N-1$。

根据对称条件,此时式(6.21)可以表示为

$$H(e^{j\omega}) = \sum_{n=0}^{N-1} h(n)e^{-j\omega n}$$

$$= \sum_{n=0}^{(N-3)/2} h(n)e^{-j\omega n} + h\left(\frac{N-1}{2}\right)e^{-j\omega(N-1)/2} + \sum_{n=(N+1)/2}^{N-1} h(n)e^{-j\omega n} \tag{6.41}$$

将 $m=N-1-n$ 代入式(6.41)第二个等号右边最后一个求和项,得

$$H(\mathrm{e}^{\mathrm{j}\omega}) = \sum_{n=0}^{(N-3)/2} h(n)\mathrm{e}^{-\mathrm{j}\omega n} + h\left(\frac{N-1}{2}\right)\mathrm{e}^{-\mathrm{j}\omega(N-1)/2}$$
$$+ \sum_{m=0}^{(N-3)/2} h(N-1-m)\mathrm{e}^{-\mathrm{j}\omega(N-1-m)} \tag{6.42}$$

因冲激响应 $h(n)$ 是偶对称的,故式(6.42)等号右边的第一项和第三项求和式可以合并,于是有

$$H(\mathrm{e}^{\mathrm{j}\omega}) = \left\{ \sum_{n=0}^{(N-3)/2} h(n)\left[\mathrm{e}^{\mathrm{j}\omega\left(\frac{N-1}{2}-n\right)} + \mathrm{e}^{-\mathrm{j}\omega\left(\frac{N-1}{2}-n\right)}\right] + h\left(\frac{N-1}{2}\right) \right\}\mathrm{e}^{-\mathrm{j}\omega(N-1)/2} \tag{6.43}$$

或

$$H(\mathrm{e}^{\mathrm{j}\omega}) = \left\{ \sum_{n=0}^{(N-3)/2} 2h(n)\cos\left[\omega\left(\frac{N-1}{2}-n\right)\right] + h\left(\frac{N-1}{2}\right) \right\}\mathrm{e}^{-\mathrm{j}\omega(N-1)/2} \tag{6.44}$$

令 $m=\dfrac{N-1}{2}-n$,式(6.44)可改写为

$$H(\mathrm{e}^{\mathrm{j}\omega}) = \mathrm{e}^{-\mathrm{j}\omega(N-1)/2}\left[\sum_{m=1}^{(N-1)/2} 2h\left(\frac{N-1}{2}-m\right)\cos(\omega m) + h\left(\frac{N-1}{2}\right) \right] \tag{6.45}$$

令 $a(0)=h\left(\dfrac{N-1}{2}\right)$ 和 $a(n)=2h\left(\dfrac{N-1}{2}-n\right)$,$n=1,2,\cdots,\dfrac{N-1}{2}$,则式(6.45)可简写为

$$H(\mathrm{e}^{\mathrm{j}\omega}) = \mathrm{e}^{-\mathrm{j}\omega(N-1)/2}\left[\sum_{n=0}^{(N-1)/2} a(n)\cos(\omega n) \right] \tag{6.46}$$

其幅频特性为

$$H(\omega) = \sum_{n=0}^{(N-1)/2} a(n)\cos(\omega n) \tag{6.47}$$

相频特性为

$$\theta(\omega) = -\omega\left(\frac{N-1}{2}\right) \tag{6.48}$$

式(6.46)对应于式(6.34)中的 $\theta_0=0$ 或 π 的情况。根据式(6.46),可以写出Ⅰ型 FIR 滤波器的系统函数

$$H(z) = z^{-(N-1)/2}\left[\sum_{n=1}^{(N-1)/2} \frac{a(n)}{2}(z^n + z^{-n}) + a(0) \right] \tag{6.49}$$

图 6.6 给出了 $h(n)$ 是偶对称 N 为奇数($N=11$)时,FIR 滤波器的冲激响应和幅频特性。

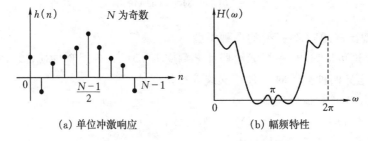

(a) 单位冲激响应　　　　　　　(b) 幅频特性

图 6.6　$h(n)$ 偶对称 N 为奇数时 FIR 滤波器的特性

2) Ⅱ型 FIR 线性相位滤波器

$h(n)$ 偶对称,N 为偶数。

与上面推导类似,可以得到

$$H(e^{j\omega}) = e^{-j\omega(N-1)/2}\left\{\sum_{n=1}^{N/2} b(n)\cos\left[\omega\left(n-\frac{1}{2}\right)\right]\right\} \tag{6.50}$$

其幅频特性为

$$H(\omega) = \sum_{n=1}^{N/2} b(n)\cos\left[\omega\left(n-\frac{1}{2}\right)\right] \tag{6.51}$$

式中 $b(n)=2h\left(\dfrac{N}{2}-n\right), n=1,2,\cdots,\dfrac{N}{2}$。式(6.50)对应于式(6.34)中的 $\theta_0=0$ 或 π 的情况。由式(6.51)可见,在 $\omega=\pi$ 处,$\cos[\pi(n-1/2)]=0$,即 $H(\pi)=0$,这表明这类滤波器不适于逼近 $\omega=\pi$ 处的幅度不为零的滤波器,如高通滤波器、带阻滤波器。

由式(6.50)可以写出 Ⅱ 型 FIR 滤波器的系统函数是

$$H(z) = z^{-(N-1)/2}\sum_{n=1}^{N/2}\frac{b(n)}{2}\left[z^{(n-\frac{1}{2})}+z^{-(n-\frac{1}{2})}\right]$$

图 6.7 给出了 $h(n)$ 是偶对称 N 为偶数($N=10$)时 FIR 滤波器的冲激响应和幅频特性。

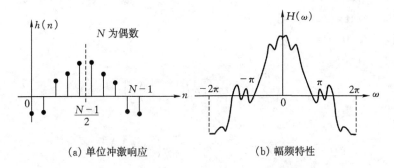

(a) 单位冲激响应　　　　　　　(b) 幅频特性

图 6.7 $h(n)$ 偶对称 N 为偶数时 FIR 滤波器的特性

3) Ⅲ型 FIR 线性相位滤波器

$h(n)$ 奇对称($h(n)=-h(N-1-n)$),N 为奇数,$0 \leqslant n \leqslant N-1$。

由于 $h(n)$ 以中心 $(N-1)/2$ 为奇对称,必有 $h\left(\dfrac{N-1}{2}\right)=0$,按照前面的推导,不难得出这时的 $H(e^{j\omega})$ 是

$$H(e^{j\omega}) = \sum_{n=1}^{(N-1)/2} c(n)\sin(\omega n) e^{j[\pi-(N-1)\omega]/2} \tag{6.52}$$

式中 $c(n)=2h\left(\dfrac{N-1}{2}-n\right), n=1,2,\cdots,\dfrac{N-1}{2}$。式(6.52)的幅频特性为

$$H(\omega) = \sum_{n=1}^{(N-1)/2} c(n)\sin(\omega n) \tag{6.53}$$

其相频特性为

$$\theta(\omega) = -\omega\left(\frac{N-1}{2}\right)+\frac{\pi}{2} \tag{6.54}$$

式(6.52)对应于式(6.34)中的 $\theta_0=\dfrac{\pi}{2}$ 或 $\dfrac{3}{2}\pi$ 的情况。显然在 $\omega=0,\pi$ 或 2π 处 $H(\omega)=0$,若不考虑相位滞后特性,$H(e^{j\omega})$ 是一个纯虚数($e^{j\frac{\pi}{2}}=j$),所以由式(6.53)所表示的 FIR 滤波器可以

完成微分运算。

图 6.8 给出了 $h(n)$ 是奇对称 N 为奇数($N=11$)时 FIR 滤波器的冲激响应和幅频特性。

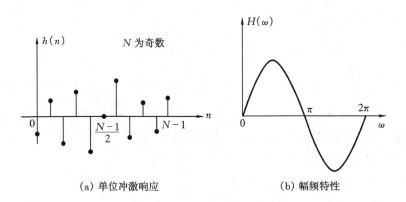

(a) 单位冲激响应　　　　　　　　　　(b) 幅频特性

图 6.8　$h(n)$奇对称 N 为奇数时 FIR 滤波器的特性

4）Ⅳ型 FIR 线性相位滤波器

$h(n)$奇对称，N 为偶数。

此时,式(6.21)可表示为

$$H(e^{j\omega}) = \left\{ \sum_{n=1}^{N/2} d(n)\sin\left[\omega\left(n - \frac{1}{2}\right)\right] \right\} e^{j[\pi-(N-1)\omega]/2} \tag{6.55}$$

其幅频特性为

$$H(\omega) = \sum_{n=1}^{N/2} d(n)\sin\left[\omega\left(n - \frac{1}{2}\right)\right] \tag{6.56}$$

式中 $d(n)=2h\left(\dfrac{N}{2}-n\right)$, $n=1,2,\cdots,\dfrac{N}{2}$。式(6.55)相应于式(6.34)中的 $\theta_0=\dfrac{\pi}{2}$ 或 $\dfrac{3}{2}\pi$ 的情况。显然,在 $\omega=0$ 和 2π 处,$H(\omega)=0$,并对 $\omega=0$ 和 2π 是奇对称,因此式(6.55)最适合用来设计逼近微分器。图 6.9 给出了 $h(n)$ 是奇对称 N 为偶数时($N=10$)FIR 滤波器的冲激响应和幅频特性。

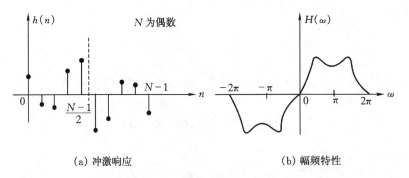

(a) 冲激响应　　　　　　　　　　(b) 幅频特性

图 6.9　$h(n)$奇对称 N 为偶数时 FIR 滤波器的冲激响应特性

以上讨论了四种类型的 FIR 滤波器的频率特性表达式,无论对应上述哪种情况,它们都是一线性因子 $e^{j\theta(\omega)}$ 与 ω 实函数的乘积。当 $h(n)$ 为偶对称时,其相频特性为

$$\theta(\omega) = -\frac{N-1}{2}\omega \tag{6.57}$$

当 $h(n)$ 为奇对称时，其相频特性为

$$\theta(\omega) = \frac{\pi}{2} - \frac{N-1}{2}\omega \tag{6.58}$$

此时，$h(n)$ 为奇对称的 FIR 数字滤波器不仅具有线性相位滤波能力，而且对通过滤波器的所有频率成分都将产生 90°的相移，这相当于信号先经一个 90°移相器后，然后再进行滤波。图6.10 给出了 FIR 滤波器的 $h(n)$ 分别为偶对称和奇对称时的相频特性。

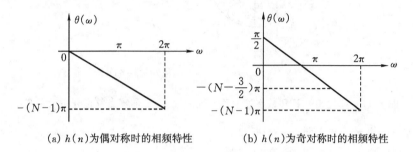

(a) $h(n)$ 为偶对称时的相频特性　　　　　(b) $h(n)$ 为奇对称时的相频特性

图 6.10　FIR 滤波器的相频特性

上面所讨论的幅频特性和相频特性共同组成了 FIR 滤波器的频率响应特性，但与通常的频率响应的幅频特性和相频特性有所不同，这里的幅频特性可为正负，且周期不一定是 2π。

4. 具有线性相位的 FIR 滤波器系统函数 $H(z)$ 的零点位置

由 FIR 滤波器的系统函数 $H(z)$ 可知，$H(z)$ 是 z^{-1} 的 $N-1$ 次多项式，它在原点上有 $N-1$ 阶极点（这些极点对系统的稳定性是无关紧要的），在 z 平面内有 $N-1$ 个零点，这 $(N-1)$ 个零点分布的特点是互为倒数共轭对。$H(z)$ 零点位置的分布直接关系着 FIR 滤波器的频率特性及其构成。线性相位的 FIR 数字滤波器由于其冲激响应具有对称性，所以零点位置受到严格的限制。由 $h(n)$ 的对称性条件可得

$$H(z) = \sum_{n=0}^{N-1} h(n) z^{-n} = \pm \sum_{n=0}^{N-1} h(N-1-n) z^{-n} \tag{6.59}$$

式中正号对应偶对称（Ⅰ型和Ⅱ型 FIR 滤波器），负号对应奇对称（Ⅲ型和Ⅳ型 FIR 滤波器）。令 $m = N-1-n$，代入式(6.59)，则有

$$H(z) = \pm \sum_{m=0}^{N-1} h(m) z^{-(N-1-m)} = \pm z^{-(N-1)} \sum_{m=0}^{N-1} h(m) z^{m} = \pm z^{-(N-1)} H(z^{-1}) \tag{6.60}$$

即

$$H(z) = \pm z^{-(N-1)} H(z^{-1}) \tag{6.61}$$

由式(6.61)可以看出，若 $z = z_k$ 是 $H(z)$ 的零点，那么

$$H(z_k) = \pm z_k^{-(N-1)} H(z_k^{-1}) = 0 \tag{6.62}$$

而由于 $H(z_k^{-1}) = z_k^{N-1} H(z_k) = 0$，则 $z = z_k^{-1}$，$H(z_k^{-1}) = 0$，也就是说，$H(z^{-1})$ 的零点也是 $H(z)$ 的零点，反之亦然。如图 6.11 所示，考虑 $H(z)$ 的一个零点为 $z_k = r_k e^{j\theta_k}$，r_k 和 θ_k 取不同值时，z_k 处于不同位置，可以分成如下的四种情形：

(1) 当 $\theta_k \neq 0$ 和 π，$r_k < 1$ 时，z_k 在单位圆内；

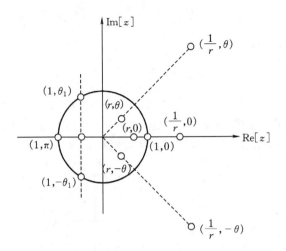

图 6.11　线性相位 FIR 数字滤波器系统函数 $H(z)$ 的零点位置分布示意图

(2) 当 $\theta_k = 0$ 和 $\pi,r_k < 1$ 时，z_k 在实轴上；

(3) 当 $\theta_k \neq 0$ 和 $\pi,r_k = 1$ 时，z_k 在单位圆上；

(4) 当 $\theta_k = 0$ 和 $\pi,r_k = 1$ 时，z_k 在实轴和单位圆的交点上。

图 6.11 示出了上述 FIR 滤波器系统函数 $H(z)$ 零点分布的四种情况。

在第一种情况下，若 $z_k = r_k e^{j\theta_k}$ 是 $H(z)$ 的零点，那么 $z_k^{-1} = (r_k e^{j\theta_k})^{-1} = \dfrac{1}{r_k} e^{-j\theta_k}$ 也是 $H(z)$ 的零点。它与 z_k 是以单位圆为镜像对称的；又因为 $h(n)$ 一般都是实序列，所以 $H(z)$ 的复数零点应当成对出现，当 z_k 是 $H(z)$ 的零点时，那么 $z_k^* = r_k e^{-j\theta_k}$ 也一定是 $H(z)$ 的零点。由于镜像对称，所以 $(z_k^*)^{-1} = \dfrac{1}{r_k} e^{j\theta_k}$ 也是 $H(z)$ 的零点。这就是说，如果 $H(z)$ 有一个零点 z_k，那么 z_k^{-1}，z_k^*，$(z_k^*)^{-1}$ 也都是 $H(z)$ 的零点，这四个零点同时存在，它们可以构成一个四阶系统，记为 $H_p(z)$，即

$$H_p(z) = (1 - r_k e^{j\theta_k} z^{-1})(1 - r_k e^{-j\theta_k} z^{-1})\left(1 - \frac{1}{r_k} e^{j\theta_k} z^{-1}\right)\left(1 - \frac{1}{r_k} e^{-j\theta_k} z^{-1}\right) \tag{6.63}$$

式(6.63)可展开为

$$H_p(z) = 1 - 2\frac{r_k^2 + 1}{r_k}\cos\theta_k z^{-1} + \left(r_k^2 + \frac{1}{r_k^2} + 4\cos^2\theta_k\right)z^{-2} - 2\left(\frac{r_k^2 + 1}{r_k}\right)\cos\theta_k z^{-3} + z^{-4}$$

$$\tag{6.64}$$

在第二种情况下，如果 $H(z)$ 的零点是实数且不在单位圆上，即 $z_k = r_k$，它无共轭零点存在，但有镜像零点 $z_k^{-1} = \dfrac{1}{r_k}$，零点的分布互为倒数时，所以它可构成一个二阶系统，记作 $H_m(z)$，即

$$H_m(z) = (1 \pm r_k z^{-1})\left(1 \pm \frac{1}{r_k}z^{-1}\right) \tag{6.65}$$

在第三种情况下，如果 $H(z)$ 的零点在单位圆上，即 $z_k = e^{j\theta_k}$，它无镜像对称零点，但有共轭零点 $z_k^* = e^{-j\theta_k}$，所以单位圆上的零点以如下形式成对出现，它也可以构成一个二阶系统，记作 $H_l(z)$，即

$$H_l(z) = (1 - e^{j\theta_k} z^{-1})(1 - e^{-j\theta_k} z^{-1}) \tag{6.66}$$

在第四种情况下，$H(z)$ 的零点在 $z_k=\pm 1$，因为 ± 1 的倒数和共轭还是 ± 1，所以 z_k 既无镜像零点，也无共轭零点，只能以 $z=\pm 1$ 出现，它构成最简单的一阶系统，记作 $H_n(z)$，显然 $H_n=(1\pm z^{-1})$。

具有线性相位的 FIR 数字滤波器的系统函数一般形式可表示为上述各式的级联，即

$$H(z) = \left[\prod_p H_p(z)\right]\left[\prod_m H_m(z)\right]\left[\prod_l H_l(z)\right]\left[\prod_n H_n(z)\right] \tag{6.67}$$

这些一阶、二阶和四阶系统都具有对称的系数，因此它们也都是具有线性相位的子系统，这样就为实现 $H(z)$ 提供了方便。级联形式的网络对有限字长影响的敏感度较低，这是它的一个优点。

无论冲激响应是偶对称或奇对称，零点在 $z=-1$ 的情况都特别重要。考虑冲激响应为偶对称，由式(6.61)有

$$H(-1) = (-1)^{-(N-1)} H(-1) \tag{6.68}$$

如果 N 为奇数，这就是一个简单的恒等式，但若 N 为偶数，$H(-1)=-H(-1)$，所以 $H(-1)$ 必须为零。因此，对于 N 为偶数的偶对称冲激响应，其系统函数必须有一个零点在 $z=-1$ 处。图 6.12(a)和图 6.12(b)分别示出了 Ⅰ 型(N 为奇数)和 Ⅱ 型(N 为偶数)FIR 滤波器典型的零点位置。

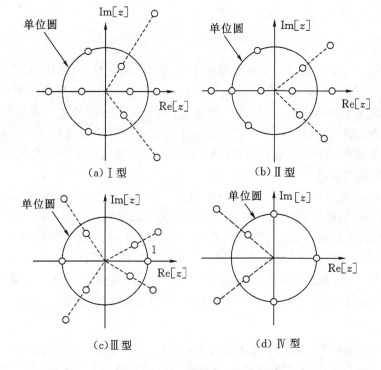

图 6.12　四种线性相位 FIR 滤波器系统函数零点分布图

如果冲激响应 $h(n)$ 是奇对称(Ⅲ 型和 Ⅳ 型)，由式(6.61)有

$$H(z) = - z^{-(N-1)} H(z^{-1}) \tag{6.69}$$

式中 $H(z)$ 的零点也和偶对称情况下的零点一样受到约束。然而，与偶对称不同的是，在奇对称的情况下，$z=1$ 和 $z=-1$ 都有特殊的意义。若 $z=1$，式(6.69)就变成

$$H(1) = - H(1) \tag{6.70}$$

于是 $H(z)$ 必须有 $z=1$ 的零点，无论 N 为偶数或为奇数。当 $z=-1$ 时，式(6.69)给出

$$H(-1) = (-1)^{-N}H(-1) \tag{6.71}$$

这时，若 N 为奇数，$H(-1)=-H(-1)$，所以 $z=-1$ 在 N 为奇数时必须是 $H(z)$ 的零点。图 6.12(c)和图 6.12(d)分别示出了 Ⅲ 型和 Ⅳ 型 FIR 滤波器典型的零点位置。

在设计 FIR 线性相位滤波器时，对零点的约束是很重要的，因为对零点的控制可以得到不同的频率响应，例如，用偶对称的冲激响应来逼近一个高通滤波器，N 就不能选取为偶数。如前面讨论的 Ⅱ 型系统不能用于高通滤波器，而 Ⅲ 型系统则可用于微分运算。

还有一类滤波器，它的全部零点和极点均分布在单位圆内(或单位圆上)，我们称这类滤波器为最小相位滤波器。

6.2.2　IIR 滤波器的基本特性

1. IIR 滤波器的系统函数与极-零点分布

设式(6.13)中的 $b_0=1$，那么 IIR 滤波器的冲激响应 $h(n)$ 的 z 变换 $H(z)$ 可以表示为有理函数

$$H(z) = \sum_{n=0}^{\infty} h(n)z^{-n} = \frac{\displaystyle\sum_{k=0}^{M} a_k z^{-k}}{1 + \displaystyle\sum_{k=1}^{N} b_k z^{-k}} \tag{6.72}$$

式中 a_k 和 b_k 是实数，而且 $a_M \neq 0$，$b_N \neq 0$，分子和分母之间也不存在共同的因子。

由式(6.72)可知，IIR 滤波器的系统函数 $H(z)$ 具有 N 个极点和 M 个零点，通常，极-零点以共轭复数对或实数形式出现。为使滤波器稳定，N 个极点必须处于 z 平面的单位圆内，一般情况下，$M \leq N$，此时将滤波器称为 N 阶滤波器。$M > N$ 时，则滤波器可由持续时间为 $M-N$ 的 FIR 滤波器与 N 阶的 IIR 滤波器的串联来实现，这时滤波器阶数的概念是含糊的。下面只讨论 $M \leq N$ 时的滤波器。

IIR 滤波器的稳定性与系统函数 $H(z)$ 的极点(即式(6.72)分母的零点)相关，而系统函数 $H(z)$ 的零点(即式(6.72)分子的零点)的位置决定了滤波器的性能，$H(z)$ 的零点的位置与滤波器的稳定性无关。由于 IIR 滤波器存在反馈项和极点，在 IIR 滤波器设计中有可能出现的不稳定问题，而这一问题在 FIR 滤波器设计中是不存在的。因此，IIR 滤波器的设计比 FIR 滤波器设计更复杂。合理地设置 IIR 滤波器的极点，可使我们能以较少的系数和运算次数实现性能良好的滤波器，但随之带来了稳定性和对系数量化敏感的问题。

2. 相位特性

除了全部极点都在单位圆周上的滤波器以外，具有线性相位且稳定的 IIR 滤波器是不可能物理实现的。由 6.2.1 节 FIR 滤波器的特性的讨论可以看到，为了使滤波器具有线性相位，$H(z)$ 和 $H(z^{-1})$ 必须具有相同的零点和极点。因此，如果 $H(z)$ 的一个极点处于单位圆中，它的镜像极点就在单位圆外，$H(z)$ 就会变为不稳定。

IIR 滤波器的相位特性可表示为

$$\theta(\omega) = \arctan\left\{\frac{\text{Im}[H(e^{j\omega})]}{\text{Re}[H(e^{j\omega})]}\right\} \tag{6.73}$$

如果用相位函数 $\theta(\omega)$ 和幅度函数 $|H(z)|$ 来表示滤波器的系统函数 $H(z)$，即

$$H(z) = \mid H(z) \mid e^{j\theta(\omega)} \tag{6.74}$$

显然,还有

$$H(z^{-1}) = \mid H(z^{-1}) \mid e^{-j\theta(\omega)} \tag{6.75}$$

将 $z = e^{j\omega}$ 代入上面两式,可导出相频特性为

$$\theta(\omega) = \frac{1}{2j}\ln\left[\frac{H(e^{j\omega})}{H(e^{-j\omega})}\right] \tag{6.76}$$

类似 FIR 滤波器的延迟定义式(6.29),由式(6.76)可以得到 IIR 滤波器的相延迟和群延迟分别为

$$\tau_{p}(\omega) = -\frac{\theta(\omega)}{\omega} = -\frac{1}{2j\omega}\ln\left[\frac{H(e^{j\omega})}{H(e^{-j\omega})}\right] \tag{6.77}$$

$$\tau_{g}(\omega) = -\frac{d\theta(\omega)}{d\omega} = -\frac{d}{d\omega}\left\{\frac{1}{2j}\ln\left[\frac{H(e^{j\omega})}{H(e^{-j\omega})}\right]\right\} \tag{6.78}$$

式(6.78)可进一步表示为

$$\tau_{g}(\omega) = -\operatorname{Re}\left\{z\frac{d}{dz}\left[\ln H(z)\right]\right\}\Bigg|_{z=e^{j\omega}} \tag{6.79}$$

由此可以看出,群延迟为常数的 IIR 滤波器是不可能实现的,通常只能在滤波器的通带内尽可能地逼近某个常数。这是 IIR 滤波器与 FIR 滤波器的一个重要区别。

3. 全通滤波器

IIR 滤波器中有一类滤波器,它在整个频率范围内的幅频特性是一个定值,即频率响应 $\mid H(e^{j\omega}) \mid$ 为一常数,与 ω 无关,这类滤波器称为全通滤波器。全通系统的特性是它们的极点和零点在共轭反演位置上出现。例如,一个二阶全通系统在单位圆内有一对共轭极点(如图6.13所示),每一个极点都有一个与之配对的共轭倒数零点,于是这种具有镜像对称滤波器的系统函数可表示为

$$H(z) = c\frac{(z - r^{-1}e^{j\theta})(z - r^{-1}e^{-j\theta})}{(z - re^{j\theta})(z - re^{-j\theta})} \tag{6.80}$$

式中 c、r 和 θ 都是实数,且 $0 < r < 1$。式(6.80)可改写为

$$H(z) = c\frac{z^{2}(z^{-2} - 2r\cos\theta z^{-1} + r^{2})}{r^{2}(z^{2} - 2r\cos\theta z + r^{2})} \tag{6.81}$$

显然,当 $z = e^{j\omega}$ 时,分母与分子括号中的绝对值是相等的,即

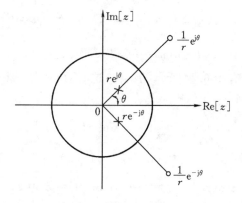

图 6.13　二阶全通滤波器的极点与零点的关系

$$| H(\mathrm{e}^{j\omega}) | = | H(z) |_{z=\mathrm{e}^{j\omega}} = \left| \frac{c}{r^2} \right| \tag{6.82}$$

因此,式(6.80)所表示的 IIR 滤波器是一个全通滤波器。

全通滤波器在数字网络中不改变信号的振幅特性,它是一种纯相位滤波器,常常用来逼近所希望的相位特性。

6.2.3　FIR 滤波器与 IIR 滤波器的比较

通过本章对 IIR 滤波器和 FIR 滤波器的基本原理性质的初步讨论,我们可以看到,数字滤波器的特性在设计和实现方面具有很大的灵活性,这种灵活性使它有可能实现模拟滤波器很难完成的一些非常复杂的信号处理任务。

后面的第 7 章和第 8 章将分别讨论这两类滤波器的各种设计方法。在实际应用中应该选择哪类滤波器? 究竟哪种设计方法的滤波效果最好? 这些都取决于实际应用中滤波器设计的难易程度与技术指标的权衡。通过后两章的学习,我们将会清楚地知道,之所以存在这两大类滤波器和不同的设计方法,是因为没有一种滤波器或一种设计方法能在所有的情况下都是最佳的。例如,IIR 滤波器的设计可以利用现成的模拟滤波器的设计公式,设计方便且效率高,但它的相位响应具有非线性,尤其是在频带边缘上表现更为严重,而 FIR 滤波器的突出优点是它可以实现精确的线性相位控制。虽然 FIR 滤波器的设计简单,也可以利用最佳逼近定理来设计 FIR 滤波器,这种方法为设计频率特性提供了误差控制准则。但要使 FIR 滤波器满足所希望的技术指标,可能需要做多次迭代运算,实现这类滤波器需要运算速度快和存储容量大的计算硬件。

实现数字滤波器时,还要考虑计算硬件的复杂程度和计算速度,这两个因素与滤波器满足指标所需的阶数有关。如果不考虑相位问题,一般来说,在给定的频率响应条件下,IIR 滤波器可用较低的阶数来实现,而 FIR 滤波器则需要较高的阶数,通常比 IIR 滤波器高 5~10 倍。因此,在设计数字滤波器时,需要从实际应用出发,权衡考虑各种因素,在设计方法、计算能力和应用指标等方面作出最佳选择。

习　题

6.1　令 $h(t)$、$s(t)$ 和 $H(s)$ 分别表示连续时间线性时不变滤波器的冲激响应、阶跃响应和系统函数。试问:

(1) 若 $h(n) = h(t)\Big|_{t=nT} = h(nT)$,$s(n) = \sum\limits_{k=-\infty}^{n} h(kT)$ 是否成立;

(2) 若 $s(n) = s(t)\Big|_{t=nT} = s(nT)$,$h(n) = h(nT)$ 是否成立。

6.2　一数字滤波器具有图 6.14 所示的结构,这时总系统可等效于一个线性时不变模拟系统,则系统输出 $y(t)$ 为

$$y(t) = \sum_{n=-\infty}^{\infty} y(n) \frac{\sin\left[\pi\left(\dfrac{t}{T} - n\right)\right]}{\pi\left(\dfrac{t}{T} - n\right)}$$

若系统 $h(n)$ 的截止频率为 $\pi/8(\mathrm{rad/s})$,当 $1/T$ 为 10 kHz 或 20 kHz 时,问等效模拟滤波器对应的截止频率分别为多少?

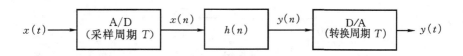

图 6.14　习题 6.2

6.3　一个离散时间系统有一对共轭极点 $p_1 = 0.8\mathrm{e}^{\mathrm{j}\pi/4}$，$p_2 = 0.8\mathrm{e}^{-\mathrm{j}\pi/4}$，且在原点有二阶重零点。

(1) 写出该系统的系统函数 $H(z)$，画出极-零点分布图；

(2) 试用极-零点分析的方法大致画出其幅频响应（$0 \sim 2\pi$）；

(3) 若输入信号 $x(n) = u(n)$，且系统初始条件 $y(-2) = y(-1) = 1$，求该系统的输出 $y(n)$。

6.4　图 6.15(a)中，$H(\mathrm{e}^{\mathrm{j}\omega})$ 为理想低通滤波器，问对输入 $x(n)$ 和截止频率 ω_c 是否有某种选择，使得输出 $y(n)$ 是如图 6.15(b)所示序列，即

$$y(n) = \begin{cases} 1, & 0 \leqslant n \leqslant 10 \\ 0, & \text{其他 } n \end{cases}$$

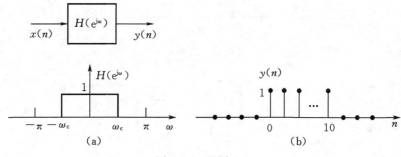

图 6.15　习题 6.4

6.5　设 $h(n)$ 为一理想低通滤波器的冲激响应，其通带内增益为 1，截止频率为 $\omega_\mathrm{c} = \pi/4$。图 6.16 示出四个系统，其中每一个都等效为一种理想线性时不变的频率选择性滤波器，对图 6.16 中每一个系统画出其等效频率响应，并用 ω_c 标注出通带边缘频率，并指出它们是否属于低通、高通、带通或带阻滤波器。

6.6　在图 6.17(a)所示系统中，假定输入 $x(n)$ 可以表示为

$$x(n) = s(n)\cos(\omega_0 n)$$

并假设 $s(n)$ 是低通且带宽为相当窄的信号，即 $S(\mathrm{e}^{\mathrm{j}\omega}) = 0$，$|\omega| > \Delta$，$\Delta$ 非常小以使得 $X(\mathrm{e}^{\mathrm{j}\omega})$ 就是在 $\omega = \pm\omega_0$ 附近的窄带信号。

(1) 若 $|H(\mathrm{e}^{\mathrm{j}\omega})| = 1$，$\theta(\omega)$ 如图 6.17(b)所示，证明 $y(n) = s(n)\cos(\omega_0 n - \phi_0)$；

(2) 若 $|H(\mathrm{e}^{\mathrm{j}\omega})| = 1$，$\theta(\omega)$ 如图 6.17(c)所示，证明 $y(n)$ 可以表示为

$$y(n) = s(n - n_\mathrm{d})\cos(\omega_0 n - \phi_0 - \omega_0 n_\mathrm{d})$$

同时证明 $y(n)$ 也能等效表示成

$$y(n) = s(n - n_\mathrm{d})\cos(\omega_0 n - \phi_1)$$

式中 $-\phi_1$ 是 $H(\mathrm{e}^{\mathrm{j}\omega})$ 在 $\omega = \omega_0$ 时的相位。

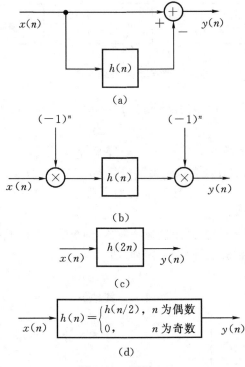

图 6.16　习题 6.5

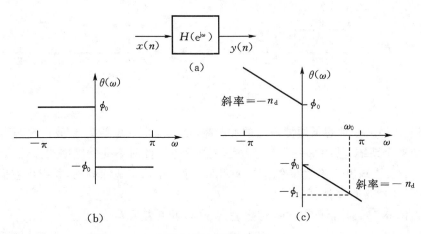

图 6.17　习题 6.6

(3) $H(e^{j\omega})$ 的群延迟定义为

$$\tau_g(\omega) = -\frac{\mathrm{d}}{\mathrm{d}\omega}\arg[H(e^{j\omega})]$$

而相位延迟定义为 $\tau_p(\omega) = -\dfrac{\theta(\omega)}{\omega}$。假设 $|H(e^{j\omega})|$ 在 $x(n)$ 的频带内为 1。根据本习题(1)和(2)的结果,并在 $x(n)$ 是窄带的假设下,证明:如果 $\tau_g(\omega_0)$ 和 $\tau_p(\omega_0)$ 两者都是整数,那么

$$y(n) = s[n - \tau_g(\omega_0)]\cos\{\omega_0[n - \tau_p(\omega_0)]\}$$

这就表明,对窄带信号 $x(n)$ 而言,$\theta(\omega)$ 对 $x(n)$ 的包络 $s(n)$ 给予的延迟是 $\tau_g(\omega_0)$,对载波

$\cos\omega_0 n$ 的延迟是 $\tau_{\mathrm{p}}(\omega_0)$。

6.7　考虑一个线性时不变系统,其冲激响应 $h(n)$ 是

$$h(n) = \left(\frac{1}{2}\right)^n u(n) + \left(\frac{1}{3}\right)^n u(n)$$

输入 $x(n)$,$0 \leqslant n \leqslant \infty$,计算 $0 \leqslant n \leqslant 10^9$ 的输出 $y(n)$,分别采用 FIR 滤波器和 IIR 滤波器来实现。

(1) 求将输入 $x(n)$ 和 $y(n)$ 联系起来的 IIR 系统的线性常系数差分方程;

(2) 求最短长度 FIR 滤波器的冲激响应,其输出 $y_1(n)$ 在 $0 \leqslant n \leqslant 10^9$ 内与 $y(n)$ 相同;

(3) 给出与(2)的 FIR 滤波器有关的线性常系数差分方程;

(4) 比较利用(1)和(2)的线性常系数差分方程得到 $0 \leqslant n \leqslant 10^9$ 内 $y(n)$ 所需要的乘法和加法的次数。

6.8　考虑一个因果的线性时不变系统,其系统函数 $H(z)$ 在 $z = \mathrm{e}^{\mathrm{j}\omega}$ 上的求值如图 6.18 所示。

(1) 从图 6.18 推断出有关极-零点位置的全部信息,并画出 $H(z)$ 的极-零点图;

(2) 讨论有关冲激响应的长度;

(3) 说明 $\theta(\omega)$ 是否线性;

(4) 说明系统是否稳定。

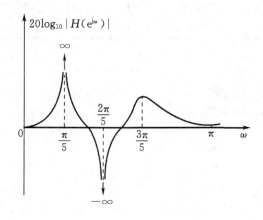

图 6.18　习题 6.8

6.9　一因果线性时不变系统的系统函数为

$$H(z) = \frac{1 - a^{-1} z^{-1}}{1 - a z^{-1}}$$

其中 a 是实数。

(1) 给出描述该系统的差分方程;

(2) a 值在什么范围内系统是稳定的?

(3) 对于 $a = 1/2$,画出极-零点图,并标明收敛域;

(4) 求系统冲激响应 $h(n)$;

(5) 试说明该系统是否全通系统,也即频率响应幅度为一常数,同时给出该常数值。

6.10　试说明对一个有理 z 变换,因子 $(z - z_0)$ 和因子 $z/(z - z_0^*)$ 对相位都有相同的

贡献。

(1) 令 $H(z)=z-1/a$，a 为实数且 $0<a<1$，画出系统的极-零点图，包括指出在 $z=\infty$ 的零极点，求系统的相位 $\theta(\omega)$；

(2) 令 $G(z)$ 有在 $H(z)$ 零点的共轭倒数位置上的极点，有 $H(z)$ 极点的共轭倒数位置上的零点，其中包括在零和 ∞ 的那些零极点，画出 $G(z)$ 的极-零点图，求系统的相位 $\theta_g(\omega)$，并证明它与 $\theta(\omega)$ 是相同的。

6.11　一类数字滤波器的频率响应具有下列形式

$$H(e^{j\omega}) = |H(e^{j\omega})| \, e^{-j\alpha\omega}$$

其中 $|H(e^{j\omega})|$ 是 ω 的实且非负函数，而 α 是一个实常数。如在 6.2.1 节所讨论的，这类滤波器称为线性相位滤波器。同时考虑频率响应具有如下形式的数字滤波器

$$H(e^{j\omega}) = A(e^{j\omega})e^{-j\alpha\omega+j\beta}$$

其中 $A(e^{j\omega})$ 是 ω 的实函数，α 是一个实常数，而 β 也是一个实常数。如在 6.2.2. 节所讨论的，这类滤波器为广义线性相位滤波器。

对图 6.19 中的每个滤波器，说明是否广义线性相位滤波器。若是，那么求 $A(e^{j\omega})$、α 和 β，并指出它是否也是线性相位滤波器。

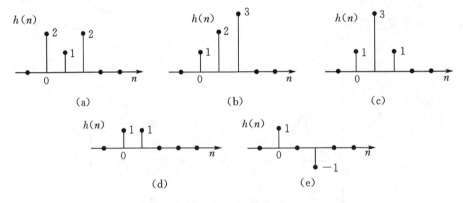

图 6.19　习题 6.11

6.12　图 6.20 中每一个极-零点图和 z 平面的收敛域一起描述了系统函数为 $H(z)$ 的一个线性时不变系统。在每种情况下，简单举例说明下述说法中哪一个是正确的。

(1) 系统有零相位或广义线性相位；

(2) 系统有稳定的逆系统 $H_i(z)$。

6.13　图 6.21(a)、(b) 分别示出两种不同的三个系统的互联，其各系统的冲激响应 $h_1(n)$、$h_2(n)$ 和 $h_3(n)$ 如图 6.21(c) 所示，试问是否系统 A 和/或系统 B 有广义线性相位。

6.14　试说明以下说法是否成立：

如果系统函数 $H(z)$ 除原点或无穷远点外，到处都可能有极点，那么该系统不可能有零相位或广义线性相位。

6.15　考虑一类 FIR 滤波器，它具有 $h(n)$ 为实，$0 \leqslant n \leqslant N-1$，且有下列对称性质之一：

对称　　　　　　　　　　　　$h(n)=h(N-1-n)$

反对称　　　　　　　　　　　$h(n)=-h(N-1-n)$

该类滤波器全部都具有广义线性相位，即具有如下形式的频率响应：

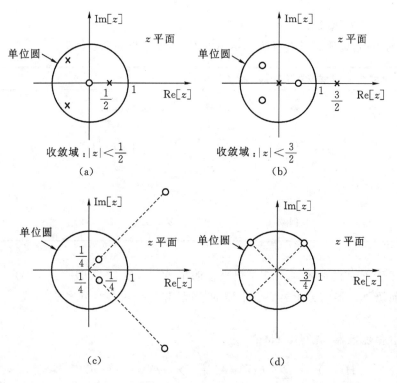

图 6.20　习题 6.12

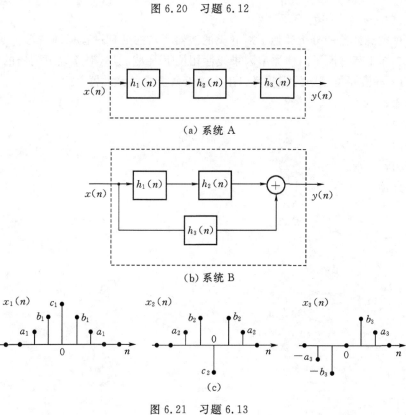

(a) 系统 A

(b) 系统 B

(c)

图 6.21　习题 6.13

$$H(e^{j\omega}) = A(e^{j\omega})e^{-j\alpha\omega+j\beta}$$

其中 $A(e^{j\omega})$ 是 ω 的实函数,α 和 β 是实常数。

对于下列表格,证明 $A(e^{j\omega})$ 具有所指出的形式,并求出 α 和 β 的值。

类型	对称性	滤波器长度 N	$A(e^{j\omega})$	α	β
I	是	奇	$\displaystyle\sum_{n=0}^{(N-1)/2} a(n)\cos(\omega n)$		
II	是	偶	$\displaystyle\sum_{n=1}^{N/2} b(n)\cos[\omega(n-1/2)]$		
III	否	奇	$\displaystyle\sum_{n=1}^{(N-1)/2} c(n)\sin(\omega n)$		
IV	否	偶	$\displaystyle\sum_{n=1}^{N/2} d(n)\sin[\omega(n-1/2)]$		

提示:

(1) 对 I 型 FIR 滤波器,6.2.1 节已经证明了 $A(e^{j\omega})$ 的形式(即式(6.47));

(2) 对 III 型滤波器的分析类似于 I 型的情况,除一个符号变化和去掉式(6.47)右边项中的一项外;

(3) 对 II 型滤波器,先写出 $H(e^{j\omega})$ 为

$$H(e^{j\omega}) = \sum_{n=0}^{(N-2)/2} h(n)e^{-j\omega n} + \sum_{n=0}^{(N-2)/2} h(N-1-n)e^{-j\omega(N-1-n)}$$

然后从两和式中提出公共因子 $e^{-j\omega((N-1)/2)}$;

(4) 对 IV 类滤波器的分析类似于对 II 类滤波器所作的处理过程那样进行。

6.16　6.2.1 节讨论了四种类型因果线性相位 FIR 滤波器,对于以下列出的每种滤波器,指出四种 FIR 滤波器类型中的哪些可以用来逼近所要求的滤波器:

(1) 低通;

(2) 带通;

(3) 高通;

(4) 带阻;

(5) 微分器。

第 7 章 FIR 数字滤波器设计

所谓滤波器设计,就是按照某种准则设计出一个频率特性逼近于指标要求的滤波器系统函数 $H(z)$ 或 $H(e^{j\omega})$。FIR 数字滤波器的设计方法主要有傅里叶级数展开法、窗函数法、频率采样法和切比雪夫逼近法。本章分别介绍这些方法的基本原理及实现。

7.1 傅里叶级数展开法

由 6.2.1 节的讨论可以看到,FIR 滤波器的相位特性与冲激响应 $h(n)$ 的对称性和持续时间 N 有关,当给定 $h(n)$ 和 N 后,滤波器的相位特性就唯一地被确定了,而滤波器的频率特性可用一个傅里叶级数来表示。

设一个理想的数字滤波器的频率响应是 $H_d(e^{j\omega})$,它是频域的周期函数,周期为 2π,因此可以将它展开为傅里叶级数

$$H_d(e^{j\omega}) = \sum_{n=-\infty}^{\infty} h_d(n)e^{-j\omega n} \tag{7.1}$$

式中 $h_d(n)$ 是傅里叶级数系数,它对应滤波器的冲激响应序列。利用 $H_d(e^{j\omega})$ 可将 $h_d(n)$ 表示为

$$h_d(n) = \frac{1}{2\pi}\int_{-\pi}^{\pi} H_d(e^{j\omega})e^{j\omega n}\,d\omega \tag{7.2}$$

一旦能从所希望的 $H_d(e^{j\omega})$ 求出 $h_d(n)$,那么,就可求出理想数字滤波器的系统函数,即

$$H_d(z) = \sum_{n=-\infty}^{\infty} h_d(n)z^{-n}$$

式(7.2)表示的理想滤波器的冲激响应 $h_d(n)$ 是非因果性的,且 $h_d(n)$ 的持续时间是 $-\infty$ 至 ∞,物理上也无法实现。因此,需要用一个有限长序列 $h(n)$ 去逼近 $h_d(n)$,最简单的办法是将 $h_d(n)$ 直接截短,这就相当于对式(7.1)的傅里叶级数取有限 N 项,即

$$H_N(z) = \sum_{n=-M}^{M} h_d(n)z^{-n}, \quad M = \frac{N-1}{2} \tag{7.3}$$

用截短理想冲激响应的办法来逼近理想滤波器的问题涉及到用有限项傅里叶级数表示的收敛问题。从下面的讨论中将会看到,在 FIR 滤波器设计中由于对理想冲激响应 $h_d(n)$ 的截短会产生非一致性收敛问题,即吉布斯(Gibbs)现象。

式(7.3)的项数虽然有限,但其相应的差分方程式将会出现输出先于输入的数序,因此,还需要解决非因果问题,其办法是将有限长序列通过 $M = \dfrac{N-1}{2}$ 项移位,即将式(7.3)乘以 z^{-M},可得

$$H(z) = z^{-M} H_N(z) = z^{-M} \sum_{n=-M}^{M} h_d(n) z^{-n} = \sum_{n=-M}^{M} h_d(n) z^{-(M+n)} \tag{7.4}$$

令 $k = M + n$ 代入上式,则得

$$H(z) = \sum_{k=0}^{2M} h_d(k-M) z^{-k} = \sum_{n=0}^{2M} h_d(n-M) z^{-n} = \sum_{n=0}^{N-1} h(n) z^{-n} \tag{7.5}$$

对应的频率响应是

$$H(e^{j\omega}) = \sum_{n=0}^{N-1} h(n) e^{-j\omega n} \tag{7.6}$$

式(7.5)给出了物理可实现的系统函数,其相应的冲激响应 $h(n)$ 是一个有限长度为 N 的序列。引入 z^{-M} 没有改变滤波器 $H_N(z)$ 的幅度特性,但改变了原来的相位,使时延增加了 MT 或 $(N-1)T/2$。所以,$h(n)$ 与设计指标所要求的理想冲激响应 $h_d(n)$ 之间存在以下关系:

$$h(n) = h_d(n-M), \quad M = (N-1)/2, \quad n = 0, 1, \cdots, N-1 \tag{7.7}$$

显然,当有限冲激响应所取的长度 N 确定之后,就可以根据式(7.2)求得所需要的设计结果,即

$$h(n) = h_d(n-M) = \frac{1}{2\pi} \int_{-\pi}^{\pi} H_d(e^{j\omega}) e^{j\omega(n-M)} d\omega \tag{7.8}$$

式中 $n = 0, 1, \cdots, N-1$。

现在来讨论 $H(e^{j\omega})$ 对 $H_d(e^{j\omega})$ 的逼近误差。由于 $H(e^{j\omega})$ 近似 $H_d(e^{j\omega})$,两者之间必然存在着误差,误差的产生是对 $h_d(n)$ 的截短所引起的。定义逼近误差 E 为

$$E = \frac{1}{2\pi} \int_{-\pi}^{\pi} | H_d(e^{j\omega}) - H(e^{j\omega}) |^2 d\omega \tag{7.9}$$

式中 $H(e^{j\omega})$ 由式(7.6)决定。

由式(7.1),$H_d(e^{j\omega})$ 可表示为

$$H_d(e^{j\omega}) = \frac{a_0}{2} + \sum_{n=1}^{\infty} a_n \cos(\omega n) + \sum_{n=1}^{\infty} b_n \sin(\omega n) \tag{7.10}$$

式中 $a_0 = 2h_d(0), a_n = h_d(n) + h_d(-n), b_n = j[h_d(n) - h_d(-n)]$。

与式(7.10)类似,式(7.6)的 $H(e^{j\omega})$ 可表示为

$$H(e^{j\omega}) = \frac{A_0}{2} + \sum_{n=1}^{N-1} A_n \cos(\omega n) + \sum_{n=1}^{N-1} B_n \sin(\omega n) \tag{7.11}$$

式中 $A_0 = 2h(0), A_n = h(n) + h(-n), B_n = j[h(n) - h(-n)]$。

将式(7.10)和式(7.11)代入式(7.9),利用三角函数的正交性可得

$$E = \frac{(a_0 - A_0)^2}{2} + \sum_{n=1}^{N-1} (a_n - A_n)^2 + \sum_{n=1}^{N-1} (b_n - B_n)^2 + \sum_{n=N}^{\infty} (a_n^2 + b_n^2)$$

由于上式中每一项都是非负的,所以,只有当 $A_n = a_n, B_n = b_n, n = 1, 2, \cdots, M$ 时,E 才最小。当利用 $H(e^{j\omega})$ 来近似 $H_d(e^{j\omega})$ 时,欲使逼近误差最小,$H(e^{j\omega})$ 的冲激响应 $h(n)$ 必须是 $H_d(e^{j\omega})$ 的傅里叶系数。这也正说明了有限项傅里叶级数是在最小平方意义上对原信号的最佳逼近。下面讨论一个具体的例子。

例 7.1 试用傅里叶级数展开法设计一个线性相位 FIR 低通数字滤波器,其理想频率特性是

$$H_d(e^{j\omega}) = \begin{cases} 1, & | \omega | \leqslant 0.25\pi \\ 0, & 0.25\pi < | \omega | \leqslant \pi \end{cases}$$

给出其理想冲激响应序列 $h_d(n)$ 和可实现的滤波器的冲激响应 $h(n)$，并分别取 $N=17$ 和 39，观察 N 不同时对滤波器幅频特性的影响。

解　由于 $H_d(e^{j\omega})$ 是一个偶对称的实周期函数，所以傅里叶级数展开式只有余弦项。其幅度响应 $|H_d(e^{j\omega})|$ 如图 7.1(a)所示。

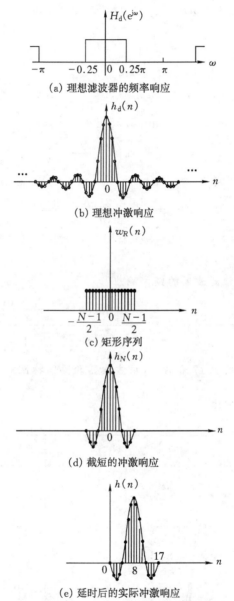

(a) 理想滤波器的频率响应

(b) 理想冲激响应

(c) 矩形序列

(d) 截短的冲激响应

(e) 延时后的实际冲激响应

图 7.1　FIR 低通数字滤波器取 $N=17$ 的冲激响应序列 $h(n)$

由式(7.2)得到滤波器的理想冲激响应序列为

$$h_d(n) = \frac{1}{2\pi} \int_{-0.25\pi}^{0.25\pi} e^{j\omega n} \, d\omega = \frac{\sin(0.25\pi n)}{\pi n}$$

$h_d(n)$ 的序列如图 7.1(b)所示。由上式和图 7.1(b)可以看出，理想低通滤波器的冲激响应序列 $h_d(n)$ 是无限长的，且是非因果的，因而理想低通滤波器是不可实现的，需要将 $h_d(n)$ 截短，用一个有限长序列来逼近无限长的冲激响应序列,这相当于用图 7.1(c)的矩形序列 $w_R(n)$ 与 $h_d(n)$ 相乘得到 $h_N(n)$,如图 7.1(d)的所示。为了满足因果性条件,还需将 $h_N(n)$ 进行 $M=\dfrac{N-1}{2}$ 移位,得到因果性序列 $h(n)$,因此,由式(7.8)求得可实现的数字滤波器单位冲激响应为

$$
\begin{aligned}
h(n) &= \frac{1}{2\pi}\int_{-\pi}^{\pi} H_d(e^{j\omega})\,e^{j\omega(n-M)}\,d\omega \\
&= \frac{1}{2\pi}\int_{-0.25\pi}^{0.25\pi} e^{j\omega(n-M)}\,d\omega \\
&= \frac{1}{2\pi}\int_{-0.25\pi}^{0.25\pi} e^{j\omega\left(n-\frac{N-1}{2}\right)}\,d\omega \\
&= \frac{\sin\left[0.25\pi\left(n-\dfrac{N-1}{2}\right)\right]}{\pi\left(n-\dfrac{N-1}{2}\right)}
\end{aligned}
$$

取 N 为奇数,$N=17$,代入上式得

$$
h(n) = \frac{\sin[0.25\pi(n-8)]}{\pi(n-8)}
$$

可见序列 $h(n)$ 对中心点 $n=(N-1)/2=8$ 呈偶对称,如图 7.1(e)所示,满足设计所要求的线性相位条件 $h(n)=h(N-1-n)$。

因此,由式(6.44)求得该滤波器的频率响应

$$
H(e^{j\omega}) = e^{-j\omega\left(\frac{N-1}{2}\right)}\left\{ h\left(\frac{N-1}{2}\right) + 2\sum_{n=0}^{(N-3)/2} \frac{\sin\left[0.25\pi\left(n-\dfrac{N-1}{2}\right)\right]}{\pi\left(n-\dfrac{N-1}{2}\right)}\cos\left[\omega\left(\frac{N-1}{2}-n\right)\right] \right\}
$$

图 7.2 示出了当 N 分别取 17 和 39 时该滤波器的幅频特性。

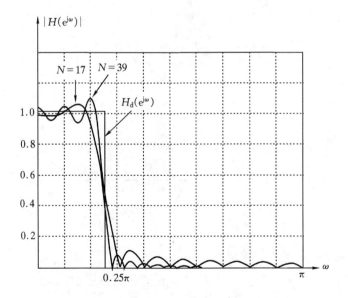

图 7.2　FIR 滤波器的实际幅频特性($N=17$ 和 39)

从图 7.2 中不难看出,理想频率响应不连续点的前后出现了的过冲和波动,而且随着 N 的增加,这些波动并不能消失,只是最大的上冲越来越接近间断点,这就是所谓的吉布斯现象。

吉布斯现象的产生是由于对 $h_d(n)$ 突然截短所导致的结果。这种现象对滤波特性是有害的,这一问题的解决需要利用有限加权序列 $w(n)$,即采用一个适当的窗函数来修正冲激响应的傅里叶系数。下面就来介绍这种方法。

7.2　窗函数设计法

从前面的讨论知道,序列 $h_d(n)$ 起着"傅里叶系数"的作用,对理想冲激响应序列采用突然截短的办法来逼近所希望的滤波器特性,破坏了级数的收敛性,从而使滤波器输出的幅频特性出现吉布斯现象,特别在对应 $H_d(e^{j\omega})$ 的间断点附近更为严重。因此,为了减小频率响应在截止频率点附近的过冲和波动,必须在时域中选择一个适当的有限长窗函数序列 $w(n)$ 与 $h_d(n)$ 相乘,即

$$h(n) = h_d(n)w(n) \tag{7.12}$$

利用序列相乘的离散时间傅里叶变换的性质(式(2.41)),有

$$H(e^{j\omega}) = \frac{1}{2\pi}\int_{-\pi}^{\pi} H_d(e^{j\theta})W(e^{j(\omega-\theta)})\mathrm{d}\theta \tag{7.13}$$

式(7.13)表明,所要设计的数字滤波器的频率响应 $H(e^{j\omega})$ 是理想的频率响应与窗函数频率响应的周期卷积。因此,频率响应 $H(e^{j\omega})$ 是将理想的频率响应 $H_d(e^{j\omega})$ 在区间 $(-\pi,\pi)$ 进行积分"平滑"的结果。采用不同的窗函数,$H(e^{j\omega})$ 就有不同的形状,由此可见,逼近程度的好坏完全取决于窗函数的频率特性。

下面用一个例子来进一步说明窗函数对滤波器频率特性的影响。

例 7.2　设一个截止频率为 ω_c 时延为 n_0 的理想低通滤波器的频率特性为

$$H_d(e^{j\omega}) = \begin{cases} e^{-j\omega n_0}, & |\omega| \leqslant \omega_c \\ 0, & \omega_c < |\omega| < \pi \end{cases}$$

用窗函数法设计一线性相位 FIR 滤波器逼近上述理想低通滤波器,求出该滤波器的冲激响应 $h(n)$ 和频率响应 $H(e^{j\omega})$。

解　由傅里叶变换关系,有

$$h_d(n) = \frac{1}{2\pi}\int_{-\pi}^{\pi} H_d(e^{j\omega})e^{j\omega n}\mathrm{d}\omega = \frac{1}{2\pi}\int_{-\omega_c}^{\omega_c} e^{-j\omega n_0}e^{j\omega n}\mathrm{d}\omega = \frac{\sin[\omega_c(n-n_0)]}{\pi(n-n_0)}$$

由上式可以看出,理想的冲激响应 $h_d(n)$ 是一个以 n_0 为中心的偶对称无限长序列。用窗函数法将 $h_d(n)$ 截短,即用一个有限长序列 $h(n)$ 去逼近 $h_d(n)$。为保证其偶对称特性,取 $n_0 = \frac{N-1}{2}$,因而有 $h(n)=h_d(n)w_R(n)$,$w_R(n)$ 为一因果矩形窗,即

$$w_R(n) = \begin{cases} 1, & n = 0,1,\cdots,N-1 \\ 0, & 其他 n \end{cases}$$

则该矩形窗的频率特性为

$$W_R(e^{j\omega}) = \sum_{n=0}^{N-1} e^{-j\omega n} = \frac{1-e^{-jN\omega}}{1-e^{-j\omega}} = \frac{\sin\dfrac{N\omega}{2}}{\sin\dfrac{\omega}{2}} \cdot e^{-j\omega\frac{N-1}{2}} = W_R(\omega)e^{-j\omega\frac{N-1}{2}}$$

其中幅度特性 $W_R(\omega)$ 为

$$W_R(\omega) = \frac{\sin(N\omega/2)}{\sin\frac{\omega}{2}}$$

$W_R(\omega)$ 的图形如图 7.3(b) 所示。图中 $-2\pi/N$ 到 $2\pi/N$ 之间的部分为窗函数频谱的主瓣(通常主瓣定义为原点两边第一个过零点之间的区域),主瓣两侧呈衰减振荡的波形为旁瓣。应当注意的是,矩形窗的频率响应有广义的线性相位,当 N 增加时,主瓣的宽度减小。

可以求得 FIR 低通滤波器的单位冲激响应为

$$h(n) = h_d(n)w_R(n) = \begin{cases} \dfrac{\sin[\omega_c(n-n_0)]}{\pi(n-n_0)}, & n = 0,1,\cdots,N-1 \\ 0, & \text{其他 } n \end{cases}$$

该例理想滤波器的频率响应可表示为

$$H_d(e^{j\omega}) = H_d(\omega)e^{-j\omega n_0}$$

根据傅里叶变换的卷积性质,$h(n)$ 的频谱,即滤波器的频率响应 $H(e^{j\omega})$ 是所需理想频率响应与窗函数傅里叶变换的周期卷积,即

$$\begin{aligned} H(e^{j\omega}) &= \frac{1}{2\pi}\big[H_d(e^{j\omega}) * W_R(e^{j\omega})\big] \\ &= \frac{1}{2\pi}\int_{-\pi}^{\pi} H_d(e^{j\theta})W_R(e^{j(\omega-\theta)})\,d\theta \\ &= e^{-j\omega n_0}\frac{1}{2\pi}\int_{-\pi}^{\pi} H_d(\theta)W_R(e^{j(\omega-\theta)})\,d\theta \end{aligned} \tag{7.14}$$

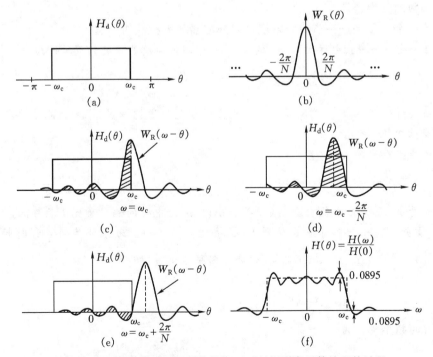

图 7.3　FIR 滤波器理想幅频特性 $H_d(\omega)$ 经矩形窗函数处理的过程

下面根据上例来讨论窗函数与理想低通滤波器的频率响应函数卷积后,对实际低通滤波

器的频率特性的影响。为便于说明这一卷积过程，这里只考虑幅度函数。由式(7.14)得到

$$H(\omega) = \frac{1}{2\pi} \int_{-\pi}^{\pi} H_d(\theta) W_R(\omega - \theta) d\theta \qquad (7.15)$$

图 7.3 说明了式(7.15)中 $H_d(\theta)$ 和 $W_R(\omega-\theta)$ 的卷积过程。

当 $\omega = 0$ 时

$$H(0) = \frac{1}{2\pi} \int_{-\pi}^{\pi} H_d(\theta) W_R(-\theta) d\theta$$

$$= \frac{1}{2\pi} \int_{-\omega_c}^{\omega_c} W_R(\theta) d\theta$$

此时，$H(\omega)$ 是图 7.3(a) 与 (b) 两个函数乘积的积分，也就是 $W_R(\theta)$ 在 $-\omega_c \leqslant \theta \leqslant \omega_c$ 区间的积分面积；当 $\omega_c \geqslant \dfrac{2\pi}{N}$ 时，$H(0)$ 实际上就近似于 $W_R(\theta)$ 的全部积分面积(从 $-\pi$ 到 π)。

当 $\omega = \omega_c$ 时

$$H(\omega_c) = \frac{1}{2\pi} \int_{-\pi}^{\pi} H_d(\theta) W_R(\omega_c - \theta) d\theta$$

$$= \frac{1}{2\pi} \int_{-\omega_c}^{\omega_c} W_R(\omega_c - \theta) d\theta \approx \frac{H(0)}{2}$$

此时的 $H_d(\theta)$ 正好与 $W_R(\omega-\theta)$ 的一半重叠，如图 7.3(c) 所示，$H(\omega)$ 恰好是 $H(0)$ 的一半，$\dfrac{H(\omega_c)}{H(0)} = 0.5$。

当 $\omega = \omega_c - \dfrac{2\pi}{N}$ 时

$$H\left(\omega_c - \frac{2\pi}{N}\right) = \frac{1}{2\pi} \int_{-\omega_c}^{\omega_c} W_R\left(\omega_c - \frac{2\pi}{N} - \theta\right) d\theta = 大于 1 的最大值$$

此时，整个 $W_R(\omega-\theta)$ 的主瓣在 $H_d(\theta)$ 的通带内，卷积值为最大，它对应滤波器频率响应的正肩峰，如图 7.3(d) 所示。

当 $\omega = \omega_c + \dfrac{2\pi}{N}$ 时

$$H\left(\omega_c + \frac{2\pi}{N}\right) = \frac{1}{2\pi} \int_{-\omega_c}^{\omega_c} W_R\left(\omega_c + \frac{2\pi}{N} - \theta\right) d\theta = 小于 0 的最小值$$

此时，$W_R(\omega-\theta)$ 的主瓣全部在 $H_d(\theta)$ 的通带之外，如图 7.3(e) 所示，通带内旁瓣负的面积大于正的面积，卷积值达到负的最大值，$H(\omega)$ 在这里出现负肩峰。因此，当 ω 增大时或由 ω_c 向通带内减小时，$H(\omega)$ 将伴随着 $W_R(\omega-\theta)$ 的旁瓣在通带内面积的变化而出现起伏变化，如图 7.3(f) 所示。从图 7.3(f) 可以看到，在通带截止频率 ω_c 的两旁，即 $\omega = \omega_c \pm \dfrac{2\pi}{N}$ 处，$H(\omega)$ 出现最大的肩峰值，在 $\omega = \omega_c \pm \dfrac{2\pi}{N}$ 之间形成一个过渡带，其宽度为 $W_R(\omega)$ 的主瓣宽度 $\Delta\omega = \dfrac{4\pi}{N}$，在过渡带两侧呈现出起伏变化。由例 7.2 给出的窗函数的幅频特性为

$$W_R(\omega) = \frac{\sin\dfrac{\omega N}{2}}{\sin\dfrac{\omega}{2}} \approx N\frac{\sin x}{x}$$

其中 $x = \dfrac{\omega N}{2}$。可以看出,如果增加截取长度 N,只能改变 ω 坐标的比例与 $W_R(\omega)$ 的绝对大

小,而不会改变主瓣与旁瓣的相对比例,这个相对比例是由 $\dfrac{\sin x}{x}$ 所决定,与 N 无关。因此,增

大 N 不能改变肩峰的幅度,但能使起伏变密,如在应用矩形窗的情况下,最大肩峰总是

8.95%。这就是前面提到的吉布斯现象。7.1 节讨论的 FIR 滤波器傅里叶级数展开设计法实

际上就是用一个有限长的矩形窗序列 $w_R(n)$ 与一个具有无限长的冲激响应序列 $h_d(n)$ 相乘来

得到 $h(n)$。

　　由以上讨论可以看出,滤波器的频率响应经加窗处理后,存在下述两个方面的影响:

　　(1) 在 $H(e^{j\omega})$ 的截止频率 ω_c 处出现一过渡带。该过渡带的宽度取决于窗函数 $w(n)$ 的频

率响应 $W(e^{j\omega})$ 的主瓣宽度,这是由于实际设计出的滤波器的最终频率响应是理想频率响应与

窗函数频率响应卷积的结果。

　　(2) 由于 $W(e^{j\omega})$ 的旁瓣带来的波动,产生了逼近误差。虽然,选择适当的窗函数可以满足

某些最佳准则,但由于滤波器的频率响应是通过卷积过程而获得的,因此,滤波器的频率响应

在任何意义上讲都不是最佳的。

　　为了克服上述两个方面的影响,选择窗函数应遵循的原则是:

　　(1) 窗函数 $w(n)$ 的频率响应的主瓣宽度应尽可能窄(增加截取长度 N,能减少主瓣宽

度),以获得较陡的过渡带特性;

　　(2) 尽可能减少窗函数频谱中的旁瓣,将能量尽量集中在主瓣内,特别是当 ω 趋近于 π 的

过程中,旁瓣的能量迅速地趋于零,这样可以减少肩峰和起伏,提高阻带衰减。

　　在实际应用中,这两个要求往往是折中来考虑,如通过增加主瓣的宽度来换取对旁瓣的

抑制。

　　下面介绍几种常用的窗函数。

　　(1) 矩形窗:

$$w_R(n) = \begin{cases} 1, & 0 \leqslant n \leqslant N-1 \\ 0, & \text{其他 } n \end{cases} \tag{7.16a}$$

其频率特性有

$$W_R(e^{j\omega}) = e^{-j\omega\left(\frac{N-1}{2}\right)} \frac{\sin(\omega N/2)}{\sin(\omega/2)} \tag{7.16b}$$

由式(7.16b)可以看出,矩形窗的相频特性是线性的。

　　(2) 三角窗(又称巴特利特(Bartlett)窗):

$$w_T(n) = \begin{cases} \dfrac{2n}{N-1}, & 0 \leqslant n \leqslant \dfrac{N-1}{2} \\ 2 - \dfrac{2n}{N-1}, & \dfrac{N-1}{2} \leqslant n \leqslant N-1 \\ 0, & \text{其他 } n \end{cases} \tag{7.17a}$$

其频率特性为

$$W_T(e^{j\omega}) = \frac{2}{N-1} \left[\frac{\sin\left(\dfrac{N-1}{4}\omega\right)}{\sin\left(\dfrac{\omega}{2}\right)} \right]^2 e^{-j\omega\left(\frac{N-1}{2}\right)} \tag{7.17b}$$

（3）升余弦窗：

$$w_{\mathrm{H}}(n) = \begin{cases} a - (1-a)\cos\dfrac{2\pi n}{N-1}, & 0 \leqslant n \leqslant N-1 \\ 0, & \text{其他 } n \end{cases} \tag{7.18}$$

式中 $0 \leqslant a \leqslant 1$。当 $a=1$ 时，式（7.18）是一个矩形窗；$a=0.5$ 时形成汉宁（Hanning）窗，即普通升余弦窗；$a=0.54$ 时，形成海明（Hamming）窗，又称为改进的升余弦窗。升余弦窗函数频率响应的幅度特性为

$$W_{\mathrm{H}}(\omega) = aW_{\mathrm{R}}(\omega) + \frac{1-a}{2}\left[W_{\mathrm{R}}\left(\omega - \frac{2\pi}{N-1}\right) + W_{\mathrm{R}}\left(\omega + \frac{2\pi}{N-1}\right)\right] \tag{7.19}$$

当 $N \gg 1$ 时，$2\pi/(N-1) \approx 2\pi/N$，因此，上式又可表示为

$$W_{\mathrm{H}}(\omega) = aW_{\mathrm{R}}(\omega) + \frac{1-a}{2}\left[W_{\mathrm{R}}\left(\omega - \frac{2\pi}{N}\right) + W_{\mathrm{R}}\left(\omega + \frac{2\pi}{N}\right)\right] \tag{7.20}$$

图 7.4 示出了升余弦窗函数与矩形窗函数的频率特性比较。从图中可以看出，升余弦窗的频率特性比矩形窗有很大改善。对于 $a=0.54$ 时的改进升余弦窗，99.96％的能量集中在主瓣内，旁瓣受到有效的抑制，也就是说海明窗的频率特性几乎没有起伏变化现象。对于低通滤波器来说，主瓣宽度的增加相当于滤波器与阻带之间过渡带的宽度增加，而旁瓣幅值减小相当于通带与阻带内的波纹减少。

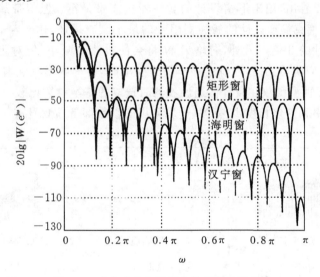

图 7.4　升余弦窗与矩形窗的频率特性比较

（4）布莱克曼（Blackman）窗：

$$w_{\mathrm{B}}(n) = \begin{cases} 0.42 - 0.5\cos\left(\dfrac{2\pi n}{N-1}\right) + 0.08\cos\left(\dfrac{4\pi n}{N-1}\right), & 0 \leqslant n \leqslant N-1 \\ 0, & \text{其他 } n \end{cases} \tag{7.21a}$$

其频率特性为

$$W_{\mathrm{B}}(\omega) = 0.42W_{\mathrm{R}}(\omega) + 0.25\left[W_{\mathrm{R}}\left(\omega - \frac{2\pi}{N-1}\right) + W_{\mathrm{R}}\left(\omega + \frac{2\pi}{N-1}\right)\right]$$

$$+ 0.04\left[W_{\mathrm{R}}\left(\omega - \frac{4\pi}{N-1}\right) + W_{\mathrm{R}}\left(\omega + \frac{4\pi}{N-1}\right)\right] \tag{7.21b}$$

布莱克曼窗具有比三角窗、余弦窗更低的旁瓣,但却以主瓣宽度加宽到矩形窗的三倍为代价。

图 7.5 示出了上述五种常用窗函数的时间特性。为方便起见,图 7.5 是以连续变量函数的图形给这些离散形式的窗函数。图 7.6 给出了在上述五种窗函数的情况下用同一指标($N=51,\omega_c=0.25\pi$,幅度因子 $A=20\lg\left|\dfrac{H(e^{j\omega})}{H(e^{j\omega_0})}\right|$)设计的 FIR 低通数字滤波器的频率特性。

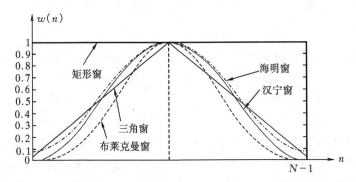

图 7.5　FIR 数字滤波器设计中常用的窗函数(为方便起见,以连续
变量函数的图形给出这些离散的窗函数)

从图 7.6 中可以看出,用矩形窗设计的滤波器过渡带最窄 ,但阻带最小衰减也最差(仅 -21 dB);而采用布莱克曼窗设计的滤波器阻带的最小衰减最好,达 -74 dB,但过渡带最宽,约为用矩形窗所设计的 3 倍。另外,若增大 N 将会使过渡带减小,但对阻带衰减(即旁瓣峰值)无影响。正如我们所看到的,在确定最小阻带衰减时,窗函数形状起着决定性的作用。表7.1 列出了用上述五种窗函数在设计低通滤波器时选取的基本参数比较。这些参数与所要求的滤波器的截止频率和窗口长度 N 有关(这里列出的参数都是近似值)。

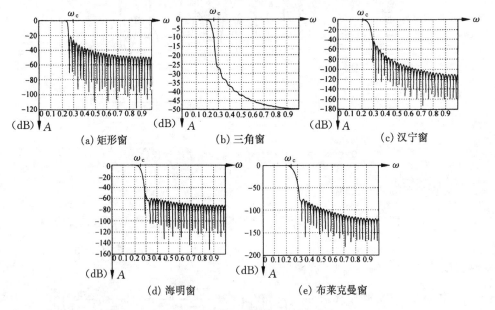

图 7.6　采用不同窗函数设计的低通滤波器的频率响应($N=51,\omega_c=0.25\pi$)

表 7.1　五种窗函数的比较

窗函数	旁瓣峰值衰减/dB	主瓣宽度	最小阻带衰减/dB
矩形窗	−13	$4\pi/N$	−21
三角窗	−25	$8\pi/N$	−25
汉宁窗	−31	$8\pi/N$	−44
海明窗	−41	$8\pi/N$	−53
布莱克曼窗	−57	$12\pi/N$	−74

(5) 凯塞(Kaiser)窗:

以上讨论的五种窗函数都是以一定的主瓣宽度为代价,来获得某种程度的旁瓣抑制。凯塞窗定义了一组可调窗函数。凯塞窗定义为

$$w(n) = \begin{cases} \dfrac{I_0\left[\alpha\sqrt{1-[1-2n/(N-1)]^2}\right]}{I_0(\alpha)}, & 0 \leqslant n \leqslant N-1 \\ 0, & \text{其他 } n \end{cases} \tag{7.22}$$

其中 $I_0(\cdot)$ 表示第一类修正零阶贝塞尔函数

$$I_0(x) = 1 + \sum_{n=1}^{\infty}\left[\frac{(x/2)n}{n!}\right]^2$$

这种窗函数有两个参数:长度参数 N 和形状参数 α。调节这两个参数可以自由地选择主瓣宽度与旁瓣衰减之间的比重。

图 7.7(a)示出了零阶贝塞尔函数的曲线。由该图可见, $I_0(x)$ 开始随 x 增长得很缓慢,但随着 x 的进一步增大, $I_0(x)$ 急骤增大。凯塞窗函数的曲线示于图7.7(b),由图中可以看出,参数 α 越大, $w(n)$ 变化越快,当 $n=0$ 及 $n=(N-1)/2$ 时, $w(0)=w(N-1)=1/I_0(\alpha)$。参数 α 选得越大,其频谱的旁瓣越小,但主瓣宽度也相应增加。因此,通过改变 α 值就可以在主瓣宽度与旁瓣衰减之间进行选择。当 $\alpha=0$ 时,就形成矩形窗, $\alpha=5.441$ 时,形成海明窗, $\alpha=8.885$ 时,对应于布莱克曼窗。表 7.2 列出了 α 取不同值时凯塞窗函数的特性。具体应用时,可在 $5<\alpha<10$ 中选择。

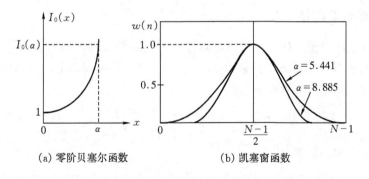

(a) 零阶贝塞尔函数　　　　　　(b) 凯塞窗函数

图 7.7　不同 α 值时凯塞窗函数的特性

表 7.2　凯塞窗函数特性

最小阻带衰减/dB	凯塞窗函数参数 α	主瓣过渡带 $\Delta\omega$
-30	2.117	$3.072\pi/N$
-40	3.395	$4.464\pi/N$
-50	4.551	$5.856\pi/N$
-60	5.653	$7.250\pi/N$
-70	6.755	$8.462\pi/N$
-80	7.857	$10.034\pi/N$
-90	8.959	$11.428\pi/N$
-100	10.061	$12.820\pi/N$

由以上的讨论可以看到,窗函数法的出发点是在时域以有限长冲激响应序列 $h(n)$ 去逼近理想的 $h_{\mathrm{d}}(n)$,不同的窗函数具有不同的逼近特性。例如对确定频率的正弦信号进行谱分析,按理其功率谱只有在确定频率处有一根谱线,但实际上由于是截取有限长度信号来分析,即相当于加上矩形窗函数,所以其频谱中除了其主瓣外,还有许多旁瓣,从而造成能量不是集中在确定频率处,而是有部分能量泄漏到其他频率上。为了减小泄漏带来的误差,就应该选择对旁瓣衰减较大的窗函数。但是在某些应用场合,所关心的是主瓣频率而不考虑其幅值的精度,如测量振动物体的自振现象时,则可选用主瓣宽度较窄便于分辨的矩形窗函数。而对于含有强干扰的窄带信号,并且干扰频率靠近信号频率,则可选用主瓣附近旁瓣幅度小的窗函数;若干扰离开通带较远,则可选用渐近衰减速度快的窗函数。对时间按指数衰减的函数,可采用指数窗来提高信噪比。另外,当噪声可看作是平均分布时,往往在开始信噪比较大的信号部分乘以大窗函数,在后面信噪比较小的信号部分乘以衰减很快的窗函数,可以使误差大大地减小。总之,窗函数的选择一定要针对不同信号和不同的处理目的来确定才能收到良好的效果。

7.3　FIR 滤波器的计算机辅助设计

7.3.1　频率采样法

在 4.2.4 节中已经指出任意一个频率特性都可用频率采样的办法去逼近,而且对一个有限长序列的 z 变换 $H(z)$,可以用频域内的 N 个采样值来唯一地确定,并给出了用频率采样值表达系统函数的公式(4.105),现重写如下

$$H(z) = \frac{1-z^{-N}}{N} \sum_{k=0}^{N-1} \frac{H(k)}{1-W_N^{-k}z^{-1}} \tag{7.23}$$

式中 $H(k)$ 是频率采样值,即

$$H(k) = H(z)\mid_{z=W_N^{-k}} = H(\mathrm{e}^{\mathrm{j}\frac{2\pi}{N}k}), \ k = 0, 1, \cdots, N-1 \tag{7.24}$$

根据上式就能从频域出发对理想频率响应进行采样,以此来确定 FIR 滤波器的 $H(k)$,即令

$$H(k) = H_{\mathrm{d}}(\mathrm{e}^{\mathrm{j}\frac{2\pi}{N}k}) \tag{7.25}$$

这样就可以用设计所得到的系统函数 $H(z)$ 去逼近理想的 $H_{\mathrm{d}}(z)$,使得两者至少在频率采样

点上具有相同的频率响应,也就是使式(7.24)的 $H(\mathrm{e}^{\mathrm{j}\frac{2\pi}{N}k})$ 与式(7.25)的 $H_{\mathrm{d}}(\mathrm{e}^{\mathrm{j}\frac{2\pi}{N}k})$ 相等,即

$$H(\mathrm{e}^{\mathrm{j}\frac{2\pi}{N}k}) = H_{\mathrm{d}}(\mathrm{e}^{\mathrm{j}\frac{2\pi}{N}k}) \tag{7.26}$$

对于线性相位 FIR 滤波器的 $H(k)$,在设计时还应满足 6.2.1 节中所讨论的幅度与相位的约束条件。例如,所要设计的 $h(n)$ 是偶对称 N 为奇数时的一类线性相位滤波器,则应有

$$H(\mathrm{e}^{\mathrm{j}\omega}) = H(\omega)\mathrm{e}^{-\mathrm{j}\omega\left(\frac{N-1}{2}\right)} \tag{7.27}$$

其中 $H(\omega)$ 具有偶对称性质,即

$$H(\omega) = H(2\pi - \omega) \tag{7.28}$$

如果用幅值 H_k(纯标量)和相角 θ_k 来表示 $H(k)$,则有 $H(k) = H_k\mathrm{e}^{\mathrm{j}\theta_k}$,那么根据式(7.27)和式(7.28)的约束条件,θ_k 值应取

$$\theta_k = -k\frac{2\pi}{N}\left(\frac{N-1}{2}\right) = -k\pi\left(1 - \frac{1}{N}\right) \tag{7.29}$$

而 H_k 则必须满足偶对称要求,即

$$H_k = H_{N-k} \tag{7.30}$$

如果设计 N 为偶数的线性相位滤波器,这时除了相位约束式(7.29)外,还由于幅频特性是奇对称的,即

$$H(\omega) = -H(2\pi - \omega) \tag{7.31}$$

因此,此时的 H_k 必须满足奇对称要求,即

$$H_k = -H_{N-k} \tag{7.32}$$

对于其他类型线性相位滤波器的设计,同样也需要注意幅度与相位的约束关系。

下面讨论用频率采样法所得到系统函数的逼近效果,利用 4.2.4 节的频率采样的内插公式(4.104),可以得到由频率采样法设计得到的频率响应

$$H(\mathrm{e}^{\mathrm{j}\omega}) = \sum_{k=0}^{N-1} H(k)\phi\left(\omega - \frac{2\pi}{N}k\right) \tag{7.33}$$

式中 $\phi(\omega)$ 是内插函数,即

$$\phi(\omega) = \frac{\sin(\omega N/2)}{N\sin(\omega/2)}\mathrm{e}^{-\mathrm{j}\omega\left(\frac{N-1}{2}\right)} \tag{7.34}$$

式(7.33)给出了一种设计 FIR 滤波器的简洁方法,利用理想的频率响应在一个周期内的采样,即用

$$H(k) = H_{\mathrm{d}}(\mathrm{e}^{\mathrm{j}\frac{2\pi}{N}k}), \quad k = 0, 1, \cdots, N-1$$

来规定滤波器,同时利用式(7.34)的内插关系"填充频率响应采样之间的空隙"。也就是说,在每个采样点上,频率响应将严格与理想特性一致,而在采样点之间的频率响应,则是由各采样点的内插函数延伸叠加来形成。因此,如果各采样点之间的理想特性越平缓,则内插值就越接近理想值,逼近也就越好,如图 7.8(a)中的滤波器理想特性(虚线所示)是一个梯形响应,变化缓慢,因而采样后逼近较好。而如果采样点之间的理想特性变化越激烈,则内插值与理想的误差就越大。误差的存在使理想特性的每个不连续点附近出现肩峰与起伏,且不连续性越大,出现肩峰与起伏就越大,如图 7.8(b)给出的是一个理想矩形特性(虚线所示),它在采样后(实线所示)出现的肩峰和起伏就比梯形特性大得多。下面将介绍一种利用线性最优化设计法来克服这些问题。

从以上的讨论可以看出,理想的矩形特性经过采样,在通带的边缘,由于采样点之间的骤

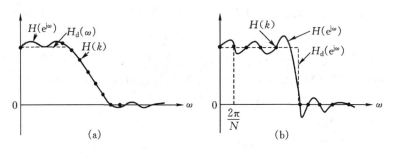

图 7.8 频率采样的响应

然变化引起了频率特性的起伏变化,使阻带衰减减小。这一问题与窗函数法中采用矩形窗设计所遇到的问题是一样的。因此,在大多数应用场合,直接利用式(7.33)来设计滤波器,其结果是不能令人满意的。正如我们在窗函数法中所讨论的,用加宽过渡带来换取阻带的衰减,这种思想同样可用于频率采样设计法中。例如,可以通过适当选择在通带和阻带之间过渡带的频率采样来达到逼近误差最小,并使由它们产生的内插函数在邻近频段内形成较好的波纹对消。我们把在过渡带中通过适当选择的频率采样称为“非约束变量”。图 7.9 是频率采样法最优设计的示意图。实线表示希望的频率特性 $H_d(e^{j\omega})$,圆点表示频率采样值,通带与阻带的频率响应采样值为严格规定的数值。在过渡带的非约束频率采样值以 H_T 表示,它的值不是事先规定的。这样虽然加宽了过渡带,但缓和了理想滤波器特性中通带与阻带之间采样值的突变,因而能有效地改善阻带的最小衰减和减少起伏波动。那么 H_T 究竟取值多大?过渡带中 H_T 究竟取几点?这应根据实际需要对阻带最小衰减的要求来确定。

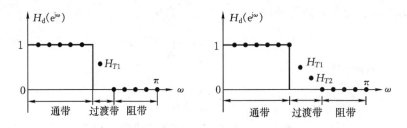

图 7.9 频率采样法最优化设计示意图

从式(7.33)可以看出,任何给定频率上的频率响应都是一组频率采样的线性组合,因此 H_T 的取值对任何频率点上的响应也是线性的,这样就可以在计算机上用程序求解线性组合来寻找最优过渡点以及过渡带中的采样点数。当然非约束变量过多,将大大地增加求解的计算量。一般来说 H_T 取 3 点以后就能得到良好的效果,如一点过渡的最优设计阻带最小衰减为 $-44\sim-54$ dB,两点过渡的最优化设计达到 $-65\sim-75$ dB,而三点过渡的最优设计则达到 $-85\sim-95$ dB。

频率采样设计法的优点是直接在频域内设计,采用简单的线性规划就可完成最优化设计,但由于受 N 个采样点的限制,使得滤波器截止频率 ω_c 的选择不易随意控制。为了使截止频率能自由选择,需要增加采样点数 N,但这样会使运算时间过长,因此,在设计一个滤波器时,应综合考虑实际应用的需要。

7.3.2　切比雪夫逼近设计

7.2 节讨论的 FIR 滤波器的窗函数设计法是一种简单有效的方法,可以证明,用矩形窗函数设计 FIR 滤波器时,这种方法对于所要求的频率响应能提供一种在最小均方误差标准下的最好的逼近。但采用最小均方逼近准则是使误差功率最小,因此有可能在频率响应的间断点上产生较大误差,造成不好的特性。

7.3 节讨论的频率采样设计是一种优化方法,根据这种方法所设计出来的滤波器虽然具有较好的阻带衰减特性。但由于通常和阻带取 1 或 0 值的位置,以及过渡区采样点的位置都局限在 $2\pi/N$ 的整倍数点上,使得通带和阻带的截止频率的选择受到限制,要实现任何给定的频率,N 取值必须充分大。频率采样法适合于对频率响应只有少数几个非零值采样的窄带选频率滤波器的设计。另外,由于频率采样设计法的逼近误差在过渡区附近最大,使达到相同误差时,也需要加大 N 值。

为避免上述这些问题,一些学者应用切比雪夫逼近理论[7,10]提出了一种 FIR 滤波器的计算机辅助设计方法.这种方法将最佳滤波器的设计问题当作"切比雪夫逼近"问题来考虑。切比雪夫多项式在 $|x| \leqslant 1$ 范围内具有等波动特性,所以利用此逼近方法,不仅能准确地指定通带和阻带的截止频率,而且也能使所设计的滤波器在阻带和通带内的幅频特性与理想的矩形特性的逼近误差的峰值极小化,这是因为等波动特性可使幅值误差容限极小。

由 FIR 滤波器的系统函数可以看出,它的极点均位于 z 平面的原点,而零点分布是任意的,不同的零点分布对应不同频率响应。因此这种逼近法的实质是通过调节零点的分布,使实际频率响应 $H(e^{j\omega})$ 与理想频率响应 $H_d(e^{j\omega})$ 之间的最大绝对误差最小。

1. 等波动最佳逼近

对于许多类型的滤波器的设计,都可以采用令最大绝对误差最小化的逼近准则。由 6.1.1 节的图 6.2 所给出的理想低通滤波器的逼近误差容限可以看出,确定低通滤波器的指标除了 N 以外,可用 δ_1、δ_2、ω_c、ω_r 四个参数来描述。所谓最优设计是充分利用这些指标来进行最佳逼近设计。

一种典型的逼近准则是

$$\left.\begin{array}{l} \mid H_d(e^{j\omega}) - H(e^{j\omega}) \mid \leqslant \varepsilon, \qquad \omega < \omega_c \\ \min[\max \mid H_d(e^{j\omega}) - H(e^{j\omega}) \mid], \quad \omega > \omega_r \end{array}\right\} \tag{7.35}$$

另一种典型的逼近准则是

$$\min\{\max_{\omega \in F} \mid W(e^{j\omega})[H_d(e^{j\omega}) - H(e^{j\omega})] \mid\} \tag{7.36}$$

其中 $W(e^{j\omega})$ 是已知的加权函数,F 表示所感兴趣的频带分离并集。式(7.36)就是所谓加权切比雪夫一致逼近问题。根据这种逼近准则所设计出来的滤波器的特性与所要求特性的最大误差达到最小,这时所有的误差都是一样的大,如图 7.10 所示。此时,低通滤波器设计的等波动逼近误差容限在通带内幅值逼近于 1,允许波动范围为 $1 \pm \delta_1$,在阻带内的幅值逼近于零,允许波动为 $\pm \delta_2$;通带上限为 ω_c,过渡带为 ω_c 至 ω_r,阻带范围为 ω_r 至 π。因此,式(7.36)又称极小极大绝对误差逼近为等波动逼近。

这里所讨论的等波动切比雪夫逼近设计方法不仅能准确地指定通带和阻带的边界,而且还能在一致意义上实现对所期望的频率响应 $H_d(e^{j\omega})$ 的最佳逼近,这是一种比频率采样设计法更有效的最优化逼近方法,它的最佳求解是唯一的。在进行最佳设计时,往往先给定技术指标中的部分参数,用迭代法对其余参数进行调节,当给定了 N、ω_c 和 ω_r 时,滤波器的设计问题就成为在互不相交的诸集合上的切比雪夫逼近问题。

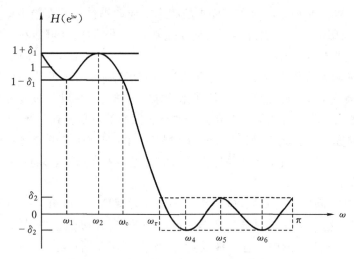

图 7.10　低通滤波器设计的等波动最佳逼近

2. 加权切比雪夫逼近问题与交替定理

6.2.1 节曾指出 FIR 滤波器按其冲激响应的对称性和 N 为奇数或偶数可以分为四种形式,其频率响应的统一形式可以表示成

$$H(\mathrm{e}^{\mathrm{j}\omega}) = H(\omega)\mathrm{e}^{-\omega\frac{N-1}{2}}\mathrm{e}^{\frac{\pi}{2}L} \tag{7.37}$$

其中,L 和 $H(\omega)$ 的值如表 7.3(参见习题 6.15)所示。由表 7.3 可看出式(7.37)中的 $H(\omega)$ 是纯实数。

表 7.3　FIR 滤波器的四种类型

条件	L	$H(\omega)$	
$h(n)$ 偶对称,N 奇数	0	$\sum\limits_{n=0}^{(N-1)/2} a(n)\cos(\omega n)$	(6.47)
$h(n)$ 偶对称,N 偶数	0	$\sum\limits_{n=1}^{N/2} b(n)\cos\left[\omega\left(n-\frac{1}{2}\right)\right]$	(6.51)
$h(n)$ 奇对称,N 奇数	1	$\sum\limits_{n=1}^{(N-1)/2} c(n)\sin(\omega n)$	(6.53)
$h(n)$ 奇对称,N 偶数	1	$\sum\limits_{n=1}^{N/2} d(n)\sin\left[\omega\left(n-\frac{1}{2}\right)\right]$	(6.56)

为了保证所设计的 FIR 滤波器系统函数 $H(\mathrm{e}^{\mathrm{j}\omega})$ 具有线性相位,四种不同形式的 $h(n)$ 应满足表 7.3 所列的各式的条件。例如,当 $h(n)$ 偶对称,N 为奇数时,有

$$H(\mathrm{e}^{\mathrm{j}\omega}) = \mathrm{e}^{-\mathrm{j}\omega\frac{N-1}{2}}H(\omega)$$

式中

$$H(\omega) = \sum_{n=0}^{M} a(n)\cos(\omega n), \quad M = \frac{N-1}{2}$$

为了讨论方便,将式(7.36)的各项都改写成 ω 的函数,这样,加权切比雪夫误差又可定义为

$$E(\omega) = W(\omega)[H_d(\omega) - H(\omega)] \tag{7.38}$$

式中 $H_d(\omega)$ 为理想滤波器幅度函数,$H(\omega)$ 为实际滤波器幅度函数。假定 $H(\omega)$ 可以分解为

$$H(\omega) = Q(\omega)A(\omega) \tag{7.39}$$

式中 $Q(\omega)$ 为 ω 的固定函数,$A(\omega)$ 为 M 个余弦函数的线性组合,即

$$A(\omega) = \sum_{n=0}^{M} a(n)\cos(\omega n) \tag{7.40}$$

则式(7.38)可进一步表示成

$$E(\omega) = W(\omega)Q(\omega)\left[\frac{H_d(\omega)}{Q(\omega)} - \sum_{n=0}^{M} a(n)\cos(\omega n)\right]$$

令

$$W(\omega)Q(\omega) = \hat{W}(\omega), \quad H_d(\omega)/Q(\omega) = \hat{H}_d(\omega)$$

于是,则式(7.38)可改写为

$$E(\omega) = \hat{W}(\omega)\left[\hat{H}_d(\omega) - \sum_{n=0}^{M} a(n)\cos(\omega n)\right] \tag{7.41}$$

因此,可以这样叙述切比雪夫逼近问题:求系数组 $a(n)$,使在要进行逼近的频率范围 F 内 $E(\omega)$ 的极大绝对值为极小,用符号 $\|E(\omega)\|$ 表示极小值(即 $E(\omega)$ 的 L_∞ 范数),得到

$$\|E(\omega)\| = \min\left[\max_{\omega \in F}(|E(\omega)|)\right] \tag{7.42}$$

可以应用切比雪夫逼近问题的一个重要性质——交替定理来求解式(7.42)。

交替定理:设 $A(\omega)$ 为 M 个余弦函数的线性组合,即式(7.40)

$$A(\omega) = \sum_{n=0}^{M} a(n)\cos(\omega n)$$

令 F 是 $0 \leqslant \omega \leqslant \pi$ 区间的任一闭子集,$\hat{H}_d(\omega)$ 是 F 上的一个连续函数,使 $A(\omega)$ 在 F 内能够最佳并且唯一地逼近连续函数 $\hat{H}_d(\omega)$ 的充要条件是:切比雪夫加权误差函数 $E(\omega)$ 在 F 内至少含有 $(M+1)$ 个交错点 $\omega_i(i=1,2,\cdots,M+1)$,即在 F 内必须存在 $(M+1)$ 个极值频率 ω_i,其中 $\omega_1 < \omega_2 < \cdots < \omega_{M+1}$,使得

$$E(\omega_i) = -E(\omega_{i+1}) = \pm\|E(\omega)\|, \quad i=1,2,\cdots,M$$

和

$$|E(\omega_i)| = \max_{\omega \in F}[E(\omega)], \quad 0 \leqslant \omega \leqslant \pi$$

交替定理为最优化设计提供了一组很有用的充要条件,即如果 $A(\omega)$ 为 M 个余弦函数的线性组合,则满足式(7.42)的充要条件是 $E(\omega)$ 在频率子集 F 内至少有 $M+1$ 个最大值。交替定理也直观地说明了最佳切比雪夫逼近的条件满足误差沿频率轴作等波动分布的要求。

交替定理证明如下。

证明:$\cos(\omega n)$ 可表示为 $\cos\omega$ 不同幂次之和,即

$$A(\omega) = \sum_{n=0}^{M} a(n)\cos(\omega n) = \sum_{k=0}^{M} \hat{a}(k)(\cos\omega)^k$$

式中 $\hat{a}(k)$ 是与冲激响应 $h(n)$ 有关的常数。将上式对 ω 求一阶导数,并令其为零,得到

$$\frac{\mathrm{d}}{\mathrm{d}\omega}A(\omega) = -\sin\omega\sum_{k=0}^{M} k\,\hat{a}(k)(\cos\omega)^{k-1} = 0$$

其中除了 ω 取 0、π 时 $\sin\omega=0$ 外，$M-1$ 阶多项式可以有 $M-1$ 个根，因此，上述一阶导数为零的次数为 $M-1+2=M+1$，从而得证。

由以上的讨论可以看出，FIR 滤波器的切比雪夫逼近是将滤波器的设计问题表示为多项式逼近问题，也就是说，将式(7.40)中的 $\cos(\omega n)$ 表示成 $\cos\omega$ 不同幂次之和，形式为 $\cos(\omega n)=T_n(\cos\omega)$，这里 $T_n(x)$ 是一个 n 次切比雪夫多项式，定义为 $T_n(x)=\cos(n\cos^{-1}x)$。式(7.40)可以改写成 $\cos\omega$ 的 M 次多项式，即

$$A(\omega) = \sum_{k=0}^{M} \hat{a}(k)(\cos\omega)^k$$

我们将会看到，没有必要弄清楚 $\hat{a}(k)$ 与 $h(n)$ 之间的关系，只要知道 $A(\omega)$ 可以表示为上式三角多项式就可以了。

下面要讨论的问题是对于滤波器的四种类型，它们所对应的 $H(\omega)$ 是否都可分解为式(7.39)形式，其中 $A(\omega)$ 满足式(7.40)。

(1) $h(n)$ 偶对称，N 为奇数时(参见式(6.47))，有

$$H(\omega) = \sum_{n=0}^{(N-1)/2} a(n)\cos(\omega n) \tag{7.43a}$$

显然

$$Q(\omega) = 1 \tag{7.43b}$$

$$A(\omega) = \sum_{n=0}^{(N-1)/2} a(n)\cos(\omega n) \tag{7.43c}$$

满足式(7.39)。

(2) $h(n)$ 偶对称，N 为偶数时(参见式(6.51))，应用三角公式 $\cos\alpha+\cos\beta=2\cos\dfrac{\alpha+\beta}{2}\cos\dfrac{\alpha-\beta}{2}$，有

$$
\begin{aligned}
H(\omega) ={}& \sum_{n=1}^{N/2} b(n)\cos\left[\omega\left(n-\frac{1}{2}\right)\right] \\
={}& b\left(\frac{N}{2}\right)\left[\cos\left(\omega\frac{N-1}{2}\right)\right] + b\left(\frac{N}{2}-1\right)\cos\left[\omega\left(\frac{N-1}{2}-1\right)\right] \\
&+ \sum_{n=1}^{N/2-2} b(n)\cos\left[\omega\left(n-\frac{1}{2}\right)\right] + b\left(\frac{N}{2}\right)\cos\left[\omega\left(\frac{N-1}{2}-1\right)\right] \\
&- b\left(\frac{N}{2}\right)\cos\left[\omega\left(\frac{N-1}{2}-1\right)\right] \\
={}& b\left(\frac{N}{2}\right)\left\{\left[\cos\left(\omega\frac{N-1}{2}\right)\right] + \cos\left[\omega\left(\frac{N-1}{2}-1\right)\right]\right\} \\
&+ \left[b\left(\frac{N}{2}-1\right)-b\left(\frac{N}{2}\right)\right]\cos\left[\omega\left(\frac{N-1}{2}-1\right)\right] + \sum_{n=1}^{N/2-2} b(n)\cos\left[\omega\left(n-\frac{1}{2}\right)\right] \\
={}& b\left(\frac{N}{2}\right)\times 2\cos\frac{\omega}{2}\times\cos\left[\omega\left(\frac{N}{2}-1\right)\right] + \left[b\left(\frac{N}{2}-1\right)-b\left(\frac{N}{2}\right)\right] \\
&\times\left\{\cos\left[\omega\left(\frac{N-1}{2}-1\right)\right] + \cos\left[\omega\left(\frac{N-1}{2}-2\right)\right]\right\} + \left[b\left(\frac{N}{2}-2\right)-b\left(\frac{N}{2}-1\right)\right. \\
&\left.+ b\left(\frac{N}{2}\right)\right]\cos\left[\omega\left(\frac{N}{2}-\frac{5}{2}\right)\right] + \sum_{n=1}^{N/2-3} b(n)\cos\left[\omega\left(n-\frac{1}{2}\right)\right]
\end{aligned}
$$

依此类推,得

$$H(\omega) = \tilde{b}\left(\frac{N}{2}-1\right)\cos\left(\frac{\omega}{2}\right)\cos\left[\omega\left(\frac{N}{2}-1\right)\right] + \cdots$$

$$+ \tilde{b}(1)\cos\left(\frac{\omega}{2}\right)\cos\omega + \tilde{b}(0)\cos\left(\frac{\omega}{2}\right)$$

$$= \cos\left(\frac{\omega}{2}\right)\sum_{n=0}^{(N-2)/2}\tilde{b}(n)\cos(\omega n) \tag{7.44}$$

其中

$$\tilde{b}\left(\frac{N}{2}-1\right) = 2b\left(\frac{N}{2}\right), \quad \tilde{b}(k-1) = 2b(k) - \tilde{b}(k), \quad k = 2,3,\cdots,\frac{N}{2}-1$$

式(7.44)满足式(7.39)。

(3) $h(n)$ 奇对称,N 为奇数时(参见式(6.53)),有

$$H(\omega) = \sum_{n=1}^{(N-1)/2}c(n)\sin(\omega n) = \sin(\omega)\sum_{n=0}^{(N-3)/2}\tilde{c}(n)\cos(\omega n) \tag{7.45}$$

其中

$$\tilde{c}\left(\frac{N-3}{2}\right) = 2c\left(\frac{N-1}{2}\right)$$

$$\tilde{c}(k-1) = 2c(k) + \tilde{c}(k+1), \quad k = 2,3,\cdots,\frac{N-5}{2}$$

式(7.45)满足式(7.39)。

(4) $h(n)$ 奇对称,N 为偶数时(参见式(6.56)),有

$$H(\omega) = \sum_{n=1}^{N/2}d(n)\sin\left[\omega\left(n-\frac{1}{2}\right)\right] = \sin\left(\frac{\omega}{2}\right)\sum_{n=0}^{(N-2)/2}\tilde{d}(n)\cos(\omega n) \tag{7.46}$$

其中

$$\tilde{d}\left(\frac{N}{2}-1\right) = 2d\left(\frac{N}{2}\right)$$

$$\tilde{d}(k-1) = 2d(k) + \tilde{d}(k), \quad k = 2,3,\cdots,\frac{N}{2}-1$$

式(7.46)满足式(7.39)。

以上四种情况的统一公式列于表 7.4。

表 7.4　FIR 滤波器的幅频响应 $H(\omega)$ 展开为余弦函数的线性组合

条件	$Q(\omega)$	$A(\omega)$	
$h(n)$ 偶对称,N 奇数	1	$\displaystyle\sum_{n=0}^{(N-1)/2}a(n)\cos(\omega n)$	(7.43)
$h(n)$ 偶对称,N 偶数	$\cos\left(\dfrac{\omega}{2}\right)$	$\displaystyle\sum_{n=0}^{(N-2)/2}\tilde{b}(n)\cos(\omega n)$	(7.44)
$h(n)$ 奇对称,N 奇数	$\sin(\omega)$	$\displaystyle\sum_{n=0}^{(N-3)/2}\tilde{c}(n)\cos(\omega n)$	(7.45)
$h(n)$ 奇对称,N 偶数	$\sin\left(\dfrac{\omega}{2}\right)$	$\displaystyle\sum_{n=0}^{(N-2)/2}\tilde{d}(n)\cos(\omega n)$	(7.46)

7.3.3　线性相位 FIR 滤波器频率响应的极值频率数目的约束

在多数情况下,$\mathrm{d}H(\omega)/\mathrm{d}\omega=0$ 时,$\mathrm{d}W(\omega)/\mathrm{d}\omega=0$,$\mathrm{d}H_\mathrm{d}(\omega)/\mathrm{d}\omega=0$,即 $H(\omega)$ 的极值也就是 $E(\omega)$ 的极值。因此,为了求解式(7.42)而要找出 $H(\omega)$ 的最大极值是很重要的。

对于 FIR 滤波器的冲激响应 $h(n)$ 为偶对称和 N 为奇数的情况,有

$$H(\omega) = \sum_{n=0}^{(N-1)/2} a(n)\cos(\omega n)$$

将上式中的 $\cos(\omega n)$ 表示为 $\cos\omega$ 的多项式,即

$$\cos(\omega n) = \sum_{m=0}^{n} a_{mn}(\cos\omega)^m \tag{7.47}$$

式中 a_{mn} 是实系数,可由标准的数学手册查到。将式(7.47)代入 $H(\omega)$,得到

$$
\begin{aligned}
H(\omega) &= \sum_{n=0}^{(N-1)/2} a(n)\Big[\sum_{m=0}^{n} a_{mn}(\cos\omega)^m\Big]\\
&= \sum_{k=0}^{(N-1)/2} \hat{a}(k)(\cos\omega)^k
\end{aligned} \tag{7.48}
$$

式中 $\hat{a}(k)$ 是通过收集 $(\cos\omega)^k$ 的同次幂项得到。下面对式(7.48)求导来研究各极值点:

$$
\begin{aligned}
\frac{\mathrm{d}H(\omega)}{\mathrm{d}\omega} &= \sum_{k=0}^{(N-1)/2} k\hat{a}(k)(\cos\omega)^{k-1}(-\sin\omega)\\
&= \sin\omega \sum_{m=0}^{(N-3)/2} b(m)(\cos\omega)^m
\end{aligned} \tag{7.49}
$$

式中 $m=k-1$,$b(m)=-(m+1)\hat{a}(m+1)$。

令 $x=\cos\omega$,$\sin\omega=\sqrt{1-x^2}$,则式(7.49)变成

$$G(x) = \frac{\mathrm{d}H(\omega)}{\mathrm{d}\omega} = \sqrt{1-x^2}\sum_{m=0}^{(N-3)/2} b(m)x^m \tag{7.50}$$

式中 $x=\pm1$ 时,$\sqrt{1-x^2}=0$,$\sum\limits_{m=0}^{(N-3)/2} b(m)x^m$ 在开区间 $-1<x<1$ 内至多有 $\dfrac{N-3}{2}$ 个零,因此,$H(\omega)$ 在闭区间 $0\leqslant\omega\leqslant\pi$ 内至多有 $\dfrac{N+1}{2}$ 个极值,即对于 Ⅰ 型 FIR 滤波器来说,$H(\omega)$ 的极值数 N_p 的约束条件为

$$N_\mathrm{p} \leqslant \frac{N+1}{2} \qquad \text{Ⅰ 型}$$

同理可求其余三种类型的约束条件:

$$N_\mathrm{p} \leqslant \frac{N}{2} \qquad \text{Ⅱ 型}$$

$$N_\mathrm{p} \leqslant \frac{N-1}{2} \qquad \text{Ⅲ 型}$$

$$N_\mathrm{p} \leqslant \frac{N}{2} \qquad \text{Ⅳ 型}$$

在不相连的频带上求解逼近问题时,误差函数在每一频率的边界会有一个极值,而这些极值点一般并不是 $H(\omega)$ 的极值点。因此,在设计滤波器时,也应考虑这些极值点。例如对于第 6 章的图 6.2 所示的通带与阻带内的逼近问题,还应考虑两个频带边界的 ω_c 和 ω_r 极值点,因

此，在这种情况下，对应四种类型的 FIR 滤波器的极值频率数目为

$$N'_\text{p} \leqslant \frac{N+5}{2} \qquad \text{I 型}$$

$$N'_\text{p} \leqslant \frac{N+4}{2} \qquad \text{II 型}$$

$$N'_\text{p} \leqslant \frac{N+3}{2} \qquad \text{III 型}$$

$$N'_\text{p} \leqslant \frac{N+4}{2} \qquad \text{IV 型}$$

如果所设计的滤波器不止一个过渡带，即 ω_c 和 ω_r 有多个，此时极值频率数将增加。例如设计一个带通滤波器，有两个过渡带，即有两对 ω_c 和 ω_r（一个通带和两个阻带）的边界上存在四个附加极值，所以对于 I 型的 FIR 滤波器，极值频率总数目最多有 $\frac{N+1}{2}+4=\frac{N+9}{2}$ 个，其余类推。

7.3.4　雷米兹算法

雷米兹（Remez）算法[7]是利用交替定理来求解式（7.42）实现加权切比雪夫逼近的一种最优化算法，这种算法框图如图 7.11 所示。它分三步来求逼近问题的解。

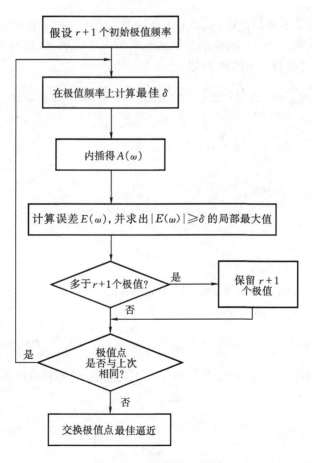

图 7.11　雷米兹算法框图

第一步:对于给定的一组频率

$$\{\omega_i, 0 \leqslant \omega_i \leqslant \omega_c \text{ 或 } \omega_r \leqslant \omega_i \leqslant \pi\}, \quad i = 0, 1, 2, \cdots, r$$

求解满足下式的 δ 值,即

$$\hat{W}(\omega_i)[\hat{H}_d(\omega_i) - A(\omega_i)] = (-1)^i \delta, \quad i = 0, 1, 2, \cdots, r \tag{7.51}$$

其中 $\delta = \max|E(\omega)|$，$A(\omega)$ 也是待求值,这里假设 $A(\omega) = \sum\limits_{n=0}^{r-1} a(n)\cos(n\omega)$,于是式(7.51)可写成如下矩阵形式:

$$
\begin{bmatrix}
1 & \cos\omega_0 & \cos(2\omega_0) & \cdots & \cos[(r-1)\omega_0] & \dfrac{1}{\hat{W}(\omega_0)} \\
1 & \cos\omega_1 & \cos(2\omega_1) & \cdots & \cos[(r-1)\omega_1] & \dfrac{-1}{\hat{W}(\omega_1)} \\
\vdots & \vdots & \vdots & & \vdots & \vdots \\
1 & \cos\omega_{r-1} & \cos(2\omega_{r-1}) & \cdots & \cos[(r-1)\omega_{r-1}] & \dfrac{(-1)^{r-1}}{\hat{W}(\omega_{r-1})} \\
1 & \cos\omega_r & \cos(2\omega_r) & \cdots & \cos[(r-1)\omega_r] & \dfrac{(-1)^r}{\hat{W}(\omega_r)}
\end{bmatrix}
\begin{bmatrix}
a(0) \\ a(1) \\ \vdots \\ a(r-1) \\ \delta
\end{bmatrix}
=
\begin{bmatrix}
\hat{H}_d(\omega_0) \\ \hat{H}_d(\omega_1) \\ \vdots \\ \hat{H}_d(\omega_{r-1}) \\ \hat{H}_d(\omega_r)
\end{bmatrix}
\tag{7.52}
$$

式(7.52)所示的矩阵是非奇异矩阵,求解上式可唯一地求出 δ 和所有 $a(n)$，$n=0,1,2,\cdots,r-1$，但这样直接求解既难又慢。一种有效的方法是利用多项式内插,这种方法是对于给定的一组极值频率,利用下列解析式来求解 δ ,即

$$
\delta = \frac{b_0\hat{H}_d(\omega_0) + b_1\hat{H}_d(\omega_1) + \cdots + b_r\hat{H}_d(\omega_r)}{b_0/\hat{W}(\omega_0) - b_1/\hat{W}(\omega_1) + \cdots + (-1)^r b_r/\hat{W}(\omega_r)}
$$

$$
= \frac{\sum\limits_{k=0}^{r} b_k\hat{H}_d(\omega_k)}{\sum\limits_{k=0}^{r} (-1)^k b_k/\hat{W}(\omega_k)}
\tag{7.53}
$$

式中

$$b_k = \prod_{i=0, i \neq k}^{r} \frac{1}{x_k - x_i}$$

其中 $x_i = \cos(\omega_i)$，$x_k = \cos(\omega_k)$。

第二步:利用已求出的 δ 和 r 个频率点,求解 $A(\omega)$。

由于已求出 δ，式(7.51)可写成

$$A(\omega_k) = \hat{H}_d(\omega_k) - (-1)^k \frac{\delta}{\hat{W}(\omega_k)}, \quad k = 0, 1, 2, \cdots, r-1 \tag{7.54}$$

由式(7.54)可求出 $A(\omega_k)$ 在 ω_k，$k=0,1,2,\cdots,r-1$ 处的值,然后利用拉格朗日插值公式求出

$$A(\omega) = \frac{\sum\limits_{k=0}^{r-1}\left(\dfrac{\beta_k}{x - x_k}\right)A(\omega_k)}{\sum\limits_{k=0}^{r-1}\left(\dfrac{\beta_k}{x - x_k}\right)} \tag{7.55}$$

式中

$$\beta_k = \prod_{\substack{i=0 \\ i \neq k}}^{r-1} \frac{1}{(x_k - x_i)}$$

其中 $x_i = \cos\omega_i$，$x_k = \cos(\omega_k)$，$x = \cos(\omega)$。

第三步：把所求出的 $A(\omega)$ 代入式

$$E(\omega) = \hat{W}(\omega)[\hat{H}_d(\omega) - A(\omega)] \tag{7.56}$$

求得误差函数 $E(\omega)$。如果对于所有频率 ω 都满足 $|E(\omega)| \leqslant \delta$，则说明已达到最优解。如果在某些频率上有 $|E(\omega)| > \delta$，则寻找此时得出的 $|E(e^{j\omega})|$ 的 $r+1$ 个峰值作为新的 ω_k（$k=0,1,2,\cdots,r$），重新计算 δ、$A(\omega)$ 和 $|E(\omega)|$，经过反复迭代，直到满足 $|E(\omega)| \leqslant \delta$ 为止。

下面用一个例子来说明上述算法。

例 7.3　实现图 7.12 所示的滤波器特性，令所希望的理想频率特性为

$$H_d(e^{j\omega}) = \begin{cases} 1, & 0 \leqslant \omega \leqslant \omega_c \\ 0, & \omega_r \leqslant \omega \leqslant \pi \end{cases}$$

定义加权函数

$$W(e^{j\omega}) = \begin{cases} \dfrac{1}{k} = \dfrac{\delta_2}{\delta_1}, & 0 \leqslant \omega \leqslant \omega_c \\ 1, & \omega_r \leqslant \omega \leqslant \pi \end{cases}$$

加权函数 $W(e^{j\omega})$ 的选择，是考虑在设计滤波器时对通带和阻带要求不同的逼近精度，规定了通带和阻带的逼近误差的相对大小关系。因此，若设计使 $|E(\omega)|_{\max}$ 最小化，就是使 δ_2 在 $\omega_r \leqslant \omega \leqslant \pi$ 区间最小化，并且等效地使 δ_1 在 $0 \leqslant \omega \leqslant \omega_c$ 区间的最小化。

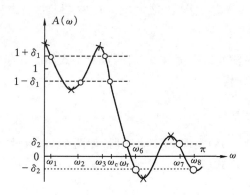

图 7.12　切比雪夫逼近示意图

假设所设计的 FIR 滤波器冲激响应 $h(n)$ 为偶对称，且 N 为奇数（由表 7.4 可知，该滤波器的 $Q(w)=1$，$A(\omega)=H(\omega)$），则根据式（7.43c）和式（7.51）中的 $i=0,1,2,\cdots,\dfrac{N+1}{2}$，即 $r=\dfrac{N+1}{2}$，$r+1=\dfrac{N+3}{2}$，从而可知在 $0 \leqslant \omega \leqslant \pi$ 区间，加权误差函数 $E(\omega)$ 至少有 $\dfrac{N+3}{2}$ 次换向。如设计 $N=13$ 时，其通带截止频率为 ω_c，阻止带频率为 ω_r 的滤波器，首先选 ω_1、ω_2、ω_3、ω_c、ω_r、ω_6、ω_7、ω_8 为初始极值点（即图中空心圆所处的频率点），计算出 δ 值，然后用内插法算出 $A(\omega)$（图中实线所示），可以看出"×"处的误差峰值点大于 δ。因此，这条 $A(\omega)$ 曲线不是最佳设计，重新取"×"处的频率和 ω_c、ω_r 作为新的极值频率，重新计算 δ 值，这样逐步逼近最佳值。

上述算法是固定 N、ω_c 和 ω_r，改变 δ_1、δ_2 来求最佳值，对于事先给定的过渡带($\omega_r - \omega_c$)来说，此时的 δ_2 最小($\delta_1 = k\delta_2$)。如果预先给定 δ_1 和 δ_2，可以固定 ω_c，改变 ω_r，反复迭代，直到算出所要求的 δ_1 和 δ_2。

另外，由这种算法得到的 $A(\omega)$ 还需经离散傅里叶反变换，才能得到冲激响应 $h(n)$。

因此，根据交替定理，最优滤波器设计程序步骤如下：

(1) 确定所需频率响应 $H_d(e^{j\omega})$、加权函数 $W(e^{j\omega})$ 和滤波器冲激响应序列 $h(n)$ 的长度 N；

(2) 形成 $\hat{H}_d(e^{j\omega})$、$\hat{W}(e^{j\omega})$ 和 $A(\omega)$；

(3) 用雷米兹算法求最佳逼近问题；

(4) 应用离散傅里叶反变换得到滤波器冲激响应 $h(n)$。

MATLAB 提供了用于线性相位 FIR 滤波器设计的调用函数 remez.m，用户可以修改调用函数中的参数以满足所选定的理想频率响应和误差界限。

7.4 FIR 滤波器的实现结构

6.2.1 节的式(6.10)给出了非递归型 FIR 滤波器的差分方程，现重写如下：

$$y(n) = \sum_{k=0}^{M} a_k x(n-k) \tag{7.57}$$

式(7.57)是输入序列与系统冲激响应的直接卷积，式中的系数 a_k 对应于冲激响应 $h(n)$，因此，式(7.57)可展开为

$$y(n) = \sum_{m=0}^{N-1} h(m)x(n-m) = h(0)x(n) + h(1)x(n-1) + \cdots + h(N-1)x(n-N+1)$$

$$\tag{7.58}$$

由式(7.58)可以看到，FIR 滤波器可用移位寄存器、数字式加法器和乘法器来实现。下面介绍 FIR 滤波器的几种常用的结构。

7.4.1 直接型

这种形式是直接按式(7.58)实现 FIR 滤波器，如图 7.13 所示，图中的 z^{-1} 被称为单位延迟，$h(n)$ 是滤波器的系数。因式(7.58)是单位冲激响应 $h(n)$ 与输入序列的卷积和，故这种形式结构又称为卷积型。

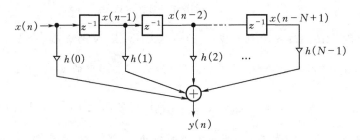

图 7.13 FIR 滤波器的非递归直接型结构

7.4.2 级联型

取 FIR 滤波器冲激响应 $h(n)$ 的 z 变换(见式(6.20)中的一次和二次多项式)

$$H_{1k}(z) = a_{0k} + a_{1k}z^{-1}$$
$$H_{2k}(z) = b_{0k} + b_{1k}z^{-1} + b_{2k}z^{-2} \Biggr\} \tag{7.59}$$

将滤波器的系统函数 $H(z)$ 表示成式(7.59)的一次和二次多项式的乘积,即

$$H(z) = \prod_{k=1}^{N_1} H_{1k}(z) \prod_{k=1}^{N_2} H_{2k}(z) \tag{7.60}$$

按照式(7.60)所构成的 FIR 滤波器如图 7.14 所示(k 仅取 1 时的结构),这种结构称作非递归级联型。也可将式 FIR 滤波器的系统函数 $H(z)$ 表示成几个二次多项式的乘积,即

$$H(z) = \sum_{n=0}^{N-1} h(n)z^{-n} = \prod_{k=1}^{N/2} (a_{0k} + a_{1k}z^{-1} + a_{2k}z^{-2}) \tag{7.61}$$

其中若 N 为偶数,则系数 a_{2k} 中有一个为零,即在 N 为偶数时,$H(z)$ 有奇数个实根。由式(7.61)得到的 FIR 数字滤波器的级联结构可由图 7.14 的级联形式拓展得到。在这种结构中,每一个二阶网络控制一对零点,但所需要的系数比直接型结构多,所以乘法也多。

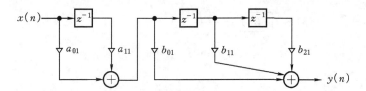

图 7.14　FIR 滤波器的非递归级联型结构

7.4.3　FFT 变换型

FIR 数字滤波器也可通过 FFT 算法来实现。正如第 4 章指出的那样,对一有限长序列 $x(n)$ 的进行离散傅里叶变换,可得到该序列信号的频谱表示 $X(e^{j\omega})$,再对这些频谱进行选择性处理,保留或消除某些频谱来达到滤波的目的。实现这种频谱选择性处理是由系统函数 $H(z)$ 来完成,这一过程可表示为 $X(e^{j\omega}) \cdot H(z)\big|_{z=e^{j\omega}}$,它对应于输入序列与滤波器的冲激响应在时域的循环卷积。而当一个信号序列 $x(n)$ 通过 FIR 滤波器时,其输出 $y(n)$ 是 $x(n)$ 与 $h(n)$ 的线性卷积,即 $y(n) = \sum_{m=0}^{N-1} x(m)h(n-m)$,此时 $y(n)$ 的长度为 $2N-1$ 个点,也就是说最多有 $2N-1$ 个非零点,如果 $y(n)$ 要由 $x(n)$ 和 $h(n)$ 两者的 DFT 的相乘来计算,则必须在 $2N-1$ 个点上计算这两个 DFT,即 $X(k)$ 和 $H(k)$。因此,利用 DFT 实现对信号的滤波,我们关心的是要得到线性卷积,即保证由 DFT 所对应的循环卷积必须具有线性卷积的效果。在4.2.3节已经证明两个有限长序列的线性卷积可用它们的循环卷积来代替。由于 $x(n)$、$h(n)$ 的长度只有 N 点,需要分别补零增长到 $2N-2$,因此,如果定义

$$h(m) = \begin{cases} h(n), & 0 \leqslant m \leqslant N-1 \\ 0, & N \leqslant m \leqslant 2N-2 \end{cases} \Biggr\}$$
$$H(k) = \sum_{m=0}^{2N-2} h(m)W_{2N-1}^{mk} \tag{7.62}$$

和

$$x(m) = \begin{cases} x(n), & 0 \leqslant m \leqslant N-1 \\ 0, & N \leqslant m \leqslant 2N-2 \end{cases}$$

$$X(k) = \sum_{m=0}^{2N-2} x(n) W_{2N-1}^{mk}$$

(7.63)

于是有

$$y(n) = \sum_{m=0}^{2N-2} h(m) x(n-m) = \frac{1}{2N-1} \sum_{k=0}^{2N-1} X(k) H(k) W_{2N-1}^{-nk}$$

$$n = 0, 1, \cdots, 2N-2$$

(7.64)

式(7.64)所表示的就是 $x(n)$ 和 $h(n)$ 的线性卷积。上述用 FFT 方法实现 FIR 滤波器的线性卷积过程如图 7.15 所示。

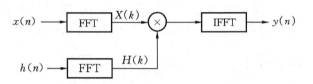

图 7.15   应用 FFT 方法实现 FIR 滤波器

7.4.4   频率采样型

上述的三种 FIR 滤波器结构都是非递归型的,采用频率采样法可以实现具有反馈的递归结构的 FIR 滤波器。

考虑冲激响应 $h(n)$ 为偶对称,且 N 取奇数时,有下列关系

$$| H(k) | = | H(N-k) |, \quad k = 1, 2, \cdots, \frac{N-1}{2}$$

$$\arg | H(k) | = - \arg[H(N-k)], \quad k = 1, 2, \cdots, \frac{N-1}{2}$$

利用上面两式,式(7.23)可以改写成

$$H(z) = \frac{1-z^{-N}}{N} \left\{ \frac{H(0)}{1-z^{-1}} + \sum_{k=1}^{(N-1)/2} \left[\frac{H(k)}{1-z^{-1} e^{j(2\pi/N)k}} + \frac{H(N-k)}{1-z^{-1} e^{j(2\pi/N)(N-k)}} \right] \right\}$$

$$= \frac{1-z^{-N}}{N} \left\{ \frac{H(0)}{1-z^{-1}} + \sum_{k=0}^{(N-1)/2} \frac{2 | H(k) | \left[\cos\theta(k) - z^{-1} \cos\left(\theta(k) - \frac{2\pi}{N}k \right) \right]}{1 - 2z^{-1} \cos\left(\frac{2\pi}{N}k \right) + z^{-2}} \right\}$$

(7.65)

式中 $\theta(k) = -\frac{2\pi}{N}k \cdot \frac{N-1}{2} = \arg[H(k)] = -k\pi \left(1 - \frac{1}{N} \right), k = 1, 2, \cdots, \frac{N-1}{2}$。

当 N 为偶数时,同样可推得

$$H(z) = \frac{1-z^{-N}}{N} \left\{ \frac{H(0)}{1-z^{-1}} + \frac{H(N/2)}{1+z^{-1}} \right.$$

$$\left. + \sum_{k=1}^{N/2-1} \frac{2 | H(k) | \left[\cos\theta(k) - z^{-1} \cos(\theta(k) - 2\pi k/N) \right]}{1 - 2z^{-1} \cos(2\pi k/N) + z^{-2}} \right\}$$

(7.66)

图 7.16 所示是由式(7.65)实现的 FIR 滤波器,它由 $(N-1)/2$ 个谐振器和一个反馈回路所构成,这种滤波器又被称作梳状滤波器。

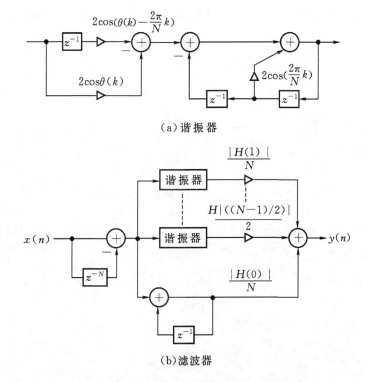

（a）谐振器

（b）滤波器

图 7.16　线性相位 FIR 滤波器的递归型结构

7.5　非递归型 FIR 滤波器量化误差分析

在实现滤波器时，我们只能按有限位数进行系数量化和运算，因而任何实际的数字滤波器的频率响应都会偏离设计。本节讨论 FIR 滤波器的系数量化和运算量化误差。

7.5.1　系数量化误差

当非递归线性相位 FIR 滤波器的冲激响应为 $h(n)=h(N-1-n)$，$0 \leqslant n \leqslant N-1$，且 N 为奇数时，其频率响应是（参见 6.2.1 节式（6.44））

$$H(e^{j\omega}) = \left\{ \sum_{n=0}^{(N-3)/2} 2h(n)\cos\left[\omega\left(\frac{N-1}{2}-n\right)\right] + h\left(\frac{N-1}{2}\right) \right\} e^{-j\omega(N-1)/2} \tag{7.67}$$

式中的指数因子 $e^{-j\omega(N-1)/2}$ 是纯延时，不受系数量化影响，可以略去。

设 $h_q(n)$ 是 $h(n)$ 量化舍入后的冲激响应序列，这样可定义一个误差序列

$$h_e(n) = h_q(n) - h(n) \tag{7.68}$$

式中 $h_q(n)=h_q(N-1-n)$，$0 \leqslant n \leqslant (N-1)/2$；$h_e(n)$ 是随机变量，设它在 $(-q/2, q/2)$ 区间内均匀分布。对式（7.68）取 z 变换，则得到

$$H_e(z) = H_q(z) - H(z)$$

由式（7.67）可得

$$H_e(e^{j\omega}) = \sum_{n=0}^{(N-3)/2} 2h_e(n)\cos\left[\omega\left(\frac{N-1}{2}-n\right)\right] + h_e\left(\frac{N-1}{2}\right) \tag{7.69}$$

如图 7.17 所示，系数量化后的实际系统函数 $H_q(z)$ 可等效成理想系统 $H(z)$ 与偏差系统 $H_e(z)$ 的并联。

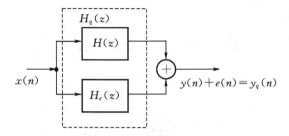

图 7.17　FIR 滤波器系数量化的等效模型

由于各系数的舍入误差是统计独立的，而且每个误差在 $(-q/2, q/2)$ 间隔内均匀分布，因此其均值为零，方差为 $q^2/12$。这样，可得均匀误差

$$\sigma^2(\omega) = E[H_e(\mathrm{e}^{\mathrm{j}\omega})^2] \leqslant \sum_{n=0}^{(N-3)/2} E[4h_e(n)^2]\cos^2\left[\omega\left(\frac{N-1}{2}-n\right)\right] + E\left[h_e\left(\frac{N-1}{2}\right)^2\right]$$

$$= \frac{q^2}{12}\left[1 + 4\sum_{n=1}^{(N-1)/2}\cos^2(\omega n)\right] \tag{7.70}$$

令

$$D(\omega) = \left\{\frac{1}{2N-1}\left[1 + 4\sum_{n=1}^{(N-1)/2}\cos^2(\omega n)\right]\right\}^{\frac{1}{2}}$$

则可得误差的标准偏差为

$$\sigma(\omega) = \frac{q}{2}\sqrt{\frac{2N-1}{3}}D(\omega)$$

由于 $0 < D(\omega) \leqslant 1, D(0) = D(\pi) = 1$，因而有

$$\sigma(\omega) \leqslant \frac{q}{2}\sqrt{\frac{2N-1}{3}} \tag{7.71}$$

当 $N \to \infty$ 时，有

$$\lim_{N\to\infty}D(\omega) = \frac{1}{\sqrt{2}}, \quad 0 < \omega < \pi$$

故当 N 较大时，式(7.71)所表示的误差统计估值上限还可降低 $1/\sqrt{2}$。试验证明，关于滤波器系数量化舍入误差的统计等效模型，在一般情况下是能够成立的，统计估计上限为滤波器设计提供了一个所需系数位数估计的方法。

7.5.2　运算量化误差

这里讨论有限字长对 FIR 滤波器的运算结果所产生的量化误差。定点系统中，只有乘法才需要舍入和截尾，而在加法运算时，要考虑动态范围，即溢出现象。浮点系统中溢出问题并不严重，但在加法和乘法之后要考虑舍入和截尾。舍入和截尾是非线性过程，利用非线性模型分析量化效应是相当复杂的，这里采用简单的统计分析法。

由于非递归滤波器中不存在反馈回路，误差分析要比递归滤波器简单。直接型非递归滤波器的定点舍入误差统计模型如图 7.18 所示。实际系统是对乘积 $h(m)\cdot x(n-m)$ 进行舍入

而引起的量化误差,并假设各误差源具有下列特性:

(1) 各误差源 $e_i(n)$ 都是平稳白噪声;

(2) 误差振幅在一个量化间隔内均匀分布;

(3) 误差源之间不相关,与输入序列也不相关。

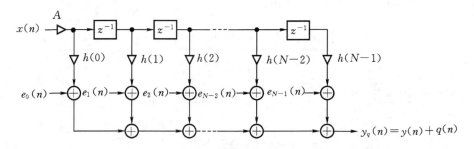

图 7.18　直接型非递归 FIR 数字滤波器的定点舍入误差统计模型

图 7.18 中的 A 是为了防止溢出,而与输入相乘的比例系数。由图 7.18 可见,全部乘积是在相加前量化,这样在输出端就有 N 个白噪声源,其总的输出噪声是

$$q(n) = \sum_{i=0}^{N-1} e_i(n) \tag{7.72}$$

因假定各噪声源独立,故输出噪声的总方差为

$$\sigma_q^2 = N\frac{q^2}{12} \tag{7.73}$$

输出噪声的平均值为零。由式(7.73)可知,输出噪声正比于系统冲激响应序列的长度 N,与滤波器其他参数无关。

为防止定点加法运算的溢出,要求对所有 n,有 $|y(n)|<1$,因此,系数 A 应满足

$$A < \frac{1}{|x|_{\max} \sum_{n=0}^{N-1} h(n)} \tag{7.74}$$

式中 $|x|_{\max}$ 表示输入的最大绝对值。

下面考虑以二阶单元串联的高阶非递归数字滤波器定点舍入误差。非递归 FIR 滤波器也可按图 7.19(a) 所示的二阶单元的串联来实现。每个二阶单元 $H_k(z)$ 是按直接型结构实现(见图 7.13),为方便起见,这里假设 N 为奇数,因此,$k = \frac{N-1}{2}$。每个二阶单元在其输出端均有三个独立白噪声源,这里把它们等效为一个噪声源 $e_k(n)$,如图 7.19(b) 所示。$e_k(n)$ 的方差为

$$\sigma_{e_k}^2 = 3\frac{q^2}{12} = \frac{q^2}{4} \tag{7.75}$$

这时对某一指定的噪声源 $e_k(n)$ 要受到其后串联各单元环节的滤波,所以输出噪声的方差将与级联的二阶环节的排列次序有关。假设以 $h_{e_k}(n)$ 表示从第 k 个噪声源 $e_k(n)$ 到系统输出端的冲激响应,则有每个单元等效噪声源在输出端所产生的噪声方差

$$\sigma_{q_k}^2 = \frac{q^2}{4}\Big[\sum_{n=0}^{N-2k} h_{e_k}^2(n)\Big] \tag{7.76}$$

因此,系统的总输出噪声方差为

$$\sigma_q^2 = \sum_{k=1}^{K} \sigma_{q_k}^2 = \frac{q^2}{4}\Big[\sum_{k=1}^{K}\sum_{n=0}^{N-2k}h_{e_k}^2(n)\Big] \tag{7.77}$$

在串联结构中,为使系统的最终输出结果是正确的,必须对每个单元的输入进行幅度变换,保证任何一个二阶单元的输出均不出现溢出。

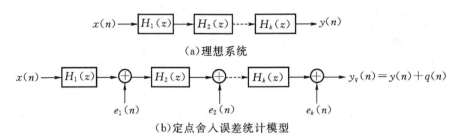

(a)理想系统

(b)定点舍入误差统计模型

图 7.19　串联结构的 FIR 数字滤波器

习　题

7.1　设一 FIR 滤波器的冲激响应为

$$h(n) = (1 + 0.3^n + 0.6^n)u(n)$$

(1) 求系统函数 $H(z)$,并画出其极-零点分布图;

(2) 写出该系统的差分方程;

(3) 给出该系统的直接型、并联型和级联型实现的结构框图。

7.2　一个 IIR 滤波器由差分方程

$$y(n) = x(n) + 0.5x(n-1) + 0.6y(n-1) - 0.25y(n-2)$$

描述,这个系统可以由直接型、级联型和并联型实现,请给出每一种结构实现图。对于级联型和并联型,只采用一阶滤波环节实现。

7.3　某一线性相位 FIR 数字滤波器的冲激响应特性为

$$h(n) = \begin{cases} h(N-1-n), & 0 \leqslant n \leqslant N-1 \\ 0, & \text{其他 } n \end{cases}$$

(1) 试证明该滤波器输出的卷积和可表示为

$$y(n) = \begin{cases} \displaystyle\sum_{k=0}^{(N-2)/2} h(k)[x(n-k) + x(n-N+1+k)], & N \text{ 为偶数} \\[3mm] \displaystyle\sum_{k=0}^{(N-3)/2} h(k)[x(n-k) + x(n-N+1+k)] \\ \quad + h\Big(\dfrac{N-1}{2}\Big)x\Big(n-\dfrac{N-1}{2}\Big), & N \text{ 为奇数} \end{cases}$$

(2) 给出上述两方程所描述的数字滤波器结构框图。

7.4　设一 FIR 滤波器的系统函数为

$$H(z) = \frac{1}{8}(1 + z^{-1} + 2z^{-2} + 4z^{-3} + z^{-4})$$

试求:

（1）滤波器的冲激响应 $h(n)$；

（2）滤波器的幅频响应与相频响应；

（3）相频特性是否具有线性相位特性？为什么？

7.5　设计一个 FIR 高通数字滤波器来逼近所希望的幅频特性：

$$H_d(e^{j\omega}) = \begin{cases} 0, & |\omega| < \omega_0 \\ 1, & \omega_0 \leqslant |\omega| \leqslant \pi \end{cases}$$

试问其冲激响应与同样带宽的 FIR 数字低通滤波器的冲激响应之间有什么关系？

7.6　设计一个 FIR 数字滤波器来逼近所希望的幅频特性，如图 7.20 所示。

$$H_d(e^{j\omega}) = \begin{cases} 2, & 0 \leqslant |\omega| < \pi/8 \\ 1, & \pi/8 \leqslant |\omega| \leqslant \pi/4 \\ 0, & \pi/4 < |\omega| < \pi \end{cases}$$

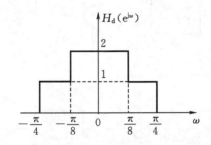

图 7.20　习题 7.6

7.7　在 7.1 节讨论了用傅里叶级数展开法设计 FIR 滤波器，并定义了逼近的均方误差（式(7.9)）

$$E = \frac{1}{2\pi} \int_{-\pi}^{\pi} |H_d(e^{j\omega}) - H(e^{j\omega})|^2 d\omega$$

其中 $H_d(e^{j\omega})$ 是理想系统的频率响应，$H(e^{j\omega})$ 是由设计所得到的滤波器的频率响应。

（1）误差函数 $E(e^{j\omega}) = H_d(e^{j\omega}) - H(e^{j\omega})$ 可以表示成幂级数形式，即

$$E(e^{j\omega}) = \sum_{n=-\infty}^{\infty} e(n) e^{-j\omega n}$$

试求出用 $h_d(n)$ 和 $h(n)$ 表达的系数 $e(n)$；

（2）试用系统 $e(n)$ 表达均方误差 E；

（3）试证明对于一个长度为 N 的冲激响应为

$$h(n) = \begin{cases} h_d(n), & 0 \leqslant n \leqslant N-1 \\ 0, & \text{其他 } n \end{cases}$$

时，$E(\omega)$ 被最小化。也就是说，N 值固定时，矩形窗是提供所需频率响应的最好均方误差逼近。

7.8　试证明在求解 FIR 滤波器时，对于所求的频率响应，矩形窗能提供一种最小均方程差意义下的最好逼近。

7.9　试证明在求解 FIR 滤波器的切比雪夫逼近问题时，$H(\omega)$ 的极值数 N，约束条件为

（1）$N_p \leqslant \dfrac{N}{2}$，$h(n)$ 是偶对称，N 为偶数；

(2) $N_p \leqslant \dfrac{N-1}{2}$，$h(n)$ 是奇对称，N 为奇数；

(3) $N_p \leqslant \dfrac{N}{2}$，$h(n)$ 是奇对称，N 为偶数。

7.10　设有一个 FIR 系统的差分方程为

$$y(n) = x(n) - x(n - N)$$

给出该系统的幅频响应及相频响应。

7.11　在实际应用中往往重复使用基本的滤波器组件(硬件或计算机子程序)来实现一个具有锐截止频率响应特性的新滤波器。一般是将该滤波器与自身级联两次或更多次，但是很容易证明，这种方法尽管阻带误差是平方的(若误差小于 1，则总误差将减小)，但增加了通带逼近误差。有一种方法示于图 7.21(a)的方框图中，这种方法称为"加倍法"。

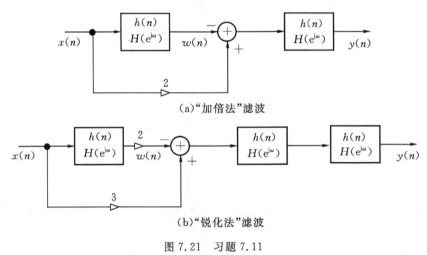

(a)"加倍法"滤波

(b)"锐化法"滤波

图 7.21　习题 7.11

(1) 假定基本系统具有对称的有限长冲激响应，即

$$h(n) = \begin{cases} h(-n), & -L \leqslant n \leqslant L \\ 0, & \text{其他 } n \end{cases}$$

确定整个系统冲激响应 $g(n)$ 是否是 FIR，并且是对称的？

(2) 假设 $H(e^{j\omega})$ 满足下列逼近误差指标：

$$(1 - \delta_1) \leqslant H(e^{j\omega}) \leqslant 1 + \delta_1, \quad 0 \leqslant \omega \leqslant \omega_c$$

$$-\delta_2 \leqslant H(e^{j\omega}) \leqslant \delta_2, \quad \omega_r \leqslant \omega \leqslant \pi$$

如果基本系统具有这些指标，可以证明整个系统的频率响应 $G(e^{j\omega})$ 满足如下形式的指标：

$$A \leqslant G(e^{j\omega}) \leqslant B, \quad 0 \leqslant \omega \leqslant \omega_c$$

$$C \leqslant G(e^{j\omega}) \leqslant D, \quad \omega_r \leqslant \omega \leqslant \pi$$

求利用 δ_1 和 δ_2 表示的 A、B、C 和 D。如果 $\delta_1 \ll 1$ 且 $\delta_2 \ll 1$，则 $G(e^{j\omega})$ 近似的最大通带和阻带逼近误差是多少？

(3) 正如(2)中所求出的，上述"加倍法"减小了通带逼近误差，但是增加了阻带误差。有另一种方法，称为"锐化法"，这种方法可使通带和阻带同时得到改善，最简单的锐化系统如图 7.21(b)所示。假设该基本系统的冲激响应与(1)中给出的相同。对于图 7.21(b)的系统重复回答(2)的问题。

7.12　利用矩形窗的特性可以导出巴特利特窗、升余弦窗(哈明、汉宁)和布莱克曼窗的傅里叶变换表示式。

(1) 证明式(7.17a)定义的 N 点巴特利特窗可以表示成两个较短矩形窗的卷积,并利用这一结论证明 N 点巴特利特窗的离散时间傅里叶变换是

$$W_T(\mathrm{e}^{\mathrm{j}\omega}) = \mathrm{e}^{-\mathrm{j}\omega(N-1)/2} \frac{2}{N-1}\left(\frac{\sin(\omega(N-1)/4)}{\sin(\omega/2)}\right)^2, \quad N \text{ 为奇数}$$

$$W_T(\mathrm{e}^{\mathrm{j}\omega}) = \mathrm{e}^{-\mathrm{j}\omega(N-1)/2} \frac{2}{N-1}\left\{\frac{\sin[\omega N/4]}{\sin(\omega/2)}\right\}\left\{\frac{\sin[\omega(N-2)/4]}{\sin(\omega/2)}\right\}, \quad N \text{ 为偶数}$$

(2) 很容易看出,由式(7.18)和式(7.21)分别定义的 N 点升余弦窗和布莱克曼窗均可以表示成

$$w(n) = [A + B\cos(2\pi n/(N-1) + C\cos(4\pi n/(N-1)]w_R(n)$$

式中 $w_R(n)$ 是 N 点矩形窗,利用这个关系式给出一般升余弦窗的傅里叶变换。

(3) 适当选择的 A、B 和 C 以及(2)中得出的结果,绘出汉宁窗离散时间傅里叶变换的幅度曲线。

7.13　利用凯塞窗函数法设计一个具有广义线性相位的数字滤波器,它满足技术指标

$$|H(\mathrm{e}^{\mathrm{j}\omega})| \leqslant 0.01, \quad 0 \leqslant \omega \leqslant 0.25\pi$$
$$0.95 \leqslant |H(\mathrm{e}^{\mathrm{j}\omega})| \leqslant 1.05, \quad 0.35\pi \leqslant \omega \leqslant 0.6\pi$$
$$|H(\mathrm{e}^{\mathrm{j}\omega})| \leqslant 0.01, \quad 0.65\pi \leqslant \omega \leqslant \pi$$

(1) 对于满足以上技术指标的滤波器,求冲激响应的最小长度 N 的值,以及凯塞窗参数 α 值。

(2) 该滤波器的延迟是多少?

(3) 确定使用凯塞窗的理想冲激响应 $h_d(n)$。

7.14　一个多频带滤波器具有如下频率响应:

$$H_d(\mathrm{e}^{\mathrm{j}\omega}) = \begin{cases} \mathrm{e}^{-\mathrm{j}\omega(N-1)/2}, & 0 \leqslant |\omega| \leqslant 0.3\pi \\ 0, & 0.3\pi < |\omega| < 0.6\pi \\ 0.5\mathrm{e}^{-\mathrm{j}\omega(N-1)/2}, & 0.6\pi < |\omega| \leqslant \pi \end{cases}$$

用 $N=49$ 和 $\alpha=3.68$ 的凯塞窗乘以冲激影响应 $h_d(n)$ 得到一个线性相位的 FIR 滤波器,其冲激响应为 $h(n)$。

(1) 该滤波器的延迟是多少?

(2) 求理想冲激响应 $h_d(n)$。

(3) 确定 FIR 滤波器所满足的一组逼近误差技术指标,即确定在下式的参数 δ_1、δ_2、δ_3、B、C、ω_{c1}、ω_{r1}、ω_{r2} 和 ω_{c2}:

$$B - \delta_1 \leqslant |H(\mathrm{e}^{\mathrm{j}\omega})| \leqslant B + \delta_1, \quad 0 \leqslant \omega \leqslant \omega_{c1}$$
$$|H(\mathrm{e}^{\mathrm{j}\omega})| \leqslant \delta_2, \quad \omega_{r1} \leqslant \omega \leqslant \omega_{r2}$$
$$C - \delta_3 \leqslant |H(\mathrm{e}^{\mathrm{j}\omega})| \leqslant C + \delta_3, \quad \omega_{c2} \leqslant \omega \leqslant \pi$$

7.15　设计一个低通线性相位 FIR 滤波器。利用交替定理说明在通带和阻带逼近区之间的区域中逼近必须单调地减小。(提示:证明三角多项式的所有局部极大点和极小点必须在

通带中或在阻带中以满足交替定理。)

7.16　用交替定理法设计一个最佳等波动 FIR 线性滤波器。其频率响应的幅度如图 7.22 所示,通带中的最大逼近误差为 $\delta_1=0.0531$,且阻带中的最大逼近误差为 $\delta_2=0.085$。通带和阻带截止频率分别为 $\omega_c=0.4\pi$ 和 $\omega_r=0.58\pi$。

(1) 这是什么类型(I、II、III 和 IV)的线性相位系统？并给出理由。

(2) 在优化中使用的误差加权函数 $W(\omega)$ 是什么？

(3) 画出加权逼近误差 $E(\omega)$ 的曲线

$$E(\omega) = W(\omega)[H_d(\omega) - A(\omega)]$$

(图 7.22 已给出 $|A(\omega)|$)

(4) 系统冲激响应的长度是多少？

(5) 如果这个系统是因果的,则它能具有的最小延迟是多少？

(6) 在 z 平面上给出系统函数 $H(z)$ 的零点。

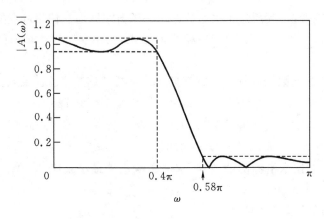

图 7.22　习题 7.16

7.17　试推导设计最小相位数字滤波器的一种方法。这类滤波器的全部零点和极点均在单位圆内(或上),本题中假设最小相位系统可以有在单位圆上的零点。首先考虑将 I 型线性相位 FIR 等波纹低通滤波器转换成最小相位系统的问题。如果 $H(e^{j\omega})$ 是一个 I 型线性相位滤波器的频率响应,则:

(1) 所对应的冲激响应 $h(n)$ 为实数,并且

$$h(n) = \begin{cases} h(N-1-n), & 0 \leqslant n \leqslant N-1 \\ 0, & \text{其他 } n \end{cases}$$

其中 N 为奇数。

(2) 由(1)得,$H(e^{j\omega})=A(\omega)e^{-j\omega n_0}$,其中 $A(\omega)$ 为实数,且 $n_0=(N-1)/2$ 为整数。

(3) 如图 7.23(a)所示,通带波纹为 δ_1,即在通带中 $A(\omega)$ 在 $(1+\delta_1)$ 和 $(1-\delta_1)$ 之间振荡;阻带波纹为 δ_2,即在阻带中 $-\delta_2 \leqslant A(\omega) \leqslant \delta_2$,且 $A(\omega)$ 在 $-\delta_2$ 和 $+\delta_2$ 之间振荡。

我们有以下方法可将这种线性相位系统转换成具有系统函数 $H_{min}(z)$ 和冲激响应 $h_{min}(n)$ 的最小相位系统。

步骤(I):产生一个新序列

$$h_1(n) = \begin{cases} h(n), & n \neq n_0 \\ h(n_0) + \delta_2, & n = n_0 \end{cases}$$

步骤（Ⅱ）：确认对于某些 $H_2(z)$，$H_1(z)$ 可以表示成

$$H_1(z) = z^{-n_0} H_2(z) H_2(1/z) = z^{-n_0} H_3(z)$$

式中 $H_2(z)$ 的所有极点和零点均在单位圆内或单位圆上，且 $h_2(n)$ 为实数。

步骤（Ⅲ）：定义

$$H_{\min}(z) = \frac{H_2(z)}{a}$$

分母的常量 $a = (\sqrt{1-\delta_2+\delta_2} + \sqrt{1+\delta_2+\delta_2})/2$ 使通带归一化，因此所得频率响应 $H_{\min}(e^{j\omega})$ 将在 1 上下振荡。

（1）证明如果 $h_1(n)$ 按步骤（Ⅰ）中那样选择，则 $H_1(e^{j\omega})$ 可以写成

$$H_1(e^{j\omega}) = e^{j\omega n_0} H_3(e^{j\omega})$$

式中 $H_3(e^{j\omega})$ 对所有的 ω 值均为实数和非负。

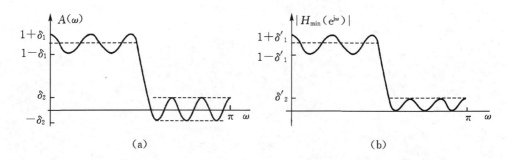

图 7.23　习题 7.17

（2）如果按（1）中所证明的那样 $H_3(e^{j\omega}) \geqslant 0$，试证明存在一个 $H_2(z)$，使得

$$H_3(z) = H_2(z) H_2(1/z)$$

其中 $H_2(z)$ 是最小相位的，$h_2(n)$ 为实数（即证明步骤（Ⅱ））。

（3）通过计算 δ_1' 和 δ_2' 表明，新滤波器 $H_{\min}(e^{j\omega})$ 是一个等波动低通滤波器（也就是表明它的幅度特性是图 7.23(b) 中所示的形式）。试说明新的冲激响应 $h_{\min}(n)$ 的长度是多少。

（4）在（1）、（2）和（3）都是假设从 Ⅰ 型 FIR 线性相位滤波器开始，如果去掉线性相位的限制，这种方法还正确吗？如果使用 Ⅱ 型 FIR 线性相位系统，这种方法是否还正确？

7.18　试用频率采样法设计一个 FIR 线性相位低通滤波器，已知 $\omega_c = 0.5\pi$，$N = 51$。利用 MATLAB 实现下列任务：

（1）画出 $|H_d(e^{j\omega})|$，$|H(k)|$ 和 $20\lg|H(e^{j\omega})|$ 的曲线；

（2）若在 ω_c 附近，即过渡带中选择 $|H(13)| = 0.5$，则其结果如何？

（3）若在过渡带取 $|H(13)| = 0.588\,6$，$|H(14)| = 0.106\,5$，则其结果又如何？

7.19　序列 $x(n)$ 通过一个冲激响应 $h(n) = \frac{1}{2}[a^n + (-a)^n]u(n)$ 的数字滤波器，试确定输出端上由于输入量化噪声产生的噪声方差及输出端的信噪比。

7.20　设计一个线性相位非递归低通数字滤波器，使它逼近理想响应

$$G^*(\omega) = \begin{cases} 1, & |\omega| \leqslant \omega_c/4 \\ 0, & \omega_c/4 < |\omega| < \omega_c/2 \end{cases}$$

（1）用加海明窗的 21 项傅里叶系数来逼近上述理想响应，试求出这些系数值。

（2）若以 5 位二进制字长对系数进行舍入量化，试计算此时的数字滤波器的对数幅频响应，并以 dB 标度绘出幅频响应曲线。

（3）若以 12 位字长对系数进行舍入量化，该滤波器的对数幅频响应有何变化？并画出其曲线。

第 8 章　IIR 数字滤波器设计

IIR 滤波器的设计方法分为两大类：一类是 s–z 变换设计法，此类方法是利用模拟滤波器理论来设计，将已知模拟滤波器的传递函数 $H(s)$ 变换成 z 平面数字滤波器的系统函数 $H(z)$，模拟滤波器的设计理论已经相当成熟，很多设计参数已经表格化，设计方便且效率高；另一类方法是 z 平面直接设计法，这类方法是根据最小均方误差准则，通过大量的迭代运算寻求使误差最小时的系统函数 $H(z)$ 的一组最优系数 a_k 和 b_k，从而完成设计。

8.1　s–z 变换设计法

s–z 变换设计方法包括冲激响应不变法、双线性变换法和匹配 z 变换法。

8.1.1　冲激响应不变法

冲激响应不变法是从滤波器的冲激响应出发，对具有传递函数 $H(s)$ 的模拟滤波器的单位冲激响应 $h(t)$，以周期 T 采样所得到的 $h(nT)$ 作为数字滤波器的冲激响应序列 $h(n)$。

考虑

$$h(t) = \sum_{n=0}^{\infty} h(nT)\delta(t - nT) \tag{8.1}$$

对式(8.1)进行拉普拉斯变换，得

$$H(s) = \sum_{n=0}^{\infty} h(nT)\mathrm{e}^{-nsT} \tag{8.2}$$

由于 $H(s)$ 是 e^{sT} 的函数，并令 $z = \mathrm{e}^{sT}$，于是得到

$$H(z) = \sum_{n=0}^{\infty} h(nT)z^{-n} \tag{8.3}$$

即

$$H(z) = \sum_{n=0}^{\infty} h(n)z^{-n}$$

这样就得到了从 s 域到 z 域的变换。实际上这是拉普拉斯变换到 z 变换的标准变换，故称作冲激响应不变变换。

式(8.3)是非递归的，但如果模拟滤波器的传递函数 $H(s)$ 是 s 的有理函数，即

$$H(s) = \frac{\sum_{k=0}^{M} c_k s^k}{\sum_{k=0}^{N} d_k s^k}, \quad M < N$$

则根据冲激响应不变变换原理，$H(z)$ 也是一个有理函数，这样就可以用递归形式来实现 IIR 滤波器。

如果传递函数 $H(s)$ 可用部分分式展开,于是有

$$H(s) = \sum_{k=1}^{N} \frac{A_k}{s - s_{pk}}$$

式中 A_k 是 $s = s_{pk}$ 的留数,即

$$A_k = \lim_{s \to s_{pk}} (s - s_{pk}) H(s)$$

此时,模拟滤波器的 $H(s)$ 的冲激响应函数是

$$h(t) = \begin{cases} \sum_{k=1}^{N} A_k e^{s_{pk} t}, & t \geqslant 0 \\ 0, & t < 0 \end{cases}$$

对上式 $h(t)$ 进行周期为 T 的离散采样得到 $h(nT)$,再对其进行 z 变换,由此可得到数字滤波器的系统函数

$$\begin{aligned} H(z) &= \sum_{n=0}^{\infty} h(nT) z^{-n} = \sum_{n=0}^{\infty} \left(\sum_{k=1}^{N} A_k e^{s_{pk} nT} \right) z^{-n} = \sum_{k=1}^{N} A_k \sum_{n=0}^{\infty} (e^{s_{pk} T} z^{-1})^n \\ &= \sum_{k=1}^{N} \frac{A_k}{1 - e^{s_{pk} T} z^{-1}} \end{aligned} \tag{8.4}$$

当 s 是复数时,留数 A 也是复数,即

$$s = \sigma + j\Omega, \quad A = u + jv$$

通过比较式(8.3)和式(8.4)可以看出,$H(z)$ 与 $H(s)$ 之间存在对应关系

$$\frac{1}{s - s_{pk}} \leftrightarrow \frac{1}{1 - e^{s_{pk} T} z^{-1}}$$

即 s 平面的极点 $s = s_{pk}$ 对应 z 平面的极点 $z = e^{s_{pk} T}$。下面进一步讨论它们的频率响应之间的关系。

由第 1 章的式(1.80)可推知,$h(n)$ 的 z 变换与 $h(t)$ 的拉普拉斯变换之间的关系为

$$H(z) \mid_{z = e^{sT}} = \frac{1}{T} \sum_{m=-\infty}^{\infty} H\left(s - j \frac{2\pi}{T} m\right) \tag{8.5}$$

按照 $z = e^{sT}$ 的关系,在 s 平面上宽度为 $2\pi/T$ 的条带映射到 z 平面时为整个 z 平面。如图 8.1 所示,每一个 s 平面条带的左半部分映射到 z 平面的单位圆内,右半部分映射到单位圆外,而 $j\Omega$ 轴映射到单位圆上。

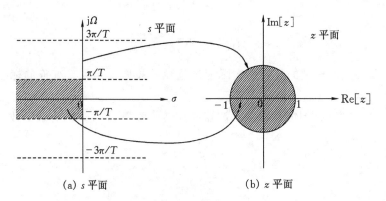

图 8.1　s-z 映射图($z = e^{sT}$)

由式(8.5)可知,数字滤波器与模拟滤波器频率响应之间关系为

$$H(e^{j\omega}) = \frac{1}{T}\sum_{m=-\infty}^{\infty}H\left(j\Omega - j\frac{2\pi}{T}m\right) \tag{8.6}$$

如果模拟滤波器是带限的,则

$$H(j\Omega) = 0, \quad |\Omega| \geqslant \frac{\pi}{T}$$

由式(8.6)得到

$$H(e^{j\omega}) = \frac{1}{T}H\left(j\frac{\omega}{T}\right) = \frac{1}{T}H(j\Omega), \quad |\omega| < \pi \tag{8.7}$$

也就是说,数字滤波器频率响应和模拟滤波器频率响应之间由一个频率轴的线性比例因子联系在一起,即$|\omega| < \pi$时,$\omega = \Omega T$。但是,任何一个实际模拟滤波器的频响都不会是严格限带,因而在式(8.6)中,后续项之间会出现"串扰",也就是频率混叠现象,这可由图 8.2 来说明。在 1.6 节中已经讨论过这一问题。

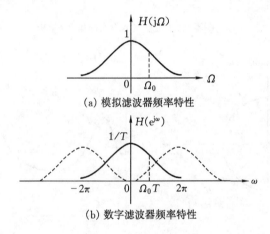

(a) 模拟滤波器频率特性

(b) 数字滤波器频率特性

图 8.2　冲激响应不变设计法产生的频率混叠现象

例 8.1　设一模拟滤波器的系统函数为

$$H(s) = \frac{s+a}{(s+a)^2 + b^2}$$

试利用冲激响应不变法设计数字滤波器的系统函数,已知时域采样周期为T。

解　将$H(s)$进行部分分式展开得

$$H(s) = \frac{1}{2}\frac{1}{s+a+jb} + \frac{1}{2}\frac{1}{s+a-jb}$$

由式(8.4)得

$$H(z) = \frac{\frac{1}{2}}{1 - e^{-aT}e^{-jbT}z^{-1}} + \frac{\frac{1}{2}}{1 - e^{-aT}e^{jbT}z^{-1}}$$

$$= \frac{z[z - e^{-aT}\cos(bT)]}{(z - e^{-aT}e^{-jbT})(z - e^{-aT}e^{jbT})}$$

由此可见,$H(s)$在s平面上有零点$-a$,极点$-a+jb$和$-a-jb$,其极-零点分布和幅度频谱特性如图 8.3(a)所示。$H(z)$在z平面上的零点为$z_{01}=0$,$z_{02}=e^{-aT}\cos(bT)$,极点为$z_{p1}=$

$e^{-aT}e^{-jbT}$ 和 $z_{p2}=e^{-aT}e^{jbT}$,其幅频特性如图 8.3(b)所示。由图 8.3 可以看出,由于 $|H(j\Omega)|$ 不严格限带,在这种情况下,模拟滤波器的频率响应随采样频率下降得很慢,因此在数字频率响应 $|H(e^{j\omega})|$ 上存在着混叠失真。

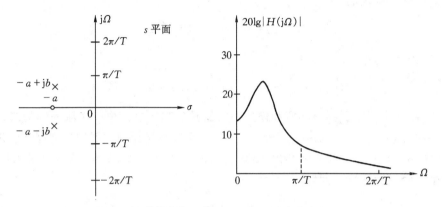

(a) 模拟滤波器的极-零点分布图和频率响应

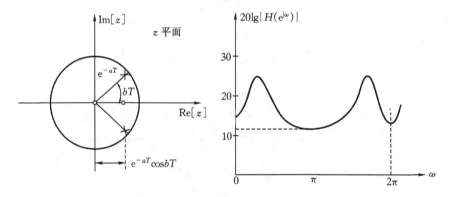

(b) 采样后得到的离散时间系统的极-零点图和频率响应

图 8.3　例 8.1 的二阶模拟滤波器与其离散时间系统之间频域特性的对应关系

下面将冲激响应不变法的特点归纳如下:

(1) 采用冲激响应不变法设计的数字滤波器有 N 个极点与原型模拟滤波器极点数相同;

(2) 模拟频率 Ω 与数字频率 ω 之间的转换关系是线性的,并保持了模拟滤波器的时域瞬态特性,这是冲激响应不变法的优点;

(3) 当模拟滤波器的频率响应不是严格带限时,则用冲激响应不变法设计出的数字滤波器在频域出现混叠现象,这是冲激响应不变法的缺点;

(4) 由于上述(3)而使得这种设计方法受到限制,即当 $H(j\Omega)$ 不严格带限或在时域 $h(t)$ 变化不平稳,而设计性能要求又较高时,则不宜采用这种方法。

另外,要注意的是,两个分别用冲激响应不变法设计的数字滤波器的级联并不对应其两个模拟滤波器级联的冲激响应不变,换句话说,冲激响应不变的滤波器必须作为一个整体来设计。

8.1.2　双线性变换法

从频率特性相等的条件可以导出 IIR 滤波器的双线性变换设计方法。为了克服冲激响应不变法产生的频率混叠现象,需要使 s 平面与 z 平面建立一一对应的单值关系,即求出 $s=f(z)$,然后将它代入 $H(s)$ 求得 $H(z)$,即

$$H(z) = H(s) \mid_{s=f(z)}$$

为了导出 $s=f(z)$ 的函数关系,考虑模拟滤波器的传递函数

$$H(s) = \frac{\sum\limits_{k=0}^{M} c_k s^k}{\sum\limits_{k=1}^{N} d_k s^k}, \quad M < N$$

将 $H(s)$ 展开为部分分式,有

$$H(s) = \sum_{k=1}^{N} \frac{A_k}{s - s_{pk}}$$

因为上式的右边各项具有相同形式,所以只需研究其中一项的转换,对将 $H(s)$ 转换为 $H(z)$ 具有普遍意义。

设

$$H(s) = \frac{A}{s - s_p} \tag{8.8}$$

式(8.8)意味着模拟滤波器的输入 $x(t)$ 和输出 $y(t)$ 有如下关系

$$y'(t) - s_p y(t) = Ax(t) \tag{8.9}$$

式中 $y'(t)$ 是 $y(t)$ 的一次导数。用 $\dfrac{y(n)-y(n-1)}{T}$ 代替 $y'(t)$,用 $\dfrac{1}{2}[y(n)+y(n-1)]$ 代替 $y(t)$,用 $\dfrac{1}{2}[x(n)+x(n-1)]$ 代替 $x(t)$,便可写出与式(8.9)相对应的差分方程

$$\frac{1}{T}[y(n) - y(n-1)] - \frac{s_p}{2}[y(n) + y(n-1)] = \frac{A}{2}[x(n) + x(n-1)]$$

两边取 z 变换,并进行整理,得

$$H(z) = \frac{Y(z)}{X(z)} = \frac{A}{\dfrac{2}{T} \dfrac{1-z^{-1}}{1+z^{-1}} - s_p} \tag{8.10}$$

将式(8.8)与式(8.10)比较可知,若 $H(s)$ 中的

$$s = \frac{2}{T} \frac{1-z^{-1}}{1+z^{-1}} \tag{8.11}$$

则

$$H(z) = H(s) \mid_{s=\frac{2}{T}\frac{1-z^{-1}}{1+z^{-1}}}$$

由式(8.11)可求得

$$z = \frac{\dfrac{2}{T} + s}{\dfrac{2}{T} - s} \tag{8.12}$$

式(8.11)和式(8.12)就是双线性变换的基本关系。

由式(8.11)可以得出 s 平面映射到 z 平面的关系,将 $s=\sigma+\mathrm{j}\Omega$ 代入式(8.12),且令 $z=r\mathrm{e}^{\mathrm{j}\theta}$,则得到

$$r = \left[\frac{\left(\dfrac{2}{T}+\sigma\right)^2 + \Omega^2}{\left(\dfrac{2}{T}-\sigma\right)^2 + \Omega^2} \right] \tag{8.13}$$

$$\theta = \arctan\left[\frac{\Omega}{\frac{2}{T} + \sigma}\right] - \arctan\left[\frac{\Omega}{\frac{2}{T} - \sigma}\right] \tag{8.14}$$

由上面两式可以知道,双线性变换把整个 s 平面的 $j\Omega$ 轴变换为 z 平面的单位圆,s 平面的左半平面变换到 z 平面单位圆内,右半平面变换到单位圆外,如图 8.4 所示。但在冲激响应不变变换中,是将每一个 s 平面条带区域的左半部分映射到 z 平面的单位圆内,条带区域的右半平面映射到单位圆上;而 $j\Omega$ 轴映射成 z 平面的单位圆,这与双线性变换一样。

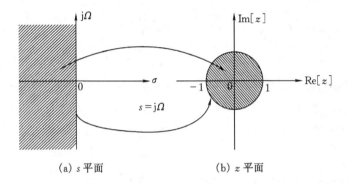

(a) s 平面　　　　　　　　(b) z 平面

图 8.4　利用双线性变换进行 $s\text{-}z$ 变换的单值映射

下面讨论双线性变换中模拟频率 Ω 与数字频率 ω 之间的关系。

令 $z = e^{j\omega}$,$s = j\Omega$ 分别代入式(8.11),得

$$j\Omega = \frac{2(1 - e^{-j\omega})}{T(1 + e^{-j\omega})} \tag{8.15}$$

从式(8.15)可以得到

$$\Omega = \frac{2}{jT} \frac{e^{j\omega/2} - e^{-j\omega/2}}{e^{j\omega/2} + e^{-j\omega/2}} = \frac{2}{T}\tan\left(\frac{\omega}{2}\right) \tag{8.16}$$

Ω 与 ω 之间的这种非线性关系如图 8.5 所示。这时虽然不存在冲激响应不变变换中固有的混叠误差,但是在模拟频率 Ω 与数字频率 ω 之间存在着严重的非线性。

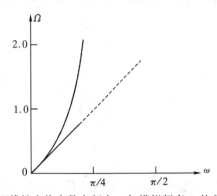

图 8.5　双线性变换中数字频率 ω 与模拟频率 Ω 的非线性关系

由图 8.5 可见,当 $|\Omega T| < \pi/8$ 时,ω 与 Ω 的关系几乎是线性的,但对于频率轴的其他部分,频率变换的非线性显得很严重,它使双线性变换设计法的应用受到了一定限制。为了克服非线性的影响,要求模拟滤波器的幅度响应必须是"分段恒定",如我们要设计一个理想低通滤

波器,在 s 平面具有截止频率 $\Omega_c = \left(\dfrac{2}{T}\right)\tan(\omega_c/2)$,利用双线性变换法,就可得到在 z 平面上的理想特性,如图 8.6 所示。

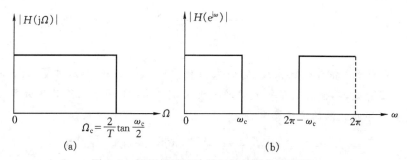

图 8.6　理想低通滤波器双线性变换示意图

　　如果不是这种情况,则由双线性变换所得到的数字频率响应将产生"畸变",特别是对于频率响应起伏较大的系统来说畸变更大。因此,双线性变换不能将模拟微分器数字化。但是大多数滤波器的幅频响应都有分段恒定常数的特性。例如低通、高通、带通和带阻等滤波器在通带内都被要求逼近一个衰减为零的常数特性,在阻带内被要求逼近一个衰减为∞的常数特性。这类滤波器虽然通过双线性变换,其频率发生了非线性变化,但结果仍然不失分段常数的特性,只有通带截止频率、过渡带的边缘频率,以及起伏的峰点频率和谷点频率等临界频率的位置发生变化,对于这样一类滤波器,可以采用预畸变的方法来补偿式(8.16)的频率畸变,即将模拟滤波器的临界频率事先加以畸变,然后通过双线性变换正好映射到所需要的频率特性的位置上。图 8.7 说明了这一校正过程。例如,若要设计的滤波器的通带和阻带临界频率分别是 ω_c 和 ω_r,利用式(8.16)求出对应模拟滤波器的临界频率 Ω_c 和 Ω_r,而模拟滤波器的设计就按此畸变了的临界频率设计,采用这种预畸变方法经双线性变换所得到的数字滤波器便具有所希望的频率特性。

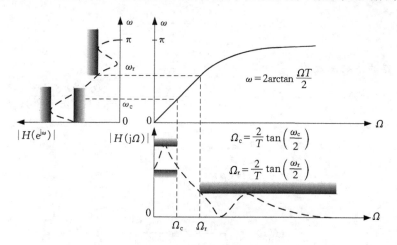

图 8.7　双线性变换非线性频率畸变的补偿方法

　　例 8.2　一个二阶模拟巴特沃斯低通滤波器(参见附录 B.1)的传递函数为

$$H(s) = \frac{1}{s^2 + \sqrt{2}s + 1}$$

设其截止频率为 $\Omega_c = 1$,试利用双线性变换法求出数字巴特沃斯低通滤波器的系统函数。

解

$$H(z) = H(s) \mid_{s=\frac{2}{T}\frac{1-z^{-1}}{1+z^{-1}}}$$
$$= \frac{T^2(z+1)^2}{4(z-1)^2 + 2\sqrt{2}T(z^2-1) + T^2(z+1)^2}$$

例 8.3　设一数字信号处理系统,它的采样频率为 $f_s = 2\,000$ Hz,希望在该系统中设计一个一阶低通数字滤波器,使其通带中允许的最大衰减为 3 dB,通带上限临界频率 $f_c = 400$ Hz。

解　先求数字滤波器的通带角频率 ω_c

$$\omega_c = \Omega_c T = \frac{2\pi f_c}{f_s} = \frac{2\pi}{2\,000}(400) = 0.4\pi(\text{rad/s})$$

$$T = \frac{1}{f_s} = \frac{1}{2\,000}$$

经过预畸变

$$\Omega_c = \frac{2}{T}\tan\frac{\omega_c}{2} \approx 2\,906\pi(\text{rad/s})$$

即模拟滤波器的衰减为 3 dB 处的通带上限临界频率为

$$f'_c = \frac{\Omega_c}{2\pi} \approx 462.5 \text{ Hz}$$

一阶巴特沃斯低通模拟滤波器归一化的传递函数为

$$H(p) = \frac{1}{p+1}$$

用 $\frac{s}{\Omega_c}$ 代替上式中的 p,则

$$H(s) = \frac{1}{\frac{s}{\Omega_c}+1} = \frac{2\,906}{s+2\,906}$$

所求数字滤波器的系统函数为

$$H(z) = H(s) \mid_{s=\frac{2}{T}\frac{1-z^{-1}}{1+z^{-1}}} = \frac{0.726\,5(1+z^{-1})}{1.726\,5 - 0.273\,5z^{-1}} = \frac{0.420\,8(1+z^{-1})}{1-0.158\,4z^{-1}} \qquad (8.17)$$

如果不经预畸变,则

$$\Omega_c = \omega_c / T = 2\pi f_c = 800\pi(\text{rad/s})$$

$$H(p) = \frac{1}{p+1}$$

而 $p = s/\Omega_c$,所以

$$H(s) = \frac{1}{\frac{s}{\Omega_c}+1} = \frac{2\,513}{s+2\,513}$$

于是得到

$$H(z) = H(s) \mid_{s=\frac{2}{T}\frac{1-z^{-1}}{1+z^{-1}}} = \frac{0.385\,8(1+z^{-1})}{1-0.228\,3z^{-1}} \qquad (8.18)$$

比较式(8.17)和式(8.18),可以看出预畸变与不预畸变所得的结果是不同的。同时,经过

预畸变可以保证所设计的数字滤波器的 3 dB 点通带频率为 400 Hz,而不经过预畸变的数字滤波器频率的 3 dB 点通带频率为

$$\omega_c = 2\arctan\frac{\Omega_c T}{2} = 0.357\pi(\text{rad/s})$$

所以

$$f_c = \frac{\omega_c}{T}\frac{1}{2\pi} = 357 \text{ Hz}$$

可见不经预畸变校正,所得数字滤波器的性能不符合给定的技术要求。

例 8.4　试用双线性变换设计一个切比雪夫 I 型滤波器,使其幅频特性逼近于一个具有如下技术指标的模拟低通切比雪夫滤波器:$f_c = 2 \text{ kHz}, f_r = 4 \text{ kHz}$,在 f_r 处幅值衰减小于 -15 dB,通常波动参数 $\varepsilon^2 = 0.2$,采样频率 f_s 为 20 kHz。

解　可以使用三阶切比雪夫模拟滤波器(参见附录 B.2)来达到上述技术指标,该模拟滤波器的传递函数 $H(s)$ 及其极点

$$H(s) = \frac{1}{\left(\dfrac{s}{s_{p1}}-1\right)\left(\dfrac{s}{s_{p2}}-1\right)\left(\dfrac{s}{s_{p3}}-1\right)}$$

$$s_{p1} = 4\pi \times 10^3(-0.268\,9 + \text{j}0.983\,4)$$

$$s_{p2} = -4\pi \times 10^3 \times 0.537\,9$$

$$s_{p3} = 4\pi \times 10^3(-0.268\,9 - \text{j}0.983\,4)$$

直接应用预畸变设计,由于 $\cot\left(\dfrac{\Omega_c T}{2}\right) = \cot(0.1\pi) = 3.077\,683\,5$,而 $\dfrac{2}{T} = \Omega_c \cot\left(\dfrac{\Omega_c T}{2}\right) = 4\pi \times 10^3 \times 3.077\,683\,5, s = \dfrac{2}{T}\dfrac{1-z^{-1}}{1+z^{-1}} = 4\pi \times 10^3 \times 3.077\,683\,5 \times \dfrac{1-z^{-1}}{1+z^{-1}}$,得到数字滤波器的系统函数

$$H(z) = -\frac{1}{\left(\dfrac{3.077\,683\,5}{-0.268\,6+\text{j}0.983\,4}\dfrac{1-z^{-1}}{1+z^{-1}}-1\right)}\frac{1}{\left(\dfrac{3.077\,683\,5}{-0.537\,9}\dfrac{1-z^{-1}}{1+z^{-1}}-1\right)}$$

$$\times \frac{1}{\left(\dfrac{3.077\,683\,5}{-0.268\,6-\text{j}0.983\,4}\dfrac{1-z^{-1}}{1+z^{-1}}-1\right)}$$

整理得

$$H(z) = \frac{1.271 \times 10^{-2} \times (1+z)^3}{[z-(0.693\,1+\text{j}0.497\,5)][z-0.702\,5][z-(0.693\,1-\text{j}0.497\,5)]}$$

可见,由上述设计得到的数字滤波器具有 3 个零点和 3 个极点,所有极点都位于 $|z|=1$ 的单位圆内,所以滤波器是稳定的。

下面将双线性变换的特点归纳如下:

(1) 由双线性变换法设计的数字滤波器的阶数与原型模拟滤波器相同;

(2) 模拟滤波器的传递函数 $H(s)$ 经双线性变换后,不存在幅度频率特性混叠失真现象,因而对 $H(\text{j}\Omega)$ 要求放宽,故适用范围广,设计过程简单,且容易实现;

(3) 模拟滤波器通过双线性变换后,出现相位频率特性失真,所以对滤波器的相位特性有较严格要求时,不宜采用。

8.1.3　匹配 z 变换

匹配 z 变换是直接将 s 平面的极点和零点分别映射成 z 平面的极点和零点,即

$$z = \mathrm{e}^{sT} \tag{8.19}$$

其中 T 是采样周期。

通常对模拟滤波器的传递函数 $H(s)$ 不能直接应用式(8.19),要先将 $H(s)$ 的分子分母进行因式分解,对一阶因式的映射关系是

$$s + a \rightarrow 1 - z^{-1}\mathrm{e}^{-aT} \tag{8.20}$$

对二阶因式的映射关系是

$$
\begin{aligned}
(s + a - \mathrm{j}b)(s + a + \mathrm{j}b) &= (s+a)^2 + b^2 \\
&\rightarrow [1 - \mathrm{e}^{-(a-\mathrm{j}b)T}z^{-1}][1 - \mathrm{e}^{-(a+\mathrm{j}b)T}z^{-1}] \\
&= 1 - 2z^{-1}\mathrm{e}^{-aT}\cos(bT) + z^{-2}\mathrm{e}^{-2aT}
\end{aligned} \tag{8.21}
$$

从上面两式可以看出,由匹配 z 变换得到的极点与冲激响应不变法所得到的极点是一致的,但零点却不相同。

由于匹配 z 变换与冲激响应变换在零点位置上的不同,所以即使 $H(s)$ 的频率响应不是严格带限时,也是有效的。但是,当 $H(s)$ 的根在高于混叠频率一半的频域存在时,即当 $H(s)$ 的零点处于 $|\omega| > \pi/T$ 平面时,由匹配 z 变换所得到的数字滤波器频率响应 $H(\mathrm{e}^{\mathrm{j}\omega})$ 也会出现混叠现象。另外,对于全极点的模拟滤波器,匹配 z 变换是不适用的,这是由于在这种情况下,数字滤波器的系统函数 $H(z)$ 也成了全极点型的,$H(s)$ 中无穷远点的影响在 $H(z)$ 中不能反映。为了解决这个问题,在 $H(z)$ 中加上 $(1-z^{-1})^r$ 来改善 $H(z)$ 的特性。在双线性变换中,已经存在 $(1+z^{-1})^{N-M}$ 因子,因此,在全极点模拟滤波器的场合下,双线性变换比匹配 z 变换能给出更好的结果。

8.2　频率变换设计法

直接应用冲激响应不变法和双线性变换法只能实现同类型模拟——数字滤波器的变换。这里介绍的频率变换法是先根据冲激响应不变法或双线性变换设计出一个归一化频率的原型低通数字滤波器,然后通过有理变换,得到低通、高通、带通和带阻滤波器。

用 $H_1(z)$ 表示原型低通数字滤波器的系统函数,$H_{\mathrm{d}}(p)$ 表示所希望的任何类型数字滤波器系统函数,如果能找到一种从 z 平面到 p 平面的映射变换关系,即

$$z^{-1} = f(p^{-1})$$

那么,可从已知的 $H_1(z)$ 变换到 $H_{\mathrm{d}}(p)$

$$H_{\mathrm{d}}(p) = H_1(z)\Big|_{z^{-1} = f(p^{-1})}$$

为使一个稳定因果的原型滤波器 $H_1(z)$ 变换为一个稳定因果和有理函数表示的所希望类型的滤波器 $H_{\mathrm{d}}(p)$,必须同时满足以下三个条件:

(1) 函数 $f(p^{-1})$ 必须是 p^{-1} 或 p 的有理函数;

(2) z 平面单位圆的内部必须映射为 p 平面单位圆的内部;

(3) z 平面的单位圆必须映射到 p 平面的单位圆。

令 θ 和 ω 分别是 z 平面和 p 平面上,也即单位圆 $z=\mathrm{e}^{\mathrm{j}\theta}$ 和 $p=\mathrm{e}^{\mathrm{j}\omega}$ 上的频率变量,则因为条件(3)成立,所以必有

$$z^{-1} = \mathrm{e}^{-\mathrm{j}\theta} = f(p^{-1}) = f(\mathrm{e}^{-\mathrm{j}\omega}) = |f(\mathrm{e}^{-\mathrm{j}\omega})| \, \mathrm{e}^{\mathrm{j}\arg[f(\mathrm{e}^{-\mathrm{j}\omega})]} \tag{8.22}$$

因此,这两个频率变量之间的关系是

$$\left.\begin{array}{c} |f(\mathrm{e}^{-\mathrm{j}\omega})| = 1 \\ \theta = -\arg[f(\mathrm{e}^{-\mathrm{j}\omega})] \end{array}\right\} \tag{8.23}$$

显然,$f(\mathrm{e}^{-\mathrm{j}\omega})$ 是一个全通函数。

可以证明,满足上述全部要求的函数 $f(p^{-1})$ 的一般形式为

$$f(p^{-1}) = \mathrm{e}^{\mathrm{j}\theta_0} \prod_{k=1}^{N} \frac{p^{-1} - a_k}{1 - a_k^* \, p^{-1}} \tag{8.24}$$

式中 a_k^* 为 a_k 的复共轭,N 为全通函数的阶。对于实滤波器,a_k 为实数或共轭成对出现,且 $\theta_0 = \pm\pi$,$\mathrm{e}^{\mathrm{j}\theta_0} = \pm 1$,于是式(8.24)可表示为

$$f(p^{-1}) = \pm \prod_{k=1}^{N} \frac{p^{-1} - a_k}{1 - a_k^* \, p^{-1}} \tag{8.25}$$

为使滤波器稳定,$|a_k|$ 必须小于 1。通过选择适当的 N 值和常数 a_k,可得到多种映射关系。可以证明,当 ω 由 $0 \to \pi$ 时,其相位函数 $\arg[f(\mathrm{e}^{-\mathrm{j}\omega})]$ 的变化量为 $N\pi$。最简单的一种映射是由原型低通滤波器到另一个低通滤波器的变换。

在这种情况下,$H_1(z)$ 和 $H_\mathrm{d}(p)$ 都是低通函数,只是截止频率不相同,当 θ 由 $0 \to \pi$ 时,ω 也由 $0 \to \pi$,根据全通函数性质可知 $N=1$,且必满足 $f(1)=1$ 和 $f(-1)=-1$,因此

$$z^{-1} = f(p^{-1}) = \frac{p^{-1} - a}{1 - a p^{-1}} \tag{8.26}$$

将 $z = \mathrm{e}^{\mathrm{j}\theta}$,$p = \mathrm{e}^{\mathrm{j}\omega}$ 代入式(8.26),有

$$\mathrm{e}^{-\mathrm{j}\theta} = \frac{\mathrm{e}^{-\mathrm{j}\omega} - a}{1 - a\mathrm{e}^{-\mathrm{j}\omega}} \tag{8.27}$$

由式(8.27)可解得

$$\omega = \arctan\left[\frac{(1-a^2)\sin\theta}{2a + (1+a^2)\cos\theta}\right] \tag{8.28}$$

这一变换关系表示如图 8.8 所示,该图表明在不同 a 值下 ω 与 θ 的关系。虽然式(8.28)存在明显的频率尺度畸变(除 $a=0$ 外),但如果原系统具有"分段恒定",且截止频率为 θ_c 的低通滤波器频率特性,其变换后的系统将具有类似的低通特性,其截止频率 ω_c 取决于 a 值。将 θ_c 和 ω_c 代入式(8.27),并利用三角函数的和差与积互化公式,就可以确定参数 a

$$a = \frac{\sin\left(\dfrac{\theta_\mathrm{c} - \omega_\mathrm{c}}{2}\right)}{\sin\left(\dfrac{\theta_\mathrm{c} + \omega_\mathrm{c}}{2}\right)} \tag{8.29}$$

如果已知 θ_c 和 ω_c,即可由式(8.29)求出 a;或者如果已知 a(应小于 1)和 θ_c,则可由式(8.28)求出 ω_c。

利用上述方法由一个现成的低通滤波器 $H_1(z)$

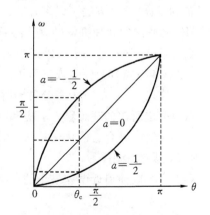

图 8.8　原型低通—低通变换特性

(它具有截止频率 θ_c)得到所需要的 $H_d(p)$(其截止频率为 ω_c),应当根据式(8.29)求得 a 值,并把此 a 值用于式

$$H_d(p) = H_1(z) \mid_{z^{-1} = \frac{p^{-1}-a}{1-ap^{-1}}} \tag{8.30}$$

用类似的方法还可导出由低通到高通、带通和带阻滤波器的变换关系式,其结果列于表 8.1 中。

表 8.1　原型低通数字滤波器到其他类型数字滤波器的频率变换关系

滤波器类型	变换函数公式	相应的设计公式
低通	$z^{-1} = \dfrac{p^{-1}-a}{1-ap^{-1}}$	$a = \dfrac{\sin\left(\dfrac{\theta_c - \omega_c}{2}\right)}{\sin\left(\dfrac{\theta_c + \omega_c}{2}\right)}$
高通	$z^{-1} = -\dfrac{p^{-1}+a}{1+ap^{-1}}$	$a = -\dfrac{\cos\left(\dfrac{\theta_c + \omega_c}{2}\right)}{\cos\left(\dfrac{\theta_c - \omega_c}{2}\right)}$
带通	$z^{-1} = -\dfrac{p^{-2} - \dfrac{2ak}{k+1}p^{-1} + \dfrac{k-1}{k+1}}{\dfrac{k-1}{k+1}p^{-2} - \dfrac{2ak}{k+1}p^{-1} + 1}$	$a = \dfrac{\cos\left(\dfrac{\omega_{c_2}+\omega_{c_1}}{2}\right)}{\cos\left(\dfrac{\omega_{c_2}-\omega_{c_1}}{2}\right)},\ k = \cot\left(\dfrac{\omega_{c_2}-\omega_{c_1}}{2}\right)\tan\dfrac{\theta_c}{2}$ 通带宽度 $\omega_{c_1} \leqslant \omega \leqslant \omega_{c_2}$
带阻	$z^{-1} = \dfrac{p^{-2} - \dfrac{2a}{1+k}p^{-1} + \dfrac{1-k}{1+k}}{\dfrac{1-k}{1+k}p^{-2} - \dfrac{2a}{k+1}p^{-1} + 1}$	$a = \dfrac{\cos\left(\dfrac{\omega_{c_2}+\omega_{c_1}}{2}\right)}{\cos\left(\dfrac{\omega_{c_2}-\omega_{c_1}}{2}\right)},\ k = \tan\left(\dfrac{\omega_{c_2}-\omega_{c_1}}{2}\right)\tan\dfrac{\theta_c}{2}$ 通带宽度 $\omega_{c_1} \leqslant \omega \leqslant \omega_{c_2}$

注:ω_c 为要求的截止频率;ω_{c_1},ω_{c_2} 为要求的上、下截止频率。

有关 IIR 滤波器的频率变换的推导可进一步参考文献[8]。

8.3　IIR 数字滤波器的计算机辅助设计

前面讨论的 IIR 滤波器的设计方法,是利用原型模拟滤波器来转换设计成相应的数字滤波器,或直接设计。如果指标要求更一般的频率特性(如多通带的频率特性),则只能求助于计算机辅助设计,这种方法可以多种算法实现。

IIR 滤波器的计算机辅助设计法通常有以下步骤:

(1) 假设 $H(z)$ 是一个有理函数,它可以表示为 z 或 z^{-1} 的多项式之比,或分子因式和分母因式(零点和极点)的乘积,或二阶因式的乘积;

(2) 确定 $H(z)$ 的分子和分母的阶次;

(3) 确定所需的理想频率响应和相应的逼近误差准则;

(4) 使用一种合适的优化算法,按照(3)的要求改变分子和分母的系数、零点和极点的位置,使逼近误差最小;

(5) 用可以使逼近误差最小的一组参数来确定所需滤波器的系统函数。

8.3.1　最小平方逆滤波设计法

现在来研究,当一个实际的离散系统的输入序列和输出序列都能被测量到时,要求确定这个实际系统的系统函数,如产生语音的声道参数的确定。

确定该系统的系统函数可以利用下述原理:即输入序列 $x(n)$ 经过一个系统函数为 $H(z)$ 的实际系统后得到输出序列为 $y(n)$,如果把 $y(n)$ 送入一个系统函数为 $1/G(z)$ 的滤波器,令 $G(z)$ 逼近于 $H(z)$,则该滤波器的输出 $v(n)$ 将逼近于 $x(n)$。所以只要求得 $1/G(z)$,则实际系统的 $H(z)$ 就可以确定了。这个过程可用图 8.9 表示。

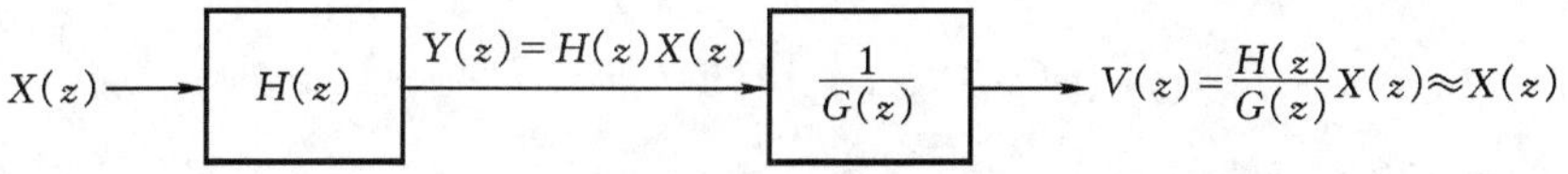

$$X(z) \longrightarrow \boxed{H(z)} \xrightarrow{Y(z)=H(z)X(z)} \boxed{\dfrac{1}{G(z)}} \longrightarrow V(z) = \frac{H(z)}{G(z)}X(z) \approx X(z)$$

图 8.9　最小平方逆滤波设计原理

若输入 $x(n)$ 为单位冲激序列 $\delta(n)$,则 $Y(z)=H(z)$,于是系统函数为 $1/G(z)$ 的滤波器的输出 $v(n)$ 亦将逼近于 $\delta(n)$。

令 $G(z)$ 的形式为

$$G(z) = \frac{a_0}{1 + \sum\limits_{k=1}^{N} b_k z^{-k}} \tag{8.31}$$

则

$$\frac{H(z)}{G(z)} = V(z) \tag{8.32}$$

将式(8.31)代入式(8.32),得

$$V(z) = \frac{1}{a_0} H(z) \left[1 + \sum_{k=1}^{N} b_k z^{-k} \right] \tag{8.33}$$

对式(8.33)进行 z 反变换,有

$$a_0 v(n) = h(n) + \sum_{k=1}^{N} b_k h(n-k) \tag{8.34}$$

当 $n=0$,有

$$a_0 v(0) = h(0)$$

因 $v(0)$ 逼近 $\delta(0)$,所以可令 $v(0)=\delta(0)=1$,故

$$h(0) = a_0$$

当 $n>0$,有 $v(n)$ 逼近于零。将式(8.34)等号两边作平方运算,并对 n 求和,然后令 $E = \sum\limits_{n=1}^{\infty} v^2(n)$,于是有

$$E = \sum_{n=1}^{\infty} v^2(n) = \frac{1}{a_0^2} \sum_{n=1}^{\infty} \left[h(n) + \sum_{k=1}^{N} b_k h(n-k) \right]^2 \tag{8.35}$$

如果 $v(n)$ 逼近于 $\delta(n)$ 序列,则除上述 $v(0)=\delta(0)=1$ 外,还应使 $b_k(k=1,2,\cdots,N)$ 满足 E 最小化,这就要求

$$\frac{\partial E}{\partial b_i} = 0, \quad i = 1, 2, \cdots, N$$

即

$$\frac{1}{a_0^2} \sum_{n=1}^{\infty} 2\left[h(n) + \sum_{k=1}^{N} b_k h(n-k)\right] h(n-i) = 0 \tag{8.36}$$

或

$$\sum_{k=1}^{N} b_k \sum_{n=1}^{\infty} h(n-k)h(n-i) = -\sum_{n=1}^{\infty} h(n)h(n-i) \tag{8.37}$$

定义

$$\varphi(i,k) = \sum_{n=1}^{\infty} h(n-k)h(n-i)$$

则

$$\varphi(i,0) = \sum_{n=1}^{\infty} h(n)h(n-i)$$

于是式(8.37)可写为

$$\sum_{k=1}^{N} b_k \varphi(i,k) = -\varphi(i,0) \tag{8.38}$$

所设计滤波器的特定参数 b_k 满足式(8.38)的线性方程组。将式(8.38)写成矩阵形式

$$\begin{bmatrix} \varphi(1,1) & \varphi(1,2) & \cdots & \varphi(1,N) \\ \varphi(2,1) & \varphi(2,2) & \cdots & \varphi(2,N) \\ \vdots & \vdots & & \vdots \\ \varphi(N,1) & \varphi(N,2) & \cdots & \varphi(N,N) \end{bmatrix} \begin{bmatrix} b_1 \\ b_2 \\ \vdots \\ b_N \end{bmatrix} = -\begin{bmatrix} \varphi(1,0) \\ \varphi(2,0) \\ \vdots \\ \varphi(N,0) \end{bmatrix} \tag{8.39}$$

可求出 $b_1, b_2, \cdots, b_N$。

由于 $G(z)$ 逼近于 $H(z)$,所以可认为

$$H(z) = \frac{a_0}{1 + \sum_{k=1}^{N} b_k z^{-k}} \tag{8.40}$$

由于在上述设计中,滤波器的系统函数 $1/G(z)$ 是所求系统函数 $H(z)$ 的倒数,所以称这种设计方法为逆滤波器设计方法。

8.3.2 频域最小均方误差设计法

这种 IIR 数字滤波器的设计方法,是根据频域的最小均方误差准则提出来的,它使所求的幅频特性 $|H(e^{j\omega})|$ 在一组离散频率 $\{\omega_i\}, i=1,2,\cdots,M$ 上逼近所希望的幅频特性 $|H_d(e^{j\omega})|$。

这种设计方法的思路是先对所求的幅频特性 $|H(e^{j\omega})|$ 设定一个固定的形式,其中包含待定系数,然后使幅值方差

$$\sum_{i=1}^{M} \left[|H_d(e^{j\omega_i})| - |H(e^{j\omega_i})|\right]^2$$

最小化,式中 $i=1,2,\cdots,M, \omega_i$ 为频率轴上第 i 点,如图 8.10 所示。

具体设计方法如下。

假设 IIR 滤波器的系统函数有如下形式:

$$H(z) = A \cdot \prod_{k=1}^{K} \frac{1 + a_k z^{-1} + b_k z^{-2}}{1 + c_k z^{-1} + d_k z^{-2}} = A \cdot G(z) \tag{8.41}$$

式(8.41)表示的滤波器是由 K 个二阶滤波器串联构成。选择这种级联形式,是由于它对系数

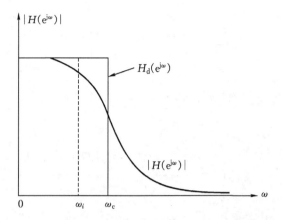

图 8.10　所设计的幅频特性 $|H(e^{j\omega})|$ 和所希望的幅频特性 $H_d(e^{j\omega})$

变化相对不敏感和最佳设计中计算导数方便。设已知 $\omega = \omega_i (i=1,2,\cdots,M)$ 时,所希望的幅频特性为 $H_d(e^{j\omega_i})$。此时 ω 可以是任意间隔分布。在这些频率点处的幅值方差为

$$E = \sum_{i=1}^{M} \left[\, |\, H_d(e^{j\omega_i})\, | - | \, H(e^{j\omega_i})\, |\, \right]^2 \tag{8.42}$$

若只考虑稳态特性,将 $z = e^{j\omega_i}$ 代入式(8.41),有

$$H(e^{j\omega_i}) = A \cdot \prod_{k=1}^{K} \frac{1 + a_k e^{-j\omega_i} + b_k e^{-2j\omega_i}}{1 + c_k e^{-j\omega_i} + d_k e^{-2j\omega_i}}$$

将上式代入式(8.42),得

$$E = \sum_{i=1}^{M} \left[\, |\, H_d(e^{j\omega_i})\, | - |\, A \cdot \prod_{k=1}^{K} \left|\, \frac{1 + a_k e^{-j\omega_i} + b_k e^{-2\omega_i}}{1 + c_k e^{-j\omega_i} + d_k e^{-j2\omega_i}}\, \right|\, \right]^2 \tag{8.43}$$

　　式(8.43)所表示的误差,可看作参数 $(a_1 b_1 c_1 d_1, a_2 b_2 c_2 d_2, \cdots, a_K b_K c_K d_K, A)$ 的函数。由于我们希望求出使误差 E 最小的这些参数值,因此,取 E 对每一参数的偏导数,并且令其导数等于零。这样对 $4K+1$ 个求知数得到 $4K+1$ 个方程

$$\begin{cases} \dfrac{\partial E}{\partial |A|} = 0 \\[2mm] \left. \begin{array}{l} \dfrac{\partial E}{\partial a_k} \\[2mm] \dfrac{\partial E}{\partial b_k} \\[2mm] \dfrac{\partial E}{\partial c_k} \\[2mm] \dfrac{\partial E}{\partial d_k} \end{array} \right\} = 0, \quad k = 1,2,\cdots,K \end{cases} \tag{8.44}$$

求解方程组(8.44),得出 $(4K+1)$ 个最佳系数,再代入式(8.41),得到所设计的 IIR 滤波器的系统函数 $H(z)$ 或频率特性 $H(e^{j\omega})$。

　　式(8.44)中第一个方程中参数 A 的求解最为简单,可独立推导如下。令

$$G(z)\, \Big|_{z=e^{j\omega}} = G(e^{j\omega}) = \prod_{k=1}^{K} \frac{1 + a_k e^{-j\omega} + b_k e^{-j2\omega}}{1 + c_k e^{-j\omega} + d_k e^{-j2\omega}}$$

则

$$E = \sum_{i=1}^{M} [\,|\,H_d(e^{j\omega_i})\,|-|\,A\,|\,|\,G(e^{j\omega_i})\,|\,]^2 \tag{8.45}$$

故有

$$\frac{\partial E}{\partial\,|\,A\,|} = \sum_{i=1}^{M} \{2[\,|\,H_d(e^{j\omega_i})\,|-|\,A\,|\,|\,G(e^{j\omega_i})\,|\,]\,|\,G(e^{j\omega_i})\,|\,\} = 0$$

求解上式,得

$$|\,A\,| = \frac{\displaystyle\sum_{i=1}^{M} |\,H_d(e^{j\omega_i})\,|\,|\,G(e^{j\omega_i})\,|}{\displaystyle\sum_{i=1}^{M} |\,G(e^{j\omega_i})\,|^2} \tag{8.46}$$

由式(8.44)的后四个方程,可得到 $4K$ 个联立方程组

$$\left.\begin{aligned}
\frac{\partial E}{\partial a_k} &= \sum_{i=1}^{M} \left\{2[\,|\,H_d(e^{j\omega_i})\,|-|\,A\,|\,|\,G(e^{j\omega_i})\,|\,]\,|\,A\,|\cdot\frac{\partial\,|\,G(e^{j\omega_i})\,|}{\partial a_k}\right\} = 0 \\
\frac{\partial E}{\partial b_k} &= \sum_{i=1}^{M} \left\{2[\,|\,H_d(e^{j\omega_i})\,|-|\,A\,|\,|\,G(e^{j\omega_i})\,|\,]\,|\,A\,|\cdot\frac{\partial\,|\,G(e^{j\omega_i})\,|}{\partial b_k}\right\} = 0 \\
\frac{\partial E}{\partial c_k} &= \sum_{i=1}^{M} \left\{2[\,|\,H_d(e^{j\omega_i})\,|-|\,A\,|\,|\,G(e^{j\omega_i})\,|\,]\,|\,A\,|\cdot\frac{\partial\,|\,G(e^{j\omega_i})\,|}{\partial c_k}\right\} = 0 \\
\frac{\partial E}{\partial d_k} &= \sum_{i=1}^{M} \left\{2[\,|\,H_d(e^{j\omega_i})\,|-|\,A\,|\,|\,G(e^{j\omega_i})\,|\,]\,|\,A\,|\cdot\frac{\partial\,|\,G(e^{j\omega_i})\,|}{\partial d_k}\right\} = 0
\end{aligned}\right\} \tag{8.47}$$

式中 $k = 1, 2, \cdots, K$。

由式(8.46)和式(8.47)解出 $|A|$ 及 $4K$ 个参数 a_k、b_k、c_k、d_k 的最佳值,再代入式(8.41)就完成了最佳设计。另外,还必须求出所设计滤波器的极点和零点,这是因为在上述设计过程中,没有对滤波器的极-零点位置加以约束,这有可能使所设计的滤波器不是稳定的或不是最小相位的。因此,当所设计的滤波器有单位圆外的极点和零点 (p_k, z_k) 时,应该用 $(1/p_k, z_k)$ 来代替。然后用这个新的滤波器作为新的 $H_d(e^{j\omega})$,再一次应用前述的用计算机求解的程序,才能得到最小相位的最优化的 IIR 数字滤波器。

例 8.5　设所希望的低通滤波器的频率特性是理想矩形,且 $\omega_c = 0.1\pi$。考虑到通带与过渡带逼近特性的重要性,在 $0 \leqslant \omega \leqslant 0.2\pi$ 区间,ω_i 值每隔 0.01π 取一个频率点,而在阻带 $0.2\pi \leqslant \omega \leqslant \pi$ 区间内每隔 0.1π 取一个频率点。此外,要得到较好的阻带衰减特性,在 $\omega_i = 0.1\pi$ 处,取 $|H_d(e^{j\omega_i})| = 0.5$,故有

$$|\,H_d(e^{j\omega_i})\,| = \begin{cases} 1, & \omega_i = 0, 0.01\pi, 0.02\pi, \cdots, 0.09\pi \\ 0.5, & \omega_i = 0.1\pi \\ 0, & \omega_i = 0.11\pi, 0.12\pi, \cdots, 0.19\pi \\ 0, & \omega_i = 0.2\pi, 0.3\pi, \cdots, \pi \end{cases}$$

可见,$i = 1, 2, \cdots, 29$,即频率采样点为均匀分布的 29 个点。如果取 $K = 1$,即只用一个二阶滤波器来逼近上述特性,则有

$$|\,H_d(e^{j\omega})\,| = A\frac{1 + ae^{-j\omega} + be^{-j2\omega}}{1 + ce^{-j\omega} + de^{-j2\omega}} = AG(e^{j\omega})$$

将 $|H_d e^{j\omega_i}|$ 和 $|G(e^{j\omega_i})|$ 代入式(8.46)和式(8.47),用计算机求解这个有 5 个未知数的联

立方程组,得到 A、a、b、c、d 的最佳
值,代入式(8.41),得出滤波器的幅
频特性 $|H(e^{j\omega})|$,如图8.11实线所
示。如果取 $K=2$,即用两个二阶节
滤波器的串联来逼近 $|H(e^{j\omega})|$ 的特
性,则要列出求解有 9 个未知数的联
立方程组,得出 A、a_1、b_1、c_1、d_1、a_2、
b_2、c_2、d_2 值,最后得到如图 8.11 中
虚线所示的频率特性。

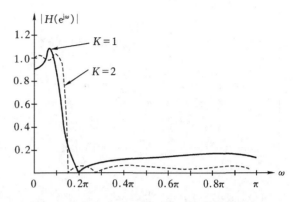

图 8.11　用最小方差设计法设计 IIR 滤波器实例

8.3.3　时域设计法

前面所论述的滤波器设计思想都建立在满足频域 $H(e^{j\omega})$ 的要求的基础上,但是在实际工程应用中,有时所关心的问题是时域上的波形,而不是频域中的 $H(e^{j\omega})$。例如,在已知输入序列 $x(n)$ 的情况下,要设计一个系统,使其输出序列 $x(n)$ 具有所希望的形状。实际上,如果在时域上设计的系统冲激响应 $h(n)$ 能最佳地逼近期望的冲激响应 $h(n)$。那么根据过去的知识可知,该系统在频域中的性能也必定是最佳的。

IIR 数字滤波器的时域设计分为两个步骤,即先求出时域中的单位冲激响应 $h(n)$,然后再根据 $h(n)$ 设计 IIR 系统函数 $H(z)$。下面讨论有关时域设计的基本概念。

1. 冲激响应 $h(n)$

在一类实际工程问题中,输入序列为 $x(n)$,$n=0,1,2,\cdots,M$;输出序列为 $y(n)$,$n=0,1,2,\cdots,N$。需要求出确定滤波器的单位冲激响应 $h(n)$。也就是说,设计 $h(n)$ 使 $x(n)*h(n)$ 逼近已知的 $y(n)$。如果采用最小均方误差准则,则有

$$E=\sum_{n=0}^{N}[x(n)*h(n)-y(n)]^2 = 最小 \tag{8.48}$$

式(8.48)中的最小均方误差 E 也可写成

$$E=\sum_{n=0}^{N}\Big[\sum_{m=0}^{N}h(m)x(n-m)-y(n)\Big]^2 \tag{8.49}$$

现在的问题是求出能使均方误差 E 最小的 $h(m)$。为此,可对每一个 $h(m)$ 求偏导数并使其等于零。即

$$\frac{\partial E}{\partial h(i)}=\sum_{n=0}^{N}2\Big[\sum_{m=0}^{N}h(m)x(n-m)-y(n)\Big]x(n-i)=0 \tag{8.50}$$

或

$$\sum_{n=0}^{N}\sum_{m=0}^{N}h(m)x(n-m)x(n-i)=\sum_{n=0}^{N}y(n)x(n-i),\ i=0,1,\cdots,N \tag{8.51}$$

将上式展开,得到

$$h(0)\sum_{n=0}^{N}x(n)x(n-i)+h(1)\sum_{n=0}^{N}x(n-1)x(n-i)+\cdots+h(N)\sum_{n=0}^{N}x(n-N)x(n-i)$$

$$=\sum_{n=0}^{N}y(n)x(n-i),\ i=0,1,2,\cdots,N \tag{8.52}$$

把式(8.52)写成矩阵形式

$$
\begin{bmatrix}
\sum\limits_{n=0}^{N} x^2(n) & \sum\limits_{n=0}^{N} x(n-1)x(n) & \cdots & \sum\limits_{n=0}^{N} x(n-N)x(n) \\
\sum\limits_{n=0}^{N} x(n)x(n-1) & \sum\limits_{n=0}^{N} x^2(n-1) & \cdots & \sum\limits_{n=0}^{N} x(n-N)x(n-1) \\
\vdots & \vdots & & \vdots \\
\sum\limits_{n=0}^{N} x(n)x(n-N) & \sum\limits_{n=0}^{N} x(n-1)x(n-N) & \cdots & \sum\limits_{n=0}^{N} x^2(n-N)
\end{bmatrix}
\begin{bmatrix}
h(0) \\
h(1) \\
\vdots \\
h(N)
\end{bmatrix}
$$

$$
=
\begin{bmatrix}
\sum\limits_{n=0}^{N} y(n)x(n) \\
\sum\limits_{n=0}^{N} y(n)x(n-1) \\
\vdots \\
\sum\limits_{n=0}^{N} y(n)x(n-N)
\end{bmatrix}
\tag{8.53}
$$

由式(8.53)可以求得滤波器的单位冲激响应序列 $h(n)$。

2. 在已求得系统冲激响应 $h(n)$ 的情况下,设计系统函数 $H(z)$

一个 IIR 系统函数 $H(z)$ 的一般形式为(参见式(6.72))

$$
H(z) = \frac{\sum\limits_{k=0}^{M} a_k z^{-k}}{1 + \sum\limits_{k=1}^{N} b_k z^{-k}}
\tag{8.54}
$$

现在的任务是,已知有限个 $h(n)$,需要求出式(8.54)中的参数 a_k 和 b_k 使该系统逼近已知 $h(n)$。为此,必须满足

$$
\frac{\sum\limits_{k=0}^{M} a_k z^{-k}}{1 + \sum\limits_{k=1}^{N} b_k z^{-k}} = \sum\limits_{n=0}^{N} h(n)z^{-n}
\tag{8.55}
$$

或满足

$$
\sum\limits_{k=0}^{M} a_k z^{-k} = \sum\limits_{n=0}^{N} h(n)z^{-n} + \sum\limits_{n=0}^{N} h(n)z^{-n} \cdot \sum\limits_{k=1}^{N} b_k z^{-k}
\tag{8.56}
$$

式(8.56)成立的条件是等式两端相同 z^{-m} 前的系数必须相等。因此上式中

$$
a_m = h(m) + \sum\limits_{j=1}^{m} b_j h(m-j) \quad 0 \leqslant m \leqslant M
\tag{8.57a}
$$

以及

$$
h(m) = -\sum\limits_{j=1}^{m} b_j h(m-j) \quad (M+1) \leqslant m \leqslant N
\tag{8.57b}
$$

由式(8.57a)可求得构成式(8.54)$H(z)$中的所有 M 个 a_m 值。由式(8.57b)可求得构成式(8.54)$H(z)$中的 $N-M$ 个 b_k 值。由上述分析可以看出,当输入序列 $x(n)$ 的长度为 M 输出

序列 $y(n)$ 长度为 N 时,相应的系统函数为

$$H(z) = \frac{\displaystyle\sum_{k=1}^{M} a_k z^{-k}}{1 + \displaystyle\sum_{k=1}^{N-M} b_k z^{-k}} \tag{8.58}$$

其中参数 a_k 由式(8.57a),参数 b_k 由式(8.57b),参数 $h(n)$ 由式(8.53)分别求得。

3. 系统函数 $H(z)$ 的矩阵逼近技术

当选择式(8.54)中递归分母多项式的阶次等于非递归分子多项式阶次 M 时,可得

$$H(z) = \frac{\displaystyle\sum_{k=0}^{M} a_k z^{-k}}{1 + \displaystyle\sum_{k=0}^{M} b_k z^{-k}} \tag{8.59}$$

这样可将逼近已知 $h(n)$ 的前 $2M$ 个取样点,并可将式(8-56)中的相同 z^{-m} 的系数方程写成矩阵形式,即有

$$\begin{bmatrix} a_0 \\ a_1 \\ a_2 \\ \vdots \\ a_M \\ 0 \\ 0 \\ \vdots \\ 0 \end{bmatrix} = \begin{bmatrix} h(0) & 0 & 0 & \cdots & \cdots & 0 & 0 \\ h(1) & h(0) & 0 & & & 0 & 0 \\ h(2) & h(1) & h(0) & 0 & & 0 & 0 \\ \vdots & & \vdots & & & & \vdots \\ h(M) & h(M-1) & \cdots & \cdots & \cdots & h(1) & h(0) \\ \hline h(M+1) & h(M) & \cdots & \cdots & \cdots & \cdots & h(1) \\ \vdots & & \vdots & & & & \vdots \\ h(2M) & h(2M-1) & \cdots & \cdots & \cdots & \cdots & h(M) \end{bmatrix} \begin{bmatrix} 1 \\ b_1 \\ b_2 \\ \vdots \\ b_M \end{bmatrix} \tag{8.60}$$

在计算系统参数时,式(8.60)的矩阵可分成两部分,即

$$\begin{bmatrix} a_0 \\ a_1 \\ a_2 \\ \vdots \\ a_M \end{bmatrix} = \begin{bmatrix} h(0) & 0 & \cdots & \cdots & \cdots & 0 \\ h(1) & h(0) & 0 & & & \vdots \\ h(2) & h(1) & h(0) & 0 & & \vdots \\ \vdots & & \vdots & & 0 & \\ h(M) & h(M-1) & \cdots & \cdots & h(1) & h(0) \end{bmatrix} \begin{bmatrix} 1 \\ b_1 \\ b_2 \\ \vdots \\ b_M \end{bmatrix} \tag{8.61}$$

和

$$\begin{bmatrix} 0 \\ 0 \\ \vdots \\ 0 \end{bmatrix} = \begin{bmatrix} h(M+1) & h(M) & \cdots & h(1) \\ \vdots & & & \vdots \\ h(2M) & h(2M-1) & & h(M) \end{bmatrix} \begin{bmatrix} 1 \\ b_1 \\ b_2 \\ \vdots \\ b_M \end{bmatrix} \tag{8.62}$$

这样就可以先由式(8.62)的矩阵求出 M 个递归参数 b_k,然后再由矩阵式(8.61)求出 M 个非递归参数 a_k。从而完成式(8.59)形式的 IIR 滤波器设计。

8.4　IIR 数字滤波器的实现结构

前面第 6 章的讨论已经给出了 IIR 数字滤波器的差分方程(式(6.9))和系统函数的一般形式(式(6.72)),现重写如下

$$\sum_{k=0}^{N} b_k y(n-k) = \sum_{k=0}^{M} a_k x(n-k) \tag{8.63}$$

$$H(z) = \frac{\displaystyle\sum_{k=0}^{M} a_k z^{-k}}{1 + \displaystyle\sum_{k=1}^{N} b_k z^{-k}} \tag{8.64}$$

其中 a_k 和 b_k 是滤波器系数,如果 $b_k \neq 0$,N 就是这个 IIR 滤波器的阶数。

IIR 滤波器有三种实现结构:直接型、级联型和并联型。

8.4.1　直接型

这种型式是根据式(8.63)给出的差分方程直接实现,即将滤波器分为移动平均和递归两部分,或等效为分子与分母部分。这两部分串联的顺序改变又产生直接Ⅰ型和直接Ⅱ型。

1. 直接Ⅰ型

将式(8.64)看作两个系统函数的串联,即

$$H(z) = H_1(z) H_2(z) \tag{8.65}$$

其结构如图 8.12(a)所示。式(8.65)中

$$H_1(z) = \sum_{k=0}^{M} a_k z^{-k} \tag{8.66}$$

它确定了滤波器的零点,其差分方程是

$$y_1(n) = \sum_{k=0}^{M} a_k x(n-k) \tag{8.67}$$

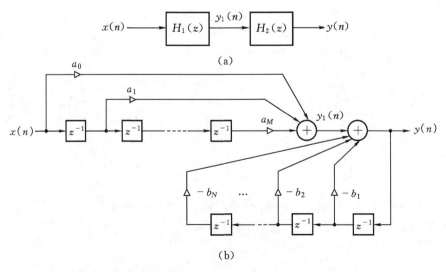

图 8.12　递归型 IIR 滤波器的直接Ⅰ型结构(含有 $N+M$ 延迟单元)

第二部分的系统函数是

$$H_2(z) = \frac{1}{1 + \sum\limits_{k=1}^{N} b_k z^{-k}} \tag{8.68}$$

它实现了滤波器的极点。这样就得到滤波器的输出为

$$y(n) = -\sum_{k=1}^{N} b_k y(n-k) + y_1(n) \tag{8.69}$$

式(8.69)描述的滤波器由移动平均 $y_1(n)$ 和反馈项 $-\sum\limits_{k=1}^{N} b_k y(n-k)$ 两部分组成,这种结构称做递归型 IIR 滤波器的直接 I 型结构,如图 8.12(b)所示,图中的延迟单元总数是($N+M$)。

2. 直接 II 型

由于系统是线性的,显然级联顺序的改变不会影响总的输出结果,即

$$H(z) = H_2(z) H_1(z) \tag{8.70}$$

其结构如图 8.13(a)所示,即信号先经过反馈网络 $H_2(z)$,由图 8.13(b)得到,其输出为中间变量

$$y_2(n) = -\sum_{k=1}^{N} b_k y_2(n-k) + x(n) \tag{8.71}$$

$$H_2(z) = \frac{Y_2(z)}{X(z)} = \frac{1}{1 + \sum\limits_{k=1}^{N} b_k z^{-k}} \tag{8.72}$$

即式(8.72)与式(8.68)相同,再将 $y_2(n)$ 经直馈网络 $H_1(z)$,就得到系统的最后输出 $y(n)$ 为

$$y(n) = \sum_{k=1}^{M} a_k y_2(n-k) \tag{8.73}$$

$$H_1(z) = \frac{Y(z)}{Y_2(z)} = \sum_{k=0}^{M} a_k z^{-k} \tag{8.74}$$

整个系统函数为

$$H(z) = H_2(z) H_1(z) = \frac{Y_2(z)}{X(z)} \cdot \frac{Y(z)}{Y_2(z)} = \frac{Y(z)}{X(z)} \tag{8.75}$$

由式(8.75)不难看出,改变直接 I 型的级联顺序,当前后两个网络的延时单元数是相同或 $N \geqslant M$,可将它们合并得到图 8.13(b)所示的结构,亦称为直接 II 型。这种结构所需延时单元

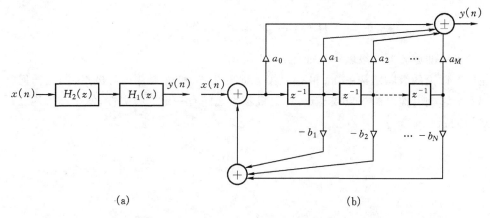

(a)　　　　　　　　　　　　　　(b)

图 8.13　递归型 IIR 滤波器的直接 II 型结构(含有 N 个延迟单元,且 $M \leqslant N$)

最少,但是,当 $H(z)$ 的极点相互靠近或接近单位圆时,它对滤波器系数极为敏感,因此,在多数场合都避免采用这种结构。在 8.5.1 节将讨论这类滤波器的稳定性对系数敏感的问题。

8.4.2　级联型

由第 3 章的式(3.44)可知,一个 N 阶的系统函数可用分子和分母多项式因式分解形式表示,即用它的极-零点表示,为简化推导,假设 $M=N$,于是得到

$$H(z) = \frac{\sum_{k=0}^{M} a_k z^{-i}}{1 + \sum_{k=1}^{N} b_k z^{-k}} = A \frac{\prod_{k=1}^{M}(1 - c_k z^{-1})}{\prod_{k=1}^{M}(1 - d_k z^{-1})} \tag{8.76}$$

由于系数 a_k 和 b_k 都为实数,因此,零点 c_k 和极点 d_k 只有两种可能:或是实根,或是共轭复根,于是有

$$H(z) = A \frac{\prod_{k=1}^{N_1}(1 - f_{1k} z^{-1}) \prod_{k=1}^{N_2}(1 - g_k z^{-1})(1 - g_k^* z^{-1})}{\prod_{k=1}^{N_1}(1 - c_{1k} z^{-1}) \prod_{k=1}^{N_2}(1 - q_k z^{-1})(1 - q_k^* z^{-1})} \tag{8.77}$$

式中的一阶因子表示实零点在 f_{1k} 和实极点在 c_{1k},而二阶因子表示复数共轭零点在 g_k 和 g_k^*,复数共轭极点在 q_k 和 q_k^*。式(8.77)给出了由一阶和二阶系统级联组成的结构,这种结构在子系统组成的选择上和子系统级联的先后次序上有较大的灵活性。式(8.77)中每一对共轭因子可合并,成为一实系数的二阶因子的乘积,即式(8.77)可改写为

$$H(z) = A \prod_{k=1}^{N_1} \frac{1 - f_{1k} z^{-1}}{1 - c_{1k} z^{-1}} \prod_{k=1}^{N_2} \frac{1 + \alpha_{1k} z^{-1} + \alpha_{2k} z^{-2}}{1 + \beta_{1k} z^{-1} + \beta_{2k} z^{-2}} \tag{8.78}$$

通常,在设计中要求最小存储单元和计算的级联实现。对许多实现形式都有利的标准结构是将式(8.78)中的一对实因子和一对复数共轭对都配成二阶因子,也就是将式(8.78)中的单实根看成是共轭复根组成的二阶因子的一个特例,即二次项系数 α_{2k} 和 β_{2k} 都为零。于是,式(8.78)可以表示为

$$H(z) = A \prod_{i=1}^{k} H_i(z) \tag{8.79}$$

式中

$$H_i(z) = \frac{1 + \alpha_{1i} z^{-1} + \alpha_{2i} z^{-2}}{1 + \beta_{1i} z^{-1} + \beta_{2i} z^{-2}} \tag{8.80}$$

式(8.80)表示的滤波器的级联形式如图 8.14 所示。

在以上讨论的级联结构中,α_{1i} 和 α_{2i} 是第 i 对零点,β_{1i} 和 β_{2i} 是第 i 对极点,调整任何一对极零点都不会影响其他对的极点或零点,各对极零点之间有一定的独立性,便于准确地实现或改变 $H(z)$ 的特性。

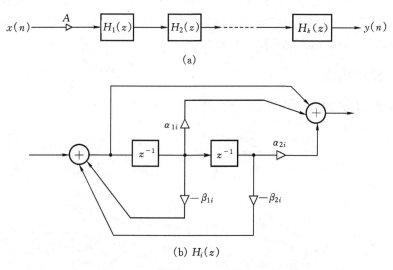

(a)

(b) $H_i(z)$

图 8.14　递归型 IIR 滤波器的级联结构

8.4.3　并联型

通常已知式(8.64)系统函数的极点,也可将系统函数表示为一阶和二阶系统的并联组合($M \leqslant N$),即

$$H(z) = A_0 + \sum_{k=1}^{N_1} \frac{A_k}{1 + p_k z^{-1}} + \sum_{k=1}^{N_2} \frac{\alpha_{0k} + \alpha_{1k} z^{-1}}{1 + \beta_{1k} z^{-1} + \beta_{2k} z^{-2}} \tag{8.81}$$

式中,A_0、A_k、p_k、β_{1k}、β_{2k}都是实系数。式(8.81)可以用 N_1 个一阶网络和 N_2 个二阶网络,以及常数 A 并联来构成滤波器,其结构如图 8.15 所示。IIR 滤波器的并联结构中的每个二阶网络都能用直接 II 型来实现。

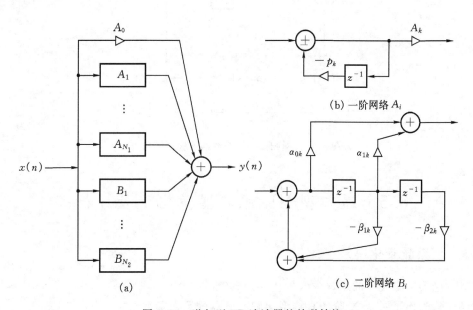

(a)

(b) 一阶网络 A_i

(c) 二阶网络 B_i

图 8.15　递归型 IIR 滤波器的并联结构

对于并联型结构,可以独立地调整极点位置,但不能控制零点。对于运算误差,并联结构中的各个二阶因子互不影响,而前面讨论的级联型中,各个二阶因子的运算误差相互影响。因此,并联型结构比级联型结构的运算误差要小一些。

8.4.4　梯型结构

将系统函数 $H(z)$ 式(8.64)写成如下的连分式

$$H(z) = \frac{\displaystyle\sum_{k=0}^{M} a_k z^{-k}}{\displaystyle\sum_{k=0}^{N} b_k z^{-k}} = c_0 + \cfrac{1}{d_1 z + \cfrac{1}{c_1 + \cfrac{1}{\ddots \cfrac{1}{d_N z + \cfrac{1}{c_N}}}}} \tag{8.82}$$

$$(b_0 = 1, N = M)$$

就可按图 8.16 所示的梯形结构来实现。

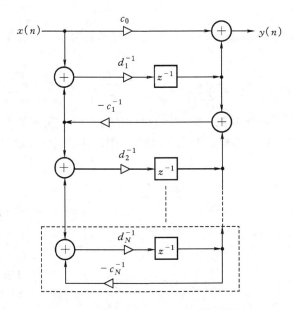

图 8.16　递归型 IIR 滤波器的梯形结构

8.5　递归型 IIR 滤波器量化误差分析

8.5.1　系数量化误差

本节讨论 IIR 滤波器的系数舍入量化误差的统计分析。

式(8.64)给出了一个 N 阶的直接型递归滤波器的系数函数

$$H(z) = \frac{A(z)}{B(z)} = \frac{\sum\limits_{k=0}^{M} a_k z^{-k}}{1 + \sum\limits_{k=1}^{N} b_k z^{-k}}, \quad M < N$$

对系数 a_k 和 b_k 量化后,系统函数为

$$H_q(z) = \frac{A_q(z)}{B_q(z)} = \frac{\sum\limits_{k=0}^{M} a_{qk} z^{-k}}{1 + \sum\limits_{k=1}^{N} b_{qk} z^{-k}} \tag{8.83}$$

量化后的系数可看作由真值和量化误差组成,即

$$a_{qk} = a_k + \alpha_k, \quad b_{qk} = b_k + \beta_k$$

式中的 α_k 和 β_k 是系数量化误差,假设它们是统计独立的随机变量,并且每个量化舍入误差在 $(-q/2, q/2)$ 区间内均匀分布,误差的均值为零,方差为 $q^2/12$。

量化后的系统函数可展开为

$$H_q(z) = \frac{\sum\limits_{k=0}^{M} a_k z^{-k}}{1 + \sum\limits_{k=0}^{N} b_k z^{-k}} = \frac{\sum\limits_{k=0}^{M} (a_k + \alpha_k) z^{-k}}{1 + \sum\limits_{k=1}^{N} (b_k + \beta_k) z^{-k}}$$

$$= \frac{\sum\limits_{k=0}^{M} a_k z^{-k} + \alpha_k z^{-k}}{1 + \sum\limits_{k=0}^{N} b_k z^{-k} + \sum\limits_{k=1}^{N} \beta_k z^{-k}} = \frac{A(z) + \alpha(z)}{B(z) + \beta(z)} \tag{8.84}$$

其中 $\alpha(z) = \sum\limits_{k=1}^{M} \alpha_k z^{-k}$,$\beta(z) = \sum\limits_{k=1}^{N} \beta_k z^{-k}$。

这样,实际滤波器的系统函数 $H_q(z)$ 与理想精度 $H(z)$ 的偏差则为

$$H_e(z) = H_q(z) - H(z) = \frac{A(z) + \alpha(z)}{B(z) + \beta(z)} - \frac{A(z)}{B(z)} = \frac{\alpha(z) - \beta(z)H(z)}{B(z) + \beta(z)} \tag{8.85}$$

而实际系统 $H_q(z)$ 可以看成是理想系统 $H(z)$ 与偏差系统 $H_e(z)$ 的并联,如图 8.17 所示。

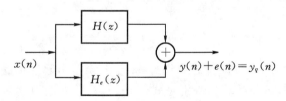

图 8.17　系数量化的滤波器等效模型

为了分析系数量化引起的频率特性偏差大小,可以采用频率响应的均方差 σ^2 作为系数量化的一种量度,即

$$\sigma^2 = \mathrm{E}\left[\frac{1}{2\pi}\int_{-\pi}^{\pi} |H_q(\mathrm{e}^{\mathrm{j}\omega}) - H(\mathrm{e}^{\mathrm{j}\omega})|^2 \mathrm{d}\omega\right] = \mathrm{E}\left[\frac{1}{2\pi\mathrm{j}}\oint_c H_e(z) H_e(z^{-1}) \frac{\mathrm{d}z}{z}\right] \tag{8.86}$$

对式(8.85)作一阶近似

$$H_e(z) = \frac{\alpha(z) - \beta(z) H(z)}{B(z) + \beta(z)} \approx \frac{\alpha(z) - \beta(z) H(z)}{B(z)} \tag{8.87}$$

由于 α_k 和 β_k 是统计独立的,则有 $E[\alpha_k \beta_j] = 0, E[\alpha_k \alpha_j] = E[\beta_k \beta_j] = 0 (k \ne j)$。将式(8.87)代入式(8.86),得到

$$\sigma^2 = E\left\{ \frac{1}{2\pi j} \oint_c \left[\frac{\alpha(z) - \beta(z) H(z)}{B(z)} \right] \left[\frac{\alpha(z^{-1}) - \beta(z^{-1}) H(z^{-1})}{B(z^{-1})} \right] \frac{\mathrm{d}z}{z} \right\} \tag{8.88}$$

$$= \left(\sum_{i=0}^{M} E[\beta_i^2] \right) \frac{1}{2\pi j} \oint_c \frac{1}{B(z) B(z^{-1})} \frac{\mathrm{d}z}{z} + \left(\sum_{i=0}^{N} E[\beta_i^2] \right) \frac{1}{2\pi j} \oint_c \frac{A(z) A(z^{-1})}{[B(z)]^2 [B(z^{-1})]^2} \frac{\mathrm{d}z}{z}$$

式中 $A(z) = \sum_{k=0}^{M} \alpha_k z^{-1}$。对于舍入量化,$\alpha_k$ 和 β_k 满足 $|\alpha_k| \leqslant q/2, |\beta_k| \leqslant q/2$,则有

$$\sum_{k=0}^{M} E[\alpha_k^2] = m \cdot \frac{q^2}{12}, \quad \sum_{k=0}^{N} E[\beta_k^2] = n \cdot \frac{q^2}{12} \tag{8.89}$$

式中 m 和 n 分别是系统函数的分子和分母多项式中系数为非零非 1 数目。因此,有

$$\sigma^2 = \frac{q^2}{12} \left\{ \frac{m}{2\pi j} \oint_c \frac{1}{B(z) B(z^{-1})} \frac{\mathrm{d}z}{z} + \frac{n}{2\pi j} \oint_c \frac{A(z) A(z^{-1})}{[B(z)]^2 [B(z^{-1})]^2} \frac{\mathrm{d}z}{z} \right\} \tag{8.90}$$

对于并联式和串联式递归结构,也可导出类似直接型递归结构的误差表示。

应当指出的是,上述分析的前提是假定系数量化误差为随机变量,实际上,在运算过程中,系数误差是确定量,因而当滤波器的阶数较少时,上述假定有可能偏离实际情况较大,在使用等效模型时要注意这点。此外,当滤波器的极点接近单位圆时,系统量化误差有可能引起不稳定。因此,上述的误差分析只有当滤波器保持稳定的情况下才成立。

为了进一步理解系数量化对滤波器频率响应的影响,这里讨论一个简单的例子。

设有一个二阶差分方程为

$$y(n) = b_1 y(n-1) - b_2 y(n-2) + x(n)$$

其系统函数为

$$H(z) = \frac{z^2}{z^2 - b_1 z + b_2}$$

在 $b_1^2/4 - b_2 < 0$ 时,上式的两个根 $z_{1,2} = r e^{\pm j\omega_r T}$,而

$$r^2 = b_2 \quad 或 \quad r = \sqrt{b_2} \tag{8.91}$$

$$2r\cos\omega_r T = b_1 \quad 或 \quad \theta = \omega_r T = \cos^{-1} \frac{b_1}{2\sqrt{b_2}} \tag{8.92}$$

由式(8.91)和式(8.92)可以看到,固定系数 b_1 和 b_2 的误差引起数字滤波器一个明显的极点位置误差,且该误差比较容易计算。特别是式(8.92),系数误差引起 $\omega_r T$ 的误差。如果采样间隔 T 减半,在求 b_1 和 b_2 的误差不变的情况下,确定谐振频率的误差将增加一倍。当实现一个给定的滤波器时,应用较高的采样率则要求较高的计算精度,这一点应特别注意,但并不一定用较高的采样频率会使数字滤波器更接近某些相应的模拟滤波器。例如通过冲激响应不变法,根据一个模拟滤波器设计相应的数字滤波器,当减少 T 时,如果忽略量化效应,这个数字滤波器可以较好地近似模拟滤波器。但是,如果考虑了系数误差,可能产生相反的情况,当 T 低于某一定值时,数字滤波器与模拟滤波器的差别反而增大。下面讨论上例中系数的量化误差对谐振点(极点)的影响。

如果假定误差很小,可导出由 b_1 和 b_2 量化引起的极点位置误差为

$$\left.\begin{array}{l} \Delta r = \dfrac{\partial r}{\partial b_2}\Delta b_2 + \dfrac{\partial r}{\partial b_1}\Delta b_1 \\[3mm] \Delta \theta = \dfrac{\partial \theta}{\partial b_2}\Delta b_2 + \dfrac{\partial \theta}{\partial b_1}\Delta b_1 \end{array}\right\} \tag{8.93}$$

利用式(8.91)和式(8.92)代入式(8.93),得到

$$\left.\begin{array}{l} \Delta r = \dfrac{1}{2r}\Delta b_2 \\[3mm] \Delta \theta = \dfrac{\Delta b_2}{2r\tan\theta} - \dfrac{\Delta b_1}{2r\sin\theta} \end{array}\right\} \tag{8.94}$$

因为在采样周期 T 保持不变的条件下,由式(8.92)得

$$\Delta \theta = \Delta \omega_r T \tag{8.95}$$

式(8.95)表明,误差灵敏的程度正比于采样率。而且,当 $\theta = \omega_r T$ 越小时,系数误差 Δb_1 和 Δb_2 引起 $\Delta \theta$ 的变化越大,这就是说对于窄带低通滤波器,系数量化误差引起的影响特别灵敏。

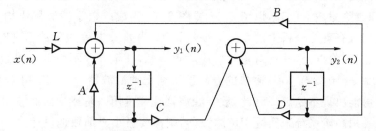

图 8.18　对系数量化误差不敏感的二阶递归滤波器结构

要使二阶数字滤波器的系数量化误差对其性能影响的灵敏度降低,理论上可采用如图 8.18 所示的实现结构。这种结构的差分方程为

$$\left.\begin{array}{l} y_1(n) = Ay_1(n-1) + By_2(n-1) + Lx(n) \\ y_2(n) = Cy_1(n-1) + Dy_2(n-1) \end{array}\right\} \tag{8.96}$$

式(8.96)的 z 变换为

$$\left.\begin{array}{l} Y_1(z) = Az^{-1}Y_1(z) + Bz^{-1}Y_2(z) + LX(z) \\ Y_2(z) = Cz^{-1}Y_1(z) + Dz^{-1}Y_2(z) \end{array}\right\}$$

解上述联立方程式,得

$$\left.\begin{array}{l} Y_1(z) = \dfrac{LX(z)(1-Dz^{-1})}{1-(A+D)z^{-1}+(AD-BC)z^{-2}} \\[3mm] Y_2(z) = \dfrac{LCz^{-1}X(z)}{1-(A+D)z^{-1}+(AD-BC)z^{-2}} \end{array}\right\} \tag{8.97}$$

由式(8.97)可以看出,$y_1(n)$ 与 $y_2(n)$ 是 $x(n)$ 通过一个如前面讨论的同类型二阶滤波器的输出。

令

$$\left.\begin{array}{l} A = D = r\cos(\omega_r T), \quad 则\ b_1 = A+D = 2r\cos(\omega_r T) \\ B = -C = r\sin(\omega_r T), \quad 则\ b_2 = AD-BC = r^2 \end{array}\right\} \tag{8.98}$$

由式(8.98)可得

$$r^2 = A^2 + B^2 \left.\begin{matrix} \\ \\ \end{matrix}\right\}$$
$$\tan(\omega_r T) = \frac{B}{A}$$

(8.99)

对式(8.99)两边求全微分,得

$$\Delta r = \frac{\partial A}{\partial r}\Delta A + \frac{\partial B}{\partial r}\Delta B = \Delta A\cos(\omega_r T) + \Delta B\sin(\omega_r T)$$ (8.100)

$$\Delta(\omega_r T) = \frac{1}{\sec^2(\omega_r T)}\left[-\frac{B}{A^2}\Delta A + \frac{\Delta B}{A}\right] = -\Delta A\,\frac{\sin(\omega_r T)}{r} + \Delta B\,\frac{\cos(\omega_r T)}{r}$$ (8.101)

从式(8.90)和式(8.91)可以看出,采用图 8.18 所示的结构,其系数量化误差 ΔA、ΔB 在 $\omega_r T$ 很小或很大时,其影响的灵敏度要比式(8.94)小得多。

这种结构实现方法对误差的灵敏度低,但计算量要稍大些,例如乘法就要 4 次($L=1$)或 5 次($L\neq1$),而不是 2 次或 3 次。

这两种结构形式的系数量化对极、零点位置影响的灵敏度随着差分方程的阶数增大而增大。除了一阶和二阶滤波器以外,以图 8.17 或图 8.18 构成的数字滤波器结构几乎任何时候都不会采用,它们只有理论分析上的意义。一般认为,当差分方程的阶数不高时,系数量化效应不显著,但在三、四阶以上,系统对量化效应就很敏感,甚至导致不稳定。例如用直接型结构实现一个在 $\omega_c T = \pi/10$ 处有 3 dB 衰减的五阶巴沃斯低通滤波器,在字长 18 位的计算装置上进行计算,它有可能出现不稳定。因此,数字滤波器往往是用一阶或二阶滤波器的简单串联或并联实现,如果要用高阶系统来实现 IIR 滤波器,则需要极小心细致地设计。

8.5.2 定点运算量化误差

下面以图 8.19(a)所示的一阶递归数字滤波器为例,讨论递归型 IIR 滤波器的定点运算量化误差。图 8.19(b)是一阶递归数字滤波器的运算舍入误差统计模型。当输入序列足够复杂且变化较快时,可做如下假设:

(1) 误差序列 $e(n)$ 是平稳的白噪声序列,且均值为零;

(2) $e(n)$ 在量化间隔内均匀分布;

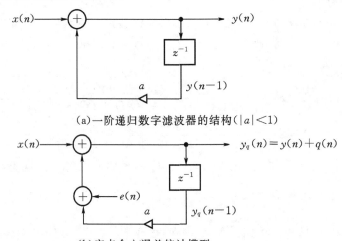

(a)一阶递归数字滤波器的结构($|a|<1$)

(b)定点舍入误差统计模型

图 8.19　一阶递归滤波器的定点运算量化误差模型

(3) $e(n)$ 与输入 $x(n)$ 和 $ay(n-1)$ 不相关。

设运算位数为 $b+1$ 位,若采用舍入法,则有

$$-\frac{q}{2} < e(n) \leqslant \frac{q}{2}$$

假设 $e(n)$ 在 $(-q/2, q/2)$ 范围内均匀分布,则均值为零,方差为

$$\sigma_e^2 = \frac{q^2}{12}$$

设 $h_e(n)$ 是 $e(n)$ 馈入点到输出端的系统单位冲激响应,因假定 $e(n)$ 为白噪声,$h_e(n)$ 为实序列,故有

$$\sigma_q^2 = \sigma_e^2 \sum_{n=-\infty}^{\infty} h_e^2(n) \tag{8.102}$$

由图 8.19(b) 可知,在这种情况下,从误差源输入到输出端的单位冲激响应与输入信号序列的系统单位冲激响应是相同的,而且对本例一阶系统来说,有

$$h_e(n) = a^n u(n)$$

于是

$$\sigma_q^2 = \sigma_e^2 \frac{1}{1-a^2} = \frac{q^2}{12} \cdot \frac{1}{1-a^2} \tag{8.103}$$

下面讨论具有一对共轭极点 $z = re^{\pm j\theta}$ 的二阶滤波器的舍入误差,描述该滤波器(见图 8.20(a))的差分方程是

$$y(n) = x(n) - 2r\cos\theta \, y(n-1) + r^2 y(n-2) \tag{8.104}$$

由于式(8.104)中有两次乘法,所以引入了两个误差噪声源。如图 8.20(b) 所示,滤波器的输出 $y_q(n)$ 可表示成理想系统输出 $y(n)$ 与由 $e_1(n)$ 和 $e_2(n)$ 引起的两个误差输出分量 $q_1(n)$ 和 $q_2(n)$ 之和。

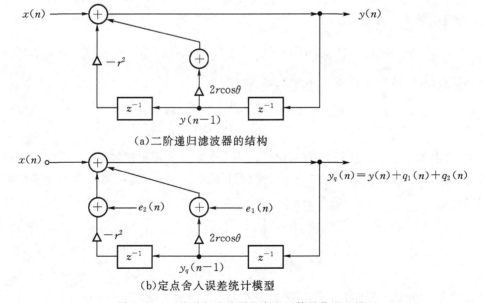

(a)二阶递归滤波器的结构

(b)定点舍入误差统计模型

图 8.20　二阶递归滤波器的定点运算量化误差模型

假设 $e_1(n)$ 和 $e_2(n)$ 是零均值的平稳白噪声序列,其幅度在 $\pm q/2$ 范围内均匀分布,并且与输入序列不相关,它们之间也不相关,故有

$$\sigma_q^2 = \sigma_{q1}^2 + \sigma_{q2}^2 = \sigma_{e_1}^2 \sum_{n=-\infty}^{\infty} h_{e_1}^2(n) + \sigma_{e_2}^2(n) \sum_{n=-\infty}^{\infty} h_{e_2}^2(n)$$

式中 $h_{e_1}(n)$ 和 $h_{e_2}(n)$ 分别表示两个误差噪声源从馈入点到输出端的单位冲激响应。由于

$$h_{e_1}(n) = h_{e_2}(n) = \frac{1}{\sin\theta} r^n \sin[(n+1)\theta] u(n)$$

又因为

$$\sum_{n=-\infty}^{\infty} h_{e_1}^2(n) = \sum_{n=-\infty}^{\infty} h_{e_2}^2(n) = \frac{1+r^2}{1-r^2} \cdot \frac{1}{r^4 - 2r^2 \cos(2\theta) + 1}$$

并已知

$$\sigma_{e_1}^2 = \sigma_{e_2}^2 = \frac{2^{-2b}}{12} = \frac{q^2}{12}$$

故得均方误差估值为

$$\begin{aligned}
\sigma_q^2 &= \frac{2}{12} \cdot 2^{-2b} \cdot \frac{1+r^2}{1-r^2} \cdot \frac{1}{r^4 - 2r^2 \cos(2\theta) + 1} \\
&= \frac{1}{6} \cdot q^2 \cdot \frac{1+r^2}{1-r^2} \cdot \frac{1}{r^4 - 2r^2 \cos(2\theta) + 1}
\end{aligned} \tag{8.105}$$

对于高阶递归滤波器的舍入误差,也可用类似的方法进行分析。

以下讨论定点递归滤波器的动态范围,即加法中的溢出现象。

令 $x(n)$ 表示输入序列,$y_k(n)$ 表示第 k 个节点上的输出数据,$h_k(n)$ 表示输入端到该接点的单位冲激响应,则有

$$y_k(n) = \sum_{i=-\infty}^{\infty} h_k(i) x(n-i)$$

设 $|x|_{\max}$ 为最大输入绝对值,故有

$$|y_k(n)| \leqslant |x|_{\max} \sum_{i=-\infty}^{\infty} |h_k(i)|$$

为保证不出现溢出,即 $|y_k(n)| \leqslant 1$,其最大输入应满足

$$|x|_{\max} < \max_k \left\{ \frac{1}{\displaystyle\sum_{i=-\infty}^{\infty} |h_k(i)|} \right\}, 对所有 k \tag{8.106}$$

式(8.106)提供了一个输入最大值上限,保证在第 k 个节点上不出现溢出。对图 8.19(a)所示的一阶递归滤波器,应选择幅度为 $(1-|a|)$ 来保证不溢出。这时滤波器的输入与输出信号的方差分别是

$$\sigma_x^2 = \frac{1}{3}(1-|a|)^2$$

$$\sigma_y^2 = \frac{(1-|a|)^2}{3(1-|a|^2)}$$

当运算位数为 $b+1$ 位,采用舍入法时,输出舍入误差的方差为

$$\sigma_q^2 = \frac{1}{12} \cdot \frac{q^2}{1-|a|^2}$$

因此,在输入信号幅度满足式(8.106)的条件下,输出舍入误差方差与输出信号方差之比是

$$\sigma_q^2/\sigma_y^2 = \frac{1}{4}q^2 \frac{1}{(1-|a|)^2} \tag{8.107}$$

当 $|a| \to 1$ 时,极点趋近于单位圆,这相当于频率响应锐化截止的滤波器,考虑此时的方差比的变化情况是重要的。

式(8.107)表示,如输入信号是均匀分布的宽带白噪声,当 $|a| \to 1$ 时,方差比 σ_q^2/σ_y^2 增大,滤波器频率响应将变尖锐,使更多的信号能量处于滤波器的频带之外。如果要保持 σ_q^2/σ_y^2 不变,当 $|a|$ 增大时,则应增大字长 b。

当输入信号是广义平稳零均值白噪声序列时,对于二阶和高阶滤波器也可导出类似的结果[33]。

8.5.3　浮点运算量化误差

由于定点运算实现的数字滤波器,其运算的动态范围很有限,需要仔细确定输入信号及中间各级信号电平的比例因子。使用浮点运算,就不需要确定比例因子。但浮点运算无论是乘法还是加法都要引入噪声。设 $Q[x(n)]$ 表示以浮点信号尾数进行舍入的结果,则有

$$Q[x(n)] = x(n)[1+\varepsilon(n)] = x(n)+x(n)\varepsilon(n) \tag{8.108}$$

设尾数字长为 $(b+1)$ 位时,则相对误差满足 $-q<\varepsilon(n)\leqslant q$。

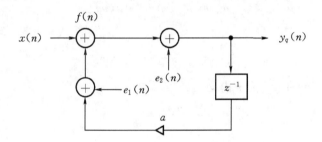

图 8.21　一阶递归 IIR 滤波器的浮点舍入模型

在浮点运算的数字滤波器中,可以用误差项 $e(n)=x(n)\varepsilon(n)$ 来表示量化误差。下面依然是以简单的一阶递归滤波器(见图 8.19(a))为例,分析浮点运算的舍入量化误差。一阶递归 IIR 滤波器的浮点运算舍入量化误差的统计模型如图 8.21 所示。假设输入 $x(n)$ 为一均值为零的广义随机过程信号,此时,滤波器的输入和输出可用平均量系描述。于是,该滤波器对乘法和加法进行舍入而引入的两个加性噪声源 $e_1(n)$ 和 $e_2(n)$ 可表示成为

$$e_1(n) = \varepsilon_1(n)ay_q(n-1)$$
$$e_2(n) = \varepsilon_2(n)f(n)$$

当不存在运算舍入时,有 $y_q(n-1)=y(n-1)$,$f(n)=y(n)$,因此,当误差很小时,则 $e_1(n)$ 和 $e_2(n)$ 可近似表示成

$$e_1(n) \approx \varepsilon_1(n)ay(n-1) \tag{8.109}$$
$$e_2(n) \approx \varepsilon_2(n)y(n) \tag{8.10}$$

从式(8.109)和式(8.110)可看出,当误差是一个小量时,近似的结果是使加性误差可通过理想的无舍入滤波器的信号来表示,而不取决于实际滤波器内的舍入量化信号。

假定 $\varepsilon_1(n)$ 和 $\varepsilon_2(n)$ 是零均值的平稳白噪声序列,其幅度在 $\pm q$ 范围内均匀分布,并且与系统输入及系统内任意节点变量不相关,它们互相之间也不相关。因此 $e_1(n)$ 和 $e_2(n)$ 也是白噪声,其方差分别为

$$\sigma_{e_1}^2 = a^2 \sigma_{\varepsilon_1}^2 E[y^2(n-1)] \tag{8.111}$$

$$\sigma_{e_2}^2 = \sigma_{\varepsilon_2}^2 E[y^2(n)] = \sigma_{\varepsilon_2}^2 \sigma_y^2 \tag{8.112}$$

因假设 $x(n)$ 的均值为零,故 $y(n)$ 的均值也为零,因而式(8.111)可写成

$$\sigma_{e_1}^2 = a^2 \sigma_{\varepsilon_1}^2 \sigma_y^2 \tag{8.113}$$

令 $h_{e_1}(n)$ 和 $h_{e_2}(n)$ 表示误差源到输出端的单位冲激响应,$q_1(n)$ 和 $q_2(n)$ 分别表示由 $e_1(n)$ 和 $e_2(n)$ 引起的输出误差分量。因 $\varepsilon_1(n)$ 和 $\varepsilon_2(n)$ 不相关,故 $e_1(n)$ 和 $e_2(n)$ 不相关,因而 $q_1(n)$ 和 $q_2(n)$ 也不相关,所以输出误差方差可表示为

$$\sigma_q^2 = \sigma_{q_1}^2 + \sigma_{q_2}^2 \tag{8.114}$$

其中

$$\sigma_{q_1}^2 = \sigma_{e_1}^2 \sum_{n=-\infty}^{\infty} h_{e_1}^2(n)$$

$$\sigma_{q_2}^2 = \sigma_{e_2}^2 \sum_{n=-\infty}^{\infty} h_{e_2}^2(n)$$

对于图 8.21 所表示的一阶递归 IIR 滤波器,有

$$h_{e_1} = h_{e_2}(n) = a^n u(n) \tag{8.115}$$

因而可得

$$\sigma_q^2 = \sigma_y^2 \frac{1}{1-a^2}(a^2 \sigma_{\varepsilon_1}^2 + \sigma_{\varepsilon_2}^2) \tag{8.116}$$

又因假定 $\varepsilon_1(n)$ 和 $\varepsilon_2(n)$ 在 $\pm q$ 范围内均匀分布,故有

$$\sigma_{\varepsilon_1}^2 = \sigma_{\varepsilon_2}^2 = \frac{1}{3}q^{-2} \tag{8.117}$$

把上式代入式(8.116),得

$$\sigma_q^2 = \frac{1}{3}q^2 \sigma_y^2 \frac{1+a^2}{1-a^2} \tag{8.118}$$

最后可得输出端的噪声与信号的方差比为

$$\frac{\sigma_q^2}{\sigma_y^2} = \frac{1}{3}q^2 \frac{1+a^2}{1-a^2} \tag{8.119}$$

当 $a \to 1$ 时,则式(8.119)可近似表示为

$$\frac{\sigma_q^2}{\sigma_y^2} \approx \frac{1}{3}q^2 \frac{1}{1-a} \tag{8.120}$$

比较式(8.120)和式(8.107)不难看出,递归 IIR 滤波器在定点量化和浮点量化两种运算方式下,当输入为白噪声时,在相同尾数字长下,浮点系统的方差比比定点系统的方差比小得多,或者说运算精度比定点系统高。浮点系统的这个优点是以其复杂性代价换取来的。更高阶递归数字滤波器的浮点运算量化分析是十分复杂的,这里就不再讨论了。

8.5.4　极限循环振荡

由于递归滤波器存在非线性舍入和溢出以及反馈环节,有可能出现自激持续振荡,也就是

说，即使输入为零，也会产生周期等幅振荡，这种现象称做极限循环振荡。现以图 8.22 所示的一阶递归滤波器来加以说明。

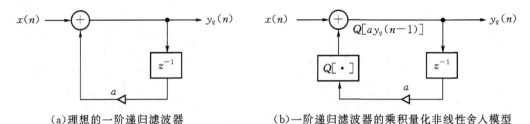

（a）理想的一阶递归滤波器　　　　　　　　　（b）一阶递归滤波器的乘积量化非线性舍入模型

图 8.22　一阶递归滤波器乘积量化非线性分析模型

理想的一阶递归滤波器可用下述一阶差分方程描述

$$y(n) = ay(n-1) + x(n), \quad |a| < 1 \tag{8.121}$$

当采用有限运算字长时，乘积 $ay(n-1)$ 必须量化，所以实际滤波器的输出为

$$y_q(n) = Q[ay_q(n-1)] + x(n) \tag{8.122}$$

其中系数 $a=0.5$，并假设 a，$y(n-1)$ 和 $x(n)$ 均用 $b+1=4$ 位二进制数表示，a 经量化为 0.100。设输入序列 $x(0)=7/8=0.111$，$x(1)=x(2)=\cdots=0$。根据式（8.121）和式（8.122）可得理想滤波器和实际滤波器输出序列，其结果列于表 8.2。这些结果表明，当 n 大于一定数值后，理想滤波器输出 $y(n)$ 趋于零。图 8.23 给出了 $y_q(n)$ 序列的值。当 $n \geqslant 3$ 时，实际滤波器的输出 $y_q(n)$ 保持在 $1/8$，即使输入为零，输出仍是一个零输入的自激振荡，如图 8.23（a）所示。图 8.23（b）给出反馈系数 $a=-1/2$ 时，一阶递归滤波器出现的极限循环振荡结果，这是一个周期稳定振荡。图 8.23 给出的两种振荡结果，其振幅都在 $(-1/8, 1/8)$ 的范围内，有时把这个范围称为"死区"。下面讨论一阶递归滤波器"死区"的一般定义。

表 8.2　一阶递归滤波器的极限循环振荡数据输出

n	$x(n)$	$y(n)$	$y_q(n)$	编码
0	7/8	7/8	7/8	(0.111)
1	0	7/16	1/2	(0.100)
2	0	7/32	1/4	(0.010)
3	0	7/64	1/8	(0.001)
4	0	7/128	1/8	(0.001)
5	0	7/256	1/8	(0.001)

根据舍入的定义，对一阶滤波器有下列不等式

$$| Q[ay_q(n-1)] - ay_q(n-1) | \leqslant q/2 \tag{8.123}$$

此外，对于极限循环内的 n 值有

$$| Q[ay_q(n-1)] | = y_q(n-1) \tag{8.124}$$

式（8.124）表明，此时的系数有效值 $a_{\text{eff}}=1$，它相当于滤波器的极点在单位圆上。满足这个条件的数值范围是

$$| y_q(n-1) | - | ay_q(n-1) | \leqslant q/2$$

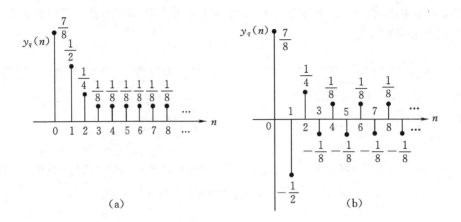

图 8.23　一阶递归数字滤波器的极限循环振荡

整理上式,当 $|a|<1$ 时,解出 $|y_q(n-1)|$,得

$$| y_q(n-1) | \leqslant \frac{q/2}{1-| a |} \tag{8.125}$$

式(8.125)定义了一阶递归滤波器的死区。由于舍入,死区内的数值被量化,量化间距是 $q=2^{-b}$。$|a|=\dfrac{1}{2}$ 时,式(8.125)给出了死区的准确值。当滤波器进入极限循环状态后,将一直保持某种振荡模式,只有在重新加入一个输入信号后才能使输出跳出死区。

对于高阶系统的极限循环问题,也可采用类似的方法或者用统计模型来分析。

习　题

8.1　根据图 8.24 所示数字滤波器的结构图,推导出相应的系统函数。

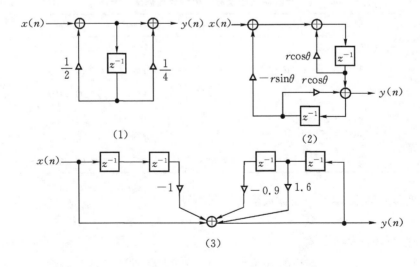

图 8.24　习题 8.1

8.2　根据下列数字滤波器的系统函数绘出其相应的滤波器结构图。

(1) $H_1(z) = \dfrac{1 - z^{-1}}{1 - kz^{-1}}$ 　　　　(2) $H_2(z) = \dfrac{(1 - z^{-1})^2}{1 - (k_1 + k_2)z^{-1} + k_2 z^{-2}}$

(3) $H_3(z) = \dfrac{-3 + z^{-1} - 0.5z^{-2}}{1 + z^{-1} + 2z^{-2} + z^{-3}}$ 　　(4) $H_4(z) = \dfrac{-z + 1}{3z^2 - 2z - 1}$

(5) $H_5(z) = \dfrac{3z^3 - 3.5z^2 + 2z}{(z^2 - z + 1)(z - 0.5)}$ 　(6) $H_6(z) = \dfrac{5 - 2z^{-3} - 3z^{-6}}{1 - z^{-1}}$

8.3　某因果线性时不变系统的系统函数为

$$H(z) = \frac{(1 + 2z^{-1} + z^{-2})}{\left(1 + \dfrac{7}{8}z^{-1} + \dfrac{5}{16}z^{-2}\right)} \frac{(1 + 2z^{-1} + z^{-2})}{\left(1 + \dfrac{3}{4}z^{-1} + \dfrac{7}{8}z^{-2}\right)}$$

(1) 给出分别用直接 II 型和级联型实现该系统的两种数字滤波器结构框图；

(2) 该系统稳定吗？试说明之。

8.4　设一连续时间系统的传递函数为

$$H(s) = \frac{s + 0.5}{(s + 0.5)^2 + 4}$$

根据这个传递函数利用冲激响应不变法设计一个离散系统，使 $h(n) = h(nT) = h(t)\big|_{t=nT}$。

8.5　采用双线性变换法设计一个数字低通滤波器，其通带幅度特性在 $\omega = 0.261\,3\pi$ 以上的频率上是 0.75 dB 范围内的常数，在 $\omega = 0.401\,8\pi$ 与 π 之间其阻带频率上至少衰减为 20 dB。试确定满足上述要求的最低阶巴特沃斯滤波器的系统函数 $H(z)$，给出该滤波器的级联型结构。

8.6　若一个低通模拟滤波器具有如下传递函数

$$H(s) = \frac{2}{(s + 1)(s + 2)}$$

采用双线性变换法推导对应的等价数字滤波器，写出该数字滤波器的时域递归表达式，并用图表示出该低通模拟滤波器和变换后的数字滤波器的幅频特性。

8.7　若一个数字滤波器具有如下系统函数

$$H(z) = \frac{z}{z + 0.9}$$

(1) 给出它的极-零点分布图和在 $-2\pi/T < \omega < 2\pi/T$ 区间的幅频响应；

(2) 导出该数字滤波器的递归表达式。

8.8　若一个数字滤波器具有如下系统函数 $H(z)$

$$H(z) = \frac{(1 - z^4)^2}{z^6(1 - z)^2}$$

(1) 给出该滤波器的极-零点分布图、幅频响应和冲激响应 $h(n)$（用递归结构实现 $h(n)$）；

(2) 应用递归结构来实现该滤波器较之非递归方法有什么优点？

8.9　图 8.25 给出了两组采样数据信号，将它们作为习题 8.4 的数字滤波器的输入，试给出分别在两组输入情况下，该滤波器在时域的输出。

8.10　给定系统

$$H(z) = -0.2z/(z^2 + 0.8)$$

(1) 求出 $H(z)$ 的幅频响应与相频响应；

(2) 求出系统的单位冲激响应 $h(n)$；

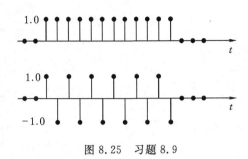

图 8.25　习题 8.9

(3) 令 $x(n)=u(n)$,求出系统的单位阶跃响应 $y(n)$。

8.11　用双线性变换法设计一个三阶巴特沃斯数字低通滤波器,采样频率为 $f_s=$ 1.2 kHz,截止频率为 $f_c=450$ Hz。

8.12　用双线性变换法设计一个三阶巴特沃斯数字高通滤波器,采样频率为 $f_s=6$ kHz,截止频率为 $f_c=1.2$ kHz(不考虑 3 kHz 以上分量)。

8.13　用双线性变换法设计一个四阶巴特沃斯数字带通滤波器,采样频率为 $f_s=$ 860 Hz,上下边带截止频率分别为 $\omega_c=60$ Hz,$\omega_r=400$ Hz。

8.14　用频率采样法设计正交网络

$$H_d(e^{j\omega}) = je^{j\omega n}, \quad 0 < \omega < \pi$$

(1) N 为偶数,取一过渡点

$$H_k = \begin{cases} 0, & k=0 \\ 0.4, & k=1, N-1 \\ 1, & k=2,3,\cdots,N-2 \end{cases}$$

请完成相位 $\theta(k)$ 的设计。

(2) 当 N 为奇数时,对于中点 $k=(N-1)/2$ 时,计算 H_k 的值。在此中点两旁是否也要设过渡点? $H(k)$ 应如何设计?

8.15　用计算机辅助设计的最小方差设计法来设计一个 IIR 低通数字滤波器(分别为 $K=1$ 和 $K=2$ 两种情况)。已知:从理想矩形幅频特性出发,$\omega_c=0.1\pi$,ω_i 为非均匀分布:

$$|H_d(e^{j\omega})| = \begin{cases} 1, & \omega_i = 0,0.01\pi,0.02\pi,\cdots,0.09\pi \\ 0.5, & \omega_i = 0.1\pi \\ 0, & \omega_i = 0.11\pi,0.12\pi,\cdots,0.19\pi \\ 0, & \omega_i = 0.2\pi,0.3\pi,\cdots,\pi \end{cases}$$

用 C 语言编写程序实现上述设计,并给出 $|H(e^{j\omega})|$ 曲线。

8.16　考虑一个模拟滤波器的传递函数为

$$H(s) = \frac{s+a}{(s+a)^2 + b^2}$$

该滤波器的冲激响应为 $h(t)$。

(1) 用冲激响应不变法求数字滤波器的 $H_1(z)$,使得 $h_1(n)=h(nT)=h(t)|_{t=nT}$。

(2) 用阶跃响应不变法求数字滤波器的 $H_2(z)$,使得 $s_2(n)=s(nT)=s(t)|_{t=nT}$,其中

$$s_2(n) = \sum_{k=-\infty}^{n} h_2(k) \quad \text{和} \quad s(t) = \int_{-\infty}^{t} h_c(\tau)d\tau$$

（3）求（1）的数字滤波器的阶跃响应 $s_1(n)$ 和（2）的数字滤波器的冲激响应 $h_2(n)$，请判定 $h_2(n)=h_1(n)=h(nT)$ 以及 $s_1(n)=s_2(n)=s(nT)$ 是否成立。

8.17　冲激响应不变法和双线性变换法是设计 IIR 滤波器的两种方法，这两种方法都是将一个模拟滤波器的传递函数 $H(s)$ 变换成一个数字滤波器的系统函数 $H(z)$。请回答下列的问题，哪一种方法或两者均能够得出要求的结果？

（1）如果模拟系统是一个全通系统，则它的极点将在左半平面 $-s_k$ 处，而它的零点将在所对应的右半平面的 s_k 处。哪一种方法将得出全通数字系统？

（2）哪一种设计方法可以保证

$$H(\mathrm{e}^{\mathrm{j}\omega})\,|_{\omega=0} = H(\mathrm{j}\Omega)\,|_{\Omega=0}$$

（3）如果模拟系统是一个带阻滤波器，哪一种方法可给出数字带阻滤波器？

（4）假设 $H_1(z)$、$H_2(z)$ 和 $H(z)$ 分别是 $H_1(s)$、$H_2(s)$ 和 $H(s)$ 的变换形式，哪一种设计方法可以保证：只要当 $H(s)=H_1(s)H_2(s)$ 时，就有 $H(z)=H_1(z)H_2(z)$。

（5）假定 $H_1(z)$、$H_2(z)$ 和 $H(z)$ 分别是 $H_1(s)$、$H_2(s)$ 和 $H(s)$ 的变换形式，哪种设计方法可以保证：只要当 $H(s)=H_1(s)+H_2(s)$ 时，就有 $H(z)=H_1(z)+H_2(z)$。

（6）假设两个模拟滤波器的传递函数满足条件

$$\frac{H_1(\mathrm{j}\Omega)}{H_2(\mathrm{j}\Omega)} = \begin{cases} \mathrm{e}^{-\mathrm{j}\pi/2}, & \Omega > 0 \\ \mathrm{e}^{\mathrm{j}\pi/2}, & \Omega < 0 \end{cases}$$

如果 $H_1(z)$ 和 $H_2(z)$ 分别是 $H_1(s)$ 和 $H_2(s)$ 的变换形式，由哪一种设计能得到满足下式

$$\frac{H_1(\mathrm{e}^{\mathrm{j}\omega})}{H_2(\mathrm{e}^{\mathrm{j}\omega})} = \begin{cases} \mathrm{e}^{-\mathrm{j}\pi/2}, & 0 < \omega < \pi \\ \mathrm{e}^{\mathrm{j}\pi/2}, & -\pi < \omega < 0 \end{cases}$$

的 IIR 数字滤波器（这类系统被称为"90 度移相器"）。

8.18　若模拟滤波器的传递函数是一有理函数，它的输入和输出满足常规的常系数线性微分方程。在模拟这类系统时可用有限差分来逼近微分方程中的导数，因此，对于连续可微函数 $y(t)$，有

$$\frac{\mathrm{d}y(t)}{\mathrm{d}t} = \lim_{T \to 0}\left[\frac{y(t) - y(t-T)}{T}\right]$$

当 T "足够小"时，用 $[y(t)-y(t-T)]/T$ 来代替 $\mathrm{d}y(t)/\mathrm{d}t$，可以得到一个好的逼近。

虽然这个简单的方法在连续时间系统的模拟中可能是有用的，但是在滤波器的应用中它并不是一种设计数字滤波器的有用方法。为了弄清用差分方程逼近微分方程的影响，下面讨论一个具体例子。假设一个模拟滤波器的传递函数是

$$H(s) = \frac{A}{s+c}$$

其中 A 和 c 为常数。

（1）证明该系统的输入 $x(t)$ 和输出 $y(t)$ 满足微分方程

$$\frac{\mathrm{d}y(t)}{\mathrm{d}t} + cy(t) = Ax(t)$$

（2）计算当 $t=nT$ 时的微分方程，用一阶后向差分来代替一阶导数，即

$$\left.\frac{\mathrm{d}y(t)}{\mathrm{d}t}\right|_{t=nT} \approx \frac{y(nT) - y(nT-T)}{T}$$

（3）定义 $x(n)=x(nT)$ 和 $y(n)=y(nT)$，并用（2）的结果求联系 $x(n)$ 和 $y(n)$ 的差分方

程,并求所得到的数字滤波器的系统函数 $H(z)=Y(z)/X(z)$。

(4) 证明:对于这个例子的 $H(z)$

$$H(z) = H(s) \mid_{s=(1-z^{-1})/T}$$

也就是证明 $H(z)$ 可用如下映射由 $H(s)$ 直接求得:

$$s = \frac{1-z^{-1}}{T}$$

(可以证明,如果高阶导数可由重复使用一阶后向差分来逼近,则对于高阶系统(4)的结果也成立。)

(5) 利用(4)的映射,求出由 s 平面的 $j\Omega$ 轴映射到 z 平面的围线。并求左半 s 平面相对应的 z 平面区域。若具有传递函数 $H(s)$ 的模拟滤波器是稳定的,则用一阶后向差分逼近所得出的数字滤波器系统也是稳定的吗? 该滤波器的频率响应是模拟滤波器频率响应的准确复现吗? T 的选择对稳定性和频率响应有何影响?

(6) 假设用一阶前向差分逼近一阶微分,即

$$\frac{\mathrm{d}y(t)}{\mathrm{d}t} \bigg|_{t=nT} \approx \frac{y(nT+T) - y(nT)}{T}$$

求由 s 平面到 z 平面所对应的映射,并且用这一映射重复回答(5)。

8.19　已知一理想低通数字滤波器的频率响应为

$$H(\mathrm{e}^{\mathrm{j}\omega}) = \begin{cases} 1, & \mid \omega \mid < \pi/4 \\ 0, & \pi < \mid \omega \mid < \pi \end{cases}$$

通过对冲激响应 $h(n)$ 的处理,推导出新的滤波器。

(1) 画出其冲激响应为 $h_1(n) = h(2n)$ 的系统频率响应 $H_1(\mathrm{e}^{\mathrm{j}\omega})$ 的曲线。

(2) 画出系统频率响应 $H_2(\mathrm{e}^{\mathrm{j}\omega})$ 的曲线,该系统的冲激响应是

$$h_2(n) = \begin{cases} h(n/2), & n = 0, \pm 2, \pm 4, \cdots \\ 0, & 其他 n \end{cases}$$

(3) 画出系统频率响应 $H_3(\mathrm{e}^{\mathrm{j}\omega})$ 的曲线,该系统的冲激响应是

$$h_3(n) = \mathrm{e}^{\mathrm{j}\pi n} h(n) = (-1)^n h(n)$$

8.20　考虑一个模拟低通滤波器 $H(s)$,其通带和阻带的指标为

$$\begin{cases} 1 - \delta_1 \leqslant \mid H(\mathrm{j}\Omega) \mid \leqslant 1 + \delta_1, & \mid \Omega \mid \leqslant \Omega_c \\ \mid H(\mathrm{j}\Omega) \mid \leqslant \delta_2, & \Omega_r \leqslant \mid \Omega \mid \leqslant \pi \end{cases}$$

用变换

$$H_1(z) = H(s) \mid_{s=(1-z^{-1})/(1+z^{-1})}$$

将这个滤波器变换成一个低通数字滤波器 $H_1(z)$,并用变换

$$H_2(z) = H(s) \mid_{s=(1+z^{-1})/(1-z^{-1})}$$

将同样的模拟滤波器变换成一个高通数字滤波器。

(1) 确定模拟低通滤波器的通带截止频率 Ω_c 和数字低通滤波器的通带截止频率 ω_{c1} 之间的关系。

(2) 确定模拟低通滤波器的通带截止频率 Ω_c 和数字高通滤波器的通带截止频率 ω_{c2} 之间的关系。

(3) 确定数字低通滤波器的通带截止频率 ω_{c1} 和数字高通滤波器的通带截止频率 ω_{c2} 之间

的关系。

（4）图 8.26 给出了一种系统函数为 $H_1(z)$ 的数字低通滤波器的实现结构，系数 A、B、C 和 D 均为实数。对这些系数如何进行修改以得到一个系统函数为 $H_2(z)$ 的数字高通滤波器的结构？

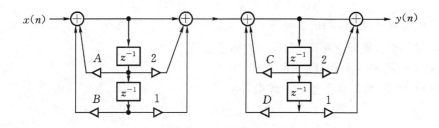

图 8.26　习题 8.20

8.21　一频率采样滤波器具有如下形式的系统函数

$$H(z) = (1 - z^{-N}) \cdot \sum_{k=0}^{N-1} \frac{\widetilde{H}(k)/N}{1 - z_k z^{-1}}$$

式中 $z_k = \mathrm{e}^{\mathrm{j}(2\pi/N)k}$，$k = 0, 1, \cdots, N-1$。

（1）该系统函数 $H(z)$ 可用系统函数为 $(1 - z^{-N})$ 的 FIR 系统的级联与一阶 IIR 系统的并联组合来实现，画出这种实现的结构图。

（2）证明系统的冲激响应由表达式

$$h(n) = \left(\frac{1}{N} \sum_{k=0}^{N-1} \widetilde{H}(k) \mathrm{e}^{\mathrm{j}(2\pi/N)kn} \right) \left[u(n) - u(n-N) \right]$$

给出（提示：求出该系统 FIR 和 IIR 部分的冲激响应，然后将它们卷积以得到系统的总冲激响应）。

8.22　设一窄带低通数字滤波器的系统函数为

$$H(z) = \frac{A(z)}{B(z)} = \frac{\displaystyle\sum_{i=0}^{M} a_i z^{-i}}{1 + \displaystyle\sum_{i=1}^{N} b_i z^{-i}}$$

式中 $B(z)$ 又可表示为

$$B(z) = \prod_{i=1}^{N} (1 - p_i z^{-1})$$

其中 $p_i(i = 1, 2, \cdots, N)$ 是 $H(z)$ 的极点，它们分布在单位圆内并群集在 $z=1$ 点附近，即有

$$p_i = 1 + e_i, \ |e_i| \ll 1, \ i = 1, 2, \cdots, N$$

若该滤波器某个系数经舍入量化后变为

$$Q[b_r] = b_r + \delta$$

（1）试证明为保持该递归滤波器的稳定性，应满足条件

$$|\delta| < \prod_{i=1}^{N} |e_i| \ll 1$$

（2）从上式可得出什么结论？

8.23　系统函数为 $H(z)$ 和冲激响应为 $h(n)$ 的一个离散时间系统有频率响应

$$H(e^{j\omega}) = \begin{cases} A, & |\theta| < \theta_c \\ 0, & \theta_c < |\theta| \leqslant \pi \end{cases}$$

其中 $0 < \theta_c < \pi$, 通过变换 $Z = -z^2$, 将这个滤波器变换成一个新滤波器, 即

$$H_1(z) = H(Z) \mid_{Z = -z^2} = H(-z^2)$$

(1) 求原低通系统 $H(Z)$ 的频率变量 θ 与新系统 $H_1(z)$ 的频率变量 ω 之间的关系式。

(2) 画出新滤波器频率响应 $H_1(e^{j\omega})$ 的图形。

(3) 求用 $h(n)$ 表示 $h_1(n)$ 的关系式。

(4) 假设 $H(Z)$ 可用如下差分方程组来实现:

$$g(n) = x(n) - a_1 g(n-1) - b_1 f(n-2)$$
$$f(n) = a_2 g(n-1) + b_2 f(n-1)$$
$$y(n) = c_1 f(n) - c_2 g(n-1)$$

式中 $x(n)$ 为系统的输入, $y(n)$ 为系统的输出, 确定对于变换后的系统可以实现 $H_1(z) = H(-z^2)$ 的差分方程组。

8.24　考虑通过下述变换, 由有理系统函数为 $H(s)$ 的一个连续时间滤波器来设计一个系统函数为 $H(z)$ 的离散时间滤波器:

$$H(z) = H(s) \mid_{s = \beta[(1-z^{-\alpha})/(1/1+z^{-\alpha})]}$$

其中 α 为非零整数, β 为实数。

(1) 当 $\alpha > 0$, β 取何值时, 可以由一个具有有理系统函数 $H(s)$ 的稳定因果的连续时间滤波器得出一个具有有理系统函数 $H(z)$ 的稳定因果的离散时间滤波器?

(2) 当 $\alpha < 0$, β 取何值时, 可以由一个具有有理系统函数 $H(s)$ 的稳定因果的连续时间滤波器得出一个具有有理系统函数 $H(z)$ 的稳定因果的离散时间滤波器?

(3) 当 $\alpha = 2$ 和 $\beta = 1$ 时, 确定 s 平面的 $j\Omega$ 轴将映射成 z 平面上的什么围线?

(4) 假设连续时间滤波器是一个稳定的低通滤波器, 其通带频率响应满足

$$1 - \delta_1 \leqslant |H(j\Omega)| \leqslant 1 + \delta_1, \quad |\Omega| \leqslant 1$$

如果该离散时间滤波器的系统函数 $H(z)$ 是用取 $\alpha = 2$ 和 $\beta = 1$ 的上述变换而得出的, 求在区间 $|\omega| \leqslant \pi$ 中, 使

$$1 - \delta_1 \leqslant |H(e^{j\omega})| \leqslant 1 + \delta_1$$

成立的 ω 值。

8.25　设数字滤波器的系统函数为

$$H(z) = \frac{1}{(1 - 0.4z^{-1})(1 - 0.89z^{-1})}$$

如采用级联型结构和 b 位定点运算, 量化间隔为 q。现只考虑乘法舍入产生的量化噪声, 且假设误差序列 $e(n)$ 是具有零均值的平稳白噪声序列, 在 $(-q/2, q/2)$ 内均匀分布, 并与输入序列不相关。试寻求使输出量化噪声方差为最小的各级联节的最佳排列。

8.26　设有一递归数字滤波器, 其差分方程为

$$y(n) = 0.91y(n-1) + x(n)$$

输出 $y(n)$ 被量化到其整数部分 $y_q(n)$。

(1) 令输入 $x(n) = 0$, 起始条件为 $y(-1) = 13$, 试求出 $n = 0, 1, 2, 3, 4$ 时的 $y_q(n)$, 并考察

极限循环振荡情况。

（2）试给出死区范围。

8.27　考虑如下一阶系统

$$y(n) = ay(n-1) + x(n)$$

假设全部变量和系数都用原码表示，并在相加之前对相乘结果截尾。因此，实现的非线性差分方程是

$$\hat{y}(n) = Q[a\hat{y}(n-1)] + x(n)$$

式中 $Q[\cdot]$ 代表原码截尾（关于原码数表示见附录 A）。

对全部 n，考虑 $|\hat{y}(n)| = |\hat{y}(n-1)|$ 这种类型零输入极限环的可能性。试证明：如果该理想系统是稳定的，那么不可能存在零输入极限环。对补码截尾，相同的结果是正确的吗？

8.28　考虑图 8.27 所示的一阶系统。量化器把乘积 $ay(n-1)$ 舍入到 $(b+1)$ 位。全部数都是字长 b 位加符号位的定点小数。输入为零，但系统是由初始条件 $y(-1)=A$ 起始。由于该量化器的关系，存在一个称为死区的 A 值范围，在该死区内，系数 a 的有效值是 ±1，即 $|Q[aA]|=A$。一旦输出落入这个死区，输出或是振荡，或保持为常数，这取决于有效系数是正还是负。

（1）利用 a 和 b 求对应于该死区的 A 值范围。

（2）对于 $b=6$ 位和 $A=1/16$，对应于 $a=+15/16$ 和 $a=-15/16$ 两种情况，画出 $y(n)$。

（3）对于 $b=6$ 位和 $A=1/2$，对应于 $a=-15/16$ 画出 $y(n)$。

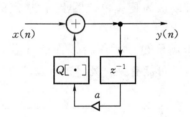

图 8.27　习题 8.28

8.29　图 8.28(a)示出某一阶系统的结构。

（1）假设为无限精度运算，求系统对输入

$$x(n) = \begin{cases} \dfrac{1}{2}, & n \geqslant 0 \\ 0, & n < 0 \end{cases}$$

的响应。对于大的 n 值，系统的响应是什么？

现在假设系统用定点运算实现，并且系数和全部变量都用 5 位寄存器的原码表示，即全部数都是带符号的小数，表示成

$$b_0 b_1 b_2 b_3 b_4$$

其中 b_0、b_1、b_2、b_3 和 b_4 不是 0 就是 1，并且

$$|\,寄存器值\,| = b_1 2^{-1} + b_2 2^{-2} + b_3 2^{-3} + b_4 2^{-4}$$

若 $b_0=0$，小数是正的；若 $b_0=1$，小数是负的。在相加前对序列值与某一系数相乘的结果进行截断，即仅保留符号位和 4 位最高效位。

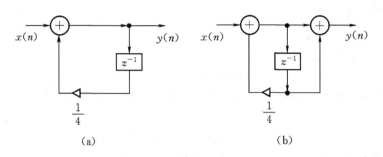

图 8.28　习题 8.29

(2) 计算该量化系统对(1)所给输入的响应,并画出对应于 $0 \leqslant n \leqslant 5$ 的量化和未量化系统的响应,对于大的 n 值,比较这两个响应。

(3) 现在考虑图 8.28(b)的系统,其中

$$x(n) = \begin{cases} \dfrac{1}{2}(-1)^n, & n \geqslant 0 \\ 0, & n < 0 \end{cases}$$

对该系统和输入重做该习题的(1)和(2)。

8.30　考虑图 8.29 所示的二阶系统是用 $(B+1)$ 位字长(含符号位)的定点小数运算实现,并且全部相乘结果被舍入。对 $y(n)$ 有一个死区,这时系数 $-r^2$ 的"有效"值是 -1。当 $y(n)$ 进入该区域时,有效极点位置可以认为是在单位圆上,而极点的幅角要改变。假设对全部 n, $x(n)=0, y(-1)=A \neq 0$ 和 $y(-2)=0$。

(1) 求 $y(n)$ 的死区,也即求满足 $Q[-r^2 A]=-A$ 的 A 值。

(2) 根据求得的 A 的下界,求可能有某一死区的 r 值范围。

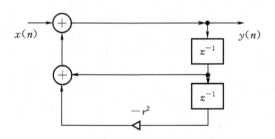

图 8.29　习题 8.30

第9章　实时处理与噪声滤除

随着高性能 DSP 芯片和现场可编程门阵列（field programmable gate array，FPGA）器件的发展，使得我们能够实现各种复杂高效的数字信号实时处理算法。数字实时滤波是指在下一个采样周期到来之前必须完成当前时刻之前的数据滤波任务，这种方式又称为在线滤波。即要求在每个新的输入数据到达之前给出对以往数据运算的结果。离线滤波是对所存储的输入数据进行滤波处理或分析。上述两种不同的滤波方式导致滤波编程方式和指令的不同。

本章讨论实时滤波常用的 ROM 查表式乘法和滤波器的定点运算实现，以及具有实用价值的数字滤波器 ROM 查表实现方法，并介绍数字信号处理中的噪声滤除和同态滤波的基本方法。

9.1　ROM 查表式乘法

从第 6 章的讨论中知道，构成数字滤波器的基本器件是乘法器、加法器和延迟单元，其中乘法器的计算量直接影响滤波器的运算时间。在数字滤波器的实现过程中，大多数乘法是信号与某个固定系数的相乘，在这种情况下，可以采用简单的存储器查表方式取代硬件乘法器，这是一种提高运算速度，且十分实用的方法。下面以被乘数是整数为例说明查表法的原理。

设被乘数 X 是整数，字长为 8 位，数据的大小在 $-128 \sim 127$ 范围之间，系数（即乘数）$a = (0.5)_{10} = (0.1)_2$。事先计算出 256 个二进制数 $(00000000)_2 \sim (11111111)_2$ 与系数 a 的乘积，然后将结果依次存放在存储器，这 256 个二进制数也对应存储的地址。存储器的地址与乘积结果的关系如表 9.1 所示。

表 9.1　ROM 地址与乘积数据对应表

地　　址	数　　据	地　　址	数　　据
0000 0000	0000 000.0	1000 0000	1000 000.0
0000 0001	0000 000.1	1000 0001	1000 000.1
0000 0000	0000 000.0	1000 0010	1000 001.0
⋮	⋮	⋮	⋮
0111 1111	0111 111.1	1111 1111	1111 111.1

乘法运算时，将被乘数即输入 x 作为存储器的地址，读出的数据作为乘法的结果，如图 9.1所示。当 $x = 1$ 时，存储器地址 1 选中，该地址的存储器内容为 0.5 出现在存储器的数据线上，实现了 $a \cdot x = 0.5 \times 1 = 0.5$ 的运算；当 $x = 127$ 时，存储器地址 127 选中，该地址的存储器内容 63.5 输出，实现了 $a \cdot x = 0.5 \times 127 = 63.5$ 的运算。由于这种方法是将输入信号 x 作为

ROM 的地址查找该地址所存储的内容来完成乘法的,故称为 ROM 查表法。查表乘法的速度取决于 ROM 的读取时间,其精度取决于存储器的字长。

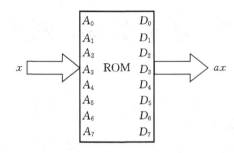

图 9.1　查表式乘法

9.2　滤波器的定点运算实现

在数字信号处理的运算中,高性能浮点 DSP 的成本相对较高,但其使用相对简单;而用定点 DSP 实现运算较为复杂,但硬件成本相对较低。通常,使用定点方式需将信号或滤波器系数限制在$(-1,1)$之间,在此范围的十进制数的小数点是固定位置(例如0.14,0.38),且小数乘以小数不会产生溢出,但连续的定点加法可能产生溢出。定点运算方式实现数字滤波对结果的影响主要来自两个方面:量化误差和溢出误差。滤波器的系数量化和运算量化是由于系统系数存储和运算只能以有限位数表示,因而实际数字滤波器的频率响应会在一定程度上偏离设计特性。当滤波器系数或输入输出幅值超出计算字长时将产生溢出误差,对输入信号和滤波器系数除以某一比例因子,使运算过程中数的最大绝对值不超过 1,这样可以避免产生溢出误差。下面以二阶 IIR 滤波器的定点运算实现为例,讨论如何确定输入信号和滤波器系数的压缩比例因子。

在 8.4.2 节中,讨论了 IIR 滤波器的级联单元型结构,高阶的 IIR 滤波器可以通过多个二阶的直接Ⅱ型 IIR 滤波器级联来构成。用二阶环节级联构成的滤波器的量化误差比其他直接实现的结构要小。这里讨论的二阶环节的系统函数具有如下形式

$$H(z) = \frac{\alpha_0 + \alpha_1 z^{-1} + \alpha_2 z^{-2}}{1 + \beta_1 z^{-1} + \beta_2 z^{-2}} \tag{9.1}$$

其差分方程为

$$y(n) = \alpha_0 x(n) + \alpha_1 x(n-1) + \alpha_2 x(n-2) - \beta_1 y(n-1) - \beta_2 y(n-2) \tag{9.2}$$

式(9.1)给出的系统函数可用图 9.2 所示的一种转置结构实现。

实现定点滤波算法需要将输入输出变量和滤波器系数在固定字长范围内表示,并存在内存中。在 DSP 运算中,给定的字长通常为 16 位或 24 位。DSP 所要处理的数可能是整数,也可能是小数或混合小数。DSP 执行算术运算指令时,并不知道所处理的是整数还是小数,也无法确定小数点的位置。因此,在编程时必须指定一个数的小数点位置处于哪一位,这就是定标。通过定标,可在 N 位字长数的不同位置上确定小数点。如果小数点的右边有 n 位就称为 Q_n 格式,纯整数是一种特殊的 Q_0 格式的小数。不同 Q_n 格式表示的数范围是不同的,Q_n 越大

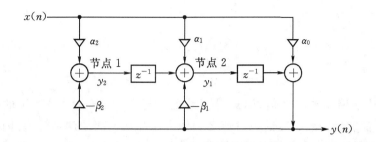

图 9.2　二阶 IIR 滤波器的转置直接 II 型结构

则数值范围越小,但精度越高,反之,Q_n 越小则数值范围越大,但精度越低。

十进制数 x 可以用 N 位 2 的补码定点表示(如图 9.3(a)所示):

$$x = - b_{N-1}2^{N-1} + b_{N-2}2^{N-2} + \cdots + b_1 2^1 + b_0 2^0 \tag{9.3}$$

由于上述表示可能导致运算过程出现溢出,因此,将数据归一化成小数表示(如图 9.3(b)所示),即

$$x' = - b_{N-1}2^0 + b_{N-2}2^{-1} + \cdots + b_1 2^{N-2} + b_0 2^{N-1} \tag{9.4}$$

如果 $N = 16$,则得到 15 位的小数表示,即 Q_{15} 格式,它所能表达的十进制数的数值范围是 $[-1, 0.999\ 969\ 5]$,精度为 $1/32\ 768 = 0.000\ 030\ 517\ 578\ 125$。$Q_0$ 格式的数值范围是 $[-32\ 768, 32\ 767]$,精度是 1。可以看出,在具体运算中,需要在精度和数字范围两者之间进行平衡。

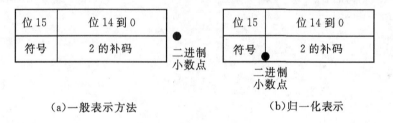

（a）一般表示方法　　　　　　　（b）归一化表示

图 9.3　N 位定点二进制的补码表示($N = 16$)

Q_n 格式定点小数表达的数值是它的整数值除以 2^n。反过来把实际值转换为 Q_n 定点小数时,就是该值乘以 2^n。如加法运算 $x + y = 0.5 + 0.05 = 0.55$,对应 Q_{15} 格式的定点小数运算是 $x + y = 16\ 384 + 1\ 638 = 18\ 022$,$18\ 022$ 的实际值是 $18\ 022/2^{15} = 0.544\ 998\ 779$,运算误差为 $0.000\ 012\ 2$,可见运算精确是足够的。对于乘法运算 $2 \times 0.5 \times 0.45$,则可分成两步实现:$0.5 \times 0.45 = 0.225$ 和 $0.225 + 0.225$,对应 Q_{15} 格式的运算为

$16\ 384 \times 14\ 745 = 241\ 584\ 537, 241\ 584\ 537/32\ 767 \approx 7\ 373$ 和 $7\ 373 + 7\ 373 = 14\ 746$

算术溢出是定点滤波器实现中最大的问题之一,为了防止图 9.2 中的求和节点溢出,需要对输入输出信号的幅值和滤波器系数进行压缩,对式(9.2)除以压缩比例因子 S,得到

$$\frac{y(n)}{S} = \frac{\alpha_0}{S_1} \frac{x(n)}{S_2} + \frac{\alpha_1}{S_1} \frac{x(n-1)}{S_2} + \frac{\alpha_2}{S_1} \frac{x(n-2)}{S_2} - \beta_1 \frac{y(n-1)}{S} - \beta_2 \frac{y(n-2)}{S} \tag{9.5}$$

式中 $S = S_1 \times S_2$。因此,对图 9.2 所示的二阶 IIR 滤波器输出 $y(n)$ 的压缩,可分别通过对系数 α_i 和输入 $x(n)$ 的压缩来实现,这样也相应使相加节点 1 和相加节点 2 不产生溢出。

常用的三种压缩比例因子的估计方法如下[23]:

$$S = \sum_{n=0}^{N-1} \mid h(n) \mid \tag{9.6}$$

$$S = \left\{ \sum_{n=0}^{N-1} \left[h(n) \right]^2 \right\}^{\frac{1}{2}} \tag{9.7}$$

$$S = \parallel H(e^{j\omega}) \parallel_{\infty} = \max_{\omega} \mid H(e^{j\omega}) \mid \tag{9.8}$$

式中 S 是压缩比例因子的估计值，$h(n)$ 是系统的冲激响应，$H(e^{j\omega})$ 是系统的频率响应。式 (9.6)直接利用滤波器冲激响应的绝对值之和作为压缩比例因子的估计值，因此计算较为简单；式(9.7)可以保证在大多数情况下滤波器输出不溢出，但不能保证所有的滤波器输出不溢出；式(9.8)可以保证在正弦稳态输入时，滤波器输出不溢出，然而瞬态可能发生溢出。

下面利用式(9.6)来确定式(9.5)中的 S 值，以下是其计算过程的伪码描述：

```
initialization：
    x(0) = 1；x(n) = 0，n = …，-2，-1，1，2，…
    a0，a1，a2，b1，b2
for n = 0，1，…，N；  % time index
    y = y1 + a0 * x(n)；
    y1 = a1 * x(n) - b1 * y + y2；
    y2 = a2 * x(n) - b2 * y；
    h = h + |y|；
    h1 = h1 + |y1|；
    h2 = h2 + |y2|；
next n
end


output：
    h，h1，h2；
```

上述伪码稍加修改即可用于式(9.8)的冲激响应 $h(n)$ 的计算。

利用式(9.8)可以计算在正弦信号输入情况下式(9.5)中的 S 值，其伪码描述如下：

```
initialization：
    x(n) = cos(nwT)
    a0，a1，a2，b1，b2
    w = w0；  % starting frequency
    dw = dw0；  % Frequency Step
    Hm = Hm1 = Hm2 = 0；  % Initialize


for k = 0，1，…，K；  % frequency index
    w = w + dw；


    for n = 0，1，1，…，N；  % time index
        x(n) = cos(nwT)；
```

```
y = y1 + a0 * x(n);
y1 = a1 * x(n) − b1 * y + y2;
y2 = a2 * x(n) − b2 * y;
IF |y|＞Hm, THEN Hm = |y|;
IF |y1|＞Hm1, THEN Hm1 = |y1|;
IF |y2|＞Hm2, THEN Hm2 = |y2|;
    next n
next k
end
```

output:

　　Hm,Hm1,Hm2;

得到压缩比例因子的估计值后,就可以进行定点运算的数字滤波器的具体设计。

例 9.1　一个二阶 IIR 滤波器的系统函数如下

$$H(z) = \frac{2.058\,5 + 0.426\,2z^{-1} - 1.632\,4z^{-2}}{1 - 0.852\,4z^{-1} + 0.704\,7z^{-2}}$$

试确定在定点计算时系数的压缩比例因子和新的滤波器系数。

解　分析上述系统函数知道,该系统的幅频响应在 $\frac{\pi}{3}$ 处有峰值(如图 9.4 所示),即 $|H(z)|_{z=e^{j\pi/3}} = 12$。

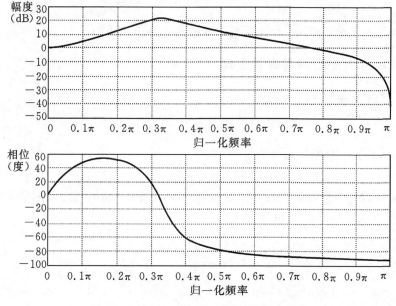

图 9.4　例 9.1 二阶 IIR 滤波器的频率响应

滤波器系数

$$\alpha_0 = 2.058\,5, \qquad \alpha_1 = 0.426\,2, \qquad \alpha_2 = -1.632\,4$$
$$\beta_1 = -0.852\,4, \qquad \beta_2 = 0.704\,7$$

经计算得到下列压缩因子 S 的估计值

$$S = \sum_{n=0}^{N-1} | h(n) | = 16.5$$

$$S = \sum_{n=0}^{N-1} | h_1(n) | = 14.4$$

$$S = \sum_{n=0}^{N-1} | h_2(n) | = 13.3$$

$$S = \max_{\omega} | H(e^{j\omega}) | = 12.3$$

$$S = \max_{\omega} | H_1(e^{j\omega}) | = 10.5$$

$$S = \max_{\omega} | H_2(e^{j\omega}) | = 10.3$$

式中 $h_1(n)$、$h_2(n)$ 分别为图 9.2 中二阶 IIR 滤波器输入 $x(n) = \delta(n)$ 时节点 1 和节点 2 处的输出。上述计算表明,例 9.1 的压缩比例因子 S 为 2 的整数次幂 16。根据式(9.5),$S_1 = 8$ 和 $S_2 = 2$,即输入 $x(n)$ 缩小 8 倍,系数 α_0、α_1、α_2 缩小 2 倍;于是输出 $y(n)$ 缩小 16 倍,而系数 β_1 和 β_2 不变。通过比例压缩,得到的输入和输出信号可以满足 Q_{15} 格式,即

$$\alpha_0 = 1.0293, \qquad \alpha_1 = 0.2131, \qquad \alpha_2 = -0.8162$$
$$\beta_1 = -0.8524, \qquad \beta_2 = 0.7047$$

由上述方式得到的系数 α_0 仍然大于 1,而实际滤波计算中存储的值为 0.5147,计算时可以通过移位操作实现 2 倍该系数即可。

9.3　IIR 滤波器的查表法实现

本节讨论查表法在一阶和二阶 IIR 数字滤波器设计中的应用。

9.3.1　一阶 IIR 滤波器查表实现

设一阶 IIR 滤波器的系统函数为

$$H(z) = \frac{\alpha_0 + \alpha_1 z^{-1}}{1 + \beta_1 z^{-1}} \tag{9.9}$$

其输入序列为 $x(n)$,于是系统的输出是

$$y(n) = \alpha_0 x(n) + \alpha_1 x(n-1) - \beta_1 y(n-1), \quad n \geqslant 0 \tag{9.10}$$

假定 $|x(n)| < 1$,数据字长和系统的系数字长均为 B 比特,并采用二进制的定点补码运算,则 $x(n)$、$x(n-1)$、$y(n)$ 和 $y(n-1)$ 可写成

$$\left. \begin{array}{l} y(n) = -y^0(n) + \sum_{j=1}^{B-1} y^j(n) 2^{-j} \\[2mm] y(n-1) = -y^0(n-1) + \sum_{j=1}^{B-1} y^j(n-1) 2^{-j} \\[2mm] x(n) = -x^0(n) + \sum_{j=1}^{B-1} x^j(n) 2^{-j} \\[2mm] x(n-1) = -x^0(n-1) + \sum_{j=1}^{B-1} x^j(n-1) 2^{-j} \end{array} \right\} \tag{9.11}$$

式中 x 和 y 的上标 0 和 j 分别表示符号位和第 j 个数据比特位。将式(9.11)代入式(9.10),有

$$y(n) = \sum_{j=1}^{b-1} F(x^j(n), x^j(n-1), y^j(n-1)) 2^{-j} - F(x^0(n), x^0(n-1), y^0(n-1))$$

$$(9.12)$$

其中

$$F(x^j(n), x^j(n-1), y^j(n-1)) = \alpha_0 x^j(n) + \alpha_1 x^j(n-1) - \beta_1 y^j(n-1) \qquad (9.13)$$

将式(9.13)的右边与式(9.10)的右边比较,不难看出,它们的区别在于量 $x(n)$、$x(n-1)$、$y(n-1)$ 被 $x^j(n)$、$x^j(n-1)$、$y^j(n-1)$ 所取代,对于高阶系统,这种补码表示也是有效的。

由式(9.12)和式(9.13)可以看出有以下三个重要特性:

(1) $F(x^j(n), x^j(n-1), y^j(n-1))$ 是三个二进制变量 $x^j(n)$、$x^j(n-1)$、$y^j(n-1)$ 的函数,因此,它只有 8 个可能值($2^3 = 8$),这 8 个值计算出后,可以存入只读存储器 ROM 中以供下一步使用。

(2) 每一个输出值 $y(n)$ 都可以通过连续的加法移位和一次减法完成,而不需乘法。

(3) $(x^j(n), x^j(n-1), y^j(n-1))$ 作为 ROM 的地址,对应该地址的 ROM 内容为函数 $F(x^j(n), x^j(n-1), y^j(n-1))$,其 8 个值列于表 9.2。

由上述讨论可知,一阶 IIR 系统的 ROM 查表实现的系统输出 $y(n)$ 可由式(9.12)和式(9.13)算出,其运算框图如图 9.5 所示。图中的 R_1 是移位寄存器,根据式(9.12)中的 2^{-j} 而右移其内容 j 位。R_2 与加法器构成累加器,经过连续($B-1$)次加法和移位,在输出寄存器 R_3 中得到 $y(n)$。上述过程是利用 $(x^j(n), x^j(n-1), y^j(n-1))$ 作为 ROM 地址来读取内容 $F(x^j(n), x^j(n-1), y^j(n-1))$。

表 9.2　一阶 IIR 滤波器的 ROM 地址和内容

序号	ROM 地址 $(x^j(n), x^j(n-1), y^j(n-1))$	ROM 内容 $F(x^j(n), x^j(n-1), y^j(n-1))$
0	0　0　0	0
1	0　0　1	$-\beta_1$
2	0　1　0	α_1
3	0　1　1	$\alpha_1 - \beta_1$
4	1　0　0	α_0
5	1　0　1	$\alpha_0 - \beta_0$
6	1　1　0	$\alpha_0 + \alpha_1$
7	1　1　1	$\alpha_0 + \alpha_1 - \beta_1$

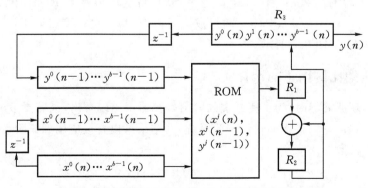

图 9.5　一阶 IIR 滤波器的 ROM 查表实现方框图

9.3.2　二阶 IIR 滤波器查表实现

现在讨论二阶 IIR 滤波器的查表实现。将式(9.1)的二阶 IIR 滤波器的系统函数重写如下

$$H(z) = \frac{\alpha_0 + \alpha_1 z^{-1} + \alpha_2 z^{-2}}{1 + \beta_1 z^{-1} + \beta_2 z^{-2}} \tag{9.14}$$

则滤波器的差分方程为

$$y(n) = \alpha_0 x(n) + \alpha_1 x(n-1) + \alpha_2 x(n-2) - \beta_1 y(n-1) - \beta_2 y(n-2), \quad n \geqslant 0 \tag{9.15}$$

与一阶滤波器类似,上式中的数据值用补码表示,于是

$$\left.\begin{aligned}
y(n) &= -y^0(n) + \sum_{j=1}^{B-1} y^j(n) 2^{-j} \\
y(n-1) &= -y^0(n-1) + \sum_{j=1}^{B-1} y^j(n-1) 2^{-j} \\
y(n-2) &= -y^0(n-2) + \sum_{j=1}^{B-1} y^j(n-2) 2^{-j} \\
x(n-1) &= -x^0(n-1) + \sum_{j=1}^{B-1} x^j(n-1) 2^{-j} \\
x(n-2) &= -x^0(n-2) + \sum_{j=1}^{B-1} x^j(n-2) 2^{-j}
\end{aligned}\right\} \tag{9.16}$$

将式(9.16)代入式(9.15),得

$$\begin{aligned}
y(n) = \sum_{j=1}^{b-1} & F(x^j(n), x^j(n-1), x^j(n-2), y^j(n-1), y^j(n-2)) 2^{-j} \\
& - F(x^0(n), x^0(n-1), x^0(n-2), y^0(n-1), y^0(n-2))
\end{aligned} \tag{9.17}$$

其中

$$\begin{aligned}
& F(x^j(n), x^j(n-1), x^j(n-2), y^j(n-1), y^j(n-2)) \\
& = \alpha_0 x^j(n) + \alpha_1 x^j(n-1) + \alpha_2 x^j(n-2) - \beta_1 y^j(n-1) - \beta_2 y^j(n-2)
\end{aligned} \tag{9.18}$$

式(9.18)的右边与式(9.15)的右边形式相同,可得出一阶情况相同的处理。由于 $F(x^j(n)$、$x^j(n-1)$、$x^j(n-2)$、$y^j(n-1)$、$y^j(n-2))$ 是 5 个二进制变量 $x^j(n)$、$x^j(n-1)$、$x^j(n-2)$、$y^j(n-1)$、$y^j(n-2)$ 的函数,共有 32 个值($2^5 = 32$),将这些值存入 ROM 中,地址由 $x^j(n)$、$x^j(n-1)$、$x^j(n-2)$、$y^j(n-1)$、$y^j(n-2)$ 组成。由以上讨论,可得到二阶 IIR 滤波器的 ROM 查表实现原理框图,如图 9.6 所示。

9.3.3　压缩比例因子的选择

用查表法实现滤波器时,为了使系统的输出寄存器不出现溢出,也需要考虑适当的压缩比例因子,使输出 $|y(n)| < 1$。下面讨论一阶系统,其结果可以直接应用到二阶系统。

先定义两个参数

$$\left.\begin{aligned}
u &= \max\{F(x^j(n), x^j(n-1), y^j(n-1))\} \\
v &= \min\{F(x(n), x(n-1), y(n-1))\}
\end{aligned}\right\} \tag{9.19}$$

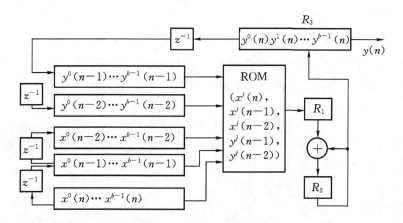

图 9.6　二阶 IIR 滤波器的 ROM 查表实现方框图

由表 9.2 可知，$v \leqslant 0$，根据式（9.12）和式（9.19），得

$$y(n) \leqslant u \sum_{j=1}^{B-1} u^{-j} - v$$

严格的不等式为

$$y(n) \leqslant u \sum_{j=1}^{\infty} u^{-j} - v \qquad (9.20)$$

由于

$$\sum_{j=1}^{\infty} u^{-j} = \frac{1}{2} + \frac{1}{2^2} + \frac{1}{2^3} + \cdots$$
$$= \frac{1}{2}\left(1 + \frac{1}{2} + \frac{1}{2^2} + \cdots\right)$$
$$= \frac{1}{2}\left[\frac{1}{1 - \dfrac{1}{2}}\right] = 1 \qquad (9.21)$$

则式（9.20）可简化为

$$y(n) < (u - v) \qquad (9.22)$$

又由式（9.12）和式（9.19），可得

$$y(n) \geqslant v \sum_{j=1}^{b-1} u^{-j} - u$$

由于 $v \leqslant 0$，则

$$y(n) > v \sum_{j=1}^{\infty} u^{-j} - u \qquad (9.23)$$

考虑到式（9.21），有

$$y(n) > (v - u) \qquad (9.24)$$

根据式（9.22）和式（9.24）可以得出结论：为使 $|y(n)| < 1$，必须使 S 值

$$S > u - v \qquad (9.25)$$

并根据这一条件来压缩 $F(x^j(n), x^j(n-1), y^j(n-1))$ 的值。将压缩后的值存入 ROM。

由于 $v \leqslant 0, u > v$，式（9.25）的 S 值总是正的，因此，存放在 ROM 中的实际内容是

$$\widetilde{F}(x^j(n), x^j(n-1), y^j(n-1)) = \frac{F(x^j(n), x^j(n-1), y^j(n-1))}{S} \tag{9.26}$$

在实际应用中,可选择 S 略大于 $u-v$,以便保证 $y(n)$ 的动态范围不减小。

下面举例说明利用查表法实现滤波器及压缩比例因子 S 的选择。

例9.2 一个二阶 IIR 滤波器的系统函数为

$$H(z) = \frac{0.4z^{-1}}{1 - 1.85z^{-1} + 0.855z^{-2}}$$

用查表法实现该系统,求出 ROM 应存储的内容,并给出使 $|y(n)|<1$ 的压缩比例因子。

解 系统的差分方程可写成

$$y(n) = 0.4x(n-1) + 1.85y(n-1) - 0.855y(n-2)$$

根据式(9.16)和式(9.17)可得

$$y(n) = \sum_{j=1}^{B-1} F(x^j(n-1), y^j(n-1), y^j(n-2))2^{-j} - F(x^0(n-1), y^0(n-1), y^0(n-2))$$

其中

$$F(x^j(n-1), y^j(n-1), y^j(n-2)) = 0.4x^j(n-1) + 1.85y^j(n-1) - 0.855y^j(n-2)$$

根据上式求出的 ROM 中的 8 个值,如表 9.3 所示。从表中可以看出,此时 $F(x^j(n-1)$, $y^j(n-1), y^j(n-2))$ 的最大值为 2.25,最小值为 -0.855,因此根据式(9.19)和式(9.25),有

$$S > \alpha - \beta = 3.105$$

取 $S=3.2$。由式(9.26)可以计算出应存入 ROM 的实际值

$$\widetilde{F}(x^j(n), y^j(n-1), y^j(n-2)) = \frac{F(x^j(n-1), y^j(n-1), y^j(n-1))}{3.2}$$

如表 9.3 所示。

由上述讨论可以看出,用查表法实现数字滤波器时,计算存入 ROM 中的内容并对其进行归一化是一个关键的问题。

表 9.3　例 9.2 的 ROM 值

ROM 地址 $(x^j(n-1), y^j(n-1), y^j(n-2))$	ROM 内容 $F(x^j(n-1), y^j(n-1), y^j(n-2))$	ROM 内容 $\widetilde{F}(x^j(n-1), y^j(n-1), y^j(n-2))$
0 0 0	0	0.0
0 0 1	-0.855	-0.2672
0 1 0	1.85	0.5781
0 1 1	0.995	0.3109
1 0 0	0.4	0.1250
1 0 1	-0.455	-0.1422
1 1 0	2.25	0.7031
1 1 1	1.395	0.4359

9.4　噪声滤除

信号的恢复或增强都需要从一定信噪比的测量信号中滤除噪声,如胎儿心率检测需要将母亲的心跳和呼吸等噪声滤除,并恢复胎儿的心跳信号,从而对胎儿的发育进行有效的监护。

在大多数应用场合,根据有用信号和噪声产生的机理可将噪声分为加性噪声和乘性噪声。加性噪声是指噪声直接叠加在有用信号上,产生这类噪声的系统具有线性的叠加性质。乘性噪声是指噪声和有用信号之间按乘积规则或卷积规则组合起来,这样的噪声不能利用简单的线性系统来处理,但可以利用满足广义叠加原理的一种特殊的非线性系统来处理这类信号,即同态变换(homomorphic transform)[25,26]。

9.4.1　加性噪声滤除

含加性噪声的测量信号可以表示为

$$x(n) = s(n) + v(n) \tag{9.27}$$

式中 $s(n)$ 是希望的原始信号,$v(n)$ 是不希望的噪声。通常的噪声有:①白噪声,即自相关函数有 $\gamma_{vv}(m) = \sigma_v^2 \delta(m)$,功率谱密度为 $P_{vv}(\omega) = \sigma_v^2$(对所有的 ω),对这类噪声的处理有着广泛的应用;②周期性的干扰信号,例如来自于电源的 50 Hz 工频干扰信号;③其他信号干扰。另外,在实际工程中,有时噪声并不一定都是有"害"的。

噪声滤除是一个与应用关系密切且十分复杂的任务,首先要弄清楚噪声产生的机理以及噪声模型。这里以移动平均滤波为例说明加性噪声的消除。移动平均滤波器是对输入序列求取平均值来产生输出序列,其表达式可以写成

$$y(n) = \frac{1}{M} \sum_{m=0}^{M-1} x(n+m) \tag{9.28}$$

虽然移动平均滤波十分简单,但该滤波方法能够滤除白噪声且保持陡峭的方波信号。图 9.7 (a)中方波受到均匀分布白噪声的污染,图 9.7(b)、(c)和(d)分别给出了利用 10 点、20 点和 50 点移动平均滤波器滤除白噪声得到的结果。

移动平均方法往往是解决简单滤波问题和一些数据预处理的首选方法。移动平均滤波器

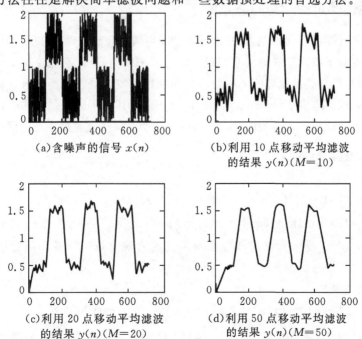

图 9.7　利用移动平均滤波器从随机噪声中恢复方波信号

在时域实质是一个幅度为 $1/M$ 的矩形窗与被滤波信号对应样本乘积之和作为滤波输出值,然后该矩形窗沿时间轴移动的结果。该滤波器的幅频响应是

$$H(\omega) = \left| \frac{\sin(\omega M/2)}{M\sin(\omega)/2} \right| \tag{9.29}$$

图 9.8 给出了式(9.29)的幅频特性,从图中可以看出,由于过渡带衰减较慢而阻带纹波较多。因此,移动平均滤波器具有较差的频域特性,即不能很好地实现将一个频带从另一个频带中分离出来,但却有很好的时域特性。

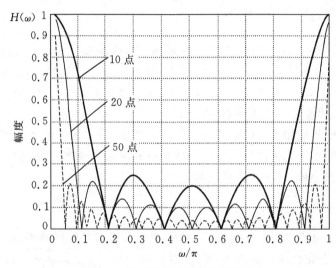

图 9.8　移动平均滤波器的频域响应

9.4.2　乘性噪声滤除与同态系统

上面介绍了加性噪声及其滤除方法,由于加性噪声满足叠加原理,可以利用线性系统来处理各种加性噪声。但对于按乘积规则或卷积规则组合起来的信号,就不能应用上述线性系统来处理,这时应该用满足广义叠加原理的一种特殊的非线性系统来处理这类信号。这类非线性处理系统称为同态处理或同态变换(homomorphic processing),其基本思想是将非线性问题转化为线性问题来处理。下面通过几个典型的非线性系统来说明满足广义叠加原理的同态系统。

1. 满足广义叠加原理的同态系统

1) 功率变换器

已知 $y(n)=T[x(n)]=[x(n)]^2$,若输入 $x(n)=x_1(n)x_2(n)$,则有

$$y(n) = [x_1(n)x_2(n)]^2 = [x_1(n)]^2 \cdot [x_2(n)]^2 = y_1(n) \cdot y_2(n) \tag{9.30}$$

因此,可以认为 $T[\cdot]=[\cdot]^2$ 的非线性系统是其输入输出按乘法规则组合的广义线性叠加的同态系统。

2) 半波整流变换器

已知 $y(n)=T[x(n)]=|x(n)|$,若输入 $x(n)=x_1(n)x_2(n)$,则有

$$y(n) = |x_1(n)x_2(n)| = |x_1(n)| \cdot |x_2(n)| = y_1(n) \cdot y_2(n) \tag{9.31}$$

因此,$T[\cdot]=|\cdot|$ 的非线性系统也是其输入输出按乘法规则组合的同态系统。

3）对数变换器

已知 $y(n) = \mathcal{T}[x(n)] = \ln[x(n)]$，若输入 $x(n) = x_1(n)x_2(n)$，则有

$$y(n) = \ln[x_1(n)x_2(n)] = \ln[x_1(n)] + \ln[x_2(n)] = y_1(n) + y_2(n) \tag{9.32}$$

因此，可以认为 $\mathcal{T}[\cdot] = \ln[\cdot]$ 的非线性系统是一种满足"乘—加"组合规则的同态系统。

一类满足广义叠加原理的非线性系统如图 9.9 所示。图中的符号"□"和"○"分别表示同态系统输入和输出运算的规则。满足广义叠加原理的同态系统的变换关系可以写成

$$y(n) = T[x(n)] = T[x_1(n) \square x_2(n)] = y_1(n) \bigcirc y_2(n) \tag{9.33}$$

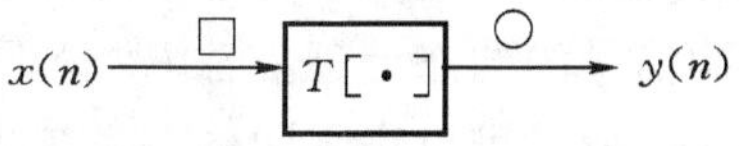

$$x(n) \xrightarrow{\quad \square \quad} \boxed{T[\cdot]} \xrightarrow{\quad \bigcirc \quad} y(n)$$

图 9.9　满足广义叠加原理的同态系统

如果式中"□"和"○"皆为加法，则称为线性系统。如果式中"□"和"○"皆为乘法，则称为乘积同态系统。如果式中□和○皆为卷积，则称为卷积同态系统。

从代数上来说，同态系统是根据输入和输出矢量空间之间的同态（亦即线性）映射的定义提出的，同态变换就是输入和输出这两个信号矢量空间之间的变换。

在许多物理现象的信号中，除了加性组合信号外，最常遇到的是乘积信号和卷积信号两种。下面介绍这类常见的几种同态信号。

2. 常见的几种同态信号

1）衰落信道信号

这是一种在传输过程中被起伏噪声调制了的信号，如短波通信信号被电离层反射而送到远方时，由于电离层的电离浓度起伏变化，使信号被其调制，故这种信号是乘积同态信号。

2）混响信号

这是通过多路径传输而收到的同源信号。如地表面某点收到的同一爆炸源从不同地质层的反射回波，相对于主波即直达信号，这些反射信号都具有不同的衰减和相移。最简单的混响信号是二径信号，此时接收的信号 $x(n)$ 为

$$x(n) = s(n) + \beta s(n - n_d) \tag{9.34}$$

式中 $s(n)$ 是直达信号，β 是由另一途径到达的信号相对于直达信号的幅度衰减因子，n_d 表示相对时延。

对式（9.34）进行 z 变换，得

$$X(z) = S(z) + \beta S(z)z^{-n_d} = S(z)(1 + \beta z^{-n_d}) \tag{9.35}$$

对式（9.35）取 z 反变换，则该式改写为

$$x(n) = s(n)[\delta(n) + \beta\delta(n - n_d)] = s(n) * p(n) \tag{9.36}$$

式中 $p(n) = \delta(n) + \beta\delta(n - n_d)$。由式（9.36）可以看出，二径信号是由两个分量卷积结果的信号，所以是卷积同态信号。

3）图像信号

图像信号本质上是由两个分量乘积组成，一个分量是光源对图像物体的照射强度，另一个分量是物体对此光照射的反射强度。由于物体各个不同部分的不同反射，对视觉感官或其他感光面形成了图像，如果感光面是理想的，则图像的形成是一种相乘过程的模式：光源的照度

图乘以物体的反射图产生了图像的亮度图。用 $f_i(u,v)$ 和 $f_r(u,v)$ 分别表示两维的照度图和反射图,其中 u 和 v 为连续的空间变量,则亮度图可以表示为

$$f(u,v) = f_i(u,v) \cdot f_r(u,v) \tag{9.37}$$

由于照度图和图像的亮度图仅仅反映了非相干光能量的分布图形,所以 $f_i(u,v)$ 和 $f(u,v)$ 总是正的实函数,而 $f_r(u,v)$ 仅仅是对光能的反射图,必然为小于 1 的正数,即有

$$0 < f_r(u,v) < 1 \tag{9.38}$$

$$0 < f(u,v) < f_i(u,v) < \infty \tag{9.39}$$

总之,图像可以表示为两个基本分量乘积,而每个分量正量,由此看来,图像信号的结构适宜于乘法同态系统来处理。例如利用信号的同态处理方法,改变不同的照射分量和反射分量的组合比例,就会得到不同的图像效果,所以可以用乘积同态系统来处理图像信号。

4) 语音信号

人的声音是由肺部气流在通过声门时产生的准周期脉冲或白噪声,作为激励源送入由口腔和鼻腔组成的声道,引起声道响应之后,通过嘴唇辐射而产生的。正如激励信号 $g(n)$ 通过一个单位冲激响应为 $h(n)$ 的系统,而产生输出信号的情况,即

$$s(n) = g(n) * h(n) \tag{9.37}$$

这是一种卷积同态信号。

3. 同态系统分解

同态变换或分析的主要内容之一是同态系统的分解,通过分解才可能将非线性问题转化成线性问题来处理。图 9.10 表示出了同态系统分解滤波声的一般过程。

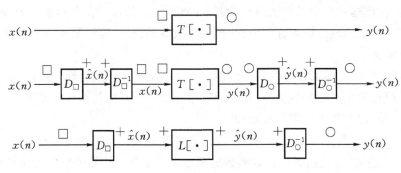

图 9.10　同态系统的分解

(1) 先根据输入信号空间"□",找到一个特征系统 $D_\square$,这也是一个同态系统,是从"□"变换为标准的加法空间。例如,"□"若表示乘法,则 $D_\square$ 为对数变换系统。

(2) 再由 $D_\square$ 找到其逆变系统 $D_\square^{-1}$,称为逆特征系统。显然,在系统 $T[\cdot]$ 的输入端串加了 $D_\square$ 和 $D_\square^{-1}$ 之后,系统的性能没有变化。例如加入 $\ln(\cdot)$ 和 $\exp(\cdot)$ 这两个系统,性能不会变化。

(3) 最后根据已知的输出空间"○",找到 $D_\bigcirc$ 和 $D_\bigcirc^{-1}$ 这两个特征系统,并将它们串加在 $\mathcal{T}[\cdot]$ 的输出端,同样也不会改变系统的性能。

上述分解的结果可以将原来的同态系统 $\mathcal{T}[\cdot]$ 分解为 $D_\square$、L 和 $D_\bigcirc^{-1}$ 三个串联的子系统,而 $D_\square$ 和 $D_\bigcirc^{-1}$ 这两个子系统显然只起着改变信号矢量空间的作用,所以同态信号处理的性能仅仅取决于线性系统 L。这个结论极为重要。因为,特征系统一旦确定,剩下的便仅仅是线性

滤波的问题了,例如,我们希望从信号:

$$x(n) = x_1(n) \square x_2(n)$$

中恢复 $x_1(n)$,首先需要找出一个特征系统 $D_\square$,将 $x(n)$ 变换为

$$D_\square[x(n)] = D_\square[x_1(n)] + D_\square[x_2(n)]$$
$$= \hat{x}_1(n) + \hat{x}_2(n)$$

然后,适当选择和设计线性系统 L,只让 $D_\square[x(n)]$ 中的 $\hat{x}_1(n) = D_\square[x_1(n)]$ 分量通过。理想情况下,有

$$\hat{y}(n) = \hat{x}_1(n) = D_\square[x_1(n)]$$

这样,取 $D_\bigcirc^{-1} = D_\square^{-1}$,在逆特征系统 $D_\square^{-1}$ 中,最后得到输出为

$$y(n) = D_\bigcirc^{-1}[\hat{y}(n)]$$
$$= D_\square^{-1}[D_\square x_1(n)] = x_1(n)$$

于是,为了分离 $x_1(n)$ 和 $x_2(n)$,必须用一个线性滤波器 L 分离 $\hat{x}_1(n)$ 和 $\hat{x}_2(n)$。应当指出,特征系统 $D_\square$ 和 $D_\bigcirc^{-1}$ 仅仅完成运算 $\square$ 和 $\bigcirc$ 分别对线性系统 L 的输入端和输出端的相加运算的适配作用,而滤波作用主要是靠线性系统来完成的。

例 9.3 衰减信道信号 $x(n) = g(n)s(n)$,此时的 $D_\square$ 特征系统必然是对数变换系统,即 $\hat{x}(n) = \ln[x(n)] = \ln[g(n)] + \ln[s(n)]$,其中衰减因子 $g(n)$ 相对于信号 $s(n)$ 是慢时变的,所以在加性信号 $\hat{x}(n)$ 之后采用高通滤波器作为线性系统 $L[\cdot]$,让信号通过并消除或减弱干扰正常信号的噪声。最后由逆特征系统 $D_\bigcirc^{-1}$ 恢复为 $y(n) \approx s(n)$,若"$\bigcirc$"仍为乘积,则 $D_\bigcirc^{-1}$ 就是指数变换系统。

从上面的讨论可以看出,同态系统不仅可以处理乘性噪声,还可以处理卷积噪声。因此,乘积同态系统和卷积同态系统在图像增强、语音参数分析和地球物理勘探中得到广泛应用。

习 题

9.1 一个 IIR 数字滤波器具有系统函数

$$H(z) = \frac{0.2(z+0.5)^2 + 1.5^2}{z^2 - 0.64}$$

试根据冲激响应的绝对和定义,即式(9.1),按照 Q_{15} 格式确定该滤波器定点运算时的缩放因子 S,并说明系数在存储器中的存放格式。

9.2 母体腹中胎儿的心跳状况是判断胎儿正常与否的重要指标,如果胎儿心跳信号 $s(n)$ 受到信号 $v(n) = 0.64\sin(2\pi f/f_s n)$ 干扰,信号频率 $f = 60$ Hz,采样频率为 $f_s = 1$ kHz。测量信号 $x(n)$ 为

$$x(n) = s(n) + v(n), \quad n = 0, 1, \cdots, 1000$$

(1) 设计一带通滤波器将噪声信号 $v(n)$ 滤除,并与用均值输波器输出的结果进行比较。

(2) 画出滤波前后的信号序列,以及滤波器的频率响应图。

为方便实验,ECG 的产生可参考下面的 MATLAB 程序:

```
function x = ecg(L)

a0 = [0, 1, 40, 1, 0, -34, 118, -99, 0, 2, 21, 2, 0, 0, 0];
```

```
d0 = [0, 27, 59, 91, 131, 141, 163, 185, 195, 275, 307, 339, 357, 390, 440];
a = a0/max(a0); d = round(d0 * L /do(15)); d(15) = L;

for ii = 1 : 14
    m = d(ii) : d(ii + 1) - 1;
    slop = (a(ii + 1) - a(ii))/(d(ii + 1) - d(ii));
    x(m + 1) = a(ii) + slop * (m - d(ii));
end
```

9.3　应用 MATLAB 软件产生均匀分布的白噪声,该白噪声分布在$[-2,2]$,且长度 N 为 1024。

(1) 计算该白噪声的平均功率 P_w;

(2) 绘制出该白噪声的分布及其功率谱密度图。

9.4　应用 MATLAB 软件产生其均值为 u 和标准方差为 σ_g 的高斯分布白噪声

$$g(n) = u + \sigma_g \cos(2\pi r_1) \sqrt{-2\log r_2}, \quad 0 \leqslant n \leqslant N-1$$

式中 r_1 和 r_2 是通过两次调用 rand() 函数,并除以 RAND_MAX 而得到的在 $(0,1)$ 之间均匀分布的随机数。

(1) 计算高斯分布白噪声的平均功率;

(2) 绘制出该高斯白噪声的分布及其功率谱密度。

(对于大样本数 N,零均值和方差为 σ^2 的高斯白噪声的平均功率可以用式 $P_g = \dfrac{\sqrt{2}\sigma^2}{4}$ 逼近。)

9.5　下面的每个系统变换都是同态的,并规定了其输入运算,试确定其输出运算。

系统变换 $T[x(n)]$	输入运算
$y(n) = T[x(n)] = 2x(n)$	相加
$y(n) = T[x(n)] = 2x(n)$	相乘
$X(z) = T[x(n)] = \sum\limits_{n=-\infty}^{\infty} x(n)z^{-n}$	相加
$X(z) = T[x(n)] = \sum\limits_{n=-\infty}^{\infty} x(n)z^{-n}$	相卷积
$X(z) = T[x(n)] = \sum\limits_{n=-\infty}^{\infty} x(n)z^{-n}$	相乘
$y(n) = T[x(n)] = x^2(n)$	相乘
$y(n) = T[x(n)] = |x(n)|$	相乘
$y(n) = e^{x(n)}$	相加
$y(n) = e^{x(n)}$	相乘

9.6　两个同态系统 H_1 和 H_2 级联成一个总同态系统,已知 H_1 的输入和输出运算分别是相乘和相卷积,H_2 则分别是相卷积和相加,证明总同态系统的输入运算若是相乘,则输出运算应是相加。

9.7　设某同态系统以相乘作为输入和输出运算,试证明若输入 $x(n)$ 对所有 n 皆为 1,其输出 $y(n)$ 对所有 n 皆为 1。

9.8　对于输入和输出运算都是卷积的同态系统,试证明当输入 $x(n)=\delta(n)$,则输出为 $y(n)=\delta(n)$。

第10章 离散时间随机信号统计分析基础

在自然界里,人们观察到的现象大体可以归纳为两类。一类是有因果关系的确定性现象或必然现象,如简单的机械运动,物体在外力作用下的运动,在一个大气压下,水加热到 100℃必然沸腾等,这类现象可以用确定性的时间函数描述。另一类是原因一定而结果却有多种可能性的现象,即不确定性现象或称随机现象,如控制系统中的随机扰动,通信中的信道噪声,各种气象现象、地震波、语音信号,还有社会经济发展等,这些都是可观察的随机事件。对这类既不能用确定性的时间函数来描述,也不能准确地加以重现的随机性的信号称作随机信号。对连续随机信号可以用随机过程来描述,但对随机信号进行数字处理需要讨论离散时间随机过程,即随机序列或随机时间序列。

随机信号的某次观测结果往往是不可能具有重复再现性的。但是,如果对同一种现象进行多次观测,那么就可以考虑在这多次的观测结果中存在着某种共同性质,也就是说用它们的各种统计值描述它们。

10.1 随机过程的定义

对于每个 $t \in T$(T 是某个固定的实数集),$x(t)$ 是一个随机变量,我们把这样的随机变量族 $\{x(t), t \in T\}$ 称为随机过程。随机过程一次实验的结果是定义在 T 上的函数,称为随机过程的一次实现。因此,随机过程 $\{x(t)\}$ 可以看作许多确定性函数 $x_1(t), x_2(t), \cdots$ 的集合,如图 10.1(a)所示,即随机过程 $\{x(t)\}$ 不是只能产生一个确定性函数,而是以概率的规律产生多个确定性函数[①] $x_i(t), i=1,2,\cdots$,集合中任一确定性函数 $x_i(t)$ 称为随机过程 $\{x(t)\}$ 的一个样本函数或实现。当 t 固定在某个时刻 t_n 时,该随机过程的各样本取值为 $x_1(t_n), x_2(t_n), \cdots$,大小各不相同的值,这时,随机过程就是一般意义下的随机变量 $x(t_n)$。所以,随机过程兼有随机变量和函数的特点。

当参量 t 取离散值 $t_1, t_2, \cdots, t_N$ 时,则这种随机过程称为离散随机过程,它是一串随机变量 $x(t_1), x(t_2), \cdots, x(t_N)$ 所构成的离散随机序列,随机序列也用 $x_1, x_2, \cdots, x_N$ 来表示或用 $\{x_n, n=1,2,\cdots,N\}$ 表示,记作 $\{x_n\}$,其中 x_n 表示时间为 n 的点上的一个随机变量。显然,任何一个具体试验所得到的序列只能是离散随机序列 $\{x_n\}$ 中的一个样本序列(或一个实现)。如简单的抛掷硬币试验,若用 $x=+1$ 表示正面,$x=-1$ 表示反面,连续抛掷即可得到由 $+1$ 和 -1 组成的序列 $x_1(n)$,如图 10.1(b)所示。这个序列在任何 n 值点上的取值都是不能先验确定的。

这里需要注意的是,随机序列 $\{x_n\}$ 中的随机变量 x_n 与它的样本值 x_i 是两种不同意义的量,x_n 是指某一随机现象的总称,x_i 仅是这一随机现象的一个观测值(或试验值)。

---

① 本章中用黑体表示随机变量,正常字体表示随机变量的一个样本值。

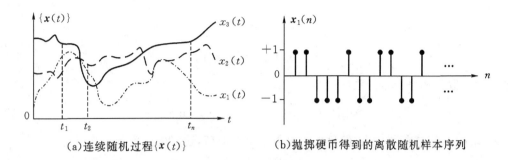

图 10.1　随机过程

　　上述抛硬币实验所得到的随机序列在任意 n 值点上的取值是随机的,但在实验条件稳定且硬币是正反面结构完全对称时,则出现 $+1$ 或 -1 的概率均是 $1/2$,也就是说,在这种不确定的过程中却含有确定的统计规律。其他离散随机过程所产生的随机序列在各时间点上的随机变量的取值同样服从某种确定的统计特性。因此,一个随机序列中的每一个随机变量都可以用确定的概率分布来统计描述。该分布函数往往可能是序号 n 的函数。对离散时间信号,当用到一个随机过程作为一个模型的概念时,序号 n 总是与时间有关。换句话说,随机信号的每一个样本值 x_i 都是由服从某种概率论定律的作用过程所产生的。如随机变量 x_n 的统计平均值 $E[x_n]$,可以通过随机变量 x_n 取值 x_i 的概率 $p(x_i)$ 相乘求和得到,即

$$E[x_n] = \sum_i x_i p(x_i)$$

要完整地描述随机变量 x_n 的统计平均特性,需要知道它取各种可能值的概率特性 $p(x_i)$,或者求出 $E[x_n]$,$E[x_n^2]$ 和 $E[x_n^3]$ 等来表征。在控制系统中,所遇到的随机序列往往是某个输出端口上所得到的由采样数据所组成的时间序列。由于系统的惯性,这种时间序列往往前后有相关性,这种相互关联性可由描述此序列各时间点上取值的多维联合概率分布特性来表征。

10.2　离散随机过程的时域统计描述

　　由于随机过程的瞬时取值是随机变量,因此随机过程的统计特性可以借用随机变量的概率分布函数或概率分布特性的特征量来描述。

10.2.1　概率分布函数和密度函数

　　离散随机过程是把时间 n 作为参数的随机变量序列 $\{x_n\}$,其特性是由概率分布函数(probability distribution function)来表征。

　　设 x_n 是一随机观测所产生的随机变量,它可用下列概率分布函数来表示

$$P_{x_n}(x_i, n) = \text{Prob}[x_n \leqslant x_i] \tag{10.1}$$

式中 x_i 是随机变量 x_n 的一个具体值,$\text{Prob}[x_n \leqslant x_i]$ 表示 x_n 小于或等于任意实数 x_i 的概率。若 x_n 取值是连续的,则 x_n 也可等价地由概率密度函数(probability density function,PDF)描述为

$$p_{x_n}(x_i, n) = \frac{\partial P_{x_n}(x_i, n)}{\partial x_i} \tag{10.2}$$

显然，$p_{x_n}(x_i,n)$ 满足

$$\left.\begin{array}{l} p_{x_n}(x_i,n) \geqslant 0 \\ \int_{-\infty}^{\infty} p_{x_n}(x,n)\mathrm{d}x = 1 \end{array}\right\} \tag{10.3}$$

概率密度函数与概率分布函数的关系是

$$P_{x_n}(x_i,n) = \int_{-\infty}^{x_i} p_{x_n}(x,n)\mathrm{d}x \tag{10.4}$$

若 x_n 的取值被离散化，它们只能在可数集合上取值，这时的概率分布是

$$P_{x_n}(x_i,n) = \begin{cases} 1, & x_i \geqslant 1 \\ 1-p, & -1 \leqslant x_i < 1 \\ 0, & x_i < -1 \end{cases} \tag{10.5}$$

上式在允许使用冲激函数的情况下导数才存在，所以不能简单采用概率密度函数的定义。

为了仅仅对样本空间中样本的离散点值进行概率度量，即对于值域离散的随机变量，导数不存在，故定义一个概率质量函数(probability mass function，PMF) $p_{x_n}(x_i,n)$ 来表示离散型随机变量，即

$$p_{x_n}(x_i,n) = \text{Prob}[\boldsymbol{x}_n = x_i] \tag{10.6}$$

将式(10.4)中的积分号改换成求和，给出概率分布函数与概率质量函数的关系是

$$P_{x_n}(x_i,n) = \text{Prob}[\boldsymbol{x}_n \leqslant x_i] = \sum_{\boldsymbol{x}_n \leqslant x_i} p_{x_n}(x_i,n) \tag{10.7}$$

例如抛硬币的随机过程就是 $\boldsymbol{x}_n$ 取值是离散的例子。设 $\boldsymbol{x}_n = +1$(正面)的概率为 p，则 $\boldsymbol{x}_n = -1$(反面)的概率为 $(1-p)$，图 10.2 给出了离散型随机变量 $\boldsymbol{x}_n$ 的概率分布函数和概率质量函数。

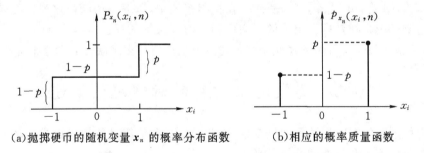

(a)抛掷硬币的随机变量 $\boldsymbol{x}_n$ 的概率分布函数　　　(b)相应的概率质量函数

图 10.2　硬币抛掷随机过程描述

下面介绍一些离散随机变量的常用分布。

1) 伯努利分布

该分布的概率质量函数是

$$p(-1) = 1-q, \quad p(1) = q, \quad q \in [0,1]$$

抛掷单个硬币就属于这种分布。

2) 二项分布

该分布的概率质量函数是

$$p(k) = \binom{n}{k} p^k (1-p)^{n-k}, \quad k \in \{0,1,\cdots,n\}$$

式中

$$\binom{n}{k} = \frac{n!}{k!(n-k)!}$$

多次抛掷硬币时,k 次正面或反面的次数可以这个分布描述。

3) 均匀分布

该分布的概率质量函数是

$$p(k) = 1/n, \quad k \in \{0,1,\cdots,n-1\}$$

许多传感信号处理和社会计算的模型多用这种分布。

4) 泊松分布

该分布的概率质量函数是

$$p(k) = (\lambda^k e^{-\lambda})/k!$$

式中 λ 是 $(0,\infty)$ 之间的参数,$k \in \{0,1,\cdots\}$。该分布可以描述数据传输、电子辐射、电话呼叫中的数据到达时间。

上述常用分布的概率质量函数在各种统计信号处理中有着广泛的应用。

对于一个随机过程的两个时间点(n_1 与 n_2)上的随机变量 $\boldsymbol{x}_{n_1}$ 和 $\boldsymbol{x}_{n_2}$ 之间的相互关联性,可用下列二维联合概率分布函数来描述

$$P_{\boldsymbol{x}_{n_1},\boldsymbol{x}_{n_2}}(x_1,n_1;x_2,n_2) = \mathrm{Prob}[\boldsymbol{x}_{n_1} \leqslant x_1, \boldsymbol{x}_{n_2} \leqslant x_2] \tag{10.8}$$

式中 x_1 和 x_2 分别是两个随机变量 $\boldsymbol{x}_{n_1}$ 和 $\boldsymbol{x}_{n_2}$ 的取值。式(10.8)表示 $\boldsymbol{x}_{n_1} \leqslant x_1$,同时 $\boldsymbol{x}_{n_2} \leqslant x_2$ 的联合概率。若 $\boldsymbol{x}_{n_1}$ 和 $\boldsymbol{x}_{n_2}$ 是连续随机变量,也可用二维联合概率密度函数来描述

$$p_{\boldsymbol{x}_{n_1},\boldsymbol{x}_{n_2}}(x_1,n_1;x_2,n_2) = \frac{\partial^2 P_{\boldsymbol{x}_{n_1},\boldsymbol{x}_{n_2}}(x_1,n_1;x_2,n_2)}{\partial x_1 \partial x_2} \tag{10.9}$$

若 $\boldsymbol{x}_{n_1}$ 和 $\boldsymbol{x}_{n_2}$ 是离散的随机变量,其二维联合概率质量函数定义为

$$p_{\boldsymbol{x}_{n_1},\boldsymbol{x}_{n_2}}(x_1,n_1;x_2,n_2) = \mathrm{Prob}[\boldsymbol{x}_{n_1} = x_1 \text{ 同时 } \boldsymbol{x}_{n_2} = x_2] \tag{10.10}$$

式中 p 表示 $\boldsymbol{x}_{n_1}$ 取值 x_1 同时 $\boldsymbol{x}_{n_2}$ 取值 x_2 的联合概率。

从随机变量 $\boldsymbol{x}_{n_1}$ 与 $\boldsymbol{x}_{n_2}$ 的二维联合概率密度可求得 $\boldsymbol{x}_{n_1}$ 与 $\boldsymbol{x}_{n_2}$ 分别的一维概率密度:

$$\left.\begin{array}{l} p\boldsymbol{x}_{n_1}(x_1,n_1) = \displaystyle\int_{-\infty}^{\infty} p\boldsymbol{x}_{n_1},\boldsymbol{x}_{n_2}(x_1,n_1;x_2,n_2)\mathrm{d}x_2 \\[2mm] p\boldsymbol{x}_{n_2}(x_2,n_2) = \displaystyle\int_{-\infty}^{\infty} p\boldsymbol{x}_{n_1},\boldsymbol{x}_{n_2}(x_1,n_1;x_2,n_2)\mathrm{d}x_1 \end{array}\right\} \tag{10.11}$$

又由贝叶斯(Bayes)公式有

$$\left.\begin{array}{l} p_{\boldsymbol{x}_{n_1},\boldsymbol{x}_{n_2}}(x_1,n_1;x_2,n_2) = p_{\boldsymbol{x}_{n_2}}(x_2,n_2) \cdot p_{\boldsymbol{x}_{n_1}}(x_1/x_2) \\[2mm] p_{\boldsymbol{x}_{n_1},\boldsymbol{x}_{n_2}}(x_1,n_1;x_2,n_2) = p_{\boldsymbol{x}_{n_1}}(x_1,n_1) \cdot p_{\boldsymbol{x}_{n_2}}(x_2/x_1) \end{array}\right\} \tag{10.12}$$

或

其中 $p_{\boldsymbol{x}_{n_1}}(x_1/x_2)$ 表示 $\boldsymbol{x}_{n_2}$ 已取 x_2 值后,$\boldsymbol{x}_{n_1}$ 取 x_1 值的概率密度,$p_{\boldsymbol{x}_{n_2}}(x_2/x_1)$ 表示 $\boldsymbol{x}_{n_1}$ 取 x_1 值后,$\boldsymbol{x}_{n_2}$ 取 x_2 值的概率密度。$p_{\boldsymbol{x}_{n_1}}(x_1/x_2)$ 及 $p_{\boldsymbol{x}_{n_2}}(x_2/x_1)$ 称为条件概率密度。

由此可见,二维联合概率密度不仅蕴涵了一维概率密度,而且蕴涵了条件概率密度。正是条件概率密度说明了 $\boldsymbol{x}_{n_1}$ 与 $\boldsymbol{x}_{n_2}$ 之间的相关性。当随机变量 $\boldsymbol{x}_{n_1}$ 与 $\boldsymbol{x}_{n_2}$ 统计独立时,即 $\boldsymbol{x}_{n_1}$ 与 $\boldsymbol{x}_{n_2}$ 的各自取值互不影响时,则有

$$p_{x_{n_1}} (x_1/x_2) = p_{x_{n_1}} (x_1,n_1) \left.\begin{array}{c}\\ \\ \end{array}\right\}$$
$$p_{x_{n_2}} (x_2/x_1) = p_{x_{n_2}} (x_2,n_2) \qquad\qquad (10.13)$$

于是, x_{n_1} 与 x_{n_2} 彼此独立时,有

$$p_{x_{n_1},x_{n_2}} (x_1,n_1;x_2,n_2) = p_{x_{n_1}} (x_1,n_1) \cdot p_{x_{n_2}} (x_2,n_2) \qquad (10.14)$$

投掷硬币这一伯努利过程中各次投掷硬币的结果就是互相独立的,也就是说,某次投掷硬币出现正面(或反面)的概率与其他任何一次投掷的结果无关。这种情况下,随机过程 $\{x_n\}$ 的各随机变量是相互独立的。

对于一般意义下的随机过程(或随机信号),需要用所有各时间点上的随机变量的多维联合概率密度函数 $p_{x_{n_1},x_{n_2},\cdots,x_{n_N}} (x_1,n_1;x_2,n_2;\cdots;x_N,n_N)$ 来描述。正如二维概率密度函数蕴涵一维概率密度函数一样,可以从一个 N 维概率密度函数推得各个低于 N 维的概率密度函数。

一般来说,对于由 N 个离散随机变量描述的随机向量,如果能给出 N 维联合概率分布函数或联合概率质量函数,就可以完全地表征这个随机过程的统计性质。从这个意义上说,最一般的随机信号分析的目的就是求出它们的概率分布。

10.2.2　平稳随机过程

如果一个随机过程的概率特性不随时间的平移而变化,即

$$\mathrm{Prob}\{x_{n_1+k} \leqslant x_1;x_{n_2+k} \leqslant x_2;\cdots;x_{n_N+k} \leqslant x_N\}$$
$$= \mathrm{Prob}\{x_{n_1} \leqslant x_1;x_{n_2} \leqslant x_2;\cdots;x_{n_N} \leqslant x_N\}, \quad k \text{ 为任意实数} \qquad (10.15)$$

就称 $\{x_n\}$ 为平稳随机过程,或狭义平稳随机过程。这是一类很重要的随机过程,它在自动控制、通信和信号分析等领域有着广泛的应用。

为了判断任一随机过程是否为平稳过程,必须搞清楚它的各阶矩是否与时间起点有关,这往往难以实现。因此,常常只在二阶矩范围内考虑平稳性条件,从而引入弱平稳的概念。

若一随机过程 $\{x_n\}$ 满足:

(1) 一阶矩:

$$E[x_n] = \int_{-\infty}^{\infty} x p_{x_n} (x,n) \mathrm{d}x = \text{常数} \qquad (10.16)$$

(2) 二阶矩:

$$E[x_{n_1} \cdot x_{n_2}] = \int_{-\infty}^{\infty}\int_{-\infty}^{\infty} x_1 x_2 p_{x_{n_1},x_{n_2}} (x_1,n_1;x_2,n_2) \mathrm{d}x_1 \mathrm{d}x_2$$
$$= \int_{-\infty}^{\infty}\int_{-\infty}^{\infty} x_1 x_2 p_{x_{n_1},x_{n_2}} (x_1,x_2;m) \mathrm{d}x_1 \mathrm{d}x_2, \quad m = n_2 - n_1 \qquad (10.17)$$

即一阶矩 $E[x_n]$ 与时间 n 无关,是一个常数;二阶矩 $E[x_{n_1} \cdot x_{n_2}]$ 与 n_1 和 n_2 也无关,而只依赖于两点间的时间差 $m = n_2 - n_1$,换句话说,二阶矩不随时间推移而变化。这种过程称为弱平稳随机过程或广义平稳随机过程。

如果随机过程 $\{x_n\}$ 是一平稳过程,且 $E[x_n^2] < \infty$,那么 $\{x_n\}$ 必是弱平稳过程,但弱平稳随机过程未必是平稳的,只有 $\{x_n\}$ 是高斯随机过程时,弱平稳过程才是平稳的。对于一个平稳过程,用它的二维概率 $p(x_1,x_2;m)$ 就可在统计意义上充分描述其性质。

10.2.3　概率分布特性的特征量

由前面讨论知道,用概率分布可以在统计意义上充分地描述一个随机过程。但是,直接求

出概率分布常常是十分困难的。因此,在实际应用中,并不需要求出它们的概率分布,也不需要知道随机变量的一切概率性质,通常可用随机变量的统计平均(各阶矩)来表征。其中最主要的是均值、均方值、方差和自相关函数。如果已知随机过程的分布函数形式(例如,泊松分布、均匀分布、高斯分布等)时,只要求得它的某些特征量就可以充分说明它的概率分布,例如,对于高斯分布函数形式

$$p_{x_n}(n) = \frac{1}{\sqrt{2\pi\sigma_x^2}}\exp\left(-\frac{x-m_x}{2\pi\sigma_x^2}\right) \tag{10.18}$$

只要知道它的均值 m_x 和方差 σ_x^2 这两个特征量(后面的讨论将给出它们的定义)就等于完全说明了它的概率分布函数。根据一阶矩和二阶矩函数,可以定义与概率分布特性有关的均值、均方值、方差和自相关函数等统计平均特征量。离散时间随机系统与连续时间随机系统在这方面是完全类同的。下面给出关于离散时间随机系统的这些统计平均特征量的定义。

1) 均值(数学期望)

随机变量 x_n 的均值定义为

$$m_{x_n} = E[x_n] = \sum_x x p_{x_n}(x,n) \tag{10.19}$$

若 x_n 是电压或电流信号序列,则 $E[x_n]$ 可理解为第 n 点上的电压或电流的"直流分量"。

2) 均方值

随机变量 x_n 的均方值定义为 x_n^2 的平均

$$E[x_n^2] = \sum_x x^2 p_{x_n}(x) \tag{10.20}$$

若 x_n 是电压或电流,则 $E[x_n^2]$ 可理解为在第 n 点上电压或电流在 $1\,\Omega$ 电阻上的"平均功率"。

3) 方差

随机变量 x_n 的方差定义为 $(x_n-m_{x_n})$ 的均方值,即

$$\sigma_{x_n}^2 = E[(x_n - m_{x_n})^2] \tag{10.21}$$

若 x_n 是电压或电流,则 $\sigma_{x_n}^2$ 可理解为电压或电流的起伏分量在 $1\,\Omega$ 电阻上耗散的平均功率。因为和的平均等于平均的和,所以不难证明,式(10.17)的方差也可表示为

$$\sigma_{x_n}^2 = E[x_n^2] - m_{x_n}^2 \tag{10.22}$$

或

$$E[x_n^2] = \sigma_{x_n}^2 + m_{x_n}^2 \tag{10.23}$$

即所谓"平均功率"="交流分量功率"+"直流分量功率"。

上述的均值、均方值和方差三个特征量仅与一维概率密度 $p_{x_n}(x_i,n)$ 有关。而对于平稳随机过程,一维概率密度 $p_{x_n}(x_i,n)$ 与时间无关,故对平稳随机过程的 m_{x_n}, $E[x_n^2]$ 和 $\sigma_{x_n}^2$ 均是与时间无关的常数。后面将用 m_x 和 σ_x^2 分别代替 m_{x_n} 和 $\sigma_{x_n}^2$。

与二维概率分布有关的统计特性是自相关序列和自协方差序列。

4) 自相关序列与自协方差序列

一个平稳随机过程中的两个时间点(n_1 和 n_2)上的随机变量 x_{n_1} 和 x_{n_2} 之间的依赖性度量定义为自相关序列

$$\varphi_{xx}(m) = E[x_{n_1} \cdot x_{n_2}] = E[x_n \cdot x_{n+m}]$$
$$= \sum_{x_1}\sum_{x_2} x_1 x_2 p(x_1,x_2;m), \quad m = n_2 - n_1 \tag{10.24}$$

它描述了平稳随机过程相隔 m 的两个时刻的随机变量线性相关程度。式(10.24)表示的自相关序列是一个一维序列,它是时间差的函数。这里 $m=$ 时移差(n_2-n_1)。把随机变量 $\boldsymbol{x}_{n_1}$ 与 $\boldsymbol{x}_{n_2}$ 相乘意味着把它们中间的共性成分进行了相乘。因为共性成分的相乘是带确定符号关系的,而非共性成分相乘随机地"有正有负",平均来讲趋于相互"抵消"。因此,自相关函数能把 $\boldsymbol{x}_{n_1}$ 与 $\boldsymbol{x}_{n_2}$ 中的共性成分提取出来,它是随机信号$\{\boldsymbol{x}_n\}$在 n_1 点与 n_2 点间的波及性的指示。

自协方差序列定义为

$$\gamma_{xx}(m) = E[(\boldsymbol{x}_n - m_x)(\boldsymbol{x}_{n+m} - m_x)] \tag{10.25}$$

自协方差序列也是衡量随机过程在不同时刻上随机变量之间相关性的量。

从式(10.24)和式(10.25)不难看出 $\gamma_{xx}(m)$ 与 $\varphi_{xx}(m)$ 之间有如下关系

$$\gamma_{xx}(m) = \varphi_{xx}(m) - m_x^2 \tag{10.26}$$

对于平稳随机过程,m_x 是一常数,故此时 γ_{xx} 与 φ_{xx} 只相差一个常数 m_x^2,它们之间没有本质区别。

以上介绍了一个随机过程在不同时刻的两个随机变量之间的相关性的两种量度。而两个随机过程$\{\boldsymbol{x}_n\}$和$\{\boldsymbol{y}_n\}$的随机变量间的相关程度,可以用互相关序列和互协方差序列来描述。

5) 互相关序列与互协方差序列

互相关序列定义为

$$\begin{aligned}\varphi_{xy}(m) &= E[\boldsymbol{x}_n \cdot \boldsymbol{y}_{n+m}] \\ &= \sum_x \sum_y xy p_{\boldsymbol{x}_n, \boldsymbol{y}_{n+m}}(x, y; m)\end{aligned} \tag{10.27}$$

式中 $p_{\boldsymbol{x}_n, \boldsymbol{y}_{n+m}}(x, y; m)$ 是$\{\boldsymbol{x}_n\}$和$\{\boldsymbol{y}_n\}$的联合概率密度。

互协方差序列定义为

$$\gamma_{xy}(m) = E[(\boldsymbol{x}_n - m_x)(\boldsymbol{y}_{n+m} - m_y)] = \varphi_{xy}(m) - m_x m_y \tag{10.28}$$

由上述讨论可见,一个随机过程的相关函数与二维概率分布有关。前面已经指出,对于一个平稳随机过程,二维概率分布就可以充分地表征其统计特性,因为它不仅蕴涵了相关性,也蕴涵了一维概率分布。由二维概率分布决定的相关函数,也有同样的性质,它不仅表达了相关性,也包含一维特征量。因此,自相关序列 $\varphi_{xx}(m)$ 或自协方差序列 $\gamma_{xx}(m)$ 是表征一个随机过程的最重要的统计特征量。

10.2.4　相关序列与协方差序列的性质

考虑两个实平稳随机过程$\{\boldsymbol{x}_n\}$和$\{\boldsymbol{y}_n\}$,它们的自相关、自协方差、互相关和互协方差序列分别定义为

$$\varphi_{xx}(m) = E[\boldsymbol{x}_n \cdot \boldsymbol{x}_{n+m}] \tag{10.29}$$

$$\gamma_{xx}(m) = E[(\boldsymbol{x}_n - m_x)(\boldsymbol{x}_{n+m} - m_x)] \tag{10.30}$$

$$\varphi_{xy}(m) = E[\boldsymbol{x}_n \cdot \boldsymbol{y}_{n+m}] \tag{10.31}$$

$$\gamma_{xy}(m) = E[(\boldsymbol{x}_n - m_x)(\boldsymbol{y}_{n+m} - m_y)] \tag{10.32}$$

式中 m_x 和 m_y 是各过程的均值。由以上的定义不难导出如下性质。

性质 1

$$\left.\begin{aligned}\gamma_{xx}(m) &= \varphi_{xx}(m) - m_x^2 \\ \gamma_{xy}(m) &= \varphi_{xy}(m) - m_x m_y\end{aligned}\right\} \tag{10.33}$$

当均值 $m_x = 0$ 时,协方差序列与相关序列相等,即

$$\left.\begin{array}{l} \gamma_{xx}(m) = \varphi_{xx}(m) \\ \gamma_{xy}(m) = \varphi_{xy}(m) \end{array}\right\} \tag{10.34}$$

性质 2

$$\left.\begin{array}{l} \varphi_{xx}(0) = E[\boldsymbol{x}_n^2] = 均方值 \\ \gamma_{xx}(0) = \varphi_{xx}(0) - m_x^2 = E[\boldsymbol{x}_n^2] - m_x^2 = \sigma_x^2 = 方差 \end{array}\right\} \tag{10.35}$$

性质 3

$$\left.\begin{array}{l} \varphi_{xx}(m) = \varphi_{xx}(-m) \\ \gamma_{xx}(m) = \gamma_{xx}(-m) \\ \varphi_{xy}(m) = \varphi_{yx}(-m) \\ \gamma_{xy}(m) = \gamma_{yx}(-m) \end{array}\right\} \tag{10.36}$$

性质 4

$$\left.\begin{array}{l} |\varphi_{xx}(m)| \leqslant \varphi_{xx}(0) \\ |\gamma_{xx}(m)| \leqslant \gamma_{xx}(0) \end{array}\right\} \tag{10.37}$$

证明　设 $x(n)$ 是一随机过程 $\{\boldsymbol{x}_n\}$ 的一个样本序列,当 $-\infty < n < \infty$ 时,对于任何单个样本序列 $x(n)$,有

$$E[x(n) \pm x(n+m)]^2 \geqslant 0$$
$$E[x^2(n) \pm 2x(n)x(n+m) + x^2(n+m)] \geqslant 0$$

并且 $\{\boldsymbol{x}_n\}$ 是平稳随机过程,故

$$E[x^2(n)] = E[x^2(n+m)] = \varphi_{xx}(0)$$

代入上面不等式,得

$$2\varphi_{xx}(0) \pm 2\varphi_{xx}(m) \geqslant 0$$

所以

$$\varphi_{xx}(0) \geqslant |\varphi_{xx}(m)|$$

而 $\gamma_{xx}(m)$ 与 $\varphi_{xx}(m)$ 只差一常数 m_x^2,故有类似性质,即 $\gamma_{xx}(0) \geqslant |\gamma_{xx}(m)|$。

性质 5

若有 $\boldsymbol{y}_n = \boldsymbol{x}_{n-m}$,则

$$\left.\begin{array}{l} \varphi_{yy}(m) = \varphi_{xx}(m) \\ \gamma_{yy}(m) = \gamma_{xx}(m) \end{array}\right\} \tag{10.38}$$

这是由于平衡性带来的。

性质 6

对于实际问题中的多数随机过程,当 m 愈大则相关性愈小,当 $m \to \infty$ 时,可认为随机变量不相关。因此

$$\lim_{m \to \infty} \varphi_{xx}(m) = E[\boldsymbol{x}_n \boldsymbol{x}_{n+m}] = E[\boldsymbol{x}_n]E[\boldsymbol{x}_{n+m}] = m_x^2 \tag{10.39}$$

$$\lim_{m \to \infty} \gamma_{xx}(m) = \lim_{m \to \infty} \varphi_{xx}(m) - m_x^2 = 0 \tag{10.40}$$

$$\lim_{m \to \infty} \varphi_{xy}(m) = m_x m_y \tag{10.41}$$

$$\lim_{m \to \infty} \gamma_{xy}(m) = 0 \tag{10.42}$$

由上述性质不难看出, $\varphi_{xx}(m)$ 是描述随机过程 $\{\boldsymbol{x}_n\}$ 最主要的统计特征量,它不仅说明了随

机变量间的相关性,而且蕴涵了 m_x,σ_x^2 和 $E[x_n^2]$ 等主要特征量。因此,对一个随机序列的统计描述,可以利用其自相关序列来高度概括。

10.2.5　各态历经性与时间平均

上面讨论了随机过程的一些统计特征量 $E[x_n]$、$\varphi_{xx}(m)$ 等的定义和性质,但按这些定义来求这些统计特征量都需事先知道一维、二维概率密度函数(或概率质量函数),而这些特征量一般在实际问题中无法事先给定,为了确定这些概率密度函数,则要通过大量的观察或实验。例如为了求出接收机内部噪声过程 $\{x_n\}$ 的均值 m_x 或自相关序列 $\varphi_{xx}(m)$,需要在相同条件下,在同一时刻 t,对 N 部接收机的内部噪声进行测试,然后求其集合平均,即

$$m_x = \lim_{N\to\infty} \frac{1}{N} \sum x_n \qquad \text{(对 } N \text{ 个样本)} \tag{10.43}$$

同样,定义时间自相关序列为

$$\varphi_{xx}(m) = \lim_{N\to\infty} \frac{1}{N} \sum [x_n x_{n+m}] \qquad \text{(对 } N \text{ 个样本)} \tag{10.44}$$

显然,取集合平均的方法需要大量的样本,在实际中这样做往往是困难的。通常希望能够根据一次观测得到的一个样本函数来确定平稳随机过程的均值。如上面所提到的求接收机内部噪声过程 $\{x_n\}$ 的均值,则只要在相同条件下,对一部接收机进行一次较长时间测试,得到随机过程的一个样本函数,并以此确定平稳过程 $\{x_n\}$ 的均值。也就是说,对于一个平稳随机过程,用它的一个样本函数在整个时间轴上大量样本的算术平均值为代替其集合平均。现在的问题是怎样才能做到这一点。下面介绍时间平均和各态历经的概念。

设 $x(n)$ 是随机过程 $\{x_n\}$ 的一个样本序列,$-\infty < n < \infty$,我们定义随机过程 $\{x_n\}$ 的时间平均为

$$<x_n> \stackrel{\text{def}}{=\!=} \lim_{N\to\infty} \frac{1}{2N+1} \sum_{n=-N}^{N} x(n) \xrightarrow{\text{各态历经假设}} E[x_n] = m_x \tag{10.45}$$

和

$$<x_n, x_{n+m}> \stackrel{\text{def}}{=\!=} \lim_{N\to\infty} \frac{1}{2N+1} \sum_{n=-N}^{N} x(n) x(n+m)$$
$$\xrightarrow{\text{各态历经假设}} E[x_n x_{n+m}] = \varphi_{xx}(m) \tag{10.46}$$

式中 $<\cdot>$ 表示时间平均算子。

对于平稳随机过程,只要满足一定的条件,实际上可以用一个样本序列在时间上取平均,就是从概率意义逼近该过程的统计平均。对于具有这种条件的随机过程,就说它具有各态历经性,或称遍历性。平稳随机过程的各态历经性可以理解为随机过程的各个样本都同样也经历了随机过程的各种可能状态。

如果随机过程具有各态历经性,则集合平均将以概率 1 等于相应的时间平均,即

$$m_x = E[x_n] = <x_n>$$
$$\varphi_{xx} = E[x_n x_{n+m}] = <x_n x_{n+m}>$$

实际观测得到的平稳随机过程的样本序列是有限长的,因此该样本函数在有限时间轴上的平均值是它的统计值的估计值,即

$$\hat{m}_x = \frac{1}{2N+1} \sum_{n=-N}^{N} x(n) \tag{10.47}$$

$$\hat{\varphi}_{xx}(m) = \frac{1}{2N+1}\sum_{n=-N}^{N}x(n)x(n+m) \tag{10.48}$$

式中，$\hat{m}_x$ 表示 m_x 的估计值，$\hat{\varphi}_{xx}(m)$ 表示 $\varphi_{xx}(m)$ 的估计值。

　　平隐随机过程不一定是各态历经的，就是说由随机过程的任一样本序列所求得的时间平均，与该过程的集合所得的统计平均不一定相等。关于平稳随机过程应该满足怎样的条件才是各态历经的，请读者参考有关概率与随机过程的文献[19,20,22]。

　　在实际问题中，所观测的物理现象并不能保证是各态历经。但是，在信号处理中都是假定多数的物理现象是平稳和各态历经的，在大多数场合都是利用时间平均来取代集合平均。各态历经在直观上也不难理解，由于过程平稳的假设，保证了不同时刻的样本序列 $x(n)$ 的统计特性是相同的，这会导致每个实现都是各态历经的，即只要一个实现时间充分长的过程能表现出各个实现的特征来，就可用一个实现来表示随机过程总体的统计特性。

　　下面讨论一个用平均量描述前述抛硬币的随机过程。

　　例 10.1　抛掷硬币实验中，每次抛掷是独立的，并且 $x=+1$ 和 $x=-1$ 的概率与时间无关，所以这个过程是平稳随机过程。如果 $x=+1$ 的概率为 p，$x=-1$ 的概率为 $1-p$，求 m_x、σ_x^2 和 $\varphi_{xx}(m)$。

　　解

$$m_x = E[\boldsymbol{x}] = \sum xp(x) = (+1)p + (-1)(1-p) = 2p-1$$

$$E[\boldsymbol{x}^2] = \sum x^2 p(x) = (+1)^2 p + (-1)^2(1-p) = 1$$

$$\sigma_x^2 = E[\boldsymbol{x}^2] - m_x^2 = 1 - (2p-1)^2 = 4p(1-p)$$

$$\varphi_{xx}(m) = E[\boldsymbol{x}_n\boldsymbol{x}_{n+m}] = \begin{cases} E[\boldsymbol{x}_n^2] = 1, & m = 0 \\ E[\boldsymbol{x}_n]E[\boldsymbol{x}_{n+m}] = m_x^2 = (2p-1)^2, & m \neq 0 \end{cases}$$

当 $p = \dfrac{1}{2}$ 时，则 $m_x = 0$，得到

$$\varphi_{xx}(m) = \delta(m)$$

　　对于一个随机过程来说，只要所有它在不同时间点上的随机变量的取值相互统计独立，并且它的统计均值为 0，它的自相关函数就将有单位样本函数的形式。这种过程（称为白噪声）在信号处理中起着重要作用。

10.3　离散随机过程的频域统计描述

　　对于一个线性时不变系统，若输入是一个随机信号时，研究相关序列和协方差序列的频域表示，即这些序列的傅里叶变换和 z 变换对描述该系统的输入/输出关系起着重要的作用。

　　由 10.2.4 节平稳过程的性质 2 可以知道，当时间差 m 为零时，自相关序列就是均方值，即 $\varphi_{xx}(0) = E[\boldsymbol{x}_n^2]$，如果把 $\boldsymbol{x}_n$ 看成是 1Ω 电阻两端的电压或电流，则自相关序列 $\varphi_{xx}(0)$ 可看作是 1Ω 电阻上的平均功率。对平均功率进行傅里叶变换，可以导出信号的功率谱密度。这里分别定义 $\Phi_{xx}(e^{j\omega})$、$\Phi_{xy}(e^{j\omega})$、$\Gamma_{xx}(e^{j\omega})$ 和 $\Gamma_{xy}(e^{j\omega})$ 为 $\varphi_{xx}(m)$、$\varphi_{xy}(m)$、$\gamma_{xx}(m)$ 和 $\gamma_{xy}(m)$ 的傅里叶变换。由前面的性质 6 可以看到，当 $m \to \infty$ 时，自相关序列 $\varphi_{xx}(m)$ 的极限并不为零，致使它的 z 变换或傅里叶变换不存在，因此，无法从自相关序列定义直接导出功率谱密度。只有当平稳

过程的均值 $m_x = 0$ 时，$\varphi_{xx}(m)$ 和 $\varphi_{xy}(m)$ 的傅里叶变换才存在，并且 $\Phi_{xx}(e^{j\omega}) = \Gamma_{xx}(e^{j\omega})$，$\Phi_{xy}(e^{j\omega}) = \Gamma_{xy}(e^{j\omega})$。而协方差序列不存在这个问题，当 $m \to \infty$ 时，它的极限为零。因此常用协方差函数来确定随机序列的功率谱密度。

由傅里叶反变换可以建立起 $\gamma_{xx}(m)$ 和 $\Gamma_{xx}(e^{j\omega})$，$\varphi_{xx}(m)$ 和 $\Phi(e^{j\omega})$ 之间的关系，即

$$\gamma_{xx}(m) = \frac{1}{2\pi}\int_{-\pi}^{\pi} \Gamma_{xx}(e^{j\omega}) e^{j\omega m} \, d\omega \tag{10.49}$$

$$\varphi_{xx}(m) = \frac{1}{2\pi}\int_{-\pi}^{\pi} \Phi_{xx}(e^{j\omega}) e^{j\omega m} \, d\omega \tag{10.50}$$

若 $m_x = 0$，并考虑 $m = 0$，则根据式(10.35)，有

$$\gamma_{xx}(0) = \sigma_x^2 = \frac{1}{2\pi}\int_{-\pi}^{\pi} \Gamma_{xx}(e^{j\omega}) \, d\omega \tag{10.51}$$

$$\varphi_{xx}(0) = E[x_n^2] = \frac{1}{2\pi}\int_{-\pi}^{\pi} \Phi_{xx}(e^{j\omega}) \, d\omega \tag{10.52}$$

定义 $P_{xx}(\omega)$ 为

$$P_{xx}(\omega) = \Gamma_{xx}(e^{j\omega})$$

这时，式(10.51)可表示为

$$\gamma_{xx}(0) = \sigma_x^2 = \frac{1}{2\pi}\int_{-\pi}^{\pi} P_{xx}(\omega) \, d\omega \tag{10.53}$$

由于 $m_x = 0$，则有 $\varphi_{xx}(0) = \gamma_{xx}(0) = \sigma_x^2 = E[x_n^2] - m_x^2 = E[x_n^2]$，代入式(10.53)，有

$$\frac{1}{2\pi}\int_{-\pi}^{\pi} P_{xx}(\omega) \, d\omega = E[x_n^2] \tag{10.54}$$

这就是说 $P_{xx}(e^{j\omega})$ 在 $-\pi \leqslant \omega \leqslant \pi$ 区间内的积分面积正比于信号 x_n 的平均功率，故将 $P_{xx}(\omega)$ 称作 x_n 的功率谱密度，简称功率谱。另一方面，$m_x = $ 时，$\varphi_{xx}(m) = \gamma_{xx}(m)$，因此，当 $m_x = 0$ 时，功率谱密度 $P_{xx}(\omega)$ 就是自相关序列 $\varphi_{xx}(0)$ 的傅里叶变换 $\Phi_{xx}(e^{j\omega})$，方差等于均方值：$\sigma_x^2 = E[x_n^2]$。当 $P_{xx}(\omega)$ 是一个与 ω 无关的常量时，称这个随机信号为白过程或白噪声；当 $P_{xx}(\omega)$ 在某一频段上为常量而在其他频段上为零时，则称它为带限的噪声。由 10.2.4 节的性质 3 可得，$P_{xx}(\omega)$ 是对称函数，即 $P_{xx}(\omega) = P_{xx}(-\omega)$。

类似地，两个随机序列 $\{x_n\}$ 和 $\{y_n\}$ 的互功率谱密度 $\Gamma_{xy}(e^{j\omega})$ 与协方差序列 $\gamma_{xy}(m)$ 也是一对傅里叶变换对，即

$$\left. \begin{aligned} P_{xy}(\omega) &= \Gamma_{xy}(e^{j\omega}) = \sum_{m=-\infty}^{\infty} \gamma_{xy}(m) e^{-jm\omega} \\ \gamma_{xy}(m) &= \frac{1}{2\pi}\int_{-\pi}^{\pi} P_{xy}(\omega) e^{jm\omega} \, d\omega \end{aligned} \right\} \tag{10.55}$$

根据 10.2.4 节协方差的性质 3，又有

$$\Gamma_{xy}(e^{j\omega}) = \Gamma_{yx}(e^{-j\omega}) \tag{10.56}$$

所以

$$P_{xy}(\omega) = P_{yx}(-\omega) \tag{10.57}$$

10.4　离散线性系统对随机信号的响应

在确定性信号的情况下，通常用系统的冲激响应的显式表达式来表征系统输入与输出的

关系。而随机信号不同于确定性信号,描述它的参数是信号的统计特性。因此,分析离散线性系统对随机信号的响应,应该用系统输入信号的统计特性和输出信号的统计特性来描述。

10.4.1　系统的稳态响应

一个稳态的离散线性时不变系统,它的冲激响应为 $h(n)$,设 $x(n)$ 是一个实输入序列,它是广义平稳随机过程的一个样本序列,系统的输出 $y(n)$ 是输出随机过程的一个样本函数,则离散线性时不变系统的输出和输入过程可用以下关系式表示

$$y(n) = x(n) * h(n) = \sum_{k=-\infty}^{\infty} h(k)x(n-k) \tag{10.58}$$

下面介绍如何在已知输入随机序列信号 $x(n)$ 的统计特征量的情况下,求解输出序列 $y(n)$ 的统计特征值,以及 $y(n)$ 与 $x(n)$ 之间的关系。

1. 系统的稳态输出

由定义,$y(n)$ 的均值可表示为

$$m_y = E[y(n)] = E\Big[\sum_{k=-\infty}^{\infty} h(k)x(n-k)\Big] = \sum_{k=-\infty}^{\infty} E[h(k)x(n-k)] \tag{10.59}$$

由于输入随机序列信号 $x(n)$ 是平稳的,有

$$E[x(n)] = E[x(n-k)] = m_x \tag{10.60}$$

将式(10.60)代入式(10.59),则得

$$m_y = m_x \sum_{k=-\infty}^{\infty} h(k) \tag{10.61}$$

利用系统函数,则式(10.61)可表示为

$$m_y = m_x H(z)\mid_{z=1} = m_x H(e^{j0}) \tag{10.62}$$

从式(10.62)可以看出,由于输入序列是平稳的,则线性时不变性系统的输出随机序列均值等于输入随机序列的均值乘以系统的直流传输系数,该输出序列是一个与时间无关的常数。

下面讨论系统的自相关函数。因为当输入信号是平稳随机序列时,输出信号的平稳性尚未得到证明,只得暂时先假设输出是非平稳的,这样输出随机序列 $y(n)$ 的自相关函数为

$$\varphi_{yy}(n, n+m) = E[y(n)y(n+m)]$$

$$= E\Big[\sum_{k=-\infty}^{\infty} h(k)x(n-k) \sum_{r=-\infty}^{\infty} h(r)x(n+m-r)\Big]$$

$$= \sum_{k=-\infty}^{\infty} h(k) \sum_{r=-\infty}^{\infty} h(r)E[x(n-k) \cdot x(n+m-r)] \tag{10.63}$$

由于假设了 $x(n)$ 是平稳的,所以它的自相关函数 $E[x(n-k)x(n+m-r)]$ 只与时间差 $(m+k-r)$ 有关,即

$$E[x(n-k)x(n+m-r)] = \varphi_{xx}(m+k-r) \tag{10.64}$$

因此

$$\varphi_{yy}(n, n+m) = \sum_{k=-\infty}^{\infty} h(k) \sum_{r=-\infty}^{\infty} h(r)\varphi_{xx}(m+k-r) = \varphi_{yy}(m) \tag{10.65}$$

式(10.65)说明输出 $y(n)$ 的自相关序列也是只与时间 m 有关,而与 n 无关。因此,对于一个线性时不变系统,如果输入是一个平稳随机序列,则输出也是一个平稳随机序列。

2. 系统输入和输出之间的关系

令 $l=r-k$,代入式(10.65)得

$$\varphi_{yy}(m) = \sum_{l=-\infty}^{\infty} \varphi_{xx}(m-l) \sum_{k=-\infty}^{\infty} h(k)h(l+k)$$

$$= \sum_{l=-\infty}^{\infty} \varphi_{xx}(m-l)v(l)$$

$$= \varphi_{xx}(m) * v(m) \tag{10.66}$$

式中

$$v(l) = \sum_{k=-\infty}^{\infty} h(k)h(l+k) = h(l) * h(-l) \tag{10.67}$$

$v(l)$ 通常称作 $h(n)$ 的非周期自相关序列,或简称为 $h(n)$ 的自相关序列。这里应当注意,$v(l)$ 是一确定的(不是随机的)有限能量序列的自相关,并无统计平均的含义可言,它只是 $h(n)$ 与 $h(-n)$ 的离散卷积,具有相关函数的形式,说明着系统特性 $h(n)$ 的前后波及性。

从式(10.66)可以看到,离散线性时不变系统输出的自相关序列是输入的自相关序列与该系统冲激响应的非周期自相关序列的线性卷积。这是随机过程和线性系统理论中极为有用和重要的一个基本关系式,即 $x(n)$ 与 $h(n)$ 的卷积的自相关,等于 $x(n)$ 的自相关和 $h(n)$ 自相关的卷积这又可推广为:卷积的相关等于相关的离散卷积,即

$$\left.\begin{array}{l} e(n) = a(n) * b(n), f(n) = c(n) * d(n) \\ \varphi_{ef}(m) = \varphi_{ac}(m) * \varphi_{bd}(m) \end{array}\right\} \tag{10.68}$$

式(10.68)又称作相关卷积定理,它在许多信号处理问题的求解中是十分有用的。

3. 用 z 变换描述离散线性时不变系统对随机信号的响应

为方便起见,假定均值 $m_x=0$,即自相关序列与自协方差序列相同。于是,由式(10.66)和式(10.67)的 z 变换,得到

$$\Phi_{yy}(z) = \Phi_{xx}(z)V(z) = \Phi_{xx}(z)H(z)H(z^{-1}) \tag{10.69}$$

将 $z=e^{j\omega}$ 代入式(10.69),并利用功率谱密度表示,式(10.69)可改写为

$$P_{yy}(\omega) = P_{xx}(\omega) \mid H(e^{j\omega}) \mid^2 \tag{10.70}$$

式中 $P_{yy}(\omega)$ 表示输出功率谱密度。式(10.70)表明,一个随机信号通过线性时不变系统 $H(z)$ 时,其输出功率谱密度等于输入功率谱密度与 $H(e^{j\omega})$ 的模平方的乘积,这是一个很有用的公式。

现在利用式(10.68)来说明功率谱密度的非负性质。若 $m_x=0$,则由式(10.62),有

$$m_y = H(e^{j0}) \cdot m_x = 0$$

于是,由式(10.53)和式(10.54)得到

$$\varphi_{yy}(0) = \gamma_{yy}(0) = E[y_n^2] = \frac{1}{2\pi}\int_{-\pi}^{\pi} P_{yy}(\omega)d\omega = 输出的总平均功率 \tag{10.71}$$

把式(10.70)代入上式(10.71),得

$$\varphi_{yy}(0) = \frac{1}{2\pi}\int_{-\pi}^{\pi} \mid H(e^{j\omega}) \mid^2 P_{xx}(\omega)d\omega \geqslant 0 \tag{10.76}$$

假设 $H(e^{j\omega})$ 是一理想带通滤波器,如图 10.3 所示,并考虑到 $\varphi_{xx}(m)$ 是偶序列,则有

$$P_{xx}(\omega) = P_{xx}(-\omega)$$

即
$$\Gamma_{xx}(e^{j\omega}) = \Gamma_{xx}(e^{-j\omega})$$

而且 $|H(e^{j\omega})|^2$ 也是偶函数,因此,当 $\omega_a \leqslant \omega \leqslant \omega_b$ 时 $|H(e^{j\omega})|^2 = 1$,有

$$\varphi_{yy}(0) = 输出平均功率 = \frac{1}{\pi}\int_{\omega_a}^{\omega_b} P_{xx}(\omega)\mathrm{d}\omega \geqslant 0 \tag{10.73}$$

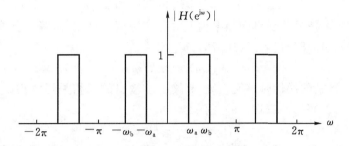

图 10.3　理想带通滤波器的频率响应

令 $\omega_b \rightarrow \omega_a$,仍然存在

$$\lim_{(\omega_b - \omega_a) \to 0} \varphi_{yy}(0) \geqslant 0 \tag{10.74}$$

根据式(10.73)和式(10.74)可说明

$$P_{xx}(\omega) \geqslant 0 \tag{10.75}$$

因此,实信号的功率谱密度 $P_{xx}(\omega)$ 是实、偶对称和非负的。

10.4.2　互功率谱和系统的频率响应

线性时不变系统的输入和输出间的互相关函数 $\varphi_{xy}(m)$ 为

$$\varphi_{xy}(m) = E[x(n)y(n+m)]$$
$$= E\Big[x(n)\sum_{k=-\infty}^{\infty} h(k)x(n+m-k)\Big]$$
$$= \sum_{k=-\infty}^{\infty} h(k)\varphi_{xx}(m-k)$$
$$= \varphi_{xx}(m) * h(m) \tag{10.76}$$

式(10.76)又称作输入-输出互相关定理。该式说明,系统的输出输入信号的互相关函数是系统的冲激响应与输入信号的自相关序列的卷积。将式(10.76)代入式(10.66)得

$$\varphi_{yy}(m) = \varphi_{xx}(m) * h(m) * h(-m) = \varphi_{xy}(m) * h(-m) \tag{10.77}$$

式(10.76)与式(10.77)说明了一个线性时不变系统的输入与输出间的互相关函数 $\varphi_{xy}(m)$ 与输入自相关函数 $\varphi_{xx}(m)$ 及输出自相关函数 $\varphi_{yy}(m)$ 间的关系:$\varphi_{xy}(m)$ 等于 $\varphi_{xx}(m)$ 与 $h(m)$ 的卷积,而 $\varphi_{yy}(m)$ 等于 $\varphi_{xy}(m)$ 与 $h(-m)$ 的卷积。这是两个有用的关系式。例如,当 $\varphi_{xx}(m) = \delta(m)$ 时,就可以从 $\varphi_{xy}(m)$ 求得 $h(m)$。

设 $m_x = 0$,则自相关序列的 z 变换存在,将式(10.76)变换到 z 域,有

$$\Phi_{xy}(z) = H(z)\Phi_{xx}(z) \tag{10.78}$$

或用功率谱表示

$$P_{xy}(\omega) = H(e^{j\omega})P_{xx}(\omega) \tag{10.79}$$

当输入为白噪声时,其功率谱密度 $P_{xx}(\omega)$ 为常数,由式(10.54)得到

$$\sigma_x^2 = \frac{1}{2\pi}\int_{-\pi}^{\pi} P_{xx}(\omega)\,\mathrm{d}\omega = P_{xx}(\omega)\,\frac{1}{2\pi}\int_{-\pi}^{\pi}\mathrm{d}\omega = P_{xx}(\omega) \tag{10.80}$$

上式表明这个常数就是 σ_x^2。故在白噪声输入情况下

$$P_{xx}(\omega) = \sigma_x^2 = E[x_n^2], \quad -\pi \leqslant \omega \leqslant \pi \tag{10.81}$$

$$\varphi_{xx}(m) = \mathscr{F}^{-1}[P_{xx}(\omega)] = \sigma_x^2\delta(m) \tag{10.82}$$

式(10.81)说明白噪声信号的功率在频率轴上的分布密度处处相同(等于方差 σ_x^2,即输入信号的平均功率)。将式(10.82)代入式(10.76),得

$$\varphi_{xy}(m) = \sigma_x^2 h(m) \tag{10.83}$$

上式说明由白噪声激励的线性时不变系统,其输入和输出的互相关函数正比于系统的冲激响应 $h(m)$。将式(10.81)代入式(10.79),得

$$P_{xy}(\omega) = \sigma_x^2 H(\mathrm{e}^{\mathrm{j}\omega}) \tag{10.84}$$

也就是说,对于白噪声输入,线性时不变系统的互功率谱正比于系统的频率响应。因此,式(10.83)和式(10.84)常常用来通过估计 $\varphi_{xy}(m)$ 或 $P_{xy}(m)$ 来确定线性时不变系统的冲激响应或频率响应。根据式(10.79),系统的频率响应可表示为

$$H(\mathrm{e}^{\mathrm{j}\omega}) = \frac{P_{xy}(\omega)}{P_{xx}(\omega)} \tag{10.85}$$

由此可引出相干(coherence)函数,定义为 $S_{xy}^2(\omega)$

$$S_{xy}^2(\omega) = \frac{|P_{xx}(\omega)|^2}{P_{xy}(\omega)P_{xx}(\omega)} \tag{10.86}$$

相干函数 $S_{xy}^2(\omega)$ 表示了随机过程 $x(n)$ 与 $y(n)$ 的统计特性相互依存关系,若 $x(n)$ 与 $y(n)$ 相互统计独立,则 $S_{xy}^2 = 0$。对于可逆线性系统来说,输入、输出是相互确定的,则 $S_{xy}^2(\omega) = 1$,这时就可利用式(10.85)来估计系统的频率响应。但是,在下述三种情况下,式(10.85)是不成立的:

(1) 系统是非线性的;

(2) 输入、输出端有外部噪声;

(3) 除了 $x(n)$ 和 $y(n)$ 外,系统还有其他输入时,则有 $0 < S_{xy}^2(\omega) < 1$。

例 10.2　在图 10.4 中,已知随机序列 $x(n)$ 和 $y(n)$ 的互相关序列 $\varphi_{xy}(m)$,试证明

(1) $\Phi_{yv}(z) = H_1(z)\Phi_{yx}(z)$,$\Phi_{vy}(z) = H_1(z^{-1})\Phi_{xy}(z)$

(2) $\Phi_{vw}(z) = H_2(z)\Phi_{vy}(z)$,$\Phi_{wv}(z) = H_2(z^{-1})\Phi_{yv}(z)$

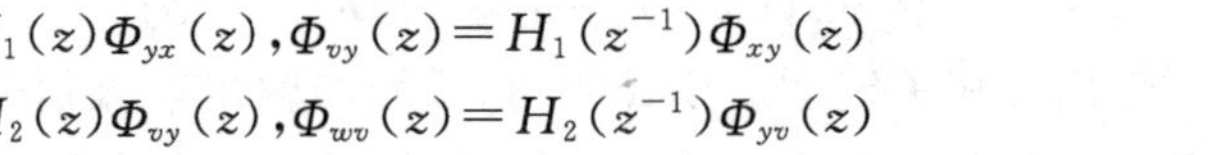

$$x(n) \longrightarrow \boxed{H_1(z)} \longrightarrow v(n) \qquad y(n) \longrightarrow \boxed{H_2(z)} \longrightarrow w(n)$$

图 10.4　例 10.2 图

证明　(1)由定义有

$$\varphi_{yv}(m) = E[y(n)v(n+m)]$$

$$= E\left[y(n)\sum_{k=-\infty}^{\infty} h_1(k)x(n+m-k)\right]$$

$$= \sum_{k=-\infty}^{\infty} h_1(k)\varphi_{yx}(m-k)$$

$$= h_1(m) * \varphi_{yx}(m)$$

所以

$$\Phi_{yv}(z) = H_1(z)\Phi_{yx}(z)$$

又因为

$$\varphi_{xy}(m) = \varphi_{yx}(-m), \quad \varphi_{yv}(m) = \varphi_{vy}(-m)$$

则有

$$\Phi_{xy}(z) = \Phi_{yx}(z^{-1}), \quad \Phi_{yv}(z) = \Phi_{vy}(z^{-1})$$

把上两式代入 $\Phi_{yv}(z) = H_1(z)\Phi_{yx}(z)$ 中,得

$$\Phi_{vy}(z^{-1}) = H_1(z)\Phi_{xy}(z^{-1})$$

再将 z 用 z^{-1} 代入,即得

$$\Phi_{vy}(z) = H_1(z^{-1})\Phi_{xy}(z)$$

　　(2) 同理可证

$$\varphi_{vw}(m) = E[v(n)w(n+m)] = h_2(m) * \varphi_{vy}(m)$$

故

$$\Phi_{vw}(z) = H_2(z)\Phi_{vy}(z)$$

又因为 $\Phi_{vw}(z) = \Phi_{wv}(z^{-1})$,则上式成为

$$\Phi_{wv}(z^{-1}) = H_2(z)\Phi_{yv}(z^{-1})$$

再将 z 用 z^{-1} 代入,即得

$$\Phi_{wv}(z) = H_2(z^{-1})\Phi_{yv}(z)$$

习　题

10.1　试证明随机过程统计平均量的下列性质。

(1) $E[x_n + y_m] = E[x_n] + E[y_m]$

(2) $E[ax_n] = aE[x_n]$

10.2　设 $x(n)$ 和 $y(n)$ 是两个不相关的随机序列,试证明:如果 $w(n) = x(n) + y(n)$,则 $m_w = m_x + m_y$ 和 $\sigma_w^2 = \sigma_x^2 + \sigma_y^2$。

10.3　某个随机过程的采样序列 $x(n)$ 为

$$x(n) = \cos(\omega_0 n + \theta)$$

式中 θ 是均匀分布的随机变量,其概率密度函数如图 10.5 所示,试计算它的均值和自相关序列 $\varphi_{xx}(m, n)$,这个随机过程是否为弱平稳过程?

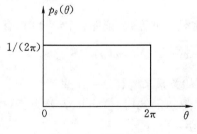

图 10.5　习题 10.3

10.4　设两个随机过程 $\{x_n\}$ 和 $\{y_n\}$ 的均值分别是 m_x 和 m_y,方差分别是 σ_x^2 和 σ_y^2,试证明:

(1) $\varphi_{xx}(m) - m_x^2 = \gamma_{xx}(m)$, $\varphi_{xy}(m) - m_x m_y = \gamma_{xy}(m)$

(2) $\varphi_{xx}(0)=$均方值$,\gamma_{xx}(0)=\sigma_x^2$

(3) $\varphi_{xx}(m)=\varphi_{xx}(-m),\gamma_{xx}(m)=\gamma_{xx}(-m)$

　　$\varphi_{xy}(m)=\varphi_{yx}^*(-m),\gamma_{xy}(m)=\gamma_{yx}^*(-m)$

(4) $|\gamma_{xy}(m)|\leqslant[\varphi_{xx}(0)\varphi_{yy}(0)]^{1/2}$

　　$|\varphi_{xy}(m)|\leqslant\varphi_{xx}(0),|\gamma_{xy}(m)|\leqslant\gamma_{xx}(0)$

提示:研究不等式

$$0\leqslant E\left\{\left[\frac{x_n}{(E[x_n^2])^{1/2}}\pm\frac{y_{n+m}}{(E[y_{n+m}^2])^{1/2}}\right]^2\right\}$$

(5) 若 $y_n=x_{n-n_0}$,则 $\varphi_{yy}(m)=\varphi_{xx}(m),\gamma_{yy}(m)=\gamma_{xx}(m)$

(6) 令 $\Gamma_{xx}(z)$ 和 $\Gamma_{xy}(z)$ 分别是 $\gamma_{xx}(m)$ 和 $\gamma_{xy}(m)$ 的 z 变换,试证明:

(a) $\sigma_x^2=\dfrac{1}{2\pi j}\oint_c\Gamma_{xx}(z)z^{-1}\mathrm{d}z$

(b) $\Gamma_{xx}(z)=\Gamma_{xx}(1/z),\Gamma_{xy}(z)=\Gamma_{xy}^*(1/z^*)$

10.5　设 $x(n)$ 是一各态历经随机过程 $\{x_n\}(-\infty<n<\infty)$ 的一个特定取样序列$,p(x)$ 是所有随机变量 x_n 的一阶概率密度。

(1) 函数 $u(\cdot)$ 是阶跃函数,试说明函数 $u(a-x_n)$ 的时间平均 $\langle u(a-x_n)\rangle$ 的意义;

(2) 用 $p(x)$ 求出 $E[u(a-x_n)]$;

(3) $E[u(a-x_n)]=\langle u(a-x_n)\rangle$ 是否成立。

10.6　设一随机信号 $x(n)$ 具有零均值和如下带限功率谱

$$P_{xx}(\omega)=0,\quad\omega_c<|\omega|\leqslant\pi$$

试证明:

(1) $E[(x(n+1)-x(n))^2]=2[\varphi_{xx}(0)-\varphi_{xx}(1)]$

(2) $E[\varphi_{xx}(0)-\varphi_{xx}(1)]\leqslant\dfrac{\omega_c^2}{2}\varphi_{xx}(0)$,并且 $E[(x(n+1)-x(n))^2]\leqslant\omega_c^2 E[x(n)]$

提示:当 $0<\omega\leqslant\omega_c$ 时,利用不等式 $\sin^2\left(\dfrac{\omega}{2}\right)\leqslant\dfrac{\omega^2}{4}$(切比雪夫不等式),即对于 $\varepsilon>0$,有

$$\text{Prob}\{|x(n)-E[x(n)]|\geqslant\varepsilon\}\leqslant\dfrac{\sigma_x^2}{\varepsilon^2}$$

这个不等式说明信号的均方值愈大,特定的序列(即信号)同其均值之差的绝对值大于 ε 的概率愈高。

(3) 利用(2)的结果和切比雪夫不等式,证明:当 $\varepsilon>0$ 时,有

$$\text{Prob}\{|x(n+1)-x(n)|>\varepsilon\}\leqslant\dfrac{\sigma_x^2 E[x^2(n)]}{\varepsilon^2}$$

并根据信号时间变化与其带宽的关系来解释这一结果。

10.7　若一平稳白噪声过程 $x(n)$,其均值为 0,方差为 σ_x^2,通过冲激响应为 $h(n)$ 的线性时不变系统的输出为 $y(n)$,试证明:

(1) $E[x(n)y(n)]=h(0)\sigma_x^2$

(2) $\sigma_y^2=\sigma_x^2\displaystyle\sum_{n=-\infty}^{\infty}h^2(n)$

10.8　在离散随机过程中样本函数是常数,即

$$x(n) = c \quad (\text{常数})$$

其中 c 是可能值为 $c_1 = 1$，$c_2 = 2$ 和 $c_3 = 3$ 的离散随机变量，它们发生的概率分别为 0.6、0.3 和 0.1。

(1) 过程 $x(n)$ 是确定性的吗？

(2) 求任意时刻 n 时 $x(n)$ 的一阶概率质量函数。

10.9　随机过程 $\{x(t)\}$ 的周期样本函数如图 10.6 所示，其中 B、T 和 $4t_0 \leqslant T$ 是常数，但 ε 是在 $(0, T)$ 内为均匀分布的随机变量。

(1) 求 $x(t)$ 的一阶分布函数；

(2) 求一阶概率密度函数；

(3) 求 $E[x(t)]$、$E[x^2(t)]$ 和 σ_x^2。

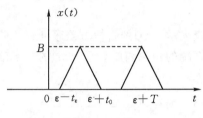

图 10.6　习题 10.9

10.10　随机过程 $\{x(n)\}$ 具有功率谱密度为

$$P_{xx}(\omega) = \frac{6\omega^2}{(1+\omega^2)^3}$$

将它加到理想微分器上，求微分器输出的功率谱。

10.11　确定具有下述冲激响应的系统哪些是可实现的，哪些是稳定的，哪些既可实现又稳定？为什么？

(1) $h(n) = u(n+3)$；

(2) $h(n) = u(n)e^{-n^2}$；

(3) $h(n) = e^n \sin(\omega_0 n)$，$\omega_0$ 为实常数；

(4) $h(n) = u(n)e^{-3n}\sin(\omega_0 n)$，$\omega_0$ 为实常数。

10.12　随机过程 $\{x(n)\}$ 作用到线性时不变系统，其响应为 $y(n) = x(n) - x(n-3)$。

(1) 画出系统框图；

(2) 求系统的传递函数。

10.13　平稳随机过程的一个集合数是在 n 个时刻（$n = 0, 1, 2, \cdots, N-1$）的采样 $x(n)$，将 $x(n)$ 作为随机变量来处理。随机过程均值的估值可由时间平均采样来表示，即

$$\hat{m}_x = \frac{1}{N}\sum_{n=0}^{N-1} x(n)$$

(1) 证明　$E[\hat{m}_x] = m_x$；

(2) 若采样在时间上尽量分开，也就是说随机变量可以认为是统计独立的，证明均值估值的方差是 $\sigma_{m_x}^2 = \sigma_x^2 / N$。

10.14　设习题 10.13 的随机过程的方差估值定义为

$$\hat{\sigma}_x^2 = \frac{1}{N} \sum_{n=0}^{N-1} (x_n - \hat{m}_x)^2$$

试证明这个估值的均值是

$$E[\hat{\sigma}_x^2] = \frac{N-1}{N} \sigma_x^2$$

10.15　假设有两个直接串联系统,随机过程 $\{x_n\}$ 作用到冲激响应为 $h_1(n)$ 的第一个系统的输入端,它的输出 $y_1(n)$ 作为冲激响应为 $h_2(n)$ 的第二个系统的输入端,它的输出是 $y_2(n)$。设 $\{x_n\}$ 是平稳过程,求用 $h_1(n)$、$h_2(n)$ 和 $x(n)$ 的自相关函数表示的 $y_1(n)$ 和 $y_2(n)$ 的互相关函数。

10.16　通常可以假设弱平稳随机过程是白噪声激励一个线性系统的输出,这类过程称作线性过程。研究如图 10.7 所示的一个稳定线性系统,图中 $x(n)$ 是白噪声,它的均值为零,方差为 σ_x^2。

(1) 试利用系统的冲激响应表示 $y(n)$ 的自协方差序列;

(2) 利用(1)的结果,试用系统的频率响应表示 $y(n)$ 的功率谱。$H(z)$ 为有理函数

$$H(z) = \frac{\displaystyle\sum_{i=0}^{M} a_i z^{-i}}{1 + \displaystyle\sum_{i=0}^{N} b_i z^{-i}}$$

其输出过程同输入的白噪声过程的关系满足差分方程

$$y(n) = \sum_{i=0}^{M} a_i x(n-i) - \sum_{i=0}^{N} b_i y(n-i)$$

(3) 证明移动平均过程的自协方差序列 $\gamma_{yy}(m)$ 只在区间 $|m| \leqslant M$ 内不为零;

(4) 求自回归过程的自协方差序列的通式;

(5) 证明:若 $a_0 = 1$,自回归过程的自协方差序列满足差分方程

$$\gamma_{yy}(0) = -\sum_{i=0}^{N} b_i \gamma_{yy}(i) + \sigma_x^2$$

$$\gamma_{yy}(m) = -\sum_{i=0}^{N} b_i \gamma_{yy}(m-i), \quad m \geqslant 1$$

(6) 利用(5)的结果和 $\gamma_{yy}(m)$ 的对称性,证明如下方程组成立:

$$-\sum_{i=0}^{N} b_i \gamma_{yy}(|m-i|) = \gamma_{yy}(m), \quad m = 1, 2, \cdots, N$$

因此,若已知前 $N+1$ 个协方差值,可以证明,表征过程 y 的 b_i 和 σ_x^2 值的解始终是唯一的。

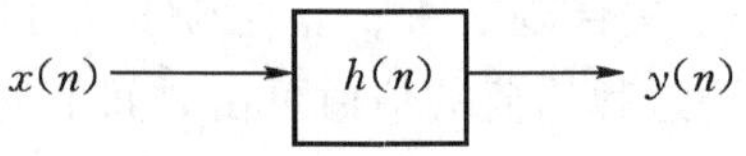

图 10.7　习题 10.16

10.17　令 $w(n)$ 是一个均值为零,方差为 σ_w^2 的白噪声序列,$x(n)$ 是一个与 $w(n)$ 不相关的序列。证明序列

$$y(n) = x(n) w(n)$$

也是白噪声序列,即

$$E[y(n)y(n+m)] = \varphi_{xx}(m)\sigma_w^2 s$$

10.18　设 $x(n)$ 和 $y(n)$ 分别是一个系统的输入和输出。该系统的输入和输出关系为

$$y(n) = \frac{\sigma_s^2(n)}{\sigma_x^2(n)}[x(n) - m_x(n)] + m_x(n)$$

上式可用于减小噪声,式中

$$\sigma_x^2(n) = \frac{1}{3}\sum_{k=n-1}^{n+1}[x(k) - m_x(n)]^2$$

$$m_x(n) = \frac{1}{3}\sum_{k=n-1}^{n+1}x(k)$$

$$\sigma_s^2(n) = \begin{cases} \sigma_x^2(n) - \sigma_w^2, & \sigma_x^2(n) \geqslant \sigma_w^2, \sigma_w^2 \text{ 是噪声功率常数} \\ 0, & \text{其他} \end{cases}$$

(1) 试分析系统是否是线性、时不变、稳定和因果的;

(2) 对某一固定的 $x(n)$,求当 σ_w^2 很大(大功率噪声)和当 σ_w^2 很小(小功率噪声)时的 $y(n)$;对于这些极端情况,$y(n)$ 有何意义?

10.19　将均值 m_x 为 0,方差为 σ_x^2 的独立同分布的高斯随机过程 $x(n)$,输入冲激响应为 $h(0)=1, h(1)=-1$ 的滤波器,其卷积结果为 $s(n) = x(n) * h(n)$,卷积结果受到加性噪声污染,即

$$y(n) = s(n) + w(n)$$

式中 $w(n)$ 是均值为 0、方差为 σ_w^2 的独立同分布的高斯随机过程。试利用 MATLAB 语言编制程序实现下列任务:

(1) 计算 $s(n)$ 和 $y(n)$ 各自的自相关函数和功率谱密度,并画出功率谱密度的图形;

(2) 计算并画出 $s(n)$ 和 $y(n)$ 的互相关函数。

附　录

附录 A　二进制数的表示及其对量化的影响

在数字系统中,无论是用软件还是用硬件来实现数字信号处理算法,我们只能用有限位数来表示信号和系统参数。本附录给出了二进制数的表示及其量化误差的分析。

A.1　二进制数的定点与浮点表示

在计算机中通常用二进制来表示一个数,表示方法有定点制与浮点制两种。定点制中小数点在数据的表达中是固定不变的,浮点制可以表示动态范围非常大的数据,运算中溢出的可能性较小。

定点表示法是把任意一个二进制数 B 表示成如下形式:

$$B = 2^c \times M \tag{A.1}$$

其中 C 是二进制整数,称为数 B 的阶码;2 为阶码的底;M 是二进制小数,称为数 B 的尾数,它表示数 B 的全部有效位数;阶码 C 表示小数点的位置,如二进制数 1001.111 表示为

$$1\,001.111 = 2^{100} \times 0.100\,111\,1$$

在定点系统中,阶码是固定的,即小数点的位置是固定的。如 $C \leqslant 0$,则定点数只能表示小数。如尾数为 b_M 位,阶码 C 为 b_C 位,当 $b_C \geqslant b_M$,则定点数所表示的是整数。一般把小数点固定在数的最高位之前,使系统用纯小数进行运算。b_M 位尾数的定点系统所能表示的数 B 的范围是

$$| \, B \, | \leqslant 1 - 2^{-b_M} \tag{A.2}$$

显然,定点系统用小数表示时,相乘不会出现溢出,但两定点小数相加,可能出现溢出。为防止相加时出现溢出,必须对数据进行预处理。在 9.2 节中,我们已经讨论了对输入数据和滤波器系数的缩放方法,以避免数字运算时出现输出溢出的问题。

浮点表示是在式(A.1)中,阶码取不同的值,这种数称为浮点数。浮点表示方法可扩大数的表示范围。设阶码为 b_C 位,尾数为 b_M 位,则浮点表示数的范围是

$$| \, B \, | \leqslant 2^{b_C-1}(1 - 2^{-b_M}) \tag{A.3}$$

浮点系统中为了充分利用尾数的有效位数,总是使尾数的第一位保持为 1,这称为归一化形式,例如 $x = 0.010\,11 \times 2^{101}$ 是非归一化形式,应使尾数进一位,并调整阶码得到其归一化形式 $x = 0.101\,1 \times 2^{100}$,它的十进制数为 $x = 0.687\,5 \times 2^4 = 11$。因此尾数范围是

$$\frac{1}{2} \leqslant M < 1$$

尾数字长决定浮点制的运算精度,而阶码的字长决定浮点制的动态范围。

浮点系统的运算规则要比定点系统复杂。浮点相乘时,是阶码相加、尾数相乘;相除时,阶

码相减、尾数相除。相加时，两个浮点需要对阶，阶小的浮点数要转换为阶大的数，然后再与阶大的数相加，例如 $x=0.010\times2^{100}$ 和 $y=0.110\ 1\times2^{010}$ 相加时，首先要使 y 调整到 $y=0.001\ 101\times2^{100}$，然后再相加

$$\frac{\begin{array}{r}0.101\ 0\ \ \times2^{100}\\+0.001\ 101\times2^{100}\end{array}}{0.110\ 101\times2^{100}}=13.25$$

将尾数截尾或舍入处理后得到

$$x+y=0.110\ 1\times2^{100}=13$$

其十进制加法为

$$x+y=0.101\ 0\times2^{100}+0.110\ 1\times2^{010}=10+3.25=13.25$$

实际运算结果是相等的。两个浮点数相减时，也同样需要对阶。由此可见，浮点制的优点是动态范围大，一般可以不考虑溢出问题。在浮点制运算中，无论是相乘还是相加，结果的尾数位数都有可能超出寄存器的长度，因而都需要作截尾或舍入处理，这与定点制是不同的。而在定点制运算中，相加出现的溢出现象说明它的动态范围已被超过，此时截尾或舍入是没有意义的；但在相乘时，两个 b 位数的乘积是 $2b$ 位数，需要进行截尾或舍入处理成 b 位数，或将结果送入两个 b 位的寄存器中。

定点制的优点是简单和快速，但动态范围有限，可能出现溢出；浮点制动态范围大，但系统较复杂，速度较慢，并且在乘法和加法中都会产生截尾或舍入误差。成组浮点表示法则综合了这两者的优点，它令一组数具有共同的阶码，此共用阶码是通过检验该组中所有数后得出的。这种表示方法特别适合数字信号处理系统，尤其是 FFT 处理机。

A.2　原码、补码和反码

在数字信号处理的实际问题中，一些复杂的运算往往会遇到用大量的乘法或除法，如计算 DFT、FFT、卷积、矩阵求逆和功率谱估计等。而在计算机和数字信号处理系统中，都是采用加法和移位来实现乘法，用减法和移位来实现除法。如果按照 $x-y=x+(-y)$，把加法和减法统一起来，则可大大地简化系统的实现。因此，采用什么形式来表示负数是数字信号处理系统中一个最基本的问题。

不论是定点制还是浮点制的尾数都是将整数位用作符号位，其一般的 $(b+1)$ 位码的形式为

$$\beta_0\beta_1\beta_2\cdots\beta_b \tag{A.4}$$

其中 β_0 表示符号位，0 表示正数，1 表示负数；β_1 至 β_b 表示 b 位字长的尾数值。由于负数表达形式不同，二进码可用原码、补码和反码三种来表示。

1. 原码

最高位为符号位（用 0 表示正数，用 1 表示负数），其余各位表示数的绝对值，这样表示的二进制机器数就称为原码。原码定义为

$$[x]_{\text{原}}=\begin{cases}x,&0\leqslant x<1\\1+|x|,&-1<x<0\end{cases} \tag{A.5}$$

考虑符号位 β_0，原码又可表示为

$$[x]_{\text{原}}=\beta_0+|x| \tag{A.6}$$

式中 $|x|$ 是 β_1 至 β_b 的 b 位二进码,则该原码的十进制数值可表示为

$$x = (-1)^{\beta_0} \sum_{i=1}^{b} \beta_i 2^{-i}$$

在原码中,0 有两种表示形式

$$[+0] = 0.00\cdots0; \quad [-0] = 1.00\cdots0$$

采用原码表示的优点是乘除运算方便,不论正负数乘除运算都一样,并以符号位简单地决定结果的正负号。但加减时则不方便,因为要先判断两数的符号是否相同。若相同则做加法,若不相同则做减法,另外还需判断两数绝对值的大小,以便用大者减小者。

2. 反码

负数的反码表示是在其正数的原码基础上,各位数值按位取反。正数的反码就是其本身。因此,反码定义为

$$[x]_{反} = \begin{cases} x, & 0 \leqslant x < 1 \\ (2 - 2^{-b}) - |x|, & -1 < x \leqslant 0 \end{cases} \tag{A.7}$$

例如 $x = -0.875$,其正数表达形式为 0.1110,将其 0 和 1 全部颠倒则为 1.0001,这就是 x 的反码表达式。因此,反码所表示的十进制数可由下式表示:

$$x = -\beta_0(1 - 2^{-b}) + \sum_{i=1}^{b} \beta_i 2^{-i}$$

采用反码做减法运算时,只要对减数的尾数求反,就可使减法转化为加法。但是,在做反码加法时,除了同样把符号位作为数运算外,在符号位出现进位 1 时,则要把它送到数的最低位去执行相加,这称为循环进位。

3. 补码

补码表示是把负数加上 2,这里利用了同余的概念。如负数 -0.1001 的补码是 1.0111,而 $1.0111 = -0.1001 (\text{mod}2)$,则在模 2 的意义上,1.0111 与 -0.1001 是相等的。对于正数来说,补码就是其本身。因此,补码定义为

$$[x]_{补} = \begin{cases} x, & 0 \leqslant x < 1 \\ 2 - |x|, & -1 \leqslant x < 0 \end{cases} \tag{A.8}$$

例如 $x = -0.875$,在原码中表示为 1.1110,在补码中 $[x]_{补} = 2 - 0.875 = 1.125$,因此补码表示为 1.0010,小数点前面的整数正好表示了负数。负数的反码与补码之间有一简单的关系,即补码等于反码在最低位上加 1,例如,$x = -0.875$,反码表示为 1.0001,补码表示为 1.0010,这个加 1 代表加一个 2^{-b}。对于一般形式的二进码,补码所代表的十进数可表示为

$$x = -\beta_0 + \sum_{i=1}^{b} \beta_i 2^{-i}$$

例如补码 1.1110,按照上式就可知道其所表示的数为

$$x = -1 + 0.875 = -0.125$$

采用补码做加法时,要把符号当作数一样来运算,当符号位相加时出现进位 1,则将此 1 舍弃。

上述负数表示方式各有长处。在计算机中,通常是加减运算用补码或反码,而乘除运算用原码。

A.3　截尾与舍入效应

由于在数字系统中,只能用有限的确定位数表示数据的数值。因此,在数字信号处理过程

中,需要对所有超出有限位数字长的数据进行截尾或舍入的量化处理。

计算字长为 b 位时,截尾处理是直接把超过 b 位有效位的位数丢弃。而舍入处理是把 b 位有效位之后的位丢弃,但是它所保留下的第 b 位数据取决于原数据 $b+1$ 位数码,如第 $b+1$ 位是 0,则第 b 位不变,反之则加 1。截尾与舍入对系统的影响与系统采取何种运算方式有关。下面分别讨论定点系统和浮点系统的截位和舍入效应。

1. 定点系统中的截尾和舍入效应

设截尾前小数点右边的位数为 m,一个 m 位的正数 x 可表示为

$$x = \sum_{i=1}^{m} \beta_i 2^{-i}$$

设 b 表示截尾后小数点右边的位数,显然 $b<m$,截尾的作用是舍弃最低的 (b_0-b) 位,因此,经截尾后得到的数据为 x_T,即

$$x_T = \sum_{i=1}^{b} \beta_i 2^{-i}$$

设截尾误差为 ε_T,则

$$\varepsilon_T = x_T - x = -\sum_{i=b+1}^{m} \beta_i 2^{-i} \tag{A.9}$$

式(A.9)表明截尾误差总是负的,当被舍弃的各位皆为 1 时,即 β_i 全部为 1 时,出现最大误差。这种情况下,截尾作用使寄存器的数值减少了 $(2^{-b}-2^{-m})$,因此一个正数截尾后,有

$$-(2^{-m} - 2^{-b}) = \varepsilon_T \leqslant 0$$

一般 $2^{-m} \ll 2^{-b}$,并令 $q=2^{-b}$,q 称为"量化阶"或"量化步长",代表最小码位的数值。因此,正数的截尾误差为

$$-q < \varepsilon_T \leqslant 0 \tag{A.10}$$

当 x 表示负数时,截尾效应与采用原码、补码还是反码表示数有关。下面分别讨论这三种情况。

当用原码表示负数时($\beta_0=1$)

$$x_T = -\sum_{i=1}^{b} \beta_i 2^{-i}, x = -\sum_{i=1}^{m} \beta_i 2^{-i}$$

于是有

$$\varepsilon_T = x_T - x = \sum_{i=b+1}^{m} \beta_i 2^{-i} \tag{A.11}$$

因此,误差总是正的,即

$$0 \leqslant \varepsilon_T \leqslant (2^{-b} - 2^{-m}) \quad 或 \quad 0 \leqslant \varepsilon_T < q \tag{A.12}$$

例如 b_0 为四位,b 为两位时,负数 $x=1.1010(-0.625)$,$x_T=1.10(-0.5)$,$\varepsilon_T=x_T-x=-0.5-(-0.625)=0.125>0$。

用补码表示负数时,其绝对值为 $A=2.0-x$,而截尾前 x 的补码的十进数为($\beta_0=1$)

$$x = -1 + \sum_{i=1}^{m} \beta_i 2^{-i}$$

截尾后得到 x_T,它的绝对值为 $A_T=2.0-x_T$,x_T 代表的数为

$$x_T = -1 + \sum_{i=1}^{b} \beta_i 2^{-i}$$

不难看出,$0 \leqslant A_{\mathrm{T}} - A \leqslant 2^{-b} - 2^{-m}$,所以对补码负数而言,截尾带来了负数绝对值的增加,其误差是负的,所以对补码负数的截尾误差有如下不等式

$$-(2^{-b} - 2^{-m}) \leqslant \varepsilon_{\mathrm{T}} \leqslant 0 \quad 或 \quad -q < \varepsilon_{\mathrm{T}} \leqslant 0 \tag{A.13}$$

例如 $x = 1.100\ 1(-0.437\ 5)$,$x_{\mathrm{T}} = 1.10(-0.5)$,则 $\varepsilon_{\mathrm{T}} = x_{\mathrm{T}} - x = -0.062\ 5 < 0$。

当用反码表示负数时($\beta_0 = 1$),它的绝对值 $A = 2.0 - 2^{-m} - x$,截尾后留下 b 位数的绝对值是 $A_{\mathrm{T}} = 2.0 - 2^{-b} - x_{\mathrm{T}}$。截尾前后 x 的反码负数的十进数分别为

$$x = -(1 - 2^{-m}) + \sum_{i=1}^{m} \beta_i 2^{-i}$$

$$x_{\mathrm{T}} = -(1 - 2^{-b}) + \sum_{i=1}^{b} \beta_i 2^{-i}$$

因此,绝对值的变化为

$$\Delta A = A_{\mathrm{T}} - A = \sum_{i=b+1}^{m} \beta_i 2^{-i} - (2^{-b} - 2^{-m})$$

于是有

$$(2^{-b} - 2^{-m}) \leqslant \Delta A \leqslant 0$$

所以对于反码负数而言,截尾使负数的绝对值减小,截尾误差 ε_{T} 为正值与原码时相同,满足不等式

$$0 \leqslant \varepsilon_{\mathrm{T}} \leqslant (2^{-b} - 2^{-m}) \quad 或 \quad 0 \leqslant \varepsilon_{\mathrm{T}} < q \tag{A.14}$$

例如 $x = 1.100\ 0(-0.437\ 5)$,$x_{\mathrm{T}} = 1.10(-0.25)$,$\varepsilon_{\mathrm{T}} = 0.187\ 5 > 0$。

可见,补码的截尾误差都是负值,其量化处理的非线性特性如图 A.1(a)所示。对于原码和反码表示的情况,截尾误差的绝对值范围相同,但误差的符号取决于数的正负,正数时为负,负数时为正,其量化的非线性特性如图 A.1(b)所示。

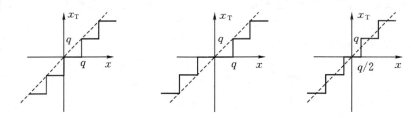

(a)补码表示的截尾过程　　(b)原码和反码表示的截尾过程　　　(c)舍入过程

图 A.1　定点制舍入与截尾的非线性关系

下面举例说明定点系统中的截尾误差。

例 A.1　一个四位二进制负数 $x = 1.101\ 0(-0.625)$,其截断值为两位二进制数 $x_{\mathrm{T}} = 1.10(-0.5)$,其误差值为

$$\varepsilon_{\mathrm{T}} = x_{\mathrm{T}} - x = -0.5 - (-0.625) = 0.125 > 0$$

现在来讨论定点系统中的舍入误差。对于有效位为 b 位定点数来说,最小量化单位是 2^{-b},即量化阶 q,此时最大舍入误差绝对值为 $q/2$。我们用 ε_{R} 表示舍入误差,x_{R} 表示舍入后得到的数值,x 表示舍入前数据,它们之间的关系为

$$\varepsilon_{\mathrm{R}} = x_{\mathrm{R}} - x$$

例如 $x = 0.100\,1, x_R = 0.10$，则舍去了 $0.000\,1, \varepsilon_R$ 为 -2^{-4}。若 $x = 0.101\,1, x_R = 0.11$，则 ε_R 为 2^{-4}。若 $x = 0.101\,0$，则 x 与 0.10 及 0.11 距离相等，因此 x_R 既可以取 0.10 也可取 0.11，这个选择对误差影响不大，一般可按四舍五入的原则，"逢 5 进 1"，因此取 $x_R = 0.11$。对于补码的舍入处理可表示为

$$x = -\beta_0 + \sum_{i=1}^{m} \beta_i 2^{-i}$$

$$x_R = -\beta_0 + \sum_{i=1}^{b} \beta_i 2^{-i} + \beta_{b+1} 2^{-b}$$

最后一项表示"逢 5 进 1"，其他码也用类似方式表示。这样舍入误差为

$$-q/2 < \varepsilon_R \leqslant q/2 \tag{A.15}$$

其量化的非线性特性如图 A.1(c) 所示。

由上述的讨论可以看出，舍入误差是对称分布的，而截尾误差是单极性分布的。一般来说，舍入误差较截尾误差影响小，故应用较多。

2. 浮点制的截尾和舍入效应

由于在浮点制中，截尾或舍入只影响尾数的字长，但所产生的误差大小却与阶码的值有关，例如 x_1 与 x_2 为两个不同阶码的数：

$$x_1 = 0.100\,1 \times 2^{000} (= 0.562\,5)$$

$$x_{1T} = 0.10 \times 2^{000} (= 0.50)$$

其误差为

$$\varepsilon_1 = x_{1T} - x_1 = -0.062\,5$$

而

$$x_2 = 0.100\,1 \times 2^{011} (= 4.5)$$

$$x_{2T} = 0.10 \times 2^{011} (= 4.0)$$

$$\varepsilon_2 = x_{2T} - x_1 = -0.5$$

从上述两个不同阶码浮点数的截断误差可见，由于 x_2 比 x_1 大 8 倍，相应的量化误差 $|\varepsilon_2|$ 也比 $|\varepsilon_1|$ 大 8 倍。这说明其误差与数字本身大小有关，因而用相对误差较绝对误差更能反映它的特点。

用 E_T 和 E_R 来表示浮点制的截尾和舍入的相对误差，即

$$\left.\begin{array}{l} E_T = \dfrac{x_T - x}{x} \\[2mm] E_R = \dfrac{x_R - x}{x} \end{array}\right\} \tag{A.16}$$

根据上述定义，绝对误差就可表示为

$$\left.\begin{array}{l} \varepsilon_T = x_T - x = E_T x \\[2mm] \varepsilon_R = x_R - x = E_R x \end{array}\right\} \tag{A.17}$$

显然，浮点制的截断和舍入误差是相乘性误差，而不是定点制那样的相加误差。

下面我们来分析相对误差 E 的误差范围。当采用舍入处理时，尾数误差在 $\pm q/2$ 之间，设 x 的阶码为 c，则其误差为

$$-2^c(q/2) < E_R x \leqslant 2^c(q/2) \tag{A.18}$$

x 是归一化的浮点数，因此

$$2^{c-1} \leqslant |x| < 2^c \tag{A.19}$$

将式(A.19)代入式(A.18),可以得到

$$-q < E_R \leqslant q \tag{A.20}$$

对于截尾量化处理,参照式(A.13)可得补码表示的尾数误差在$(-q,0)$之间,因此考虑到

$$-2^c q < E_R x \leqslant 0, \quad x > 0$$
$$2^{c-1} \leqslant x < 2^c \tag{A.21}$$

用 E_T 与上式相乘,由于当 x 为正数时,E_T 必是负值,因而有

$$2^c E_T \leqslant E_T x < 2^{c-1} E_T \tag{A.22}$$

联立不等式(A.21)和式(A.22),可得浮点补码的截尾误差 E_T 应满足不等式

$$-2q < E_T \leqslant 0, \quad x > 0 \tag{A.23}$$

对于负数 x,其浮点补码的尾数误差在$(-q,0)$之间

$$-2^c q < E_T x \leqslant 0 \tag{A.24}$$

因此,有

$$0 \leqslant E_T < 2q, \quad x < 0$$

对于原码和反码的负数,尾数误差在$(0,q)$之间,即

$$0 \leqslant E_T x < 2^c q, \quad x < 0$$

由于 x 是负数,其范围是 $2^{c-1} \leqslant -x < 2^c$,因此,得

$$-2q < E_T \leqslant 0, \quad x < 0 \tag{A.25}$$

附录 B　模拟滤波器

为了利用模拟滤波器理论设计 IIR 数字滤波器,本附录简单介绍模拟滤波器的传递函数与设计方法。

模拟滤波器的频谱特性常用幅度平方(MS)函数$|H(j\Omega)|^2$来表示,即

$$|H(j\Omega)|^2 = H(j\Omega)H^*(j\Omega)$$

下面介绍三种常用模拟滤波器的幅度平方函数$|H(j\Omega)|^2$的特性与设计方法。

B.1　巴特沃斯低通滤波器

设 $A(\Omega^2)$ 表示滤波器的幅度平方特性函数。巴特沃斯(Butterworth)滤波器 $A(\Omega^2)$ 为

$$A(\Omega^2) = |H(j\Omega)|^2 = \frac{1}{1 + \left(\dfrac{\Omega}{\Omega_c}\right)^{2N}} \tag{B.1}$$

式中 N 为整数,称为滤波器的阶数。巴特沃斯滤波器的特点是具有通带内最大平坦的幅度特性,而且随着频率升高呈单调递减,如图 B.1(a)所示。Ω_c 为截止频率或 3dB 带宽,即当 $\Omega = \Omega_c$ 时,

$$|H(j\Omega)|^2 = \frac{1}{2}, \quad |H(j\Omega)| = \frac{1}{\sqrt{2}}$$

通带内纹波允许最大衰减

$$\delta_1 = 20 \lg \left| \frac{H(j\Omega)}{H(j0)} \right| = -3\text{dB}$$

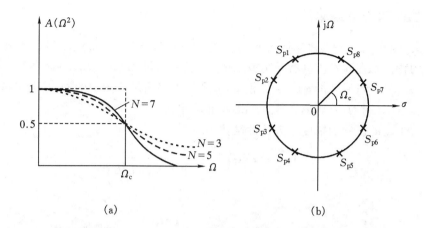

图 B.1 巴特沃斯低通滤波器的幅度特性和 $N=4$ 时的极点分布

由图 B.1(a)可见,当阶次 N 增大时,通带愈平坦,当 $N \to \infty$ 时,幅度平方(MS)特性则愈接近理想的矩形幅频特性。$|H(j\Omega)|^2$ 没有零点,找出极点的分布规律,可以简化分析。将 $s=j\Omega$ 代入式(B.1),得到

$$A(\Omega^2) = |H(j\Omega)|^2 = \frac{1}{1+\left(\dfrac{-s^2}{\Omega_c^2}\right)^N} = \frac{1}{1+\left(\dfrac{s}{j\Omega_c}\right)^{2N}} \qquad (B.2)$$

$|H(j\Omega)|^2$ 的极点由上式分母的根决定,即 $s_p = j\Omega_c(-1)^{\frac{1}{2N}}$。

由此可见,巴特沃斯滤波器在 s 平面上有 $2N$ 个极点,它们等间隔(π/N)地分布在半径为 Ω_c 的圆上,并且极点都是成复共轭对出现($s=s_k$ 处有一个极点,则在 $s=-s_k$ 处也必然有一个极点),极点位置与虚轴对称,在虚轴上没有极点,如图B.1(b)所示。N 为奇数时,实轴上有两个极点,N 为偶数时,实轴上无极点。知道 $|H(j\Omega)|^2$ 的极点后,取其左半平面极点 $s_{pk}(k=1, 2, \cdots, N)$,构成归一化的传递函数 $H(s)$ 如下

$$H(s) = \frac{(-1)^N}{\displaystyle\prod_{k=1}^{N}\left(\dfrac{s}{s_{pk}}-1\right)} = \frac{\Omega_c^N}{\displaystyle\prod_{k=1}^{N}(s-s_{pk})} \qquad (B.3)$$

通常,低阶巴特沃斯滤波器的 $H(s)$ 已有表格可供查用,如表 B.1 所示。

表 B.1 低阶巴特沃斯滤波器的传递函数 $H(s)$

阶次	传递函数 $H(s)$
1	$\Omega_c/(s+\Omega_c)$
2	$\Omega_c^2/(s^2+\sqrt{2}\Omega_c s+\Omega_c^2)$
3	$\Omega_c^3/(s^3+2\Omega_c s^2+2\Omega_c^2 s+\Omega_c^3)$
4	$\Omega_c^4/(s^4+2.613\Omega_c s^2+3.414\Omega_c^2 s^2+2.613\Omega_c^3 s+\Omega_c^4)$
5	$\Omega_c^5/(s^5+3.236\Omega_c s^4+4.236\Omega_c^2 s^3+4.236\Omega_c^3 s^2+3.236\Omega_c^4 s+\Omega_c^5)$

B. 2　切比雪夫低通滤波器

切比雪夫(Chebyshev)低通滤波器有两种类型:切比雪夫 I 型滤波器和切比雪夫 II 型滤波器。前者的特点是在通带内具有等幅波动的幅度特性,图 B.2(a)所示;而在阻带内呈单调递减,如图 B.2(a)所示;后者的特点恰好相反,如图B.2(b)所示。图中的 Ω_c 是通带截止频率,ε 是波动系数,当 $\varepsilon=1$ 时 Ω_c 就等于通带的 3 dB 截止频率。

切比雪夫 I 型滤波器的幅度平方特性函数为

$$A(\Omega^2) = |H(j\Omega)|^2 = \frac{1}{1 + \varepsilon^2 T_N^2\left(\dfrac{\Omega}{\Omega_c}\right)} \tag{B.4}$$

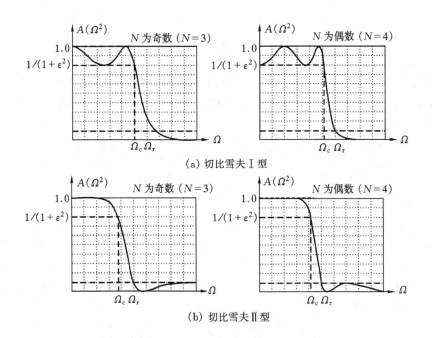

(a) 切比雪夫 I 型

(b) 切比雪夫 II 型

图 B.2　切比雪夫低通滤波器

式中 ε 为小于 1 的正数,表示通带波动的程度,ε 值愈大波动也愈大;N 为正整数,表示滤波器的阶次;Ω/Ω_c 可以看作以截止频率作基准频率的归一化频率;$T_N(x)$ 是切比雪夫多项式,如果 $\dfrac{\Omega}{\Omega_c}=x$,则 $T_N(x)$ 定义为:

$$T_N(x) = \begin{cases} \cos(N\arccos x), & |x| \leqslant 1 \\ \mathrm{ch}(N\mathrm{arch}\,x), & |x| > 1 \end{cases} \tag{B.5}$$

式中 ch 为双曲余弦函数,arch 为反双曲余弦函数,$T_N(x)$ 的具体数值可查阅有关数学手册的表格,也可由下式计算:

$$
\begin{cases}
T_0(x) = 1 \\
T_1(x) = x \\
T_2(x) = 2x^2 - 1 \\
T_3(x) = 4x^3 - 3x \\
\qquad \vdots \\
T_{N+1}(x) = 2xT_N(x) - T_{N-1}(x)
\end{cases}
$$

图 B.3 给出了 $N=0,1,2,3$ 时 $T_N(x)$ 的图形。由 $T_N(x)$ 特性和式(B.4)可知,在 $0 \leqslant \Omega \leqslant \Omega_c$ 时,$0 \leqslant |x| \leqslant 1$,$A(\Omega^2)$ 值在 1 与 $1/(1+\varepsilon^2)$ 范围内波动。而在 $\Omega \geqslant \Omega_c$ 时,$|x| \geqslant 1$,$A(\Omega^2)$ 值单调地随 Ω 而减小。3 dB 带宽值 Ω_{3dB} 可由以下计算得到。因为 $A(\Omega_{3dB}^2) = \dfrac{1}{2}$,故 $\varepsilon^2 T_N^2(\Omega_{3dB}/\Omega_c) = 1$,且由于 $\Omega_{3dB} > \Omega_c$,则根据式(B.5)有

$$
T_N\left(\frac{\Omega_{3dB}}{\Omega_c}\right) = \pm \frac{1}{\varepsilon} = \mathrm{ch}\left[N\mathrm{arch}\left(\frac{\Omega_{3dB}}{\Omega_c}\right)\right] \tag{B.6}
$$

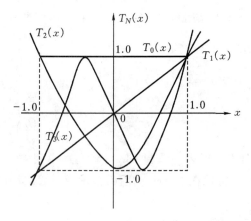

图 B.3 $T_N(x)$ 的图形

取正号,得

$$
N\mathrm{arch}\left(\frac{\Omega_{3dB}}{\Omega_c}\right) = \mathrm{arch}\left(\frac{1}{\varepsilon}\right) \tag{B.7}
$$

于是有

$$
\Omega_{3dB} = \Omega_c \mathrm{ch}\left[\frac{1}{N}\mathrm{arch}\left(\frac{1}{\varepsilon}\right)\right] \tag{B.8}
$$

切比雪夫 I 型滤波器的极点 s_{pk} 可以证明为

$$
\begin{cases}
s_{pk} = \sigma_k + \mathrm{j}\Omega_k \\
\sigma_k = -\Omega_c \mathrm{sh}\xi \sin\left(\frac{2k-1}{2N}\pi\right) \\
\Omega_k = \Omega_c \mathrm{ch}\xi \cos\left(\frac{2k-1}{2N}\pi\right)
\end{cases}
$$

式中 $\xi = \dfrac{1}{N}\mathrm{arsh}\left(\dfrac{1}{\varepsilon}\right)$,arsh 是反双曲正弦函数,sh 为双曲正弦函数。

由上式有

$$\frac{\delta_k^2}{\Omega_c^2 \mathrm{sh}^2 \xi} + \frac{\Omega_k^2}{\Omega_c^2 \mathrm{ch}^2 \xi} = 1$$

这表明切比雪夫Ⅰ型滤波器的极点是分布在 s 平面的一个椭圆上,椭圆短轴半径为 $\Omega_c \mathrm{sh}\xi$(实轴),长轴半径为 $\Omega_c \mathrm{ch}\xi$(虚轴),如图 B.4 所示。

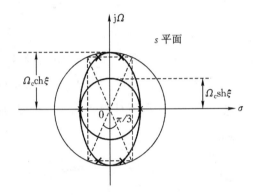

图 B.4　切比雪夫Ⅰ型滤波器的极点分布($N=3$)

切比雪夫Ⅱ型滤波器的幅度平方特性为

$$A(\Omega^2) = |H(j\Omega)|^2 = \frac{1}{1 + \varepsilon^2 \left[\dfrac{T_N\left(\dfrac{\Omega_r}{\Omega_c}\right)}{T_N\left(\dfrac{\Omega_r}{\Omega}\right)}\right]^2} \tag{B.9}$$

由式(B.9)可以证明其特性在通带内是单调下降(因为 $\Omega=0$ 时,$A(0)=1$;$\Omega=\Omega_c$ 时,$A(\Omega_c^2)=1/(1+\varepsilon^2)$;同样可以证明,其特性在 $\Omega=\Omega_r$ 的阻带范围内是等波动的。

B.3　椭圆滤波器

这种滤波器是由雅可比椭圆函数来决定,故称之为椭圆(ellipse)滤波器。椭圆滤波器的特点是在通带和阻带的范围内都具有等波动的幅度特性,它的幅度平方特性表示为

$$A(\Omega^2) = |H_a(j\Omega)|^2 = \frac{1}{1 + \varepsilon^2 J_N^2(\Omega)} \tag{B.10}$$

式中的 $J_N(\Omega)$ 是 N 阶雅可比椭圆函数。

椭圆滤波器的幅度平方函数和零极点分布等的分析是相当复杂的,这里不作详细讨论。下面仅给出它的 $A(\Omega^2)$ 曲线,如图 B.5 所示。

显然,与巴特沃斯和切比雪夫滤波器相比,由于椭圆滤波器在通带和阻带中都具有等波动特性,所以在相同技术指标要求条件下,它的过渡带最陡锐,或者它的阶次可以最低。但是,这种滤波器的参数变化对频率特性的影响(灵敏度)也最大。

对椭圆滤波器的设计,当 Ω_r、Ω_c、ε 和 $A(\Omega_r^2)$ 已知时,其阶次可由下式决定:

$$N = \frac{K\left(\dfrac{\Omega_c}{\Omega_r}\right) K\sqrt{1 - \dfrac{\varepsilon^2 A(\Omega_r^2)}{1 - A(\Omega_r^2)}}}{K\left[\sqrt{\dfrac{\varepsilon^2 A(\Omega_r^2)}{1 - A(\Omega_r^2)}}\right] K\left(1 - \dfrac{\Omega_c^2}{\Omega_r^2}\right)} \tag{B.11}$$

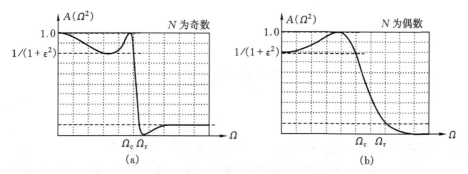

图 B.5　椭圆滤波器的幅度平方特性

式中 $K(x)$ 为第一类全椭圆积分,即

$$K(x) = \int_0^1 \frac{1}{(1-t)^{1/2}(1-xt^2)^{1/2}} \mathrm{d}t$$

以上介绍了三种常用模拟滤波器的特性和设计方法。按照技术指标选用哪种类型进行设计,应视实际要求来决定。一般来讲,在相同技术指标条件下,椭圆滤波器的阶次最低,切比雪夫滤波器次之,巴特沃斯滤波器最高。而参数的灵敏度则恰好相反,即巴特沃斯滤波器最佳(不灵敏),切比雪夫滤波器次之,椭圆滤波器最差。

参考文献

[1] 郑南宁. 数字信号处理[M]. 2 版. 西安：西安交通大学出版社，1995.

[2] Lathi B P. 线性系统与信号[M]. 刘树棠，等译. 2 版. 西安：西安交通大学出版社，2006.

[3] 胡广书. 数字信号处理——理论、算法与实现[M]. 2 版. 北京：清华大学出版社，2003.

[4] 黄顺吉. 数字信号处理及其应用[M]. 北京：国防工业出版社，1982.

[5] Oppenheim A V, Schafer R W. 离散时间信号处理[M]. 3 版. 北京：电子工业出版社，2011.

[6] Hamming R W. Digital filters[M]. 2nd ed. Englewood Cliffs：Prentice Hall，Inc. ，1983.

[7] Nordebo S，Claesson I，Dahl M. On the use of remez multiple exchange algorithm for linear-phase FIR filters with general specifications[J]. IEEE Transactions on Education，2005，43(4)：460 - 463.

[8] Roy S C D. A simple derivation of the spectral transformations for IIR filters[J]. IEEE Transactions on Education，2005，48(2)：274 - 278.

[9] Oppenheim A V，Willsky S，Nawab S H. 信号与系统[M]. 刘树棠，译. 2 版. 西安：西安交通大学出版社，2001.

[10] McClellan J H，Parks T W，Rabiner L R. A computer program for designing optimum FIR linear phase filters[J]. IEEE Transactions on Audio and Electroacoustics，1973，21(6)：506 - 526.

[11] Tretter S A. Introduction to discrete-time signal processing[M]. Hoboken Terminal：John Wiley & Sons，1976.

[12] Orfanidis S J. Introduction to signal processing[M]. 影印版. 北京：清华大学出版社 & Prentice Hall International，Inc，1998.

[13] Ingle V K，Proakis J G. 数字信号处理（MATLAB)[M]. 刘树棠，等译. 3 版. 西安：西安交通大学出版社，2013.

[14] Afreixo V，Ferreira P，Santos D. Fourier analysis of symbolic data：A brief review[J]. Digtal Signal Processing，2004，14：523 - 530.

[15] Lynn P A. Economic linear phase，recursive digital filter[J]. Electrionics letter，1970，6(5)：143 - 145.

[16] Lynn P A. FIR digital filters based on difference coefficients：design improvements and software implementation[J]. IEE Proceedings，Part E，1980，127(6)：253 - 258.

[17] Papoulis A. Signal analysis[M]. New York：McGraw-Hill，1979.

[18] 王梓坤. 概率论基础及其应用[M]. 北京：科学出版社，1976.

[19] 王宏禹. 随机数字信号处理[M]. 北京：科学出版社，1988.

[20] 张贤达,保铮. 非平稳信号分析与处理[M]. 北京:国防工业出版社,1998.

[21] Makhoul J. A class of all-zero lattice digital filters:properties and applications[J]. IEEE Transactions on Acoustics, Speech, and Signal Processing,1978,26(4):304 – 314.

[22] 吴兆熊. 数字信号处理:下册[M]. 北京:国防工业出版社,1985.

[23] Chassaing R,Horning D W. IIR filter scaling for real-time signal processing[J]. IEEE Transactions on Education,1991,34(1):108 – 112.

[24] Smith S W. The scientist and engineer's guide to digitial signal processing[M]. 2nd ed. San Diego:California Technical Publishing,1999.

[25] Goodman D M. On the derivatives of the homomorphic transform operator and their application to some practical signal processing problems[J]. Proceedings of the IEEE, 1990,78(4):642 – 651.

[26] Tribolet J M. Seismic applications of homomorphic signal processing[M]. Upper Saddle River:Prentice-Hall Inc,1979.

[27] Qader I M A,Bazuin B J,Mousavinezhad H S,Patrick J K. Real-time digital signal processing in the undergraduate curriculum[J]. IEEE Transactions on Education,2003,46 (1):95 – 101.

[28] 程佩青. 数字信号处理教程[M]. 2 版. 北京:清华大学出版社,2001.

[29] Gray R M, Davisson L D. An introduction to statistical signal processing[M]. Cambirdge:Cambirdge University Press,2004.

[30] Papoulis A, Pillai S U. Probability, random variable and stochastic processes[M]. 1sted. New York:McGraw-Hill International Book Co,2002.

[31] Baudendistel K. An improved method of scaling for real-time signal processing applications[J]. IEEE Transactions on Education,1994,37(3):281 – 288.

[32] Jackson L B. Roundoff noise analysis for fixed-point digital filters realized in casecade parallel form[J]. IEEE Transactions on Audio and Electroacoustics, 1970, 18: 107 – 122.

[33] Zoltowskii M D,Allebach J P, Bouman C A. Digital signal processing with applications: a new and successful approach to undergraduate DSP education[J]. IEEE Transactions on Education,1996,39(2):120 – 126.

[34] Panl M Embree. C algorithms for real-time DSP[M]. Upper Saddle River:Prentice-Hall Inc,1995.

[35] Brigham E Q. 快速傅里叶变换[M]. 柳群,译. 上海:上海科学技术出版社,1979.